国家出版基金项目
NATIONAL PUBLICATION FOUNDATION
GZC 高校主题出版
GAOXIAO ZHUTI CHUBAN

主编 杨丽珠

儿童青少年健全人格培养研究

3~6岁幼儿健全人格培养研究

孙 岩 金 芳 杨丽珠 ● 著

— 国家社会科学基金重点项目 —

大连海事大学出版社
DALIAN MARITIME UNIVERSITY PRESS

图书在版编目(CIP)数据

3~6岁幼儿健全人格培养研究 / 孙岩, 金芳, 杨丽珠著. — 大连 : 大连海事大学出版社,2017.5
(儿童青少年健全人格培养研究 / 杨丽珠主编)
国家出版基金项目 国家社会科学基金重点项目
ISBN 978-7-5632-3473-8

Ⅰ. ①3… Ⅱ. ①孙… ②金… ③杨… Ⅲ. ①婴幼儿心理学—人格心理学—研究 Ⅳ. ①B844.12

中国版本图书馆 CIP 数据核字(2017)第 082445 号

大连海事大学出版社出版
地址:大连市凌海路1号 邮编:116026 电话:0411-84728394
传真:0411-84727996
http://www.dmupress.com E-mail:cbs@dmupress.com

大连住友彩色印刷有限公司印装 大连海事大学出版社发行
2017年5月第1版 2017年5月第1次印刷
幅面尺寸:170 mm×230 mm 印张:27.5
字数:461千 印数:1~3000册
出版人:徐华东
责任编辑:董玉洁 责任校对:史云霞 宋彩霞
装帧设计:解瑶瑶 张爱妮

ISBN 978-7-5632-3473-8 定价:69.00元

“儿童青少年健全人格培养研究”
编委会

主　编：杨丽珠

副主编：刘　文

编　委（以姓氏笔画为序）：

马　振　刘　文　刘嵩晗　孙　岩

孙远刚　杨丽珠　金　芳　胡金生

总序

"儿童青少年健全人格培养研究"书系包含《3～6岁幼儿健全人格培养研究》《6～12岁小学生健全人格培养研究》《12～15岁初中生健全人格培养研究》三部专著，是2017年度国家出版基金资助项目、全国高校出版社主题出版项目，也是国家社会科学基金重点项目"我国儿童青少年人格发展及其培养研究"(11AZD089)的系列成果之一。

自党的十六大、十七大和十八大以来，党和国家注重人的心理和谐，注重人文关怀和心理疏导，将"立德树人"作为教育的根本任务，多次强调心理健康对于全面建成小康社会的重要性。儿童青少年是中华民族的未来，是实现"中国梦"的建设者，其健全人格的发展是培育和践行社会主义核心价值观的必然要求，是中华民族文化传承，深化教育改革、促进儿童青少年健康成长的正确选择。习近平总书记在2014年庆祝"六一"国际儿童节讲话中指出："让社会主义核心价值观在少年儿童中培育起来"，"为了中华民族的今天和明天，我们要教育引导广大少年儿童树立远大志向、培育美好心灵，让少年儿童成长得更好"。这充分体现了党和国家对儿童青少年培育和践行社会主义核心价值观，促进其健全人格发展的重视。习近平总书记于2014年教师节考察北京师范大学心理学院时，着重强调心理学对于促进儿童青少年发展的重要性。习近平总书记在2016年哲学社会科学工作座谈会上的讲话明确指出："哲学社会科学是人们认识世界、改造世界的重要工具，是推动历史发展和社会进步的重要力量，其发展水平反映了一个民族的思维能力、精神品格、文明素质，体现了一个国家的综合国力和国际竞争力"，"要加快完善对哲学社会科学具有支撑作用的学科，如……心理学等"。习近平总书记在2016年8月召开的全国卫生与健康大会上强调："要把人民健康放在优先发展的战略地位。"2016年10月中共中央、国务院印发的《"健康中国2030"规划纲要》指出："本规划纲要是推进健康中国建设的宏伟蓝图和行动纲领。全社会要增强责任感、使命感，全力推进健康中国建设，为实现中华民族伟大复兴和推动人类文明进步做出更大贡献。”在此基础上，为深入贯彻落实党的十八届五中全会和习近平总书记在全国卫生与健康大会上关于加强心理健康服务的要求，根据《精神卫生法》《“健康中国2030”规划纲要》和相关政策，国家卫生计生委等22个部门于2016年12月联合印发了《关于加强心理健康服务的指导意见》，文件明确指出：“心理健康是影响经济社会发展的重大公共卫生问题和社会问题。”“心理健康是健康的重要组成部分，关系广大人民群众幸福安康，影响社会和谐发展。加强心理健康服务、健全社会心理服务体系是改善公众心理健康水平、促进社会心态稳定和人际和谐、提升公众幸福感的关键措施，是培养良好道德风尚、促进经济社会协调发展、培育和践行社会主义核心价值观的基本要求，是实现国家长治久安的一项源头性、基础性工作。”这充分体现了党和国家对心理科学、心理健康的高度重视，而健全人格者就是心理健康的人，我们必须从“国家任务、民族责任”的高度去理解和践行儿童青少年健全人格研究与培养的历史使命和责任。

人格是在生物学基础上受社会生活条件制约而形成的独特而稳定的具有调控能力、倾向性和动力性的各种心理特征的综合系统（杨丽珠，1993）。儿童人格是以个性差异、适应特征和生活事件整合的形式表现出来的，在文化和情境中体现差异性和复杂性（DeYoung，2010）。作为决定人的典型行为方式的心理系统或动力结构，人格会直接影响到人们在环境变化及其适应过程中的态度、信念、情绪和行为。所谓健全人格也称完美人格、优秀人格或理想人格，是各种积极人格特征的完美整合（黄希庭，2010）。儿童青少年健全人格是在不断发展的，其内涵有其独特性，是指儿童青少年人格结构中具有普遍性和积极适应性的典型人格特质的健康、均衡的发展（杨丽珠等，2015）。幼儿健全人格是指，在幼儿人格结构中具有普遍性、积极适应性的典型人格特质——聪慧性、文艺兴趣、自主进取、探索创新、坚持自制、认真负责、攻击反抗、善交际、精力充沛、乐观开朗、暴躁易怒、敏感焦虑、诚实知耻、同情利他、合群守礼的健康、均衡的发展。小学生健全人格是指，在小学生人格结构中具有普遍性、积极适应性的典型人格特质——聪慧性、探索创新、文艺兴趣、自主进取、认真尽责、攻击反抗、坚持自制、同情利他、合群守礼、诚实知耻、暴躁易怒、敏感焦虑、善交际、精力充沛、乐观开朗的健康、均衡的发展。初中生健全人格是指，在初中生人格结构中具有普遍性、积极适应性的典型人格特质——条理性、计划性、责任心、坚持性、攻击反抗、合群性、诚实守信、同情利他、聪慧性、探索创新、自主性、暴躁易怒、敏感焦虑、忧郁、精力充沛、善交际、乐观开朗的健康、均衡的发展。

儿童青少年期是构建自我认同、培养健全人格、发展社会技能的重要阶段。儿童青少年人格的形成与发展是在一定的环境中展开的，儿童的早期经验、家庭环境、父母教养、同伴关系和学校教育方式等都会在其人格发展中起到至关重要的作用。目前，我国正处于经济社会快速转型期，生活节奏明显加快，竞争压力不断加剧，人们的心理受到多元文化与价值观的冲击，这些都会给儿童青少年健全人格的发展带来前所未有的挑战。教育部委托林崇德先生主持的中国学生发展核心素养课题组的研究表明：中国学生发展核心素养包括 3 个方面，6 大素养，18 种主要表现，其中自主发展的健康生活中就有健全人格。儿童青少年人格发展与教育的研究是新世纪全面推进素养教育的一个关键性问题。这不仅对于探讨遗传、环境、教育的作用具有重大理论意义，而且对于有效评价我国儿童青少年人格发展的个体差异从而制定出相应的培养方案，更好地以问题为导向来解决影响儿童青少年人格发展的社会问题，提高儿童青少年的生命质量，提高儿童青少年核心素养，推进素养教育的实施和创新人才的培养，有着重大的现实意义。

西方国家致力于对儿童青少年人格的结构及其发展特征进行有效评价，形成了具有一定跨文化普适性的“大五”人格和“小五”人格结构，即人格由开放性、公正严谨性、外倾性、宜人性、神经质 5 个维度构成，并以此为理论依托构建了较为系统的包括问卷测量、结构访谈、投射测验、同伴提名、自然观察、实验室测量、童话故事测验等多种方法结合的综合测评体系，开发了诸如 BFQ-C、SIFFM、NPQ、BPI 等有效的测评工具。目前大多利用这些测评工具对儿童青少年人格发展进行追踪研究，探讨人格发展的内容构成和特质水平的变化以及这种变化的个体差异，并进一步考察了遗传、社会环境等诸多因素在其中发挥的作用，为正常或具有轻微人格障碍儿童青少年良好人格教育方案的制定提供了理论基础和技术支持。很多国家开展了人格教育运动，家庭教育和学校教育依儿童青少年发展规律而行。例如，美国发展研究中心自 1980 年以来开展的促进儿童在人格、道德和社会性等方面健康发展的系列研究，已经被美国教育部、司法部、物质滥用预防中心等作为干预开发的范例，被 4 000 多所学校采纳并取得良好效果。我国对儿童青少年人格的研究尚不全面，成体系的本土化研究还不多见，并存在诸多问题，尚未形成综合的测评与理论体系，缺少长期的追踪研究以及对人格发展机制的探索，没有形成家园、家校共建的完善培育方案及教育指导体系等。

鉴于上述分析，我们自 1983 年以来，针对我国儿童青少年人格发展呈多元化的特点，以马克思辩证唯物主义为指导，借鉴系统论和生态化思想，将理论研究、实证研究和经验总结有机结合,在全面、系统地评述儿童青少年人格发展理论的基础上,对我国儿童青少年人格发展与教育进行了全方位、系统的研究。习近平总书记高度评价了马克思主义的指导地位,他指出:“马克思主义揭示了事物的本质、内在联系及发展的规律,是‘伟大的认识工具’,是人们观察世界、分析问题的有力思想武器;马克思主义具有鲜明的实践品格,不仅致力于科学‘解释世界’,而且致力于积极‘改变世界’。”为此,我们首先要认识儿童青少年人格发展的规律,解释儿童青少年人格发展的状况;在此基础研究之上,进行应用研究,提升儿童青少年健全人格发展的水平。具体运用 EEG/ERP、眼动、生理多导仪、现场实验、现场追踪观察等技术手段,以及跨文化(中美、中澳、中新、中日韩、中德等)和本土化相结合研究,系统地探索出中国儿童青少年人格及其重要特质(如自我认知、自我控制、自我意识情绪、自尊、同情等)的结构、类型、发展特点、评估工具,初步探究出生理、气质、认知、家庭、社会环境、文化等因素在儿童青少年人格发展中的作用,探究出促进儿童青少年人格发展与教育的规律,建构出一套培养中国儿童青少年健全人格发展有效可行的教育途径与方法,取得了一系列的开创性研究成果。

1. 探索出儿童青少年人格结构及评定工具

儿童青少年人格的内涵和人格的构成是研究人格的基本问题。对于该问题,我们历经了三轮十多年的研究探索。第一轮研究(刘雯,杨丽珠,1999;刘文,杨丽珠,2001)经探索性因素分析得出教师评价的幼儿和小学生人格结构。为验证此结构的合理性,在第二轮研究中,我们(杨丽珠,张野,刘文,2004;杨丽珠,张野,2006)首先运用质化研究梳理了来自全国 6 大区 10 个省的教师的自由描述词,结合理论推导和质化研究结果,编制出“儿童人格发展教师评定问卷”,经探索性因素分析和验证性因素分析得出了幼儿和小学生人格结构。2011 年,我们综合了多种方法进行第三轮研究,本次研究首先结合教师自由描述和词汇学方法对儿童人格进行质化研究,确立了儿童人格的描述性结构,在质化研究基础上经理论推导、实证研究,最终确定幼儿人格由 5 个维度 15 个特质构成,其中智能特征维度包括聪慧性、探索创新、文艺兴趣、自主进取 4 个特质,认真自控维度包括认真尽责、攻击反抗、坚持自制 3 个特质,亲社会性维度包括同情利他、合群守礼、诚实知耻 3 个特质,情绪稳定性维度包括暴躁易怒、敏感焦虑 2 个特质,外倾性维度包括善交际、精力充沛、乐观开朗 3 个特质。小学生人格同样由 5 个维度 15 个特质构成,这 5 个维度与幼儿相同,但具体包含的特质有差别,幼儿智能特征中的文艺兴趣特质在小学生身上消失，而在认真自控维度中出现了计划有序特质。我们进而编制了“3～6岁幼儿人格教师评定量表”和“6～12岁小学生人格教师评定量表”，两个量表的内部一致性信度、分半信度、重测信度、评分者信度及内容效度和结构效度指标均良好。我们从幼儿人格各维度抽取了探索性、自制力、善交际、分享行为、情绪稳定性5个人格特质，并依据特质的内涵设计了5个情境实验，同样从小学生人格维度中抽取了创造性思维、坚持性、善交际、合作行为、情绪稳定性5个人格特质，并依据特质的内涵设计了5个情境实验，计算实验结果与问卷结果的相关，检验出问卷具有较好的构念效度。

对于12～15岁初中生人格的研究，我们借鉴了幼儿和小学生人格研究的方法，结果发现初中生人格结构也由认真自控、亲社会性、智能特征、情绪稳定性、外倾性5个维度构成，其中认真自控维度包括条理性、计划性、责任心、坚持性4个特质，亲社会性维度包括攻击反抗、合群性、诚实守信、同情利他4个特质，智能特征维度包括聪慧性、探索创新、自主性3个特质，情绪稳定性维度包括暴躁易怒、敏感焦虑、忧郁3个特质，外倾性维度包括善交际和乐观开朗2个特质。我们进而确定了“初中生人格评定量表”，进行了测量学指标的评定，结果表明该量表有较好的信度和效度。

总体上看，我们通过多轮的综合研究发现，幼儿、小学生和初中生人格的维度相同，但各个维度包含的具体特质稍有差异，这说明儿童青少年人格随着年龄的发展既具有稳定性又具有可变性，儿童青少年人格结构发展具有动态性。

关于3～15岁儿童青少年人格评定量表的制定，首先，我们通过对从全国收集的资料进行编码，结合文献检索，构建3～15岁儿童青少年人格的理论架构；进而，通过探索性和验证性因素分析获得3～15岁儿童青少年人格的结构和特质，编制成3～15岁儿童青少年人格评定量表。在此基础上，我们进行了幼儿、小学生、初中生人格测评全国常模的制定。以幼儿为例：我们依据中国人民大学中国调查评价中心发布的中国发展指数，在全国四类地区选取9个省14个市的42所幼儿园7 161名幼儿，运用百分等级转换为 Z 分数（标准分数），制定了性别（男、女）与班级（小班、中班、大班）6个团体常模参照分数。中小学生也是如此。

2. 揭示了儿童青少年人格发展特点

儿童青少年人格的发展是稳定性与可变性的统一，在具有相对稳定性的同时，也会随着社会环境因素的影响而不断变化（Roberts，Del Vecchio，2000）。

为了更好地探讨儿童人格的发展特点，我们采用群组序列设计，应用潜变量增长曲线模型和多层线性模型处理追踪数据。结果发现,幼儿的智能特征、认真自控、外倾性、亲社会性、情绪稳定性在3~6岁呈显著的二次增长趋势,具体表现为在3~4岁发展最快,在4~5岁持续发展但发展速度放缓,到5~6岁时趋于稳定。女孩的认真自控、亲社会性发展水平在3岁时高于男孩,而两者在3~6岁的发展速率无差异。从总体上可以看出,幼儿从家庭进入幼儿园后要面对环境压力,其人格为适应外在环境的要求在3~4岁迅速发展,而在4岁左右随着其认知的发展和对环境的适应,其人格从"被动"的发展转变为"主动"的发展,并在5~6岁逐渐趋于稳定,这表明5岁左右幼儿人格开始形成。

在小学阶段,除认真自控维度呈显著的线性上升趋势外,其他4个维度都呈现出先上升,然后发展速度放缓,最后出现下降的趋势,发展的关键阶段在6~7岁。其中,智能特征与外倾性及其所包含的特质大都在6~7岁时发展最快,其次是7~9.5岁,9.5岁后发展速度逐步放缓,到10.5岁后下降(其中探索创新在10岁后下降,善交际在11岁后下降);亲社会性及其所包含特质的发展趋势与智能特征、外倾性类似,但它是在11岁后才出现下降趋势;情绪稳定性及其所包含的特质在6~7岁时发展最快,7~8.5岁发展较快,8.5~10.5岁变化不大,10.5岁后开始下降。小学阶段,女生认真自控在6岁时的得分及在整个小学阶段的增长率都显著高于男生。具体分析其包含的特质发现,女生的认真尽责、计划有序发展水平在6岁时与男生无差异,但在6~12岁的发展速率显著高于后者,同时女生的坚持自制、攻击反抗水平在6岁时显著高于男生,但两者后续的发展速率无显著差异。其他维度及其包含的特质在小学阶段均未发现性别差异。

我们采用横向研究探讨初中生人格的发展特点,发现初中生人格在认真自控和情绪稳定性上,有显著的年级差异,其余3个维度没有年级差异。初中生在5个维度上总体发展趋势比较平稳,但是初二是一个转折期,5个维度分数随着初一到初二的年级升高,都有一定的下降,而初二到初三又有一定缓慢的上升。女生在亲社会性、认真自控和情绪稳定性上分数显著高于男生,在智能特征和外倾性维度上没有性别差异。

另外,我们采用层次聚类和迭代聚类两种方法,同时也采用理论分析等方法,确定我国幼儿和小学生人格类型包括认可型、矛盾型、拒绝型、中间型4类。其中,认可型属于积极人格类型,矛盾型和拒绝型属于消极人格类型(张野,杨丽珠,2005,2007)。我们近期的研究(杨丽珠,马世超,2014)使用潜在类别分析对初中生人格类型进行划分,采用无序多分变量的Logistic回归考察初中生人格类型的年级与性别特点。结果表明，依据人格类型划分的相关理论和潜在类别分析的拟合指数，初中生可划分为低控型、过度控制型和适应型3种人格类型，其中适应型人数占大多数。适应型在初中生人格5个维度的得分均显著高于另两种类型；过度控制型有低情绪稳定性和低外倾性，同时有中等程度的亲社会性、智能特征和认真自控水平；低控型人格类型的大部分人格维度得分均较低。随着年级增长，初中生适应型人数比例有显著下降趋势，过度控制型和低控型比例有所上升。在性别差异方面，女生人格类型的适应型人数比例显著高于男生，过度控制型和低控型比例则显著低于男生。

除了对人格发展特点的研究外，我们还对人格的特质稳定性（Yang, Zou, 2005）及人格的核心概念自我控制（杨丽珠，王江洋，2007；杨丽珠，沈悦，马世超，2012）进行了系统的探讨。

3. 探究出儿童青少年人格及相关重要特质的影响因素

人格的发展离不开遗传与社会环境的相互作用，早期我们曾经对幼儿人格的成因进行过探讨，后期我们做了大量有关人格影响因素的研究。

气质是人格发展的基础，它描述了儿童对刺激反应的外在表现方式，体现在情绪和行为方面的个体差异上，具有先天性、生理性和中度稳定性的特点。我们系统地探讨了气质的结构（刘文、杨丽珠，2005）及其对儿童自我调控、利他行为、好奇心等的影响，研究表明：气质特质中适应性、灵活性、反应性和专注性水平高，儿童的自我调控能力发展得就好；气质中社会抑制性对儿童利他行为有重要影响；气质中反应性、活动性和专注性水平高的儿童有较高水平的好奇心（杨丽珠，2008）。

我们从父母共同养育与儿童人格发展的关系出发，探讨家庭对儿童人格发展的影响，研究表明：不同类型的父母共同养育家庭，小学生的人格发展存在着显著的差异，父母合作型家庭对儿童人格的发展最有利，父母低参与型和父母对立型的家庭对儿童人格的发展最为不利（邹萍，杨丽珠，2005）。

我们采用同伴提名法、小学生友谊质量问卷、小学生人格发展教师评定问卷，运用多层线性模型（HLM）考察个体和班级两个水平上的同伴接纳、友谊质量对人格的影响，并在两个水平上检验友谊质量在同伴接纳对人格影响上的多层中介效应，结果表明：班级平均友谊质量对外倾性、亲社会性、认真自控、情绪稳定性有预测作用；班级平均同伴接纳对情绪稳定性有预测作用；同伴接纳对人格5个维度均有直接影响；除了情绪稳定性，友谊质量分别在同伴接纳对智能特征、外倾性、亲社会性、认真自控影响上有部分中介效应(杨丽珠,徐敏,马世超,2012)。

我们采用问卷法探讨小学教师期望对人格的影响以及学生知觉在教师期望对人格影响上的中介效应,结果表明:教师期望各维度与人格的智能特征、认真自控、外倾性和亲社会性均有显著正相关,品行和纪律期望维度与人格的情绪稳定性相关不显著;学业期望对人格的智能特征、外倾性和情绪稳定性预测作用最大,品行期望对认真自控预测作用最大,纪律期望对亲社会性预测作用最大;小学生知觉在教师期望对人格智能特征、认真自控、外倾性、亲社会性影响上起部分中介作用,在教师期望对人格情绪稳定性影响上的中介效应不显著(杨丽珠,张华,2012)。

从文化差异出发,我们进行了中美、中澳、中日等跨文化研究。例如,对4~5岁幼儿人格特征的中澳跨文化比较研究,结果表明,中国幼儿人格具有集体主义文化倾向,澳大利亚幼儿人格具有个人主义文化倾向,中澳幼儿人格有差异。中澳父母教育价值观的跨文化比较,结果发现,中澳父母的教育价值观与其各自文化一致,中国父母主要反映了集体主义价值观,澳大利亚父母主要反映了个人主义价值观。再次进行中澳父母育儿风格的跨文化比较,研究表明,中澳父母育儿风格与各自的文化价值观一致。最后进行父母育儿风格与幼儿人格关系的跨文化比较,研究发现,通过父母育儿风格,文化影响着幼儿人格,使其形成与文化价值观一致的特征(杨丽珠,邹晓燕,Bergen,1995;杨丽珠,李灵,田中敏明,1999;杨丽珠,孙晓杰,常若松,2007;杨丽珠,王江洋,刘文,2005)。

为了得到气质、家庭、幼儿园对人格各维度的因果影响关系以及影响程度,我们采用贝叶斯网络技术,构建了综合影响幼儿人格发展的贝叶斯网络模型。通过建立贝叶斯网络模型发现,人格的智能特征和外倾性的直接影响因素是气质的抑制性和反应性;认真自控和亲社会性的直接影响因素是教师期望和气质的专注性;情绪稳定性受气质中情绪性的直接影响。从幼儿人格影响因素的整体上分析,气质对人格的影响比较直接,大于幼儿园、家庭对其人格的影响。教师期望对人格的影响也较为直接,而家庭因素对幼儿人格的影响远小于气质和幼儿园对其人格的影响(Sun, He, Yang,2014)。

小学生人格发展的贝叶斯网络模型表明,智能特征受反应性、抑制性和同伴接纳的直接影响,认真自控受专注性和同伴接纳的直接影响,外倾性受反应性和抑制性的直接影响,亲社会性受活动性和抑制性的直接影响,情绪稳定性受抑制性的直接影响。从总体上可以看出,小学生人格的影响因素中,气质对人格的影响大于学校、家庭对人格的影响，学校的环境因素对人格的影响大于家庭对人格的影响。但不是说，家庭对人格没有影响，只是这种影响小于气质、学校环境对人格的影响。除了气质对人格产生的影响较大外，与其他因素相比，同伴接纳对人格的影响更为直接。

4. 构建出儿童青少年健全人格培养模式

儿童早期良好人格的发展能为人的终身发展奠定基础。我们在研究儿童人格的结构、发展特点和影响因素的基础上，对幼儿自我控制、好奇心、自尊、自信、责任心和同情等人格特质进行了教育现场实验，形成了人格培养的理论（杨丽珠，宋芳，2008）。我们认为，儿童人格的培养应当依据国家的方针政策、依据儿童人格结构确定培养目标；依据影响儿童人格发展的因素选择最佳有效载体；依据儿童人格发展的特点和关键期，设计符合有效载体的教育活动方案；运用最佳的自主性教育和尊重平等的教育方式对儿童进行培养。依此，我们对幼儿健全人格进行培养，以此验证理论，获得培养幼儿健全人格的规律。

我们依据幼儿人格结构，通过内容分析法、文献分析法及教师评定法确定构建幼儿健全人格培养总目标及阶段目标，根据培养目标及幼儿人格发展的特点、关键期及有效载体，设计培养幼儿健全人格发展的实验游戏库，进行培养幼儿健全人格的教育现场实验，结果显示，无论是情境实验、问卷评定还是脑电测查，实验班与对比班的幼儿人格整体发展都有了显著性差异。这表明，我们构建的幼儿人格发展的总目标和阶段目标是恰当的；游戏自身所具有的教育性和趣味性使其成为幼儿健全人格教育的最佳载体是可行的；依据幼儿积极人格特质发展的年龄特点和关键期设计的 54 个人格教育游戏活动方案是有效的，能够促进小班、中班、大班幼儿健全人格的发展（杨丽珠，金芳，孙岩，2014）。中小学生健全人格的培养也是如此。

我们在以小样本对幼儿健全人格培养实验的基础上，再在全国进行大样本的推广实验。由于中国地域广阔，发展水平各异，为获得中国幼儿人格发展教师评定量表的常模，我国幼儿健全人格培养推广实验研究被试取样采用分层随机抽样，在抽样第一层中考虑被试取样所在地区的发展水平，确定抽样地区；在抽样第二层中考虑被试性别、年级，所在幼儿园类型等人口学变量。在衡量地区发展水平时，参考中国发展指数。2006 年以来，中国人民大学中国调查评价中心每年发布中国发展指数，其由 4 个单项指数构成：（1）健康指数；（2）教育指数；（3）生活水平指数；（4）社会环境指数。该指数反映的我国地区综合发展水平是较为全面和客观的（袁卫，彭非，2007）。对中国发展指数的聚类分析结果显示，2013 年与 2012 年相同。中国发展指数（2013）仍然将全国 31 个省区（不含港澳台）划分为四大区域，这 31 个省区社会经济地理分四大板块的格局未变。第一类为特大都市区，有北京、上海 2 个直辖市；第二类为沿海发达区，有天津、浙江、江苏、山东、辽宁、广东 6 个省区市；第三类为中度发展区，有内蒙古、吉林、福建、黑龙江、湖北、山西、海南、河北、陕西、湖南、安徽、重庆、河南、四川、江西、宁夏、新疆、广西 18 个省区市；第四类为西部偏远区，有青海、甘肃、云南、贵州、西藏 5 个省区。

幼儿样本选取在以上四类省区中按照中国发展指数，在每类别中按照人口比例选取有代表性的省区，在每个省区按照经济发展水平选取 2 个有代表性的市，包括一个较大的市，如省会或副省级城市，以及一个地级市，在每个市里选取有代表性的幼儿园 2 所（即 1 所城市公办幼儿园和 1 所城市民办幼儿园）进行实验。

对幼儿园的要求有 3 点，第一点是幼儿园老师喜欢做实验，第二点是参与现场实验的老师（实验班和对比班）应有 3 ~ 5 年教龄，第三点是实验幼儿园小班、中班、大班每个年级有平行班。

具体抽取地区样本为从四类地区抽取 15 个省区的 53 所幼儿园 318 个班（中小学生抽取样本也是如此）。研究表明，108 个游戏活动库方案能有效地促进幼儿健全人格的发展。我们在更大范围内探索儿童健全人格培养的有效途径，整体构建幼儿健全人格教育模式，为幼儿园提供系统化课程，对幼儿健全人格的发展提供有意义的指导。

小学阶段，儿童开始系统地接受正规的学校教育。这一时期良好人格的养成对个体今后的学习、生活和工作有积极的预测作用。我们依据小学生人格结构，通过内容分析法、教师评定法及家长评定法确定构建小学生健全人格培养总目标及阶段目标，根据培养目标及小学生人格发展的特点与关键期，设计培养小学生健全人格发展的互动体验式心理健康活动库，进行培养小学生健全人格的教育现场实验，结果显示，无论是情境实验、问卷评定还是脑电测查，实验班与对比班的小学生人格整体发展都有了显著性差异。这表明，我们构建的小学生人格发展的总目标和阶段目标是恰当的；互动体验式心理健康教育活动自身所具有的教育性、趣味性和体验性，使其成为小学生健全人格教育的最佳载体是可行的；依据小学生积极人格特质发展的年龄特点和关键期设计的 60 个培养小学生人格互动体验式心理健康活动库方案是有效的，能够促进低、中、高年级小学生健全人格的发展。

我们依据初中生人格结构，通过教师评定法、家长评定法、初中生自评法以及内容分析法和文献分析法，确定构建初中生健全人格培养总目标及阶段目标。进一步根据培养目标、初中生人格发展的特点以及关键期，设计培养初中生健全人格发展的团体体验式活动库，进行培养初中生健全人格的教育现场实验，结果显示，无论是情境实验、问卷评定还是脑电测查，实验班与对比班的初中生人格整体发展都有了显著性差异。这表明，我们构建的初中生人格发展的总目标和阶段目标是恰当的；团体式体验活动自身所具有的教育性、趣味性和体验性使其成为初中生健全人格教育的最佳载体是可行的；依据初中生积极人格特质发展的年龄特点和关键期，设计的60个培养初中生健全人格团体体验式活动库方案是有效的，能够促进初一、初二、初三年级学生健全人格的发展。

本书系按照年龄划分，包括三部专著：《3～6岁幼儿健全人格培养研究》《6～12岁小学生健全人格培养研究》《12～15岁初中生健全人格培养研究》。每部专著都含五篇。

第一篇是全书的引导，主要介绍儿童青少年健全人格的概念、研究意义，研究的背景、指导思想，以及研究的相关理论与总体思路。

第二篇主要介绍儿童青少年人格的评估、常模的制定、人格结构的内容、儿童青少年人格发展的特点，以及儿童青少年人格发展的影响因素，诸如气质、家庭、学校(幼儿园)、社会文化因素是怎样影响儿童青少年人格发展的。

第三篇主要阐述儿童青少年健全人格培养体系是如何构建的，诸如，健全人格培养总目标如何制定，阶段目标如何制定，实验载体如何确定，实验方案如何编制，如何实施教育现场实验等。

第四篇通过案例介绍儿童青少年健全人格核心特质的培养，诸如，培养的教育价值与目标，活动方案分析，对教师和家长提出的教育建议等。

第五篇主要介绍儿童青少年健全人格培养中的问题与教育对策。

本书系具有如下特点：

1. 儿童青少年人格发展研究的连续性

世界上任何一项科研成果都不是一蹴而就的，它需要研究者锲而不舍、持之以恒，不断提出假设，不断验证假设，不断完善，不断积淀，方能获得有科学性、有应用价值的研究成果。我们的研究对象由幼儿、小学生扩展到初中生；研究方法由横向研究扩展到纵向研究；由研究单一影响因素扩展到探究多因素(气质，家庭因素——父母共同养育、父母教育价值观、教养方式，同伴关系、友谊质量，教师期望、学生知觉到的教师期望）是如何综合影响儿童青少年人格发展的；从对人格某个特质，诸如好奇心、独立性、自尊、自信、自我控制、同情心的培养扩展到对幼儿健全人格的培养，进而扩展到对小学生、初中生健全人格的培养，从而构建了儿童青少年健全人格教育模式，为幼儿园、小学、初中提供了人格教育模式。

2. 儿童青少年人格发展研究的中国化

文化的发展是随着民族的发展而发展的。当代文化的发展趋势虽然是各民族不同文化相互吸收和借鉴，但终究不会改变多元化的基本态势。就东西方而言，东西方具有不同的文化特质，同属东方的不同国家仍具有不同文化特质，这些文化特质点点滴滴都渗透在生活的各个领域，影响着家庭、幼儿园、小学、初中对儿童青少年的教养方式与内容，影响着儿童青少年心理的发展。儿童青少年的发展不仅受生物性因素的影响，还受文化、社会阶层、家庭等社会性因素的影响。对于东西方人来说，千百年来他们生活在不同的环境中，时代的变迁已经造成其遗传素质的差异。更为重要的是，他们生活在不同的文化背景下，其各自的社会文化环境、法律制度、行为规范等均对个体发展产生作用，并影响人格结构的内容（王登峰，崔红，2003）。综述西方个性结构研究，我们还发现不同国家、不同文化中人们的人格结构所包含的成分存在一些差异（张野，杨丽珠，2003）。因此，不同文化背景下人的人格结构应该既有相似性，又有差异性。要准确把握中国人的人格结构及发展规律，不能照搬西方的理论，而应在中国文化背景下进行研究。基于这种思想，我们所有研究的对象都是中国儿童青少年，所揭示的是中国儿童青少年人格发展的规律，这些研究成果更适于中国儿童青少年人格的培养。

3. 儿童青少年人格发展研究的系统性与全面性

儿童青少年人格发展是由多因素组成的系统的整体结构，整体结构又具有不同的子系统。我们以辩证唯物主义的系统论、整体观、发展观、主客体相互作用的观点，全方位研究儿童青少年人格发展，在研究时要考虑儿童青少年人格发展的结构、评估、发展的特点、影响因素和培养等诸多方面的问题。同时还要考虑到这些因素的相互作用。本研究的终极目标就是培养儿童青少年具有健全的人格。

4. 儿童青少年人格发展研究的创新性

首先是选题新，将儿童青少年人格发展与儿童青少年人格教育有机结合起来选题，既能使儿童青少年人格教育具有科学性，又能验证儿童青少年人格发展研究的实效性。其次是方法和手段新，运用综合方法，诸如开放式问卷、自由描述法、词汇法、分子行为分析法、自然观察法、问卷法、情境实验法、追踪观察法、实验室观察法、教育现场实验法、实验室实验法、脑电测查等方法互为佐证，既有定性研究，也有定量统计，既有横向研究，也有纵向研究，既有常规研究，也用现代化手段，使其具有前沿性。第三是制定了崭新且有价值的评估工具，如编制出中国幼儿人格发展教师评定量表、常模，中国小学生人格发展教师评定量表、常模，中国初中生人格发展自评量表、常模，幼儿自我控制等18个系统评估儿童人格发展的工具。第四是建立了自己的理论，如提出儿童青少年人格结构理论，儿童人格发展的稳定性、可变性理论，以及儿童青少年人格培养理论。所有这些都彰显其创新性。

5. 儿童青少年人格发展研究的科学性与应用性

研究儿童青少年人格发展与促进的终极目标是培养儿童青少年具有健全的人格。应用研究要在基础研究之上进行，使研究真正做到科学性。基础研究能为应用研究提供理论依据，保证应用研究的有效性；应用研究可验证基础研究是否具有科学性。为此，我们将儿童心理与儿童教育有机结合，将专业工作者与幼儿园、小学、初中实际工作者相结合，既发挥专业工作者的科研优势，又吸收实际工作者的宝贵经验。例如，在幼儿园对幼儿健全人格的整体进行培养，依据国家方针政策、幼儿人格的结构确立人格培养的目标，依据幼儿人格发展的特点和关键期确定教育游戏活动内容，依据影响幼儿人格发展的因素确立教育游戏载体，并施以尊重、平等、自主教育，在幼儿园进行幼儿健全人格培养的教育现场实验。其结果显示，研究既有理论价值，又有实践性，建构的儿童青少年人格发展与教育模式具有科学性、可操作性和广泛的应用前景。

本书系是集体智慧的结晶，是我的团队，硕士生、博士生，以及广大的幼儿园、小学、初中老师与领导共同努力的结果，是心理学界的老前辈及众多专家学者指导的结果。在这里特别要感谢我在北京师范大学做国内访问学者时的恩师林崇德先生，他一再强调要理论联系实际，在理论研究的基础上，进行儿童青少年人格的培养，为基础教育服务，虽然艰难，但要坚持。先生身先士卒，为基础教育做出了卓越贡献，实为楷模。还要感谢车文博、沈德立、黄希庭、杨治良、李其维诸位先生的无私帮助和真诚指导，以及莫雷、张文新、方晓义、邹泓、陈英和、苏彦捷、陈红、周宗奎、桑标、郭永玉、淘沙等教授的大力支持，没有你们，我们团队不可能有如此大的进步。

感谢辽宁省教育厅王庆东副厅长、学前教育处王长勤处长、义务教育处宋升勇处长的鼎力相助，感谢辽宁师范大学多方大力支持，感谢大连海事大学出版社热情相助、真诚合作。

本书系在撰写的过程中参考了诸多的国内外文献，在此就不一一列出了，一并对有关作者表示感谢。

本书系由杨丽珠策划、统稿、定稿。

由于我们水平有限，书中难免会有不尽如人意之处，望同仁、心理学界专家们、广大读者予以斧正，不胜感谢。

"问渠那得清如许，为有源头活水来。"儿童青少年人格发展与教育研究是个永恒的科研项目，随着社会的发展需要不断更新和完善，同时也需要更多致力于人格研究的学者继续努力。

是为总序。

杨丽珠

2017 年 2 月 19 日于大连

前言

《3～6岁幼儿健全人格培养研究》是国家出版基金项目“儿童青少年健全人格培养研究”丛书之一，是国家社会科学基金重点项目“我国儿童青少年人格发展及其培养研究”（11AZD089）系列成果之一，也是辽宁省教育厅人文社科基地项目“幼儿健全人格促进的推广实验”（ZJ2015034）和辽宁省教育科学“十三五”规划课题“音乐聆听活动促进幼儿情绪调节能力发展的实验研究”（JG16CB343）的研究成果之一。

我国十分重视儿童身心发展，重视心理健康教育。国家卫生计生委等22个部门于2016年底联合印发的《关于加强心理健康服务的指导意见》明确指出：“全面加强儿童青少年心理健康教育。学前教育机构应当关注和满足儿童心理发展需要，保持儿童积极的情绪状态，让儿童感受到尊重和接纳。”教育部于2016年新颁布的《幼儿园工作规程》将“促进幼儿身体正常发育和机能的协调发展，增强体质，促进心理健康，培养良好的生活习惯、卫生习惯和参加体育活动的兴趣”，“萌发幼儿爱祖国、爱家乡、爱集体、爱劳动、爱科学的情感，培养诚实、自信、友爱、勇敢、勤学、好问、爱护公物、克服困难、讲礼貌、守纪律等良好的品德行为和习惯，以及活泼开朗的性格”等作为幼儿园保育和教育的主要目标，强调“幼儿园应当关注幼儿的心理健康，注重满足幼儿的发展需要，保持幼儿积极的情绪状态，让幼儿感受到尊重和接纳”。林崇德先生承担的教育部基础教育二司委托的“研制《中国学生发展核心素养》”，根本出发点是将党的教育方针具体化、细化，落实立德树人根本任务，培养全面发展的人，提升国家21世纪人才核心竞争力。研究结果表明，中国学生发展核心素养，以“全面发展的人”为核心，分为3个方面，6大素养，18种表现。其中，自主发展包括学会学习和健康生活，健康生活包括珍爱生命、健全人格、自我管理等基本要点，也就是说，健全人格是中国学生发展核心素养的重要内容。

幼儿期是人格开始形成的时期，是多种人格特质发展的关键期。儿童这一时期形成的个性品质和行为风范，不仅影响其童年生活，影响其知识、能力和智慧的形成，还要影响其一生的学习、工作和生活。墨子曾说过："志不强者，智不达。"这表明，一个人要实现智力发展的最高水平，没有健全的人格是做不到的。当前，通过塑造人的健全人格来提升国民素质，最终提高本国的国际竞争力已成为国际社会的一种共识。由此，我们坚持以幼儿发展为本，尊重幼儿身心发展规律，接纳幼儿；关注幼儿心理健康，注重满足幼儿的发展需要，保持幼儿的积极情绪状态；注重支持幼儿的主动探索、操作实践、合作交流和表达、表现。立足于提高幼儿整体心理发展水平，用科学的理念实施健全人格教育，这对于使幼儿养成健康的生活习惯、独立自主的行为模式，发展好奇心、探索欲、合作性和亲社会行为等适应未来社会发展需要的良好的品德行为、活泼开朗的性格，有着不可替代的作用。

目前，我国关于幼儿健全人格培养的实证研究总体上说尚不多见，尚缺乏系统性的专著。《3～6岁幼儿健全人格培养研究》一书针对这一现状，将全面系统地展示该领域的研究成果，从而丰富我国幼儿人格教育研究成果。

本书分为5篇，共18章：

第一篇是本书的导引，包含第一章内容，主要介绍了健全人格的概念与研究意义，研究的背景与指导思想，以及研究的相关理论与总体思路。

第二篇介绍了幼儿人格发展的评估、幼儿人格结构研究、幼儿人格发展的特点，以及幼儿人格发展的影响因素。其中：第二章主要介绍了幼儿人格发展评估的方法，包括人格发展的问卷评估、人格发展的情境观察评估，并就问卷评估的具体编制过程和常模制定进行了详细的阐述。第三章围绕幼儿人格结构，首先对国内外幼儿人格结构研究现状进行了论述，然后提出了我们关于幼儿人格结构研究的结果。第四章从纵向研究和横向研究两个角度探讨了幼儿人格发展的特点。第五章从气质、家庭、幼儿园、社会文化四个方面来阐述幼儿人格发展的影响因素。

第三篇主要阐述了幼儿健全人格培养体系是如何构建的。其中：第六章就幼儿健全人格培养目标的构建展开论述，首先提出了幼儿健全人格培养的总目标，在此基础上，又分析了幼儿健全人格培养的年龄阶段目标。第七章从幼儿健全人格培养的途径入手，阐述了游戏、环境创设和家园共育在幼儿健全人格养成中的重要作用和实施对策，重点阐述了如何设计促进幼儿健全人格发展的游戏库。第八章阐述了幼儿健全人格培养的具体实施、教育现场实验和评价方法。

第四篇，从第九章到第十七章，针对幼儿健全人格培养的目标项目，分别论述了这些积极人格项目的培养价值、培养目标解析、培养案例和培养建议。

第五篇包含第十八章内容，主要介绍了幼儿健全人格培养中的教育困惑及应对措施。

本书的特色是：

1. 系统性。在健全人格的研究领域，国外许多人格心理学家提出了健全人格的模型，并进行了大量儿童青少年社会情感、社会认知能力、问题行为的培养和干预研究；而国内在健全人格领域的研究较少，并且已有的研究大部分是针对大学生的，也有针对独生子女的研究，而针对幼儿的健全人格培养研究尚缺乏系统性，本书在此方面是个补充。本书在内容上全方位、系统地呈现了健全人格理论，幼儿人格的结构和年龄特征，健全人格培养的目标、培养活动的内容等研究成果。

2. 时代性。我国越来越重视儿童青少年的心理健康发展，出台了多个有关加强儿童青少年心理健康发展的政策和文件。本书的内容紧跟社会的需要，为我国的幼儿心理健康教育、幼儿核心素养教育，提供了科学有效的指导，具有重要的时代价值，为时代做出了自己的努力。

3. 创新性。首先，第一次系统地阐述了幼儿健全人格培养的理论基础。其次，运用综合方法，诸如开放式问卷、自由描述法、词汇法、分子行为分析法、自然观察法、问卷法、情境实验法、追踪观察法、实验室观察法、教育现场实验法、实验室实验法、脑电测查法等方法互为佐证，既有定性研究，也有定量统计，既有横向研究，也有纵向研究，既有常规研究，也有现代化手段，使其具有前沿性。再次，首次编制出中国幼儿人格教师评定量表、常模，设计出科学、系统、有针对性的健全人格培养活动方案，构建出促进幼儿健全人格发展的教育模式。

4. 本土性。本书参考国外最新的研究成果，突出本土化研究。根据我国幼儿人格结构，构建出符合我国幼儿人格发展的总目标和阶段目标；依据总目标和阶段目标，设计出适合我国不同年龄阶段幼儿的培养活动方案，以更有效地促进我国幼儿健全人格的发展。

5. 指导性。本书融汇了有关健全人格理论、实证和培养的研究成果，不仅为对幼儿健全人格研究感兴趣的人士提供了专业理论和研究实践的指导，而且也为幼儿家长、教师等教育者提供了具有可操作性的活动设计和培养建议，具有广泛的推广和应用价值。

本书是集体智慧的结晶，是孙岩和杨丽珠教授的团队（张金荣、杨丽珠做了幼儿人格结构和评定工具研究；马世超、杨丽珠做了幼儿人格教师评定量表的研究；

张金荣、杨丽珠、孙岩做了幼儿人格纵向发展特点研究；孙岩、杨丽珠、刘文、张丽华、胡金生、李灵、胡克祖、邹萍、孙晓杰、宋芳、何明影、李淼、刘闯、冷珊、杨红梅、马亚楠、刘沙等做了幼儿人格发展的影响因素研究；金芳、杨丽珠、孙岩做了幼儿健全人格培养研究，高毓婉、杨丽珠、孙岩做了幼儿健全人格培养全国推广实验研究），以及广大的幼儿园老师与领导共同努力的结果。在书稿的排版和校对方面，博士生高毓婉，硕士生张倩、薄思雨、王宏霞和高子涵花费了很多时间和心血，在此一并感谢。

本书能够顺利撰写，还要感谢心理学界老先生无私的指导和同行专家真挚的帮助，感谢各级领导的大力支持。

本书在撰写的过程中参考了诸多的国内外文献，在此对有关作者表示感谢。

本书由孙岩统稿、定稿。

限于我们的水平，该书难免会有不足、错误之处，望广大同行、心理学界专家、读者予以指正，不胜感谢。

孙岩

2017 年 2 月 16 日于大连

目录

第一篇 导论

第一章 概述

在日常生活中我们常常可以看到，有的人乐观开朗、乐于助人、有创造力，有的人则缺乏安全感、自卑、主动攻击他人，有时甚至表现出伤害他人的恶劣行为。人为何会有如此大的差别？不同的人格又是怎样形成的？要通过怎样的教育途径才能使儿童青少年形成健全的人格？这是摆在我们面前亟待解决的课题。党中央自十六届六中全会以来多次强调心理健康对于全面建成小康社会的重要性。儿童青少年是中华民族的未来，是实现“中国梦”的建设者，其健全人格的发展是培育和践行社会主义核心价值观的必然要求，是中华民族文化传承、深化教育改革、促进儿童青少年健康成长的现实选择。习近平总书记在2014年教师节考察北京师范大学心理学院时，着重强调心理学对于促进儿童青少年发展的重要性。这充分体现了党和国家对心理科学的重视，促使我们必须从“国家任务、民族责任”的高度去理解和践行儿童青少年健全人格研究与培养的历史使命和责任。幼儿阶段是人格开始形成的关键期，我们进行幼儿健全人格培养研究，以探讨幼儿健全人格培养的有效途径，这对于解决目前我国儿童存在的诸多人格社会性发展问题是十分有益的。本章是全书的导引，我们首先定位人格、健全人格的内涵与培养幼儿健全人格的意义，进而介绍国内外人格研究的背景和我们研究的指导思想，最后介绍人格研究的相关理论以及研究的总体思路。

第一节　健全人格的概念与研究意义

一、人格及健全人格的概念

（一）人格的概念

“人格”一词最初来自于拉丁文“*Persona*”（面具），原指一个人在生活舞台上演出的种种行为。20 世纪 30 年代，西方心理学家开始广泛研究人格，心理科学从而迅速发展形成了心理学的一个分支——人格心理学。

1937 年，人格心理学的奠基者、美国心理学家奥尔波特（G. W. Allport）出版了《人格：一种心理学解释》一书。书中奥尔波特回顾了历史上各学科对人格的研究，概括了人格的 50 种定义，这充分展示了人格认识和人格研究上的复杂性。

尽管心理学家对人格的概念“仁者见仁，智者见智”，但简单来说，人格是“个体思维、情感和行为的特征方式”（Letzring，Adamcik，2015）。杨丽珠团队经过对儿童人格的研究提出，人格是指个体在生物学基础上受社会生活条件制约而形成的独特而稳定的具有调控能力、倾向性和动力性的各种心理特征的综合系统（杨丽珠，1993）。

（二）健全人格的概念

1. 国外对健全人格内涵的理解

20 世纪 70 年代，北美兴起了全人教育，其主要目的是促进人的整体发展。倡导教育要培养完整的人，使人在身体、知识、技能、道德、智力、精神、灵魂、创造性等方面都得到发展。心理学家从不同的方面对其做了描述,其中健全人格这一概念得到广泛认可和研究(刘宝存,2004)。西方人格研究者运用心理测验以及临床观察等方法,总结了那些被认为是人格发展水平较高的人所具有的一些重要特征,并提出了多种健全人格模式(张玉芬,2006)。

成熟者。美国人格心理学家奥尔波特长期研究具有高心理健康水平的人,认为具有健全人格的人是“成熟的人”。“成熟的人”具有 7 个特征:(1)能主动、直接地将自己延伸到自身以外的兴趣和活动中;(2)具有对别人表述同意、亲密或爱的能力;(3)能够接纳自己的一切,好坏优劣都如此;(4)能够准确、客观地知觉现实和接受现实;(5)能够客观地看待自己;(6)能够形成各种技能和能力,专注且高水平地胜任自己的工作;(7)能着眼未来,生活的动力来自长期的目标和计划。

自我实现者。美国人本主义心理学家、人类潜能运动的先驱者马斯洛(Maslow)对于“自我实现者”进行了深入研究,发现“自我实现者”都可以满足自我实现的需要,所有的能力都得到了运用,所有的潜能都得以实现。马斯洛从他们身上归纳出以下特点:(1)能充分、准确地认识现实;(2)对自己、他人乃至整个自然界能够做到最大限度的认同和接纳;(3)有自然、朴实和纯真的美德;(4)经常关注社会上各种疑难问题;(5)喜欢独处,有超俗的品质;(6)独立自主,不受文化和环境的约束;(7)有创造性;(8)不消极地适应现存的社会文化类型;(9)具有高品位的鉴赏力;(10)常有高峰体验;(11)能建立持久的友谊;(12)民主的价值观;(13)较强的伦理关系;(14)不带有敌意的、富有哲理的幽默感。

机能健全者。美国人本主义心理学家罗杰斯(C. R. Rogers)认为,“机能健全者”所表现的是真实的自我,这种人在许多方面像是一个婴儿,是纯洁的和真善的。他认为幸福不意味着一个人所有的生物需要(如财产、地位)都得到满足。幸福的真谛在于积极参与实现的倾向,在于持续的奋斗,而不是它的结果。罗杰斯把“机能健全者”的特征概括为以下 6 个方面:(1)他们不拒绝或歪曲某些经验,一切社会经验都能正确地、符号化地进入他们的意识领域;(2)他们在评判事物时,以自己的内在评价机制来评价经验,不断同化新经验;(3)他们的行为既受理性因素的引导,也受无意识和情绪因素的制约;(4)他们相信自己能掌握自己的命运,生活充实并充满希望;(5)具有高创造性;(6)乐意给他人以无条件的关怀,能与其他人高度协调。

创发者。美国人本主义心理学家弗洛姆(Fromm)认为,每个人都有充分利用自己的潜能成长与发展的固有倾向,之所以更多的人未能达到人格健全的状态,是因为社会本身的压抑和不合理。他强调社会变革是产生大量“创发者”,即人格健康者的唯一途径。“创发者”可以发挥自己所有的力量、潜能和能力。弗洛姆概括出“创发者”的 4 个特点:(1)创发性的爱。相爱双方是平等、自由的,能使人意识到主动关怀和被爱。(2)创发性的思维。尊重、关心思维对象。(3)幸福体验。幸福是一种生机盎然、充满活力、身体健康和充分发挥潜能的状态。(4)人本主义良心。它是发自内心的道德准则的体现,并使人获得幸福感。

2. 国内对健全人格内涵的研究

高玉祥(1997)提出,健全人格是各种人格特征的完美结合。根据国内外的研究,可以从 3 个方面概括健全人格的特点。

第一,内部心理和谐发展。他们的需要和动机、兴趣和爱好、智慧和才能、人生观和价值观、理想和信念、性格和气质都向健康的方向发展。他们的内心协调一致,言行统一,能正确认识和评价自己的所作所为是否符合客观需求、是否符合社会道德准则,能及时调整个体与外部世界的关系。一个人如果出现人格内在同一性的缺少,就会出现认识扭曲、情绪变态、行为失控等问题。

第二,人格健全者能够正确处理人际关系,发展友谊。这样的人在人际交往中显示出自尊和他尊、理解和信任、同情等优良品质。友谊使人开朗、热情和坦诚,而缺乏友谊的人,在情绪上往往有很大困扰,轻则产生恐惧、焦虑、孤独的情绪,重则产生多疑、妒忌、敌对、攻击的心态和行为。嫉妒心强的人很难在互惠的基础上与人合作,傲慢自大的人也绝不会虚心地倾听他人的意见。具有健全人格的人,在日常交往中既不随波逐流,也不孤芳自赏,能够使自己的行为与朋友、同事、同学协调一致。

第三,人格健全者能把自己的智慧和能力有效地运用到能获得成功的工作和事业上。马克思在论述人的全面发展理论中,认为“全面发展”包含 3 个特点:人的体力和智力的充分统一和发展;人的才能和智力的多方面发展;物质活动和精神活动的多方面发展。只能从事物质活动的人,仍旧是片面发展的人;只有既能从事物质活动,又能从事精神活动的人,才是全面发展的人(高玉祥,1997)。

葛明贵(2003)认为,健全人格是一个非特定的范畴性概念,可以从以下几个方面来认识:第一,健全人格是一个相对的概念。当一个人的人格发展出现了偏离或障碍时,我们就需要对其加以纠正和解决,这个过程就是人格的健全过程。个体人格发展过程中出现不平衡、不协调的情形称为人格不健全;反之,个体人格发展中平衡、和谐的正常状态,称为人格健全。第二,健全人格是一个发展性概念。人格是不断发展变化的,人格的不断发展过程其实就是人格逐步健全的过程。从发展变化的角度来看,健全的人格状态永远是一个理想状态。也就是说,健全人格的内涵将随着社会生活的变化而不断变化、充实和发展。第三,健全人格是一个结构性概念。一般认为,人格是由一组特质组成的,特质是构成人格的基本单位,决定着个体的具体行为。健全人格的结构应当是一个多层次、多水平、多侧面、富有内在逻辑关系的、完整的心理成分构成物(葛明贵,2003)。

黄希庭指出,心理健康是有层次性的,大致可分为心理疾病或障碍、心理机能正常和人格健全三个层次。其中,心理疾病或障碍属于不健康的层次。心理机能正常则属于低层次的心理健康,以心理适应为基本特征,通常表现为能消除过度的紧张不安而达到内部平衡状态,对周围环境顺从、内心无冲突,甚至是上下讨好、左右逢源。而人格健全属于高层次的心理健康,表现为有高尚的目标追求,发展建设性的人际关系,从事具有社会价值的创造性工作,渴望生活的挑战,寻求生活的充实与人生意义(黄希庭,郑涌,李宏翰,2006)。

所谓健全人格也称完美人格、优秀人格或理想人格,是指各种积极人格特征的完美整合(黄希庭,2010)。就是以正面的态度对待世界、他人与自己,过去、现在与未来,顺境与逆境,做一个自立、自信、自尊、自强和幸福的进取者。具体指出了健全人格的重要标准:(1)对世界持开放态度,乐于学习和工作,不断汲取新经验;(2)以正面的眼光看待他人,有良好的人际关系和团队精神;(3)以正面的态度看待自己,能自知、自尊、自我悦纳;(4)以正面的态度看待现在和未来,追求现实而高尚的生活目标;(5)以正面的态度对待挫折,能调控情绪,心境良好。

杨丽珠等人认为,由于幼儿的各种生理和心理机能尚处于形成和发展阶段,因而幼儿健全人格的含义有其独特性。本研究认为幼儿健全人格是指幼儿人格结构中具有普遍性和积极适应性的典型人格特质的健康和均衡的发展(杨丽珠,金芳,孙岩,2014),即聪慧性、文艺才能、自主进取、探索创新、认真尽责、攻击反抗、坚持自制、善交际、精力充沛、乐观开朗、同情利他、合作守礼、诚实知耻、暴躁易怒、敏感焦虑的健康和均衡的发展。幼儿健全人格发展的目标为:幼儿能够具有良好的自我认识,有自信心,积极进取,有独立做事的能力,有主见,喜欢探索,有创造力;乐于与他人交往,喜欢合作,诚实,对他人有礼貌;有同情心,对他人的不幸表现出关注,愿意帮助他人;做事认真负责,有一定的控制力;心境平和,有适度的情绪表达,有良好的情绪适应能力。

二、健全人格研究的意义

(一)健全人格研究是和谐社会全面实施儿童素质教育的需要

儿童人格是以个性差异、适应特征和生活事件整合的形式表现出来的,在文化和情境中体现差异性和复杂性(DeYoung,2010;杨丽珠,2015)。作为决定人的典型行为方式的心理系统或动力结构,人格会直接影响到人们在环境变化及其适应过程中的态度、信念、情绪和行为。儿童青少年期是构建自我认同、培养健全人格、发展社会技能的重要阶段。儿童青少年人格的形成与发展是在一定的环境中展开的,儿童的早期经验、家庭环境、父母教养、同伴关系和学校教育方式等都会在其人格发展中起到至关重要的作用。目前,我国正经历着巨大的社会变迁,在经济快速发展的同时,人们的心理不断受到多元文化与价值观的冲击,这都给儿童青少年健全人格的发展带来了千载难逢的机遇和挑战。所以对儿童青少年人格发展与教育的研究是新世纪全面推进素质教育的一个关键性问题。幼儿阶段是儿童各种素质发展的奠基阶段,是儿童人格开始形成的关键期。教育部颁布的《3~6岁儿童学习与发展指南》中明确指出:“幼儿在活动过程中表现出的积极态度和良好行为倾向是终身学习与发展所必需的宝贵品质。”例如,我们研究发现,4岁是人格发展的重要时期(杨丽珠,张金荣,刘红云,孙岩,2015);4岁、7岁是自尊发展的关键期(张丽华,方红,杨丽珠,2006),也是自信发展的关键年龄(王娥蕊,杨丽珠,2006);3.5~4.5岁是自我控制能力迅速发展的时期(沈悦,杨丽珠,方乐乐,2015)。

研究表明,幼儿时期的发展能够预期未来。幼儿4岁时自我延迟满足的表现能够预期9岁时的学校、社会交往能力,包括遵守规则与执行任务的能力、与教师交往的能力、与同伴交往的能力以及社交情绪发展水平等(杨丽珠,王江洋,2007)。进一步讲,还可以预期儿童13岁时适应学校情况,包括学习动机、学习环境、学习态度、学习自主性、学习方法等。米歇尔(Michele)等人研究发现幼儿期自我延迟满足能够有效地预测儿童以后社交方面的表现、认知和心理健康(Michele, et al., 2010)。而那些没有形成较好自我控制的儿童,他们表现得更加多动、易冲动,缺乏坚持性、专注性,在30年后会更加不健康,生活更加贫穷,更容易犯罪(Moffitt, et al., 2011)。

教育不仅要促进幼儿当前体、智、德、美各方面的协调发展,还要为幼儿的后续学习和终身发展奠定良好的基础。幼儿人格的健全发展影响到其童年生活的快乐与幸福,能力和智慧的形成,还将影响其一生的学习和工作状态。正如苏联教育家马卡连柯(Makarenko,1957)指出的,"儿童将成为怎样的一个人,主要决定于你们在他5岁以前把他造就成一种什么样子",所以应重视幼儿期健全人格的培养(杨丽珠等,2014)。

(二)健全人格研究是促进道德品质和身心健康的需要

《教育部关于培育和践行社会主义核心价值观 进一步加强中小学德育工作的意见》(教基一〔2014〕4号)中强调社会主义核心价值观是中国特色社会主义的本质体现。培育和践行社会主义核心价值观、加强中小学德育是推进中国特色社会主义事业的必然要求,是深化教育领域综合改革、促进学生健康成长的现实选择。《辽宁省教育厅关于进一步加强中小学心理健康教育工作的指导意见(试行)》(辽教发〔2014〕125号)中明确指出,中小学心理健康教育工作是落实"立德树人"根本任务的重要途径。心理健康教育是中小学德育的重要组成部分,用科学的方法和途径实施心理健康教育,对于帮助中小学生正确理解和践行社会主义核心价值观,提升人生信念,养成良好的意志品格,促进学生全面和谐的发展,具有不可替代的重要作用。健全人格培养就是遵循儿童青少年心理发展的特点和规律,引导儿童青少年养成正确的心理健康意识,树立正确的道德观念、价值取向和理想信念。儿童青少年健康人格的培养,不仅有助于其个体自身的健康成长,也是建立和谐社会和幸福中国的有效保证。儿童青少年的健康发展是社会发展的重要基础,是中国文化传统与社会主义核心价值观得以传承的直接体现,能够帮助我们明确健全人格所承载的中华民族独特的价值观、思维方式和人生态度。人格是人的先天本性与后天习性相结合的产物,健全人格的形成是文化与人的心理双向建构的过程,儿童青少年健全人格的培养过程就是中国文化传承得以实现的过程。

心理和谐是构建和谐社会的重要基础, 健全人格是心理和谐的重要组成部分。也就是说, 心理和谐最终体现为人的全面发展和个体的自我实现。心理和谐可以培育儿童青少年的社会主义核心价值观,营造自尊自信、理性平和、奋发进取的社会风貌。

另外,相关研究指出,人格决定个人的典型行为方式,直接涉及人们在环境变化和适应过程中的各种信念、态度、情绪、思考以及行为反应。具有健全人格的个体应具有良好的认知、良好的情绪状态和良好的意志品质。与此同时,研究也揭示了人格在压力事件与心理健康之间起到的中介作用,以一种强烈而渗透的方式影响着儿童青少年身心的发展。处于同等压力事件下，具有坚韧性人格的个体可以抵御压力所带来的消极后果；而那些内向、敏感焦虑、情绪不稳定的个体容易受压力的影响，对身心产生负面影响。例如，同样是弹琴，有的孩子不怕困难，能够坚持下去，研究表明，音乐训练可以促进幼儿自我控制、创造力的发展，这样幼儿心理可以得到健康发展。而有的孩子害怕困难，不能坚持，见琴就怕，于是逐渐形成抑郁的特征。

（三）健全人格研究是培养创新人才的需要

21世纪是竞争、创新的时代，"创新"是一个国家的灵魂。我们要想在世界竞争中立于不败之地，就必须使儿童具有健全的人格。健全的人格是高层次创新人才所具备的必要条件。创新人才既要具备创造性智力，也要具备创造性人格。

人格因素影响着智力的发展方向和水平，这是因为人格因素持续而稳定地支配、调节着人们对客观事物的态度、活动的积极性和行为的方式，并制约着人们对各种认识活动对象的趋势和选择，成为影响智力发展的动力载体。

（四）健全人格研究是做好个别化教育的需要

个别化教育的前提是尊重个体差异。新课标改革背景下的学生观要求以人为本，尊重儿童独立自主的发展及个性发展，这也对新时期的教育工作者提出了更为确切的要求，教育者要依据儿童心理发展特点进行个别化教育，切实做好因材施教，这也是幼儿发展的前提。幼儿的行为直接依从于具体的生活情境，直接反映外界影响，尚未形成稳定的态度，较容易塑造。人格是幼儿一生发展的基础，拥有健全人格的幼儿自我发展更完整，有利于幼儿的个体发展，从而有利于个别化教育的进行。

（五）健全人格研究是解决儿童存在的人格问题的需要

我国正经历着巨大的社会变迁，在变迁过程中社会也充斥着各种道德冲突、价值困惑，在儿童青少年人格教育领域，教育的偏差问题也日益凸显。如独生子女的教养，单亲、离异、重组等不同家庭结构对儿童人格发展的影响；农村留守儿童、城市流动儿童人格的发展，祖父母代养对儿童人格的影响；儿童网络依赖的现象，学校应试教育方面的压力，城乡儿童享受教育资源的失衡对儿童人格的影响；儿童缺乏责任感，无法忍受挫折，独立性差，不善于合作等问题对儿童人格的影响。所有这些都直接影响着社会的发展进程，也都给儿童青少年健全人格的发展带来了巨大的挑战。

在对中、日、韩三国幼儿和小学生家长的调查中，三国家长均认为孩子存在自主性差、做事拖沓、懦弱、胆怯、任性、经常发脾气等问题。医学研究表明，幼儿自我控制能力差位于十大问题之首。对中、澳儿童的跨文化研究表明，澳大利亚儿童自我延迟满足高于我国儿童，这也证明对我国幼儿自控能力的培养刻不容缓。教育应当促进儿童青少年的全面发展，即身心、智力、敏感性、审美意识、个人责任感、精神价值等方面的发展，为社会服务。因此，探讨儿童健全人格的发展具有重要的现实意义和深远的历史意义。

第二节　研究的背景与指导思想

一、研究背景

（一）国际背景

未来世界的竞争说到底是人才的竞争，为了提高综合国力和人才国际竞争力，很多国家都把发展儿童健全人格作为教育的重要目标。20 世纪 80 年代，西方掀起了人格教育运动，很多国家实施初级预防和制定最优化发展方案，以促进儿童青少年的人格全面发展，并致力于对儿童青少年人格的结构及其发展特征进行有效评价，构建便捷、高效的交互式数据平台。

20 世纪 80 年代，美国兴起了人格教育（Character Education）的热潮，它是二十世纪二三十年代兴起的“人格教育运动”（Character Education Movement）的回潮。美国前总统克林顿特别提到儿童人格培养在全美公立教育中处在联邦政府优先考虑的地位。从 1994 年开始，人格建构会议成了白宫每年必开的年度例会。美国启动了许多大型儿童青少年发展项目，并取得了可观的成效。例如，美国发展研究中心自 1980 年以来开展一系列的研究项目以促进儿童在人格、道德和社会性等方面发展，目前已经得到超过 40 个基金和政府机构的支持，其研究成果已被美国教育部、司法部、物质滥用预防中心等有关部门作为干预开发的范例，被超过 4 000 所学校和 5 000 所课外辅导机构采纳并取得良好效果。美国儿童发展项目（CDP）则是由美国卫生部物质滥用和心理健康服务管理局主持的一个多层面的项目，旨在提高学生的交往技能，促进他们对积极价值观的认同，通过培养学生的责任感促进其树立社会服务意识，成为“关爱社区的学习者”，该项目自实施以来也明显降低了学生吸烟、饮酒和攻击行为的发生率。目前，每 5 所美国公立学校就有 1 所在实施人格教育。美国学者弗洛伦斯（Florence）和马尔科 · 穆尼奥斯（Marco A. Munoz）通过设置实验学校和控制学校考察人格教育方案的有效性。结果表明，人格教育方案能促进学生认知发展，人格教育方案也提高了教师的自我评价意识，并为与学校有关的职业发展提供信息（杨丽珠等，2014）。布里茨曼（Britzman）认为通过人格教育能改变学校的道德风貌，由专业的学校顾问确定那些被大家认可的合乎道德的价值观并教给学生，从而帮助学生做出积极的行为选择。这些行为是形成良好人格、提高学生成就、获得健康的学校氛围所必需的（Britzman，2005）。也有学者对儿童某些人格特质进行了一定的干预研究，尤以注意力和自我控制较多（Rueda，Rothbart，McCandliss，Saccomanno，Posner，2005；Tang，et al.，2007）。美国学者托马斯 · 米勒（Thomas W. Miller）等人提出人格教育是校园内暴力的有效防御策略，通过人格教育方案，学生们提高了社会技能、阅读成绩和与父母交往的能力。2000 年英国政府颁布了面向 3 ~ 5 岁幼儿的《基础阶段课程指南》，该文件把促进幼儿人格、社会性和情感的发展，对学习的积极态度和倾向，社会性技能、注意力和坚持性、创造性的发展等作为重要的学习目标，表明英国政府对幼儿整体人格发展的重视。第二次世界大战后，日本在大规模调查的基础上，颁布了儿童福利法、青少年育成法和学校保健法，形成了包括咨询机构、资格认定和人才培养体系在内的较完备的干预体系。为了动态检测儿童青少年的发展趋势，总务厅会在调查的基础上每年发布《儿童白皮书》和《青少年白皮书》。2003 年文部科学省启动了全国普通学校就读需特殊援助学生的现状调查，在此基础上颁布了《轻度发展障碍中小学生教育援助体制改革纲要》。他们提出“全面发展人的人格，努力育人使其身心健康”的教育目标，并把“注重人格培养”作为新世纪教育改革的重点。韩国的教育法也规定了“尊重人格，重视人格”。开展儿童健全人格教育实践活动是世界教育的一股潮流。

（二）国内背景

党和政府明确意识到健全人格研究在解决与社会有关问题方面的重要性与紧迫性。1999 年国务院、科技部把心理学列为我国 2001—2015 年优先发展的 18 个基础学科之一，党的十六届六中全会明确提出要“注重促进人的心理和谐，加强人文关怀和心理疏导，引导人们正确对待自己、他人和社会，正确对待困难、挫折和荣誉。加强心理健康教育和保健，健全心理咨询网络，塑造自尊自信、理性平和、积极向上的社会心态”。党的十七大再次提出“建设和谐文化，培育文明风尚。

加强和改进思想政治工作，注重人文关怀和心理疏导，用正确方式处理人际关系”。党的十八届三中全会又进一步提出，“建立畅通有序的诉求表达、心理干预、矛盾调处、权益保障机制，使群众问题能反映、矛盾能化解、权益有保障”。《“十二五”规划纲要》提出“培育奋发进取、理性平和、开放包容的社会心态”。《国家中长期教育改革和发展规划纲要(2010－2020)》明确指出“把育人为本作为教育工作的根本要求”“尊重教育规律和学生身心发展规律，为每个学生提供适合的教育，培养造就数以亿计的高素质劳动者、数以千万计的专门人才和一大批拔尖创新人才”。国家人口和计划生育委员会联合教育部等部委于 2010 年 12 月启动青少年健康人格工程。2014 年 5 月，习近平总书记在庆祝“六一”国际儿童节讲话中指出：“要让社会主义核心价值观的种子在少年儿童心中生根发芽，为了中华民族的今天和明天，我们要教育引导广大少年儿童树立远大志向、培育美好心灵，让少年儿童成长得更好。”2016 年国家 22 部门出台《关于加强心理健康服务的指导意见》，提出心理健康是培养良好道德风尚，促进经济社会协调发展，培育和践行社会主义核心价值的基本要求，是实现国家长治久安的一项源头性、基础性工作。教育部于 2016 年新颁布的《幼儿园工作规程》也特别关注幼儿心理健康。这充分体现了党和国家对增强儿童心理健康、发展健全人格的高度重视。

国内学者对幼儿健全人格的塑造一直都非常重视，尤其是近二十年来，涌现出一大批针对幼儿人格特质培养的实证研究，如刘云艳关于幼儿好奇心的教育促进实验(刘云艳，2004)。杨丽珠带领的研究团队自 1995 年以来针对自我控制(但菲，2001；但菲，杨丽珠，冯璐，2005)、好奇心(袁茵，杨丽珠，2006)、自信心(王娥蕊，杨丽珠，2006；杨丽珠，王娥蕊，2005)、责任感(杨丽珠，金芳，2005)、同情心(杨丽珠，辛晓莲，胡金生，2005)及自尊(张丽华等，2006)等人格特质展开了系列培养实验，初步提出了幼儿人格培养的理论观点(杨丽珠，2008)。刘玉娟基于心理健康教育的角度开展了幼儿积极心理品质的培养目标及内容研究，也有一定的借鉴意义(刘玉娟，2010)。卡迈尔·缪勒(Kammeyer Mueller，2007)提出，个体发展是整体交互作用的过程，发展过程的整体性本质意味着人作为一个不能精简的整体在前进和发展。人格发展也是如此，所以我们有必要进行幼儿健全人格的培养。

二、研究的指导思想

(一)贯彻国家教育方针,尊重儿童发展规律

党的十八届三中全会明确提出全面贯彻党的教育方针,坚持立德树人,把社会主义核心价值体系融入国民教育的全过程。此书的编著要着重体现“育人为本”,无论是发展目标的确定、教育内容的选择,还是教育方法的运用都以儿童为主体,注重发挥儿童的主体性,充分尊重儿童的身心发展特点及教育规律,强调儿童良好品德的养成,注重品德教育的渗透性。教育部印发了《中小学心理健康教育指导纲要》(以下简称《纲要》)(2012 年修订)。《纲要》指出,中小学心理健康教育,是提高中小学生心理素质、促进其身心健康和谐发展的教育,是进一步加强和改进中小学德育工作、全面推进素质教育的重要组成部分。中小学生正处在身心发展的重要时期,随着生理、心理的发育和发展,社会阅历的扩展及思维方式的变化,特别是面对社会竞争的压力,他们在学习、生活、自我意识、情绪调适、人际交往和升学就业等方面会遇到各种各样的心理困扰或问题。由此,对儿童开展心理健康教育,是促进儿童身心健康成长、全面推进素质教育的必然要求。

为了促进幼儿心理健康教育,教育部颁发了《3 ~6 岁儿童学习与发展指南》(2012),确保幼儿园、家庭和社会对幼儿的发展和教育有一个正确的认识和价值取向,坚持科学保教方法,提供有质量的学前教育,保障幼儿快乐、健康成长。《幼儿园工作规程》(教育部,2016)也指出:应当关注幼儿心理健康,注重满足幼儿的发展需要,保持幼儿积极的情绪状态,让幼儿感受到尊重和接纳。

开展儿童心理健康教育工作,必须高举中国特色社会主义伟大旗帜,践行社会主义核心价值体系,贯彻党的教育方针,坚持立德树人、育人为本,注重幼儿心理和谐健康,加强人文关怀和心理疏导。根据幼儿生理、心理发展特点和规律,把握不同年龄阶段幼儿的心理发展特点,运用心理健康教育的知识理论和方法技能,培养幼儿良好的心理素质,促进其身心全面和谐发展。

开展儿童心理健康教育,要以儿童发展为根本,遵循儿童身心发展规律,必须坚持以下基本原则:第一,坚持科学性与实效性相结合。要根据儿童身心发展的规律和特点及心理健康教育的规律,科学开展心理健康教育,注重心理健康教育的实践性与实效性,切实提高儿童心理素质和心理健康水平。第二,坚持发展、预防和危机干预相结合。要立足教育和发展,培养儿童积极的心理品质,挖掘他们的心理潜能,注重预防和解决发展过程中的心理行为问题,在应急和突发事件中

及时进行危机干预。第三,坚持面向全体儿童和关注个别差异相结合。全体教师都要树立心理健康教育意识,尊重儿童,平等对待儿童,注重教育方式、方法,关注个别差异,根据不同儿童的特点和需要开展心理健康教育和辅导。最后,坚持教师的主导性与儿童的主体性相结合。要在教师的指导下,充分发挥和调动儿童的主体性,引导儿童积极主动关注自身心理健康,培养儿童自主维护自身心理健康的意识和能力。

心理健康教育的总目标是:提高全体幼儿的心理素质,培养他们积极乐观、健康向上的心理品质,充分开发他们的心理潜能,促进幼儿身心和谐、可持续发展,为他们的健康成长和幸福生活奠定基础。按照"全面推进、突出重点、分类指导、协调发展"的工作方针,不同地区应根据本地区的实际情况,积极做好心理健康教育工作。心理健康教育应从不同地区的实际和不同年龄阶段幼儿的身心发展特点出发,做到循序渐进,设置分阶段的具体教育内容。

(二)坚持儿童人格发展研究的中国化

潘菽教授在 1983 年曾提出,要"建立有中国特色的心理学"。随后,我国开始涉及心理学中国化的研究。林崇德教授在《心理学研究的中国化:过程和道路》一文中指出:"中国心理学的发展已经具有良好的开端,如何在良好的开端基础上更上一层楼,就需要通过心理学研究的中国化,形成中国自己的心理学理论与体系。"(1996)至此心理学中国化的研究开始深入。

文化的发展是随着民族的发展而发展的,当代文化的发展趋势虽然是各民族不同文化相互吸收和借鉴的结果,但终究不会改变多元化的基本态势。就东西方而言,东西方具有不同的文化特质。同属东方,不同国家仍具有不同文化特质,这些文化特质点点滴滴地渗透在生活的各个领域,影响着家庭、幼儿园、小学、中学对儿童的教养方式与内容,影响着儿童心理的发展。儿童的发展不仅受生物性因素的影响,还受文化、社会阶层、家庭等社会性因素的影响。对于东方人与西方人来说,千百年来,他们生活在不同的环境中,时代的变迁已经造成其遗传素质的差异。更为重要的是,他们生活在不同的文化背景下,不同的社会文化环境、法律制度、行为规范等均对发展产生作用,并影响人格结构的内容(王登峰,崔红,2003)。综述西方个性结构研究,我们还发现在不同国家、不同文化中人们的人格结构所包含的成分也存在一些差异(张野,杨丽珠,2003)。因此,不同文化背景下,人的人格结构应该既有相似性,又有差异性。要准确把握中国人的人格结构及发展规律,不能照搬西方的理论,而应在中国文化的背景下进行研究。基于这种思想,我们研究的对象是中国儿童青少年，所揭示的应该是中国儿童青少年人格发展的规律。

（三）勇于探索，彰显儿童人格发展研究的创新性

创新是一个理论发展恒久不变的主题，对于我国儿童人格发展研究的创新，首先应该表现在研究内容要具有创新性。我们借鉴人格大五因素理论，依据当前社会中正在使用的描述儿童特点的自然语言，这一语言是儿童所在社会长期积累的结果。它包含了所有的描述儿童特质所需的概念，差异越明显，说明在日常生活中描述这个特点的词汇就越多。我们请幼儿园、小学教师运用中文形容词描述儿童人格特征，试图从自然语言途径入手，结合词汇学，在王登峰创建的1 520个词汇构成的人格描述词汇表中进行筛选，我们又结合"九五""十五""十一五"期间对人格理论的研究与文献检索，构建了儿童人格理论建构，采用验证性因素分析，确立了我国3～15岁儿童人格结构；对依据"中国发展指数"确定的中国四类地区进行分层随机抽样，抽取12个省7 161个被试，制定了幼儿人格教师评定量表、常模；运用纵向追踪的研究方法，结合潜变量增长模型探索幼儿、小学生人格发展特点；用贝叶斯网络，探究多种因素综合影响儿童人格的发展；用整体交互理论，进行幼儿健全人格的培养，构建幼儿健全人格教育模式。这些都具有创新性，获得了一些突破性的成果。

其次，研究方法要具有创新性。我们采用综合研究方法，诸如，开放式问卷、自由描述法、词汇法、分子行为分析法、自然观察法、问卷法、情境实验法、追踪观察法、实验室观察法、教育现场实验法、实验室实验法、脑电测查法等方法互为佐证，既有定性研究，也有定量统计；既有横向研究，也有纵向研究；既有常规研究，也有现代化手段，使其具有前沿性。例如，我们不仅运用群组序列设计、纵向追踪、潜变量增长模型统计，探讨儿童人格发展特点，而且，首次在我国依据整体交互人格理论，运用贝叶斯网络探讨各种因素是如何综合影响幼儿人格发展的。所有这些都彰显其创新性。

（四）把握儿童人格发展研究的系统性与全面性

儿童青少年人格发展是由多因素组成的、系统的整体结构，其又具有不同的子系统。我们以辩证唯物主义的系统论、整体观、发展观、主客体相互作用的观点，全方位研究儿童青少年人格发展。在研究时要考虑儿童青少年人格发展的结构、评估、发展的特点、影响因素和培养等诸多方面的问题，同时还要考虑到这些

因素间的相互作用。本研究的终极目标还要致力于培养儿童青少年的健全人格，研究内容应是系统的、全面的。

（五）体现儿童人格发展与教育研究的科学性与应用性

研究儿童人格发展与促进的终极目标是培养儿童健全人格。应用研究要在基础研究之上进行，基础研究要真正体现科学性。科学的基础研究能为应用研究提供理论依据，保证应用研究的有效性；应用研究可验证基础研究是否具有科学性。为此，我们将幼儿心理与幼儿教育有机结合，专业工作者与幼儿园实际工作者相结合，既发挥专业工作者的科研能力，又吸收实践工作者的宝贵经验，在幼儿园对幼儿人格的整体进行培养，依据幼儿人格的结构确立人格培养的目标，依据幼儿人格发展的特点和关键期确定教育游戏活动内容，依据影响幼儿人格发展的因素确立教育游戏载体，并施以尊重平等、自主教育，在幼儿园进行幼儿健全人格培养的教育现场实验，其结果显示研究既有理论力度，又有实践价值。因此，建构的幼儿人格发展与教育模式具有科学性、可操作性，具有广泛的应用前景。

第三节　研究的相关理论与总体思路

一、研究的相关理论

（一）孔子关于健全人格的思想理论

我国古代有关人生境界的论述中，认为理想人格为人生的理想境界。其中孔子对理想人格的论述影响广泛而深刻，其伟大之处在于他在塑造崇高人格的同时，为世人精心设计了理想人格模式并探讨出实现理想人格之路。据《论语》记载，关于理想人格，孔子有许多不同的称谓，其中“圣人”“君子”及“成人”则是孔子所称道的具有内在联系而合乎“中道”的理想人格。关于“圣人”，孔子认为“所谓圣者，德合于天地，变通无方，穷万事之终始，协庶品之自然”。“圣人”追求“天人合一”“从心所欲不逾矩”的人生境界和“大同”的社会理想，塑造“仁且智”“博施济众”“修己以安百姓”的形象。“圣人”是孔子想象中的最高人格，是一种超现实的最理想人格，是历来为中国人所仰慕的至高理想人格，也是中国传统教育所欲培养人的最高目标。而“君子”才是孔子极力倡导、推崇和追求的理想人格的典范，是比较现实的能够实现的理想人格。孔子认为要成为“君子”，其构成要素包括仁、义、礼、智、信等作为“人”应具有的品质，同时，只有“君子之质”是不够的，还必须有“君子之行”：见利思义、临危不惧、言而有信。儒家学派认为，仁、义、礼、智、信构成了人格的“五常”。“仁、礼、智、义、信”不仅是孔子理想人格“君子”的构成要素，而且也充分体现了孔子理想人格“君子”的基本特征。孔子期望“君子”以仁、义、礼、智、信诸要素而修己，但修己的目的应是“安人”并“安百姓”。孔子儒家所论“成人”人格，主要是指心性修养和人格发展的成功，人性在现实世界中的外化和展现。而“成人”可视为古代意义上的“全人”或“完人”，是人格完备的象征。孔子在答弟子子路所问如何为“成人”时说：“若臧武仲之知，公绰之不欲，卞庄子之勇，冉求之艺，文之以礼乐，亦可以为成人矣。”（《论语·宪问》）在孔子看来，只有兼四人之长，并能“节之以礼，和之以乐，使德成于内而文见乎外，则才全德备，浑然不见一善成名之迹；中正和乐，粹然无复偏倚驳杂之蔽，而其为人也亦成矣”（《论语集注·宪问》）。显然，“成人”人格是指一个人的人性得到充分发展，才全德备，中正和乐而无偏倚驳杂之敝，其人格得以完善。孔子还提出，只有“见利思义，见危授命，久要不忘平生之言，亦可以为成人矣”（《论语·宪问》）（胡继明，黄希庭，2009；于建福，2005）。

（二）维果斯基的文化－历史发展理论

维果斯基（Vygotsky）认为一个人的心理（从出生到成年），是在环境与教育影响下，在低级的心理机能的基础上，逐渐向高级的心理机能转化的过程。儿童心理机能由低级向高级发展的标志为：（1）心理活动的随意机能；（2）心理活动的抽象－概括机能和各种心理机能之间的关系不断地变化、组合，形成间接的、以符号或词为中介的心理结构；（3）心理活动的个性化，人格的形成是高级的心理机能发展的重要标志。

儿童心理机能由低级向高级发展的原因为：（1）受社会规律制约；（2）儿童在与成人交往中以语言为中介；（3）高级心理机能的不断内化。

维果斯基十分强调社会环境的作用，他第一个明确提出教育在儿童心理发展中的主导作用，同时他也强调环境与儿童的相互作用。他指出在教育中要重视受教育者本人的特点，儿童在与周围环境作用中不是消极被动的，外界影响是在通过儿童过去经验中所形成的特点的基础上的折射。儿童有两种发展水平，一种为儿童的现有发展水平，另一种为在成人的帮助下，所能达到的解决问题的水平，这两种水平之间可能有差异。教育要消除这种差异，这就是“最近发展区”。教学应当走在发展的前面,创造最近发展区。

维果斯基认为,游戏能够为幼儿创造最近发展区。主要表现在两个方面:一方面,在游戏中,幼儿借助代替物,能够进行表征思维活动,不受具体的知觉情境的限制。如幼儿想骑大马,但又没有真马可骑,于是他拿来一根棍子,做出骑马的动作,把棍子当马骑,他把"马"的意义迁移到了"棍子"上。而在现实生活中,幼儿只能用真实的事物做出真实的动作。另一方面,幼儿在遵守游戏规则的过程中逐渐提升了自我控制能力。在角色游戏中,幼儿把自己假装成另一个人,按照这个角色的身份要求,去模仿和扮演这个角色,表现出幼儿对这个角色的忠实遵守,这实际上是儿童对社会规则的一种认同,在这个过程中,幼儿必须将自己本身的欲求压制下去,而遵从于假装游戏中的角色要求,并做出与这个角色相符的行为。每一个游戏都有规则,游戏不断对孩子的行动提出要求,在游戏中孩子的行动必须相反于他想要的行动,这时候,幼儿的最大的冲动抑制性就产生了。比如,在现实生活中让一个幼儿一动不动地站立,他只能坚持几秒钟,而如果让幼儿在游戏中想象自己是一名哨兵在站岗,那么这个幼儿可能会坚持更长的时间,这表明游戏能够促进幼儿意志行动的发展(刘焱,2004)。

受维果斯基游戏观的启发,我们把游戏作为幼儿健全人格教育的载体,将人格教育目标渗透于精心设计的教育游戏中,通过提出相应的游戏规则实现幼儿自主地朝着人格发展的目标方向前进。

(三)积极心理学的人格培养观

积极心理学的研究渊源,最早可追溯至20世纪30年代特曼(Terman)关于天才和婚姻幸福感的研究,以及荣格的关于生活意义的研究。之后,美国前任心理学会主席塞利格曼(Seligman,1998)提出要研究积极的心理学,帮助人们过更快乐、更积极健康的生活。在1998年美国心理学会在线监测(*APA Monitor Online*)的一篇文章中,塞利格曼指出心理学有3个使命:(1)研究消极心理,治疗精神疾患;(2)让所有人生活得更加充实、有意义;(3)鉴别和培养天才。

目前关于积极心理学的研究,主要集中在研究积极的情绪和体验、积极的个性特征、积极的心理过程对于生理健康的影响以及培养天才等方向。具体表现为,积极情绪能构建和增强人的个人资源,如增强人的体力、智力、社会协调性等,而且有助于消除消极情绪。积极的人格有助于个体采取更为有效的应对策略,从而更好地面对生活中的各种压力情境。积极的情绪状态(如乐观)可以增加人的心理资源,使人相信结果会更好。积极的情绪状态对于患病者的身心状况改善有积极的影响,良好的情绪状态容易导致积极的康复活动。

积极心理学强调研究人性积极的一面,并把积极的情感体验、积极人格和积极的社会组织系统作为其主要研究内容。积极心理学家非常看重各种积极人格特质的作用及形成过程。可以说,积极人格特质的存在是积极心理学得以建立的基础。到目前为止,积极心理学共研究了“24种重要的积极人格特质”(任俊,叶浩生,2005)。

而积极的人格有助于个体采取更为有效的应对策略,从而更好地面对生活中的各种压力情境。因此预防和治疗心理疾病的关键不在于避免和修复他的缺陷,而在于找到其自身的潜力,从而用积极的方面带动个体的发展,达到预防和治疗的效果(崔丽娟,张高产,2005)。

受其观点的启发,我们发现幼儿健全人格教育就是帮助幼儿形成积极的人格特质。在生活中更多地发掘影响幼儿积极人格形成的因素,使幼儿形成稳定的积极生活态度,从正面预防消极因素对幼儿人格的影响。我们的幼儿人格结构研究得出,幼儿人格由5个维度、15个亚特质和34个具体特质所组成。每个具体特质都有其积极和消极两种相反的表现,如自信对自卑、独立对依赖、抑制对冲动、诚实对撒谎,等等。依据积极心理学的观点,我们在培养幼儿健全人格时应立足于积极的一面,防止消极方面的出现,通过积极人格特质的形成,带动幼儿健全人格的发展。所以教育游戏设计应着眼于幼儿的积极人格特质来选取合适的教育内容。

(四)发展的关键期理论

关键期理论最早是由瑞士生物学家劳伦兹(Lorenz)提出的,他以小鸭的“母亲印刻”效应实验来说明关键期的存在。在小鸭出生后的几个小时到20个小时的时间段内,小鸭会对看到的第一个运动的物体形成印刻,即把这个物体当作自己的母亲,并追随自己的母亲。一旦错过这个时期,小鸭就很难再形成“母亲印刻”了。人类心理发展的关键期理论,是指人类对某种行为和技能、知识的掌握,在某个特定的时期发展最快,最容易受环境影响。在这个时期对人格施以正确的教育,可以起到事半功倍的作用,而一旦错过这一时期,就需要花费很多倍的努力才能弥补,或者将可能永远无法弥补。

蒙台梭利(Montessori)在这个观点的基础上又提出发展的“敏感期”观点。她认为幼儿身上有9个敏感期,如语言的敏感期、秩序的敏感期,等等。在某一敏感期内,幼儿对这个能力的获得特别敏感,如果能受到与之相对应的适当刺激的影响，那么这个能力就会轻而易举地获得发展；反之，这个时期内没能接触到适当的刺激，虽然这个能力也会发展，但发展的效果却会大大降低（侯德华，2011）。

依据人类心理发展的关键期理论，我们对教育游戏活动的设计必须把握幼儿人格发展的关键期，在关键期内进行培养，如幼儿好奇心在小、中、大班的发展呈现一个类似“V”形发展趋势，小班幼儿好奇心发展很快，中班有所下降，到了大班再次快速发展。依据人类心理发展的关键期理论，我们应提供各种条件促进幼儿在小班和大班阶段好奇心的发展。再如，3～3.5 岁幼儿是被动控制，3.5～4.5 岁幼儿是约束性自我控制，5 岁以后幼儿是主动性自我控制，3.5～4.5 岁时期是幼儿自我控制发展的敏感期（平均年龄为 4 岁），这个时期内自我控制的发展迅速。我们要抓住这个关键期，根据不同阶段的发展特点进行培养。

二、研究的总体思路

研究儿童人格发展的终极目标是培养儿童具有健全的人格品质，探索有效促进儿童健全人格发展的教育模式。为此，必须进行科学的基础研究。诸如，儿童青少年人格的指标体系的研究，包括人格的结构及其相互关系；人格的评估工具；人格的发展特点及关键期；人格的影响因素，在此基础上进行人格的培养，即依据幼儿人格结构确定培养目标；依据儿童人格发展的特点和关键期，设计教育活动；依据影响儿童人格发展的因素，选择最佳有效载体，运用最佳的自主性教育和尊重平等的教育形式，对儿童人格进行教育现场实验，以建构促进儿童健全人格发展的教育模式。应用研究必须依据基础研究的成果，只有如此方是科学可行的。我们研究的总体思路如图 1-1 所示。

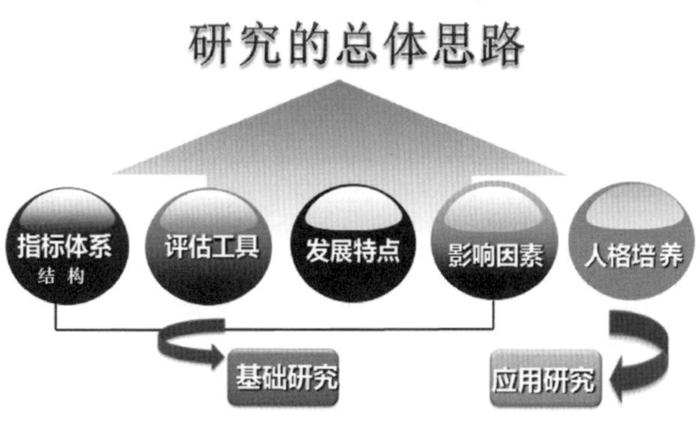

图 1-1 研究的总体思路示意图

（一）建立人格测评指标体系

（1）建立我国幼儿人格发展指标体系，明确幼儿人格发展结构的内涵及其结构各维度之间的关系。

（2）建立影响人格发展各因素的指标体系，包括个体因素（气质指标）、家庭因素（父母教育价值观、父母教养方式、父母共同养育）、学校（幼儿园）因素（学生知觉到的教师期望、师生关系、同伴接纳、友谊质量）。

（二）制定高效可行的测评工具

（1）编制我国"3～6岁儿童人格教师评定问卷"，运用情境实验等多质多法，保证问卷的有效性和可靠性。在全国取样，建立中国3～6岁儿童人格发展量表、常模。

（2）编制我国3～6岁幼儿人格影响因素，气质、家庭因素（父母教育价值观、父母教养方式、父母共同养育）、学校（幼儿园）因素（学生知觉到的教师期望、师生关系、同伴接纳、友谊质量）测评工具。

（三）探讨我国幼儿人格发展特征

（1）采用群组序列设计纵向研究、潜变量增长模型和多层线性模型分析，探讨幼儿人格发展特点。

（2）运用潜变量分类增长模型分析，探讨幼儿人格发展类型。

（四）探究我国幼儿人格发展的影响机制

（1）探究幼儿气质因素对人格的影响。

（2）探究父母教育价值观、父母教养方式、父母共同养育对幼儿人格的影响，并综合探讨不同家庭因素对幼儿人格的影响。

（3）探究教师期望、学生知觉到的教师期望对幼儿人格的影响，并综合探讨教师期望与幼儿知觉到的教师期望如何作用于幼儿人格的发展；探讨同伴接纳与友谊质量对幼儿人格的影响，并综合探讨不同层面同伴接纳及友谊质量综合对幼儿人格的影响。

（4）通过贝叶斯网络，综合探究诸多影响因素对幼儿人格的影响，探讨各个因素对幼儿人格的综合作用模式。

（五）构建我国幼儿健全人格培养模式

（1）确定幼儿健全人格教育的总目标和阶段目标。

(2)选择幼儿健全人格教育的最佳载体,设计游戏活动库。

(3)进行教育现场实验。

(4)在全国进行幼儿健全人格培养的推广实验。

(六)研究幼儿健全人格培养中的教育困惑及应对

(1)阐述与解析幼儿自主进取培养中的教育困惑。通过探讨幼儿发展的内在规律,从而实现尊重幼儿的自主性、参与性以及幼儿的个体差异,让幼儿获得充分的自主、自由和自尊。

(2)阐述与解析幼儿探索创造培养中的教育困惑。探究如何培养幼儿的探索创造能力、纠正教育方法上的误区,从而为培养幼儿探索创造能力提供发挥空间。

(3)阐述与解析幼儿认真尽责培养中的教育困惑。探讨在引导幼儿责任心发展的过程中,如何在认知、情感层面上实现幼儿对责任的内化。

(4)阐述与解析幼儿自我控制培养中的教育困惑。培养幼儿自我控制能力,需要正确看待幼儿自控能力差的表现,需要采用适合他们的方法进行培养。

(5)阐述与解析幼儿合作交往培养中的教育困惑。通过探讨学校与家庭如何指导学习交往的基本规则和技能,为促进幼儿同伴合作交往的能力提供有力参考。

(6)阐述与解析幼儿自尊自信培养中的教育困惑。探讨如何正确利用学校与家庭的教育方式,培养幼儿自尊、自信品质。

(7)阐述与解析幼儿诚实礼貌培养中的教育困惑。通过理解幼儿行为的真实原因以幼儿视角看待问题,引导幼儿遵从自己内心真实的想法,以促进培养幼儿良好的品德。

(8)阐述与解析幼儿同情助人培养中的教育困惑。探讨如何创造良好的学校、家庭氛围,以促进幼儿自然而然地模仿、潜移默化地发展同情及助人行为。

(9)阐述与解析幼儿情绪适应培养中的教育困惑。通过理解幼儿情绪适应不良的原因,积极疏导幼儿的不良情绪,教育幼儿如何正确表达情绪,从而实现对幼儿情绪适应能力的培养。

第二篇 幼儿人格的结构与发展

第二章 幼儿人格发展的评估

人格问题关系着人全面、和谐地发展。学前儿童阶段是人生的重要阶段，也是人格形成的关键期，因此探讨 3 ~6 岁幼儿人格发展特点具有重要意义。许多研究表明，幼儿阶段人格的发展在整个儿童期非常重要，许多主要特质发展的关键期均在此阶段，增进对幼儿人格发展的全面了解，编制测量幼儿人格的量表是必不可少的。

第一节　幼儿人格发展的问卷评估

一、幼儿人格发展问卷评估的国内外现状

（一）西方幼儿人格发展问卷评估研究现状

西方曾经只关注成年人人格的发展与变化，直到 20 世纪 90 年代，才有少数的研究开始关注从婴儿到儿童早期人格特质的发展（Charles，2005）。为探索人格在幼儿阶段形成与发展过程中的规律性，在成人五因素人格结构基础上，西方研究者编制了很多符合儿童年龄特点的人格结构测评工具。

米尔维德（Mervielde）等人（1995）使用教师评定弗兰德大五双极评定量表（B5BBS-25）问卷对 560 名 4～6 岁幼儿进行评价，该量表由 25 道题构成，题目是两极形容词（如“胆小”与“自信”），相反的两极形容词以 9 点计分，低得分表示偏向左边的特质（如胆子越小）。这些题目选自戈德堡（Goldberg）的大五因素双极量表（含 50 个题目）。经测量后，采用极大方差旋转法得出了 4～6 岁儿童的 4 维度 68% 的方差解释率，各维度的名称分别为“责任心－智力”“外倾性”“宜人性”“情绪稳定性”。该问卷具有良好的评分者信度，并具有较好的儿童年级平均学习成绩预测效度。

特质心理学家通常以经典问卷测试考察人格特质水平的变化，揭示儿童人格结构及其发展特点。其中，加利福尼亚儿童 Q 分类测试（California Child Q-set）受到众多学者偏爱，该问卷包括 100 道描述儿童情感、认知和行为特点的题目卡片，父母将题目按照固定等级分布（1～9）进行分类。正式施测前，需要对问卷的正确使用方式进行培训，并确定评分者之间的信度系数。该问卷在评估儿童人格结构的信效度上达到良好水平。兰博（Lamb，2002）研究采用加利福尼亚儿童 Q 分类测试的瑞典版，让母亲对儿童的外倾性、宜人性、责任心、积极行为等特质的 57 道题目进行回答，开展了一个成人（父母和教师）评定 102 名儿童 2～15 岁的追踪研究。他们观察到儿童宜人性和公正严谨性的增长以及外向性的下降；神经质在 8 岁前有轻微的增长，但到 8 岁后保持稳定；开放性在 2～4 岁时增长，在 4～8 岁时保持稳定，然后一直下降。

另外，儿童人格发展受文化的影响。为考察文化差异对儿童人格特质发展的

影响，多数研究者选择信效度较高的由父母评定的儿童个体差异问卷（The Inventory for Child Individual Differences，ICID）作为测评工具。问卷由 144 个描述儿童人格的形容词与句子构成，每个项目采用李克特七级记分方式（1—低于儿童平均水平；7—高于儿童平均水平）。克尼亚杰夫（Knyazev）等人（2008）考察了文化差异对 2～15 岁儿童人格特质平均水平发展的影响。他们运用自我、父母评定的儿童个体差异问卷（ICID）比较了斯洛文尼亚和俄罗斯儿童人格发展特点。评估后发现斯洛文尼亚儿童有更高的外向性、公正严谨性和开放性，这些差异可以在学前儿童身上观察到。

气质被认为是儿童人格的潜在核心。格里斯特（Grist）等人（2010）运用自编的"学前儿童五因素人格问卷"（M5-Preschool Version，M5-PS）和 CBQ（Childhood Behaviour Questionnaire）分析 3～4 岁儿童气质与人格的相关，发现气质中的负面情绪与人格中的神经质显著相关，而努力控制与公正严谨性相关，伶俐性与外向性相关。米尔维德（Merviedlde）等人（2009）将自己研究得出的儿童的人格模型与托马斯（Thomas）和切斯（Chess）、巴斯（Buss）和普洛明（Plomin）、洛斯巴特（Rothbart）的 3 个气质模型结合起来，调查了 443 名学前儿童，进行联合因素分析后发现社会性、活动性、公正严谨性等 6 个因素，而且探索的因素结合比单独的人格和气质更好地预测了幼儿的问题行为。

新近研究比较关注具有问题行为的幼儿人格障碍特点。了解从幼儿时期到成人期的人格障碍发展特点，对于揭示问题和犯罪行为的严重性与持久性的发展至关重要。奥利弗（Olivier，2014）编制了教师评定 3～12 岁儿童问题特质问卷（Child Problematic Traits Inventory ，CPTI），该问卷包括浮夸 - 欺骗、麻木不仁、刺激的冲动性需要 3 个维度，以李克特四点记分法，（1—根本不能应用；2—应用不好；3—应用较好；4—应用得非常好）评估 28 道题目。研究者使用该问卷对 2056 名 3～5 岁幼儿的问题行为进行研究，较好地拟合了 CPTI 的理论结构，并获得可靠信效度的验证。

目前西方对儿童人格结构的研究已基本成熟，确立了与成人五因素结构相仿的"小五"因素结构。随着相应的测评工具投入应用实践中，研究者发现仅从 5 个维度上预测儿童的个体差异已远远不够，需进一步对每个维度下所包含的特质进行探讨，建立儿童人格的多水平等级结构，提高测评工具的评价效度。西方对儿童人格发展的研究依赖于运用不同的测量工具评估儿童人格发展，但更多使用问卷测量儿童人格发展的稳定性、特质平均变化的趋势及性别差异的探讨，对儿童人格的发展与变化的探讨相对于成人研究而言较少，只是描述了这种变化，没有尝试解释人格稳定或发展的内在机制。

（二）中国幼儿人格发展问卷评估研究现状

国内为适应临床咨询和教育干预的需要，对幼儿人格发展特点的研究更多地采用问卷测量方法。陈学诗等人（2001）经理论推导编制了养育者评定幼儿人格问卷，经过探索性因素分析确立了4维度45道题目的幼儿人格测评工具。总问卷与分问卷的内部一致性在0.77～0.90，各分量表的相关也处于中等水平。这种理论推导式的问卷制定是否适合中国幼儿人格发展特点需要进一步验证。

为增加幼儿人格发展问卷编制的生态性，国内研究者借鉴西方儿童人格研究的自由词汇描述法，制定幼儿主要教养者（父母、教师）他评问卷评估中国幼儿人格的发展与变化。

张雨青（1999）采用父母对儿童人格的自由描述，编制了测评3岁、6岁、9岁、12岁4个年龄组儿童人格的父母评定问卷。运用探索性因素分析，确立了“智力”“认真性”“外倾性”“宜人性”“情绪稳定性”和“自主性”6个维度的人格结构。其中3岁幼儿的人格问卷包含16个题目，具有较高的内部一致性。基于不同年龄段5个维度稳定性的变化，证实儿童人格的发展变化趋势。

刘文和杨丽珠（1999）选择同样熟悉幼儿人格的教师进行自由描述，编制幼儿人格教师评定问卷，经探索性因素分析得出5个维度的幼儿人格结构。问卷由86道题目构成，智能特征、自我意识、意志特征因素的方差解释率为11.6%，情绪情感特征、亲社会性和活动性的方差解释率为78%，具有较理想的信度指标、区分度和内容效度。基于已有的理论框架对幼儿人格结构的适宜性进行检验与调整，张野和杨丽珠（2004）在探索性因素分析的基础上，使用验证性因素分析证实幼儿、小学生人格结构的稳定性。首先运用质化研究梳理来自全国6大区10个省的教师自由描述，经质化研究与理论推导，编制幼儿、小学生人格发展教师评定问卷，结合验证性因素分析的拟合指标，保证儿童人格结构的智能特征、认真自控、情绪性和亲社会性4个维度及11个特质的问卷结构合理性。该问卷的信效度检验均达到科学要求。幼儿与小学生人格结构相同但11个特质命名不完全一致，体现了儿童人格的发展特点。

总之，我国幼儿人格结构的研究无论在量上还是质上都很薄弱。不同的研究采用不同的研究路线（如自由描述或词汇学）与评定方式（父母或教师），使研究结论有很大差异；编制的测评问卷的信效度也有待于进一步检验。为了有效评价我国幼儿人格发展的水平及个体差异，服务于人格教育实践，综合多种手段进一步探讨我国幼儿人格结构，编制有效的测评工具是必要的。

二、幼儿人格发展教师评定问卷的理论建构

（一）幼儿人格结构质化研究的必要性

为编制有中国文化背景的、动态的、细节的描述性幼儿人格发展问卷，需利用质化研究奠定编制我国幼儿人格结构工具的理论基础。

质化研究（Qualitative Research）是反思性的、描述的、释义的，它通常从被研究者的角度出发，以生活于特定情境中的人的视角来反身性地描述和理解人的实际行动和体验。它能应用深度的、开放式的调查和参与式观察等方式了解被研究者的主观体验，在具体的情境中把握现象和事件的意义，强调心理行为和现象背后的文化特性和情境性。

准确建立我国文化背景下的幼儿人格结构，不能直接借鉴西方背景下业已成熟的理论框架和研究工具。因为中西文化的本质差别，生活在两种截然不同文化下的幼儿的人格表现与内涵必然不同，即使有的成分一样，其所体现的含义和程度也会有所区别。因此我们需对中国文化背景下幼儿人格究竟包括哪些成分进行最初始的调查。

幼儿年龄尚小，难以准确描述自己的人格特点，选择熟悉幼儿的教师自由描述或评定适合描述幼儿的成人人格特质形容词可以解决这一问题。但想从两种方式获取的鲜活而无序的资料中得到准确而全面的人格结构，需要利用质化研究对看似无序的词汇资料进行整理、归类，使反映中国文化特性的幼儿人格成分逐渐清晰起来，科学、客观地甄别、筛选适合中国幼儿的人格特征。

由于幼儿的年龄限制，我们采用教师描述和评定的方法挖掘教师关于幼儿的主观印象，进而以体现质化研究的本质与优势的方式研究幼儿人格。幼儿心理世界的建构是从教师视角实现的。而这种主观印象的形成与教师在与幼儿长年累月相处获得的观察经验密不可分。但观察的结果是否准确，一方面受观察者本身人格特征的影响，另一方面更受行为的可观察性即其外露程度的影响。而我们知道幼儿的行为和语言的表达比成人更直接、掩饰性更小，受具体情境的影响更大。这些都有利于教师对儿童人格特征的准确观察，提高研究的效度。可以说，质化研究能使我们从多角度和多方面详细了解幼儿人格的年龄阶段性、可变性与发展性。

西方早期人格研究成果是通过对字典中适合描述人格特征的词汇的挑选完成的,如成人人格的大五因素。但研究幼儿人格时,又融入了父母或教师的自由描述。我国的研究借鉴了这种思路,在探讨幼儿人格结构时既采用自由描述的方法,又采用词汇学方法。

自由描述是获取教师对幼儿人格最直接的观察经验的有效方式,具有生动、翔实等特点。自由描述法有助于研究者了解成人人格特质形容词在幼儿身上所体现的具体含义,并提供描述词的情境性的详细内容,增加了人格描述性结构的准确性。但同时它过于依赖教师所观察的具体的幼儿特征,描述存在一定的局限性。我们又采用王登峰等人研究中国成人人格结构得到的人格特质形容词表,让教师从中挑选适合用来描述幼儿特征的词汇,这种词汇挑选蕴含了教师长期与幼儿相处形成的主观印象,这种主观印象所具有的抽象性和概括性并不是单纯针对某一幼儿进行评价,因此可能会选择出那些在幼儿身上表现不明显但确实已经出现的人格特质,能够增加幼儿人格描述性结构的稳定性和最全面性。

总之,将两种研究取向有机结合进行质化研究,得到的幼儿人格描述性结构才是最准确和最全面的。

(二)幼儿人格质化研究资料的收集

结合教师的自由描述与词汇评定对幼儿人格结构进行质化研究,并为人格结构的量化研究提供了理论基础。

教师的自由描述资料采用自编开放式问卷进行收集,同时为教师提供挑选适合描述幼儿人格特质的形容词表,该表以王登峰的1 520个成人人格特质形容词为蓝本。

开放式问卷调查在大连市的7所幼儿园开展,发放问卷92份,回收有效问卷91份,91名教师共评定364名幼儿,幼儿年龄在3~6岁;请幼儿教师在本班随机抽取4名(男女各半)熟悉的幼儿,针对这4名幼儿在幼儿园日常学习、生活中经常表现出的人格特点写出描述词,并列出具体的行为表现。

请大连、广州共324名幼儿教师使用自制词表评定出适合描述幼儿人格特点的词汇,并写出相应行为表现。其中在广州发放248份分表,最后选取完整的40份词表;在大连发放76份分表,最后选取完整的7份词表。

(三)幼儿人格质化研究资料的归类与编码

1. 统计自由描述的幼儿人格词汇

(1)分析原始资料与初步编码

阅读原始资料,找到并标示所有形容词。然后挑选出描述幼儿人格的形容词。人格形容词的含义:反映幼儿在适应环境过程中的一致和稳定的倾向性,如"内向的""爱冒险的";描述目前活动、心理和心境暂时状态的形容词,如"高兴的""忧郁的";对幼儿人格特质进行评价的词,如"有魅力的""可亲的"等。

人格形容词挑选的原则:第一,如果教师只描述了幼儿人格的行为特征,没有明确写出对应的形容词,把这种句子标示为"描述这种人格特点的形容词"。第二,如果写出的形容词和相应行为表现内涵不一致,以行为描述的内涵标示为"相应的形容词"。例如,教师写出的行为表现是"他常常在上课时与别的小朋友疯闹",我们把它标示为"好动"。第三,如果挑选的形容词再次出现于行为表现描述中,只按照一个词计算。第四,如果形容词和行为表现内涵一致,但在行为表现中出现了与形容词含义相似或者不同的词,则应抽取出来。

形容词的抽取由研究者与另一名心理学硕士研究生共同完成。正式挑选词汇前,随机抽取 9 份问卷,各自独立挑选词汇,计算 Kappa 系数为 0. 908,并在 0.001水平上显著。然后各自查阅分担的问卷。

初步阅读分析教师对幼儿人格特征的自由描述,找到人格特质形容词 1609 个,无重复的词是 577 个。

(2)设定码号

码号是资料分析中最基础的部分,是进行资料编码的最小意义单位。编制号码是在对开放式问卷中所抽取的全部人格特质形容词和短语的基础上完成的。采用语义分析和同义归类,最终设定 35 个码号。大部分形容词都可以归入这 35 个码号中,有少数无法归入的形容词,如"健康的""非常帅""很美"等,我们把这些词单独归为一类,具体如表 2-1 所示。

表 2-1　教师自由描述的幼儿人格特征词频次分布表及相应行为表现

码号	正面描述	反面描述	总数	百分数（%）	具体行为表现举例
合群性	83	72	155	9.63	不喜欢和小朋友一起上课、做游戏，每次都把自己的小椅子搬离到跟伙伴有一段距离的地方。
反应灵敏	138	14	152	9.45	上课时能很好地回答老师提出的问题，是一个聪明伶俐的孩子。
自制力	26	106	132	8.20	在活动中非常认真、听话，老师要求做到的事情总是能坚持做到，不管哪个调皮的幼儿在旁边影响他，他都不为所动，很有自制力。
开朗	93	27	120	7.46	喜欢唱歌跳舞，很活泼。
利他性	65	20	85	5.28	看到小朋友没带书，能把自己的书让给小朋友看。
暴躁易怒	17	66	83	5.16	特别爱哭。如：早上来园时，东西落在家里了哭，饭吃不完也哭。
易管教性	16	65	81	5.04	平时非常听老师的话，老师让坐好，他能一动不动坐较长时间。
认真性	73	3	76	4.72	做早操时，他站到离老师很近的地方，眼睛看着老师，跟着老师的一举一动做动作。
自主性	35	38	73	4.53	在每一次自选活动区进行活动时都不知道该去哪儿，只在座位上观望。
懂礼貌	31	10	41	2.55	早晨看到老师时不能主动问候，需要在老师的提醒下才问好。
攻击性	39	0	39	2.42	爱打人、咬人，如果有小朋友坐在他身边，不一会儿，他不是把小朋友打哭就是咬人。
活动强度	21	16	37	2.30	不论什么时候都是蹦蹦跳跳的。
敏感焦虑	26	10	36	2.24	每天高高兴兴，爱说爱笑。

续表

码号	正面描述	反面描述	总数	百分数（%）	具体行为表现举例
坚持性	23	11	34	2.11	在拼图的块数较多时，拼起来有一定的难度，但他并不像其他小朋友那样喊“我不会”，而是依靠自己的智慧和永不退缩的精神，把拼图这项游戏活动顺利完成。
敢为性	16	18	34	2.11	见到小昆虫从不害怕，还直言“那是昆虫”。
好胜心	33	1	34	2.11	刚入园不久，学习跟不上，他心里很着急，每天晚上都把学具带回家进行练习。
探索性	33	0	33	2.05	有什么不懂的问题就会问老师，还会自己尝试解决。
同情心	26	6	32	1.99	看到小动物死了，会很难过。
创造性	31	0	31	1.93	画画时，能画得丰富多彩，而且主题很有想象力。
交际能力	20	9	29	1.81	喜欢与人交往，有陌生人或其他小朋友家长来到班级，他会主动打招呼。
语言表达能力	21	8	29	1.80	上课回答问题，语义表达连贯，还很生动。
健谈	8	20	28	1.74	喜欢和老师、小朋友一起聊天。
诚实	10	12	22	1.37	他不小心把活动室的陶瓷杯打碎了，第二天主动承认是他打碎的。
自信心	12	9	21	1.31	水冰是个特别有自信的孩子，走起路来抬头挺胸，回答问题总是声音响亮。
动手操作	21	0	21	1.30	可以用塑料积木拼插出各种形状的动物。
文艺兴趣	20	0	20	1.25	美工活动中，他的画很美，从他的作品中体现出他的心灵手巧。美术是他的特长。
自尊心	14	5	19	1.18	有一次在游戏活动时，一个小朋友说她是一个胆小鬼，气得她大哭起来。
活跃性	11	5	16	0.99	积极完成老师布置的所有任务，如作业、带物品等，上课也能积极举手发言。

续表

码号	正面描述	反面描述	总数	百分数(%)	具体行为表现举例
稳重	12	4	16	0.99	当有的小朋友因打不开盒盖急得吵闹时,她一声不响,不停地摆弄,直到自己打开为止,还主动帮助其他有困难的小朋友。
自我表现	12	3	15	0.93	她今天穿了一件漂亮的新衣服,一进门就告诉我,是妈妈给她买的,是蓝猫图案的,而且每一个小朋友来,她都会炫耀一番。
羞耻感	6	5	11	0.69	做了错事后,被老师发现,就脸红、不好意思。
组织能力	11	0	11	0.68	在户外活动玩球时,很有专业足球运动员的风范,能带领小朋友玩得像模像样。
活动速度	4	6	10	0.62	做事、动作、说话都慢半拍,尤其是在做吃饭、穿脱衣服等日常生活中的事情时总是磨蹭到最后一个。
秩序性	9	0	9	0.56	在幼儿园时把自己的东西整理得井井有条。每次画完画,都会把画笔收拾得整整齐齐。
责任心	5	2	7	0.44	认真完成老师交给的任务,在班里是小班长,很负责。
无法归类	17	0	17	1.06	这个小男孩很阳刚、帅气。

注:码号按照出现频次高低排列。

(3)建立类属

类属是组合多个码号意义的集合,是码号的上位概念,代表资料所呈现的一个观点或主题。码号设定后,先比较每个码号下属的人格特质形容词和具体行为表现的内涵,然后将关联性较强的码号进一步归类,建立类属,如果有必要进一步归类相似或相近的类属,则需要建立上位类属,直至每个类属的意义鲜明独特。经过进一步分析、归类 35 个语义码号,确立 15 个亚类属,而这 15 个亚类属又可包含在 5 个类属当中。分析与整理码号、亚类属与类属的上下位归属关系后,在理论层面就可清晰地描述出幼儿的人格结构。每个类属名称及其所包含的内容如表 2-2 所示。

表 2-2 教师自由描述的幼儿描述性人格结构

类属	亚类属（码号）	正面描述	反面描述	总数	比率（%）
认真自控	1. 认真尽责（认真性、责任心）	187	212	399	24.80
	2. 攻击反抗（攻击性、易管教性）				
	3. 坚持自制（自制力、坚持性、稳重、秩序性）				
智能特征	1. 聪慧性（反应灵敏、语言表达能力、组织能力）	314	37	351	21.81
	2. 探索创新（探索性、创造性）				
	3. 文艺兴趣（动手操作能力、文艺兴趣）				
	4. 自主进取（好胜心、自主性、自尊心）				
亲社会性	1. 同情利他（利他性、同情心）	221	125	346	21.50
	2. 合群守礼（合群性、懂礼貌）				
	3. 诚实知耻（诚实、羞耻感）				
外倾性	1. 善交际（交际能力、健谈）	197	113	310	19.27
	2. 精力充沛（活跃性、敢为性、活动强度、活动速度）				
	3. 乐观开朗（开朗、自信心、自我表现）				
情绪稳定性	1. 暴躁易怒	99	87	186	11.56
	2. 敏感焦虑				
无法归类		17	0	17	1.06

注：类属按照出现频次高低排列。

2. 统计适合用来描述幼儿人格的教师评定词汇

首先，经过广州和大连幼儿教师的初步评定，共选出适合描述幼儿人格的词汇 1 158 个，不适合的词汇 362 个，并进行了各词汇的频次统计，共计 10 329 次。为保证教师评定形容词与相应行为表现内涵的一致性，请两位人格心理学专家再次评定 1 158 个人格形容词，删除教师评定频次低于 10 的词汇，此类词汇无法准确描述形容词与行为的对应关系，或者说幼儿的这种人格特点没有达到词汇的描述程度。例如，有教师认为“与世无争”适合用来描述幼儿的人格特征，具体的行为描述是“分间食的时候，有的幼儿争抢大的、好的，而有的幼儿就有一种与世无争的态度，最后才拿”。“谦让”更适合描述这一行为体现，幼儿不可能形成“与世无争”的人生态度。以 10 频次为词汇评判依据，删除频次低于 10 的形容词，最后保留 482 个形容词，频次共计 8 832 次。

同样对所选词汇进行语义分析，把意义相近和意义截然相反的归为一类，设置码号。对这些词汇进行语义分析和归类,设置了表 2-1 和 2-3(都是 34 个码号,如表 2-3 所示)。通过对码号之间关系的分析,把意义相近的合并到一起,建立类属,具体结果如表 2-4 所示。

表 2-3　教师评定的幼儿人格特征词频次分布表及相应行为表现

码号	正面描述	反面描述	总数	百分数(%)	具体行为表现举例
反应灵敏	760	254	1 014	11.48	学过的字卡片几乎全部会读,会数数,乐于绘画,对新知识接受能力强。
合群性	576	196	772	8.74	不管是新来的小朋友还是班级原来的小朋友,都能主动地和小朋友一起玩。
自制力	200	456	656	7.43	上课很遵守纪律,不易被别的事物干扰影响,注意力不易分散。
诚实	423	76	499	5.65	班里经常有孩子和家长反映他欺侮小朋友,问到他时,不承认。老师亲眼见到了,他也死不认账。
易管教性	177	294	471	5.33	老师不让做的事情,从来不做。
攻击性	409	0	409	4.63	与小朋友在一起玩时,从不发生打架的现象,从不欺负小朋友。
暴躁易怒	94	277	371	4.20	当受到表扬时,信心十足;当遭到批评时,容易哭,情绪很难平静。
懂礼貌	204	153	357	4.04	每次班级来客人或园里其他的老师,他都能第一个向客人问好,带动别的小朋友也能有礼貌地问好。
活动强度	195	133	328	3.71	非常好动,随时随地乱动,没有一刻老实的时候。
敏感焦虑	231	78	309	3.50	整天乐呵呵的,好像没有一点不开心的事,并能把这种情绪传染给其他人。
敢为性	182	108	290	3.29	自选操作时,不敢选取玩具,有事不敢跟老师直接说,总让家长代说。
开朗	181	96	277	3.14	请他在别人或陌生人面前表演节目时,他总是很大方地表演。

续表

码号	正面描述	反面描述	总数	百分数（%）	具体行为表现举例
好胜心	202	66	268	3.03	看见老师表扬别的小朋友，他会积极努力地表现得比别的小朋友更好。
语言表达能力	125	132	257	2.91	上课讲故事时，语言优美流畅。
自主性	100	135	235	2.66	在回答老师提出的问题时，有自己的主见和看法。
利他性	200	33	233	2.64	能和小朋友一起玩自己从家里带来的玩具。
活跃性	215	5	220	2.49	能够积极参加各种游戏。
坚持性	119	89	208	2.36	能一直坚持舞蹈练习，当老师指出个别动作不标准时，能主动地反复练习。
认真性	101	92	193	2.19	细心地把"大苹果"铅笔画涂满颜色，一点都没有涂到轮廓线外面。
稳重	73	114	187	2.12	有的孩子在饭刚盛好还很热时，就急急忙忙吃了起来，说明孩子性子急。
宽容	109	78	187	2.12	谁碰他一下，即使过了3天，他也得碰回来。
同情心	125	20	145	1.64	看到其他幼儿受委屈，能主动上前安慰。
探索性	82	0	82	0.93	经常提出一些奇怪的问题，如"为什么月亮不会掉下来?""人为什么会长头发?"等问题。
创造性	80	0	80	0.90	创编故事结尾时，很有新意。
健谈	62	11	73	0.83	他不太爱说话，回答别人的提问时，他也只是用点头和摇头来表示，很少用话语来沟通。
活动速度	32	41	73	0.83	吃饭的时候，别的幼儿都吃完两碗饭了，他连一碗都没吃完。
秩序性	36	27	63	0.71	操作活动结束后，能有条不紊地收拾教具。

续表

码号	正面描述	反面描述	总数	百分数(%)	具体行为表现举例
组织能力	61	0	61	0.69	有号召力，大家都喜欢和她玩。她也能组织大家一起商量做什么游戏、如何分角色、怎样玩。
责任心	48	1	49	0.55	无论听课还是其他事情，都能按要求完成，并完成得很好。
自信心	35	5	40	0.45	无论学知识还是做游戏，对自己非常有信心，相信自己能做到最好。
自我表现	29	0	29	0.33	做了一点好事都会告诉老师，要老师表扬。
无法归类	66	0	66	0.75	很有心机，会看老师眼色。

注：码号按照出现频次高低排列。

表 2-4　教师评定的幼儿描述性人格结构

类属	亚类属(码号)	正面描述	反面描述	总数	比率(%)
认真自控	1. 认真尽责(认真性、责任心) 2. 攻击反抗(攻击性、易管教性) 3. 坚持自制(自制力、坚持性、稳重、秩序性)	1 189	1 176	2 365	26.78
亲社会性	1. 同情利他(利他性、同情心、宽容) 2. 合群守礼(合群性、懂礼貌) 3. 诚实	1 637	556	2 193	24.83
智能特征	1. 聪慧性(反应灵敏、语言表达能力、组织能力) 2. 探索创新(探索性、创造性) 3. 文艺兴趣 4. 自主进取(好胜心、自主性、自尊心)	1 583	514	2 097	23.74
外倾性	1. 善交际(交际能力、健谈) 2. 精力充沛(活跃性、敢为性、活动强度、活动速度) 3. 乐观开朗(开朗、自信心、自我表现)	1 022	409	1 431	16.20
情绪稳定性	1 暴躁易怒 2. 敏感焦虑	325	355	680	7.70
无法归类		66	0	66	0.75

注：类属按照出现频次高低排列。

（四）建立幼儿描述性人格结构词汇表

通过对比教师自由描述得出的幼儿人格描述性结构与教师对成人人格特质形容词中适合描述幼儿人格词汇评定的两项质化研究，发现其分别确立的幼儿人格结构基本一致，但也有不同的地方。

第一，教师自由描述和词汇学方法得出一致的幼儿人格结构。从总体的构成来看，两者都包括认真自控、智能特征、亲社会性、外倾性、情绪稳定性 5 个类属。说明在研究幼儿人格结构上，两种方法差异不大，都是可行的方法。

第二，教师自由描述和教师评定中幼儿人格结构的 5 个类属的顺序略微不同。亲社会性与智能特征在两种评定方法中的顺序正好颠倒过来，说明这两种途径能够为教师描述幼儿人格提供不同的侧重点。对儿童尚未明显显现的社会行为，教师可利用成人人格形容词表中社会评价性词汇进行充分的评定；而对幼儿实际日常生活中人格特征的关注，教师通过自由描述能得以充分体现。两者结合就能对儿童人格进行全面丰富的描述。

第三，教师自由描述与词表评定略有不同。如"动手操作能力"这个码号只出现在自由描述研究中，并未出现在形容词评定方法中。动手操作活动与能力是幼儿顺利完成日常学习、生活活动的必要条件，因此这样生动和细节性的描述会出现在教师的自由描述中。词汇学研究尽管得到概括幼儿各种能力的词汇"有能力的"，但这一词汇无法真正体现幼儿有别于成人的能力特点。另外，教师自由描述的亲社会性中出现了"羞耻感"这个特质，这也体现了教师对幼儿的细致观察。羞耻感是幼儿道德发展的重要内容，但体现幼儿羞耻感特点的词汇在成人词汇中很难见到。

但是，教师评定出现的"宽容"这个码号是自由描述所没有的。可能具有"宽容"特质的幼儿并不多见。因为教师在进行词汇评定时，不是针对幼儿某个具体的行为表现，而是根据对幼儿的整体印象来判定。与此不同的是，教师的自由描述更多依据幼儿具体的行为，如果特质性行为没有出现，就不会写出相对应的描述词。因此这个差异说明，词汇评定能够很好地弥补自由描述中样本代表性不足的问题，能够体现幼儿那些已经出现但不易被观察到的人格特点。

总之，词汇评定抽取了更为丰富的词汇，而自由描述确立了细节性、生动性更强的描述性人格结构。结合两个研究的结果，得到的幼儿人格描述性结构是最理想的。两种途径得到的词汇共计 10 441 个，无重复的词汇是 885 个，最后得到的幼儿人格结构由 5 个类属 15 个亚类属 35 个码号构成，即 5 个维度 15 个特质 35 个具体特质，如表 2-5 所示。

表 2-5　教师自由描述和评定的幼儿描述性人格结构

维度	特质	具体特质	典型正面描述词	典型反面描述词	总频率 n	$f(\%)$
认真自控	认真尽责	认真性、责任心	认真、仔细	马虎、粗心	2 764	26.46
	攻击反抗	攻击性、易管教性	乖巧、听话	霸道、任性		
	坚持自制	自制力、坚持性、稳重、秩序性	遵守纪律、有耐性	多动、虎头蛇尾		
亲社会性	同情利他	利他性、同情心、宽容	善良、乐于助人	自私、好占小便宜	2 539	24.32
	合群守礼	合群性、懂礼貌	合群、有礼貌	孤僻、刁蛮		
	诚实知耻	诚实、羞耻感	诚实、难为情的	不在意批评、爱说谎		
智能特征	聪慧性	反应灵敏、语言表达能力、组织能力	聪明、机灵	迟钝、木讷	2 448	23.45
	探索创新	探索性、创造性	好问、举一反三	缺乏兴趣		
	文艺兴趣	动手操作能力、文艺兴趣	心灵手巧、能歌善舞	不成才		
	自主进取	好胜心、自主性、自尊心	主意正、爱听表扬	贪玩、盲从		
外倾性	善交际	交际能力、健谈	交际能力强、幽默	冷漠、少言少语	1 741	16.68
	精力充沛	活跃性、敢为性、活动强度、活动速度	活跃、生龙活虎	好静、文静		
	乐观开朗	开朗、自信心、自我表现	热情、自信心强	内向、拘谨		
情绪稳定性	暴躁易怒		脾气好、不易生气	耍小脾气、情绪化	866	8.29
	敏感焦虑		乐观、爱说爱笑	敏感、忧郁		
无法归类			漂亮、健康	爱钱、对数学不敏感	83	0.80

注：维度按照出现频次高低排列。

（五）描述性人格维度、特质重要性排序的科学性解释

通过教师的自由描述和词汇评定两种不同研究视角的质化方法，以质化分析的方式归纳总结了开放式问卷和对成人人格特质形容词表筛选评定资料，构建了较为准确、全面的幼儿人格描述性结构，形成了幼儿质化人格结构，包括认真自控、智能特征、亲社会性、外倾性、情绪稳定性5个维度以及下属的15个特质35个具体特质。

对多种特质重要性程度或彼此的前后顺序的判定，与其对应的描述词出现的频次有关，即越重要的描述词出现频率越高。因此从频次的排序可以看出：首先，在具体特质水平上，无论是教师自由描述还是词汇评定，合群性、反应灵敏、自制力、易管教性出现的频率都较高且排在前列，表明这些行为特点在幼儿与教师的互动中最容易显现出来，也较易引起教师的关注。而其他一些特质如组织能力、责任心、秩序性等始终排在后列，表明这些特点在幼儿身上体现得尚不明显，教师不易观察到，或者如活动速度这一特质，是教师不太关注或认为不重要的。

其次，在维度和特质水平上，教师自由描述和词汇评定所反映的维度重要性和特质排序差异不大，合并后认真自控排在第1位，亲社会性和智能特征分列第2、3位，差距不大，外倾性和情绪稳定性排在第4、5位。从整体上可以看出幼儿教师易观察到并具有重要意义的人格维度，这既体现了幼儿真实的人格特点，也反映了教师关于哪些人格维度对幼儿较为重要的一般理念。

比率排在第一的维度是认真自控，因为国内的幼儿园的师生互动活动仍然表现为教师主导，幼儿遵守行为准则的教育与行为约束共存于教师的教育活动中，而不同幼儿对这种要求的服从性和执行程度会因生理成熟度和家庭教养等社会因素的影响而有较大的差异，这种差异性会使教师印象深刻，因此教师在描述时首先想到的是幼儿这个方面的特征。

位列第二的亲社会性维度，表明教师较为关注幼儿与同伴友好相处的质量、关注幼儿对同伴和长辈的礼貌行为、关注幼儿同情他人等道德品质的发展。这体现了现今幼儿园教育价值导向的变化，已从先前单纯关心幼儿智能特征的发展转变为同样注重幼儿良好社会行为的习得。

与亲社会性频次相差不大的人格维度是智能特征，尽管排在第三，仍表明智能特征是极其重要的人格成分。现今的家长和教师对孩子智能的开发及才艺的培养仍非常注重。

活泼开朗、好动、情绪变化快而直接等特质是3～6岁幼儿普遍具有的特点，

外倾性和情绪稳定性两个维度在整个幼儿阶段的个体差异不是太明显，故而没有成为描述幼儿个体差异的典型标尺。也正是这两个维度内涵使得幼儿人格区别于成人人格，体现了人格发展的年龄阶段性。

质化研究是一种描述性研究，注重研究的细节性和生动性。但要使研究的结果更有普遍的推广意义，验证其是否具有跨样本的稳定性，继续进行量化研究是一种较好的选择。

三、幼儿人格发展教师评定问卷的编制

在前期质化研究得出的幼儿描述性人格结构基础上，结合相关理论编制幼儿人格发展教师评定问卷，通过探索性、验证性因素分析得出幼儿的人格结构。

（一）初测问卷项目编制

我们把质化研究得到的幼儿描述性人格结构作为编制问卷的理论建构。首先根据人格 5 个维度编制相应的 5 个分量表，每个维度项目的多少以及项目的排序根据质化研究中每个维度中特质数量及所占比率而定。以质化研究的行为举例为参考，编制出 103 个初始项目，问卷包含各维度及特质的操作定义如下：

智能特征反映个体自我意识、智力及才能特点。特质 1 文艺兴趣，反映个体在艺术方面的兴趣及才能；特质 2 自主进取，反映个体相信自己的能力，对自己所做的事或所做的判断不存有疑虑，并具有自我提升的倾向；特质 3 聪慧性，反映个体悟性、记忆能力及头脑反应速度等智力特点；特质 4 探索创新，反映个体思维的开放性和新异性。

认真自控反映个体的行事风格和态度。特质 1 认真尽责，反映个体的做事态度及投入程度；特质 2 攻击反抗，反映个体与外界环境相冲突的行为方式；特质 3 坚持自制，反映个体做事的毅力及自我克制的特点。

外倾性反映个体在人际交往中的主动性、活跃性和自然性。特质 1 善交际，反映个体在人际交往中的主动性和人际技巧；特质 2 精力充沛，反映个体的活动水平及强度；特质 3 乐观开朗，反映个体快乐、开朗、积极的心态。

亲社会性反映个体做出的符合社会期望而对他人、群体或社会有益的情感和行为。特质 1 同情利他，反映个体友好和关注他人的特点；特质 2 合群守礼，反映个体在人际交往中的亲和力及行为的适宜性；特质 3 诚实知耻，反映个体的信用特点，及对在自己或他人的行为与社会标准或自我期望不一致时的情绪体验特点。

情绪稳定性反映个体情绪的稳定性、持续性及情绪表达特点。特质1暴躁易怒，反映个体的情绪控制特点；特质2敏感焦虑，反映个体的情绪易感性。

项目编出后，请长期从事发展心理学研究的专家4名、博士3名、硕士7名、幼儿园教师（从教6年以上）35名对问卷项目的可读性和适宜性进行评定，对表达晦涩、意义模糊的项目进行调整或者对不合适项目进行替换，最后对103个项目随机编排，采用从“非常不符合”“比较不符合”“一般符合”“比较符合”到“非常符合”的5等级评分标准，形成“3～6岁幼儿人格发展教师评定问卷（第一版）”。

（二）问卷的初步施测

以大连市4所幼儿园的3～6岁（3岁起6岁止，以下同）的595名幼儿作为第一个样本，使用“3～6岁幼儿人格发展教师评定问卷（第一版）”进行测查，其中男孩258名，女孩274名。共有72位教师参加评定，回收有效问卷532份，有效率为89.4%。

根据各分量表的经校正的题总相关及多重相关的平方，对问卷进行项目分析，如表2-6～表2-10所示。

表2-6　认真自控分量表项目分析结果（$n=532$）

项目序号	经校正的题总相关	多重相关的平方	项目序号	经校正的题总相关	多重相关的平方
13	0.485	0.367	36	0.552	0.425
15	0.672	0.596	37	0.633	0.539
16	0.695	0.587	40	0.695	0.548
18	0.520	0.434	43	0.697	0.611
19	0.652	0.496	46	0.551	0.394
21	0.591	0.530	48	0.583	0.576
22	0.699	0.600	49	0.607	0.473
24	0.049	0.375	50	0.719	0.618
27	0.158	0.378	54	0.704	0.619
28	0.598	0.585	55	0.535	0.407
29	0.232	0.397	62	0.496	0.365
31	0.743	0.642	73	0.669	0.512
35	0.665	0.515	77	0.646	0.545

表 2-7　亲社会性分量表项目分析结果($n=532$)

项目序号	经校正的题总相关	多重相关的平方	项目序号	经校正的题总相关	多重相关的平方
32	0.586	0.413	87	0.610	0.475
39	0.632	0.493	90	0.643	0.509
44	0.429	0.240	91	0.663	0.535
47	0.639	0.515	93	0.501	0.420
57	0.580	0.504	95	0.635	0.473
58	0.200	0.122	97	0.505	0.377
72	0.501	0.359	100	0.453	0.318
79	0.590	0.470	101	0.639	0.499
81	0.476	0.384	103	0.551	0.420
84	0.552	0.354			

表 2-8　智能特征分量表项目分析结果($n=532$)

项目序号	经校正的题总相关	多重相关的平方	项目序号	经校正的题总相关	多重相关的平方
1	0.503	0.551	20	0.613	0.620
2	0.682	0.595	23	0.532	0.506
3	0.569	0.469	25	0.604	0.553
4	0.681	0.642	26	0.406	0.410
5	0.557	0.508	30	0.447	0.373
6	0.628	0.520	34	0.447	0.380
7	0.581	0.552	38	0.404	0.384
8	0.663	0.551	45	0.588	0.487
9	0.546	0.444	53	0.385	0.385
10	0.521	0.376	56	0.638	0.599
11	0.510	0.438	59	0.560	0.443
12	0.388	0.370	65	0.630	0.508
14	0.545	0.563	67	0.524	0.443
17	0.600	0.462	71	0.503	0.355

表 2-9　外倾性分量表项目分析结果($n=532$)

项目序号	经校正的题总相关	多重相关的平方	项目序号	经校正的题总相关	多重相关的平方
41	0.636	0.453	76	0.655	0.595
51	0.542	0.434	80	0.526	0.402
61	0.435	0.291	83	0.575	0.512
63	0.632	0.558	88	0.676	0.506
66	0.640	0.465	89	0.519	0.388
69	0.651	0.449	94	0.036	0.107
74	0.379	0.199	96	-0.171	0.194
75	0.662	0.572	98	0.558	0.410

表 2-10　情绪稳定性分量表项目分析结果($n=532$)

项目序号	经校正的题总相关	多重相关的平方	项目序号	经校正的题总相关	多重相关的平方
33	0.459	0.265	78	0.533	0.339
42	0.599	0.436	82	0.448	0.363
52	-0.358	0.259	85	0.356	0.171
60	0.578	0.506	86	0.563	0.401
64	0.585	0.448	92	0.559	0.441
68	0.597	0.474	99	0.463	0.405
70	0.478	0.325	102	0.759	0.664

根据项目分析的结果,删除经校正的题总相关和多重相关的平方均小于0.3的项目,删除其中2题,另外删除5个具有多重载荷的项目,最后形成90题的正式施测问卷。

(三)正式问卷的施测

样本来自大连市的5所幼儿园,随机抽取其中2所幼儿园的幼儿作为探索性因素分析样本,另外3所幼儿园的幼儿作为验证性因素分析样本。请93名教师使用经修订后的正式问卷对本班幼儿进行评定,共有1 356名幼儿参加评定,回收有效问卷 1 301 份,有效率为 95.9%。

1. 幼儿人格结构测评的探索性因素分析

首先,考察数据是否能够进行因素分析。通过 KMO 值与 Bartlett 球形检验,可以进行因素分析。

其次,提取一阶因素(15 个特质)。采用主成分分析法,以 Oblimin 斜交旋转法抽取公共因素。特征根大于 1 的有 16 个因子(特质),共解释总变异的 68.218%。16 个因子根据其内部所含项目的意义分别命名为:(1)乐观开朗;(2)认真尽责;(3)暴躁易怒;(4)文艺兴趣;(5)组织协调能力;(6)聪慧性;(7)易管教性;(8)自主进取;(9)敏感;(10)活动能力;(11)同情利他;(12)诚实知耻;(13)焦虑;(14)探索创新;(15)坚持自制;(16)交际能力。

一阶因素萃取碎石图显示更为概括的 5 个因子。因此,16 个因子可能存在更高一阶的因子结构,需要对 16 个一阶因子进行二阶因素分析,二阶探索因素分析的具体结果如表 2-11 所示。

表 2-11　二阶探索性因素分析($n=521$)

因素	项目数	共同度	因素载荷	特征值	变异值	累计贡献率
1	36	0.413~0.570	0.512~0.672	2.337	14.603	14.603
2	15	0.555~0.575	0.696~0.722	1.697	10.604	25.207
3	15	0.493~0.578	0.560~0.747	1.606	10.039	35.246
4	12	0.482~0.614	0.584~0.768	1.596	9.978	45.224
5	12	0.475~0.739	0.469~0.828	1.224	7.651	52.875

二阶维度因子 1 包括一阶特质因子 16,10,8,6,5,14,根据 6 个特质的内涵,命名为智能特征;二阶维度因子 2 包括一阶特质因子 15,2,命名为认真自控;二阶维度因子 3 包括一阶特质因子 7,12,11,命名为亲社会性;二阶维度因子 4 包括一阶特质因子 3,9,13,命名为情绪稳定性;二阶维度因子 5 包括一阶特质因子 1,4,命名为外倾性。5 个分量表所含项目的共同度为 0.561~0.771,各项目及其因素载荷如表 2-12 至表 2-15 所示。

表 2-12 智能特征分量表包含项目及其因素载荷

交际能力		活动能力		自主进取		聪慧性		组织协调能力		探索创新	
项目	载荷	项目	载荷	项目	载荷	项目	载荷	项目	载荷	项目	载荷
82	0.592	70	0.677	8	0.685	16	-0.701	53	-0.645	61	0.735
62	0.511	86	0.646	10	0.631	52	-0.646	51	-0.594	46	0.567
65	0.481	66	0.444	13	0.546	3	-0.612	50	-0.537	41	0.402
64	0.464	27	0.398	19	0.534	5	-0.591	24	-0.506	57	0.388
		35	0.330			1	-0.523	49	-0.379	69	0.353
		36	0.290			2	-0.501	42	-0.352	77	0.310
								31	-0.350	80	0.277
								71	-0.344		
								40	-0.336		

表 2-13 认真自控分量表包含项目及其因素载荷

坚持自制		认真尽责	
项目	载荷	项目	载荷
21	0.622	15	0.542
4	0.597	26	0.495
48	0.554	18	0.481
32	0.461	11	0.471
43	0.451	20	0.454
38	0.355	28	0.417
		6	0.404
		9	0.359
		30	0.338

表 2-14 亲社会性分量表包含项目及其因素载荷

易管教性		诚实知耻		同情利他	
项目	载荷	项目	载荷	项目	载荷
68	0.778	85	0.800	89	0.728
23	0.437	37	0.274	90	0.583
				81	0.568

续表

易管教性		诚实知耻		同情利他	
项目	载荷	项目	载荷	项目	载荷
				44	0.542
				88	0.530
				76	0.407
				87	0.401
				75	0.392
				73	0.366
				83	0.340
				58	0.306

表2-15　外倾性分量表包含项目及其因素载荷

乐观开朗		文艺兴趣	
项目	载荷	项目	载荷
55	0.442	12	0.791
72	-0.399	25	0.435
60	0.398	7	0.380
39	0.345	14	0.373
56	0.345	34	0.367
59	0.313	78	0.310

从结果可以看出,探索性因素分析析出公共因子结构与质化研究的描述性5因子结构基本吻合,但5因素与特质的内涵也有所不同。质化研究中敏感焦虑特质,在探索性因素分析中分为敏感和焦虑两个特质。描述性分析中智能特征的文艺兴趣特质进入量化分析的外倾性因素里面,原属于认真自控因素的易管教性成为亲社会性维度的特质。

探索性因素分析所得的测量变量的理论框架是因素分析的产物,因素结构是从一组独立的测量指标或题目间,以数学程序与研究者主观判断决定的一个具有计量合理性与理论适切性的结构,并包含了该结构代表所测量的概念内容。换句话说,理论框架的出现在探索性因素分析中是一个事后概念。因此检验探索性因素分析得到的结构是否可靠、有效,采用理论驱动的验证性因素分析是必不可少的技术环节。验证性因素分析可以从构想模型出发,对观测数据与构想模型进行拟合,检验观测数据对构想模型的支持程度。对于较复杂模型而言,通过探索性因素分析得到的结构在验证性因素分析后往往需要调整,如相似项目的合并,一些安排不合理或具有其他问题的项目,其特质的转移、删除等,最终得出合理结构。因此,通过验证性因素分析对其他样本的探索性因素分析的幼儿人格的测评结构进行交叉证实。

2. 幼儿人格测评结构的验证性因素分析

使用结构方程模型进行数据分析时,观测数据能否支持理论模型需要参考多种拟合指标。χ^2是最基础的拟合指标,由于其易受到样本量影响,因此在进行假设模型整体适配度检验时,需要参考其他拟合指数。χ^2/df是直接检验样本协方差矩阵和估计的协方差矩阵间的相似程度的统计量,在样本容量大的情况下,χ^2/df在5左右即可接受。

RMSEA(Root Mean Square Error of Approximation)为近似误差均方根,是现行的比较公认的检验模型拟合的指标,其值在0~1,通常认为其值小于0.01为拟合非常好,小于0.08为拟合较好,小于0.1为拟合可以接受。另外,*SRMR*(Standardized Root Mean Square Residual)为标准化均方根残差。它是对残差直接进行评价的指标之一,取值范围为0~1,当值小于0.08时,表明模型拟合理想。

有研究表明,*CFI*(Comparative Fit Index)对样本量大小不敏感,小样本中也表现不错。其取值范围是大于0.95,与*SRMR*配合使用。此外,在考虑模型拟合度时,还要看解答是否适当,各参数的值是否在合理范围之内。例如,相关系数应在-1~1,标准差的值是否合理等。

采用Amos7.0统计软件对探索性因素分析后确立的结构进行验证性因素分析,首先检验16个一阶因子的拟合程度,结果如表2-16所示。

表2-16 一阶16因子模型拟合指数

Model	χ^2	*df*	χ^2/df	*IFI*	*TLI*	*CFI*	*RMSEA*	*SRMR*
初始模型	14 416.308	3796	3.798	0.79	0.77	0.78	0.06	0.10

结果表明,一阶16因子模型的拟合指数不是十分理想,需要调整模型。首先确定项目的修正指数*MI*(Modified Index)值,反映攻击性特质的项目在易管教性特质上的*MI*值均较大(100以上),说明攻击性与易管教性关系紧密。因此合并攻击性特质与易管教性特质的项目,重新命名为“攻击反抗”。另外,敏感和焦虑两个特质的项目*MI*值偏大,因此将两个特质调整为新特质“敏感焦虑”。还有一些项目在其他几个特质上的*MI*值都很高,说明这些项目同时受到几个特质的影

响,这不仅影响拟合指数的优化,而且说明这些项目在含义的理解上针对性不强,在项目归类上也容易发生偏差。因此在理论分析后,对这些项目予以删除。

经过多次调整之后,最后一阶 15 因子模型的各项拟合指数如表 2-17 所示。15 个因子分别为:聪慧性、自主进取、探索创新、活动能力、交际能力、组织协调能力、认真尽责、坚持自制、乐观开朗、文艺兴趣、暴躁易怒、敏感焦虑、攻击反抗、同情利他、诚实知耻。

表 2-17 一阶 15 因子模型拟合指数

Model	χ^2	df	χ^2/df	*IFI*	*TLI*	*CFI*	*RMSEA*	*SRMR*
最终模型	4604.304	1605	2.869	0.90	0.89	0.90	0.049	0.04

由表 2-17 可见,经过理论调整结构后,模型的各项拟合指标明显提高,*IFI*、*CFI*、*TLI* 的值都将近 0.90,*RMSEA* 为 0.049,*SRMR* 为 0.04,各指标均达到合理程度,说明幼儿人格 15 个因子测评结构模型是合理的。

接下来将探索性因素分析得到的 15 个因子归入 5 个因素结构,进行二阶因子的验证性分析。如表 2-18 所示,初始模型的拟合指数不是很理想。特质关系分析显示外倾性和智能特征、亲社会性和认真自控之间的相关系数大于 1,需要进行模型调整。依据理论分析,交际能力和活动能力不仅体现了幼儿与人交往、动作能力的发展特点,更体现了其在人际或游戏环境中的活跃性水平,因此将交际能力归类为外倾性维度更合理,分别更名为“善交际”和“精力充沛”。而外倾性维度中的文艺兴趣特质,是幼儿智力和动作能力综合发展的结果,因此把它划分到智能特征维度。经过特质意义的分析与一些项目的删除,发现组织协调能力包含了幼儿与他人的合作能力及能否礼貌地对待他人,这属于亲社会性范畴,应把这个特质归入亲社会性维度中,更名为“合群守礼”。另外发现,亲社会性和认真自控两个维度的相关系数大于 1,与“攻击反抗”特质有密切关联,幼儿阶段表现的攻击性并非有意识地对他人有敌意,主要是自控能力较差的表现,因此归入认真自控维度中。

调整之后,最终模型的各项拟合指数如表 2-18 所示。*IFI*、*CFI*、*TLI* 的值都达到 0.88,在二阶模型中,该数值已较优。尽管受大样本影响,χ^2/df 仍小于 4;*RMSEA* 为 0.05,达到理想水平;*SRMR* 为 0.06,低于 0.08,较为合理。因此,各项指标的合理性说明调整后的模型更具科学性。最终,正式问卷在模型调整后包含 60 个项目。

表 2-18 一阶 15 因子二阶 5 因素模型拟合指数

Model	χ^2	*df*	χ^2/df	*IFI*	*TLI*	*CFI*	*RMSEA*	*SRMR*
初始模型	6157.187	1685	3.654	0.85	0.84	0.85	0.05	0.08
最终模型	5300.406	1685	3.146	0.88	0.88	0.88	0.05	0.06

模型中一阶因子在二阶因子上的标准化载荷为0.75～0.99，如表2-19所示，表明该模型结构效度良好。

表 2-19 一阶因子与二阶因素的回归系数

	智能特征	亲社会性	认真自控	外倾性	情绪稳定性
自主进取	0.99				
探索创新	0.95				
聪慧性	0.90				
文艺兴趣	0.89				
合群守礼		0.99			
同情利他		0.90			
诚实知耻		0.75			
认真尽责			0.97		
攻击反抗			0.93		
坚持自制			0.99		
善交际				0.97	
乐观开朗				0.97	
精力充沛				0.80	
暴躁易怒					0.99
敏感焦虑					0.96

（四）问卷的信度、效度分析

1. 问卷信度检验

传统上，测验信度最常用的指标是克隆巴赫（Cronbach's Alpha）系数，作为项目内部一致性的指标。此外，分半信度的计算通过项目的问卷奇偶顺序分成两部分来实现，再测信度和评分者信度也作为问卷信度的选用指标。进一步检验问卷测量的稳定性，采用内容与教师幼儿人格问卷内容基本相同的自编的幼儿人格发展家长评定问卷，评估两套测评工具的评分者信度一致性程度。各分量表和问卷的信度如表2-20所示，结果表明问卷在总体上有较好的稳定性和内部一致性。

表2-20 各分量表和总量表的信度系数($N = 1\ 301$)

	Alpha系数 ($n = 1\ 301$)	分半信度 ($n = 1\ 301$)	再测信度 ($n = 200$)	评分者信度1 ($n = 291$)	评分者信度2 ($n = 228$)
认真自控	0.947	0.930	0.705**	0.733**	0.621**
亲社会性	0.939	0.918	0.637**	0.718**	0.624**
智能特征	0.957	0.933	0.705**	0.687**	0.649**
外倾性	0.937	0.941	0.703**	0.711**	0.633**
情绪稳定性	0.846	0.830	0.536**	0.583**	0.592**
总分	0.979	0.932	0.672**	0.716**	0.754**

注:** 代表 $p < 0.01$。

2. 问卷的效度检验

问卷效度评估采用两个指标:内容效度和构念效度。

(1)问卷的内容效度。内容效度是指项目对欲测的内容或行为范围取样的适当程度。良好的内容效度具备两个方面:首先要有定义完好的内容范围;其次测验项目应是已界定的内容范围的代表性样本。本研究在对教师自由描述和对适合幼儿人格特点的成人人格特质形容词的评定基础上进行质化研究,以研究得到的幼儿描述性人格结构为问卷编制的理论基础,同时借鉴已有的儿童人格发展理论,形成理论建构。

问卷项目编定后,为确保问卷涵盖幼儿人格的内容及教师自由描述与词汇评定的具体行为代表性,请长期从事发展心理学研究的专家对问卷项目能否评估3~6岁幼儿人格发展的特点的全面性、准确性做出评价。同时请从事儿童心理研究的博士生、硕士生评估问卷项目的可读性、适宜性,对表达不清的项目进一步清晰化,而对于有歧义的项目,在对从教6年以上的幼儿教师进行了深入访谈后进行修改、替换或删除,最后形成的问卷项目通俗易懂、意义清晰明确。

(2)问卷的构念效度。构念效度系指测验能测量理论的概念或特质之程度而言。此种效度旨在以心理学的理论概念来说明并分析测验分数的意义,即从心理学的理论观点,就测验的结果加以诠释和探讨;即根据心理学理论上的构想来编制测验的内容或选择试题。

首先,如果测量同一构念的多重指标彼此间有相关时,构念效度存在。问卷的验证性因素分析表明,5因素15个因子的模型拟合指数较好,说明问卷具有较好的构念效度。

其次,问卷测量的特征与其他测量方法相互关联的程度也可作为构念效度的标准。情境实验作为量化实际行为特点测量方法,可作为进一步检验问卷的构念效度选择。本研究拟采用观察情境实验得分与相应问卷维度总分相关系数的显著性作为构念效度指标。经具体实验操作(见第二节),实验得分与问卷得分相关系数的范围为0.704~0.804,并极其显著,证明该问卷具有理想的构念效度。

(五)中国幼儿的人格结构

经探索性因素分析与验证性因素分析的调整,由智能特征、认真自控、亲社会性、情绪稳定性和外倾性5维度15个特质构成的中国幼儿的人格测评结构最终确立。

智能特征指个体自我意识、智力及才能特点,其主要反映幼儿是否能相信自己的能力,积极参与活动,并展现自己的才能,以及在此过程中体现的悟性、反应敏捷性以及探索性。其包括聪慧性、自主进取、探索创新、文艺兴趣4个特质。聪慧性反映个体悟性、记忆能力及头脑反应速度等智力特点,是智能特征的主要成分。自主进取主要表现为幼儿开始相信自己的能力,尝试独立做事情,并在此过程中展示出不服输、力争上游的心理特征。同时聪慧性(记忆力、反应灵敏、语言表达能力等)特质与自信心、自主性、进取性等特质高度相关,说明幼儿的智力发展状况直接影响其自我认知的发展。探索创新和文艺兴趣体现了幼儿人格的年龄特点,这些特质将随着儿童年龄的增长、主导活动的变化而逐渐消失或内涵发生变化。

认真自控主要指个体的行事风格和态度,是幼儿人格整体结构中稳定、重要的因素,其包含认真尽责、攻击反抗、坚持自制3个特质。认真尽责主要反映幼儿是否能在活动中保持注意力的集中,认真踏实、有条理。攻击反抗主要反映幼儿在与同伴和教师交往时是否能在冲突环境中抑制自己的冲动(如打人、骂人、顶撞老师),约束自己的行为,顺从外在环境的要求。坚持自制指幼儿在日常生活中是否能遵守规则,是否能在遇到困难时坚持不懈完成预定任务等,这一特质是个体意志品质养成的基石。

亲社会性指个体做出的符合社会期望而对他人、群体或社会有益的情感和行为,是儿童社会化发展的重要方面,也体现了教师对幼儿道德品质发展的关注,其包括诚实知耻、同情利他、合群守礼3个特质。诚实知耻反映幼儿在做错事后能认识到自己不对,并感到羞愧、难为情等情感体验或行为表现,它是幼儿道德情感发展的基础。同情利他指幼儿在社会交往中表现出的同情和关心他人、谦让、分享、助人的良好品质。合群守礼主要体现幼儿对他人有礼貌,喜欢与同伴相处并能与之合作游戏等,它是幼儿亲社会性发展的最直接和初始的体现。亲社会性维度的确立,进一步证实幼儿人格的发展逐渐受社会文化的影响。

情绪稳定性指个体情绪的稳定性、持续性及情绪表达特点,与成人相比,幼儿的情绪更善变,情绪的表达比较强烈、直接并多消极情绪。暴躁易怒特质就反映了幼儿在挫折情境下易生气发怒、哭泣不止的特点,这除了受幼儿大脑尚未发育成熟和情绪控制能力弱影响外,也是幼儿希望获得教师和家长关注和爱抚的独特方式;当然也有幼儿害怕教师或陌生环境,不敢直接表达情绪,在发言或表演活动中过于犹豫紧张,表现出敏感焦虑特质。教师应学会如何疏导幼儿的消极情绪,减轻幼儿的心理压力,保证其心理健康发展至关重要。

外倾性指个体在人际交往中的主动性、活跃性和自然性。它具体包括精力充沛、善交际、乐观开朗 3 个特质。精力充沛主要体现的是幼儿活泼好动、调皮的行为特征,与以往研究的“活动性”类似。善交际和乐观开朗都体现了幼儿开朗、快乐,喜欢与人交往的天性。

(六)讨论

本研究编制问卷的理论建构不仅来自理论分析,主要来自质化研究,即对幼儿人格特征较为熟悉的教师自由描述和对适合描述幼儿人格词汇的评定。通过理论和实践经验的结合得出的幼儿人格的描述性结构更全面科学,同时也为幼儿人格发展教师评定问卷的编制打下了坚实的理论基础。

在编制了问卷的初始项目后,请人格领域的多名专家和研究者及幼儿教师对其内容效度进行评定,删改不合适项目,增添遗漏项目。施测问卷(第一版)后,经项目分析删除内部一致性不合格的项目。最后又通过探索性、验证性因素分析的调整,形成了正式问卷,问卷包含的项目既符合人格结构的理论设想,也达到各种信效度的统计学指标要求。

为有效检验问卷的可靠性程度,采用再测信度、分半信度、内部一致性信度和评分者信度多种信度指标。在评分者信度检验中,不仅考察教师间评定的一致性,我们也设计了家长评定问卷来考察幼儿在家庭中的特质表现,这利于提高教师评定的客观性,更利于在幼儿园和家庭两个不同环境下的测评稳定性的检验。各指标的计算结果表明,问卷具有较好的信度。

在效度检验上,一方面注重问卷的内容效度,但另一方面构念效度也是主要的考察指标。首先计算各分量表分数的相关,发现维度之间呈中等程度相关并均达到显著水平,说明人格维度间既相互联系又相互独立。其次,在幼儿人格 5 维度各抽取幼儿代表性的特质，设计了探索性、自制力、分享、情绪稳定性、善交际5个观察情境实验。对参加问卷评定同一批幼儿进行情境实验考察，计算两者得分的相关，进一步证实问卷构念效度。

总之，我们从多维度对幼儿人格进行了评定，确立了幼儿人格的测评结构，并从多角度（教师、家长、情境实验）考察了幼儿人格发展教师评定问卷的稳定性和有效性，证实该问卷是测量幼儿人格的有效工具。

第二节 幼儿人格发展的情境观察评估

一、观察法在幼儿人格发展评估中的运用

观察法是在自然条件下有目的、有计划地观察客观对象，收集、分析事物感性资料的一种方法。本研究采用事件取样观察法对幼儿人格特征的代表性行为样本信息进行采集。事件取样观察法是从被试多种多样的行为中选出一种有代表性的行为进行观察，在自然的情境中，等待所要观察的行为出现，然后记录这一行为的全貌。

事件取样观察法可从自然情景中观察行为事件的全貌，了解行为的发生、变化及终结，以分析行为的因果关系；其研究行为事件范围广泛，研究者根据预先制定好的行为时间编码记录表进行资料收集，有助于集中资料，也有助于组织压缩资料，因此收集资料的时间也相对经济。

但事件取样观察法收集的是定性资料，指标难以量化，而且收集的资料是预定某种完整行为资料，忽略了与该事物相关的条件与背景。需要结合具体的实验设计，将观察事件结构化、数量化。鉴于此，我们首先通过教师的自由描述与词汇评定确立幼儿人格结构的理论基础，然后进行量化研究建立幼儿人格发展教师评定问卷，并根据人格维度与特质的内涵请教师提供其关于幼儿日常生活、学习代表性行为的观察经验，设定情境进行实验，量化特质行为的操作结果。观察法与情境实验的结合，一方面益于验证测评工具的结构效度，另一方面为促进幼儿发展与不良行为的干预研究提供蓝本。

胡克祖（2005）在考察3～6岁幼儿好奇心发展特点的研究中，经过理论建构与教师评定问卷的编制，确立了好问、探索持久、敏感、喜欢摆弄、关注未知、好奇

体验6维度的好奇心幼儿结构。为保证测评工具的有效性，采用区分法考察问卷的构念效度。具体做法：设计一个观察实验，观察记录儿童对新旧玩具的选择情况，将参加实验的儿童好奇心问卷总分按照平均分上、下0.67个标准差进行分组，以上为高分组（$N=29$）和以下为低分组（$N=28$），然后检验两组儿童选择玩具是否有显著差异，检验结果表明高分组选择新玩具儿童人数（$N=22$）明显多于低分组儿童人数（$N=13$），选择旧玩具儿童人数低分组（$N=15$）、高分组（$N=7$），Pearson检验值为5.207（$df=1$），双尾检验差异显著（$p=0.022$），表明该问卷具有较好的效度。

幼儿阶段是人格初步形成发展的时期，自我控制作为人格的核心成分，其个体差异能预测幼儿未来社会适应与认知能力的发展水平。杨丽珠和沈悦（2013）通过"3~6岁幼儿自我控制教师评定问卷"，综合考察了幼儿自我控制发展的年龄特点与机制。研究中，为检验问卷的构念效度，针对幼儿自我控制各个特质（自觉性、坚持性、自我延迟满足、冲动抑制性）采用不同的方法（教师评定、儿童自评）加以测量。因为被试为幼儿，不具有自评的能力。根据每个特质的操作性定义设计了情境实验，通过观察幼儿在实验中的表现进行编码与计分，然后通过建立多质多法矩阵验证问卷构念效度。最终证明"3~6岁幼儿自我控制教师评定问卷"具有良好的信效度，可作为家长与教师评估和了解幼儿自控发展水平工具。

观察情境实验作为人格特质外显行为的有效操作，可作为问卷测评的人格内涵相互验证，进而为评估儿童人格发展特点与干预提供具体过程与载体。

二、情境观察的具体操作

我们对幼儿智能维度探索性特质、认真自控维度冲动抑制性特质、亲社会性维度分享特质、情绪稳定性维度、外倾性维度善交际特质行为事件取样，并根据内涵设计实验情境。每一情境的实验被试，分别从参加过问卷正式施测的幼儿园的小、中、大班进行选取。

（一）探索性特质情境实验

幼儿智能特征发展体现在对新异刺激的反应、探究及提问上。探索性特质具有外显的语言和行为，因此对幼儿的探索行为和言语进行事件取样观察，以量化探索性的实验设计为结果。其操作定义为面临新环境中的新事物，试图了解其性质或进一步对其进行控制时所诱发出来的言语和行为。

1. 实验材料

实验材料包括一个盛水的大水盆，大小塑料积木、大小泡沫块、大小鹅卵石、红豆、磁铁，共6种。

2. 具体操作程序

(1)找一个幼儿园内幼儿熟悉的房间(如活动室)，实验中室内要保持安静。

(2)主试为参加实验的幼儿带班教师(带班6个月以上，小班、中班、大班至少一位教师，保证幼儿对其很熟悉)，记录员为一名本科生，对实验过程进行录像与计分。

(3)为防止实验过程中幼儿注意力的分散，实验的房间内无新奇的玩具和其他事物，保证实验材料能够吸引幼儿。

(4)每一实验情境设主试和记录员各1名，要求主试和记录员了解并熟悉实验目的、实验过程，实验前到实验现场进行操作练习。对主试教师进行言语指导的训练。

(5)从小班、中班、大班各抽取2名幼儿，男、女各1名，进行预实验。参加预实验的被试不再进行正式实验。经预实验，发现小班、中班、大班的幼儿探索行为频次是5次，实验持续7分钟较合适。

(6)创设探索情境。在实验场房间内，主试把一个盛水的大水盆放在桌子的中央，周围摆放6种实验材料。主试把4名幼儿(男女各半)领到这个房间内，说："大家自己在这玩会儿吧，发现有什么好玩的都可以玩。"然后记录员通过实验前安放的摄像机观察、录下幼儿的行为表现，如果幼儿发现了水盆和其他实验材料，开始进行探索行为，并向教师提出有关实验材料的问题(如这些东西为什么要放在这里)，主试可以给予解答，但不能参与活动。

(7)事件计时与编码。依据录像资料对被试的探索言语和行为进行记录和编码。以往研究表明，幼儿探索性结构由敏感、好问、探究持续、摆弄、关注未知、好奇体验6个维度构成。

敏感指儿童对环境变化(主要指对环境中新信息)的觉察能力，主要通过将注意力投放到新信息的行为得以体现；好问是指儿童面对新异事物和未知事物时喜欢提出问题(如问"这是什么呀?""这是干什么的?""为什么?"等)的行为表现，它反映的是儿童探究新事物的主动性特质；探究持续体现的是个体好奇行为的投入程度，主要表现为好奇行为的专注和探究行为的持久；喜欢摆弄也反映儿童主动探索的能力，主要通过儿童积极探索和操纵新事物得以表现；好奇体验指个体在新异事物出现时所表现出的情绪状态以及好奇心得到满足或者得不到满足时的情绪反应；关注未知是儿童对未知事物的敏感和关注程度，主要通过儿童对未知事物是否关心而体现。

3. 观察评分

在本实验中，对上述 5 个探索行为采用事件取样观察法，只记录幼儿在上述方面出现与否的频次。评分标准如下：

敏感：如果幼儿发现了放在桌子上的大水盆或其他实验材料，主动靠近或在远处进行观看，视为敏感行为出现记 1 分，否则视为未出现记 0 分。

好问：记录幼儿在整个探究过程中，是否会向主试或其他幼儿提出有关实验材料的问题，提问记 1 分，没有提问记 0 分。

探究持续：记录幼儿在实验时间内观察或摆弄实验材料持续的时间，如果幼儿停止观察或摆弄达 2 分钟以上，视为探究结束。如果幼儿 2 分钟内又回来观察和摆弄，视为持续探究。在实验的 7 分钟内一直探究记 1 分，中断探究记 0 分。

喜欢摆弄：幼儿把实验材料扔到水里，又捞起，并尝试把会沉的材料浮起或把浮起的材料下沉，观察、敲打、摆弄实验材料等行为出现的次数超过 5 次记 1 分，低于 5 次记 0 分。

好奇体验：如果幼儿在实验时间内表现出积极和愉快的情绪，在摆弄过程中和同伴玩笑，表现出快乐和满足的样子，视为好奇体验出现，记 1 分；否则视为未出现，记 0 分。

（二）冲动抑制性特质情境实验

冲动抑制性特质是幼儿自制力的典型表现。婴幼儿的中枢神经系统尚未发育成熟，兴奋与抑制技能发展不平衡，缺乏控制能力、容易冲动是幼儿行为的重要特征。随着大脑调节注意能力的不断成熟，幼儿逐渐学会对自己的冲动行为、冲动情感进行控制和调节。根据自制力的操作定义，即抑制直接的、短期的欲望而控制冲动的能力，创设情境实验考察幼儿自制力的行为表现。

1. 实验材料

实验材料是 15 道适合不同年龄幼儿发展水平的简单问题，小班、中班、大班各 5 题，每个班型的问题不完全相同，问题难度从低到高。考虑到小班幼儿智力发展特点，实验时以不同颜色、形状、大小、长短的积木为辅助实验材料，主试手拿积木进行提问。另外准备漂亮小贴画给幼儿作为奖励。各班具体问题如下：

小班问题： (1)这块积木是什么颜色?
(2)这块积木是什么形状?
(3)这块积木大,还是那块积木大?
(4)这两块积木哪个长?
(5)这两堆积木,哪个数量多?

中班问题： (1)你几岁了?
(2)你喜欢小狗吗?
(3)你喜欢吃肉吗?
(4)你最喜欢班里哪个小朋友?
(5)你是男孩还是女孩?

大班问题： (1)你家谁长得最高?
(2)你共有多少根手指?
(3)放学后,谁来接你回家?
(4)你们家谁年龄最小?
(5)你是男孩还是女孩?

2.具体操作程序

(1)找一个幼儿园内幼儿熟悉的房间(如活动室),实验中室内保持安静。

(2)主试选取参加实验幼儿的带班教师(带班6个月以上,小班、中班、大班至少一位教师,保证幼儿对其很熟悉);记录员为一名本科生,并对实验过程进行录像与记分。

(3)为了保证不同年龄的幼儿对每个问题都能轻而易举地回答上来,在实验之前,请带班教师把参加实验的幼儿集中,事先进行上述问题的回答演练,保证幼儿知道问题的答案,同时让幼儿熟悉游戏的规则。回答问题时,一次只选取1名幼儿进行实验,避免幼儿彼此互相影响。

(4)每一实验情境设主试和记录员各1名,要求主试和记录员了解并熟悉实验目的及实验过程,在实验前到实验现场进行操作。演练的目的是要控制实验的过程和节奏,在实验过程中亲切温和地对待幼儿,不使其产生紧张感。

(5)从小班、中班、大班各抽取2名幼儿,男、女各1名,进行预实验。预实验发现要幼儿等待10秒再回答问题比较合适,这个时间长度能很好地区分冲动抑制性强和冲动抑制性差的幼儿。参加预实验的幼儿不再参加正式实验。

(6)创设实验情境。带班教师把幼儿领到一间幼儿比较熟悉、安静无人的房间,对幼儿说:“老师和你一起做一个游戏好吗?如果你能按照老师说的做,就奖励你一张小贴画。”幼儿表示同意后,开始实验(提前安放好摄像机对实验过程进行录像)。教师跟幼儿讲清楚游戏规则。游戏规则是:只有在主试问完问题,并停顿大约10秒,说“开始”后,幼儿才可以回答问题。主试在讲游戏规则时要面带笑容,语气温和亲切,肢体语言表现出亲近感,尽量让幼儿放松。实验结束后奖励幼儿小贴画。

3. 观察评分

根据录像资料进行观察行为事件的记录和编码。评分标准是:如果幼儿没有等到10秒就抢先回答问题,则不得分;如果幼儿等到10秒后回答问题(无论对错),则记1分。每完成1题,得1分,被试得分在0~5分。

(三)分享特质情境实验

分享特质是同情利他维度的次级特质。对幼儿亲社会性的教育主要体现在教导幼儿不能自私、以自我为中心,要能与别的小朋友分享自己的食品或玩具等。本研究抽取分享特质来进行实验设计,依据其操作性定义即幼儿与他人共同享有某种资源的行为和言语表达,考察幼儿在具体情境下的分享行为水平。

1. 实验材料

实验材料选用幼儿园常见的拼插塑料积木或木积木若干,漂亮的小贴画纸若干。

2. 具体操作程序

(1)找一个幼儿园内幼儿熟悉的房间(如活动室),实验中室内保持安静。

(2)选取参加实验幼儿的带班教师(带班6个月以上,小班、中班、大班至少一位教师,保证幼儿对其很熟悉)作为主试;记录员为一名本科生,并对实验过程进行录像与记分。

(3)保证参加实验的幼儿与陪试熟悉(被试与陪试在同一个班级);保证小贴画形状和颜色新奇,能引起幼儿足够的兴趣。

(4)各实验情境设主试和记录员各1名,要求主试和记录员了解并熟悉实验目的及实验过程,在实验前到实验现场进行操作练习。对主试教师进行言语暗示的训练,暗示的表达方式和次数要统一。

(5)从小班、中班、大班各抽取2名幼儿,男、女各1名,进行预实验,调查到幼儿比较喜欢的小贴画样式。让被试与陪试游戏5分钟,就可以观察到幼儿的分享行为的差异。参加过预实验的幼儿不再参加正式实验。

(6)创设实验情境。主试把5名幼儿(5名幼儿来自同一个年级同一个班,其中2男2女为被试,1名幼儿为陪试,性别不限)领到幼儿园一个安静的房间内。房间内摆放幼儿平时经常玩的拼插塑料积木或木质积木。主试对幼儿说:"小朋友们,大家现在一起玩积木吧,看谁搭得又新颖又漂亮,老师会给你们奖励。"待幼儿玩3分钟后,主试对5名幼儿搭的积木分别进行评价。故意给作为被试的4名幼儿好的评价,并给每人2个以上的小贴画进行奖励,而给作为陪试的幼儿不好的评价,不给予奖励。然后主试让幼儿接着游戏,观察是否有幼儿能把自己的小贴画给陪试。如果没有,则教师故意给予暗示(鉴于小贴画是教师分配的,可能有幼儿不敢分享),比如说:"你看大家都拿到小贴画了,就××小朋友没拿到,你们要不要给她/他一个呀?"再让幼儿游戏5分钟,对实验过程进行录像。

3. 观察评分

(1)通过录像资料对幼儿表现出的分享行为进行编码,采用事件取样观察法,最终确定分享和拒绝分享的典型行为和言语表现。

分享有两种典型行为表现。一种是实质性分享:看到陪试没有小贴画,能主动把自己的一个小贴画给陪试或者在教师给予分享暗示后,能把自己其中的一个小贴画给陪试(即便给陪试玩一段时间后又要回来也算分享)。另一种是平等交换分享。其中某个作为被试的幼儿对自己的小贴画不满意想要交换时,能很乐意地交换。

拒绝分享有3种典型行为表现。口头分享:口头上答应分享或交换而没有实际行动。沉默拒绝:被试在拿到小贴画后,继续游戏不理会陪试,当陪试要求分享或者教师给予暗示后,低头沉默不语,继续游戏。直接拒绝:当陪试要求分享、教师给予暗示或另一个被试要求交换小贴画时,直接口头拒绝,说"不行",或者会找借口拒绝,比如说陪试不会要或自己只喜欢自己的小贴画等。

(2)确定评分标准:对被试的分享行为进行记分。直接拒绝记1分,沉默拒绝记2分,口头分享记3分,平等交换分享记4分,实质性分享记5分。

(四)情绪稳定性特质情境实验

挫折环境下,不同的幼儿的情绪特点有所不同,比如有的幼儿易怒、爱哭,有的幼儿变得更敏感和小心翼翼,前者具有"暴躁易怒"特质,后者具有"敏感焦虑"

特质，但这两种特质从不同方面体现了情绪的波动性。因此在本实验中不对这两种特质做区分，并依据操作定义——幼儿在挫折情境下情绪表达的变化及这种变化的强度，设定诱发幼儿负面情绪的情境，观察幼儿情绪稳定性的特点。

1. 实验材料

选取漂亮的小贴画纸若干或幼儿特别喜欢的玩具，大量的红豆，4个纸杯作为实验材料。

2. 具体操作程序

(1)找一个幼儿平时比较熟悉的房间(如活动室)，实验时保持室内安静。

(2)选取参加实验幼儿的带班教师(带班6个月以上)为主试(小班、中班、大班至少2位教师，保证幼儿对其很熟悉)，一名研究生为记录员。

(3)保证参加实验的幼儿都特别喜欢小贴画，针对个别幼儿，可以另外准备实验材料。准备的红豆量要足够多，保证在实验时间内幼儿捡不完。

(4)各实验情境设主试和记录员各1名，要求主试和记录员了解并熟悉实验目的及实验过程，在实验前到实验现场进行操作练习。对主试教师进行指导语和表情的训练，排除因教师个人风格的不同带来的实际实验情境的差异。

(5)从小班、中班、大班各抽取2名幼儿，男、女各1名，进行预实验。预实验发现，在1分钟左右即能看出幼儿捡豆子数量的明显差异。因此捡豆子时间确定为1分钟。教师对幼儿活动的评价时间一般在2分钟内完成，观察幼儿的情绪表现2分钟，最后确定每组实验的时间为5分钟。参加过预实验的幼儿不得再参加正式实验。

(6)创设实验情境。在幼儿熟悉的一个房间里，主试事先将录像机设置在幼儿看不见的地方，再把大量的红豆倒在桌子上。然后把5名幼儿(2男2女为被试，1名幼儿为陪试，性别不限)领到房间里，对幼儿说："小朋友们，老师刚才不小心把红豆撒在桌子上了，你们能帮老师捡起来并放进旁边的纸杯里吗？"幼儿表示同意后，开始捡红豆。幼儿捡1分钟后，教师叫幼儿停下来。然后根据幼儿捡豆子时是否专心和捡到豆子的数量，确定捡得最多的1名幼儿为陪试，其他4名为被试。教师对陪试进行口头夸奖，如："你捡得最快最多，一点也不溜号，老师很满意。"然后给他一个小贴画纸以示奖励。而对另外4名幼儿教师故意表示不满，如说："你们没有专心捡，老师不满意。"也不给予小贴画奖励。观察受到批评幼儿的情绪表现，2分钟后实验结束。为消除实验对幼儿心态的影响，教师说："这只是老师跟大家玩的一个游戏，谢谢大家帮我捡豆子。”并给每个幼儿小贴画以安抚其情绪。

3. 观察评分

（1）计时与编码。观察录像资料中幼儿的面部表情、身体动作、语言表达三个方面的具体行为表现，然后进行编码分析。先随机抽取5组（20名）幼儿的录像资料，由两名心理学硕士同时各自挑选出幼儿的典型情绪行为表现。查看两者编码的一致性，不一致的地方由两人讨论，并找第三人讨论决定。最后确定幼儿挫折情境下的典型行为表现，如表2-21所示。

表2-21　在挫折情境下的幼儿典型情绪行为表现

类属	码号
面部表情	1. 哭泣；2. 眼神闪烁、回避；3. 绷脸；4. 愤怒、不满
身体动作	1. 低头、摇头、转头；2. 挤眉；3. 一动不动；4. 嘟嘴、撇嘴；5. 揪衣角；6. 遮脸、摸头；7. 摆弄双手
语言表达	1. 沉默；2. 争辩；3. 说话声音变小；4. 说自己本来就不喜欢小贴画或者自己家里有

（2）根据编码录像资料得到的典型行为，设置5等级记分。幼儿无明显的面部表情、动作或语言表达，很平静，记1分；幼儿沉默、绷脸，一动不动，眼神闪烁、回避，记2分；幼儿低头、转头或撇嘴，遮脸，摆弄双手，说话声音变小，记3分；幼儿低头，默默哭泣，记4分；幼儿表现出愤怒的表情或大声哭泣，并和老师争辩，说自己也捡得很好或者自己本来就不喜欢小贴画等，记5分。被试得分在1～5分。

（五）善交际特质情境实验

在质化研究中我们发现，外倾性除了体现在对外在环境的探究或回避上，更多地体现在对他人的态度倾向及在人际互动中的活动水平，也就是说，中国幼儿的外倾性有很强的“社会性”。善交际特质能很好地体现幼儿对他人是热情还是冷淡的态度倾向及采取的不同应对行为。因此我们把它从外倾性里面抽取出来进行实验设计。以幼儿在人际交往情境中的主动性、活跃性和沟通能力作为操作定义，实验考察幼儿在与同伴和陌生成人交往情境下的一般交际能力。

1. 实验材料

选取幼儿园常见的拼插塑料积木或木质积木若干作为实验材料。

2. 具体操作程序

为从总体上考察幼儿的善交际特质，实验采用被试内实验设计，所有被试都参加两个实验情境:一个是与陌生成人交往的情境,另一个是与陌生同伴交往的情境。最后将被试在两种实验情境中的得分综合起来对幼儿的善交际特质进行评价。

(1)在幼儿园内找一个幼儿平时比较熟悉的房间(如活动室),实验时保持室内安静。

(2)一名本科生作为陌生成人实验情境下的主试,从幼儿园抽取参加实验幼儿的带班教师(带班6个月以上)为记录员(小班、中班、大班至少一位教师,保证幼儿对其很熟悉)。在同伴交往情境下,带班教师为主试。

(3)保证进行实验的房间内没有新奇的玩具和其他事物,防止转移被试的注意力。在陌生同伴交往的情境下,保证陪试和被试之间不熟悉。在陌生成人交往的情境下,保证幼儿没有见过"陌生人",同时要求玩具是幼儿平时经常玩、非常熟悉的。

(4)各实验情境有主试和记录员各1名,实验前主试和记录员要明确实验的目的以及实验的过程,并且到实验现场进行过操作练习;对主试进行语言和表情的训练,目的是使实验过程统一标准化,严格统一指导语。

(5)从小班、中班、大班各抽取4名幼儿,男、女各2名,分别进行两种情境下的预实验。预实验发现陌生成人主试必须使自己的面部表情和动作在每组实验中都保持一致,表现尽量温和亲切。而在同伴交往情境下,担当陪试的儿童在小班、中班、大班各固定2名,避免不同陪试具有的差异性的性格特征对实验效果的干扰。同时被试和陌生人及陪试在一起5分钟左右,能够看出不同被试的态度倾向。

(6)创设实验情境。实验时,先进行"与陌生成人交往的情境"实验,再进行"与陌生同伴交往的情境"实验,不得颠倒顺序。

情境1:与陌生成人交往的情境

由带班教师把4名幼儿(男、女各半)带到幼儿熟悉、安静的房间内,给幼儿平日熟悉的玩具(如木质积木或插塑积木)玩,然后老师离开一会儿,回来时把实验员带到教室内。老师向幼儿介绍说:"这是××姐姐,来我们班级做客,和你们一起玩,大家欢迎!"实验员和幼儿打招呼,这时教师借故出去,把实验员留在室内。实验员开始不说话、不做任何动作,只注视幼儿并对他们微笑,观察幼儿对实验员的反应。如果幼儿一直不说话,则实验员可以主动进行简单的询问,再观察幼儿对实验员的反应。教师作为记录员在门外记录幼儿与实验员的交往行为。

情境2:与陌生同伴交往的情境

教师把2名幼儿(其为陪试,性别不限)领到幼儿园一个安静的房间内,进行积木或拼插塑料积木游戏。游戏2分钟后,记录员把来自不同班的2名幼儿(其为被试,男、女各1名)领到房间内,对他们说:“你们看,小朋友都玩得可高兴呢,你们也加入吧!”(注意不要向陪试介绍被试。)教师和记录员不进行任何言语提示,观察并记录2名被试的交往行为并摄像。

3. 观察评分

(1)计时与编码。两种情境实验时间均为5分钟。在对录像资料进行反复分析的基础上,从幼儿的言语、动作、表情三个方面对幼儿的交往行为进行编码。

①陌生成人情境下的编码:

A. 打过招呼后,即使客人主动询问,也不回答,仍然继续玩自己的玩具,完全不关注客人,记1分。

B. 会羞怯地偷瞄或一直注视客人,但不会主动说话,在客人主动询问后,会进行简单的回答,记2分。

C. 会主动和客人说几句关于玩具的话,但不会和客人聊天,记3分。

D. 会主动靠近客人并自然地进行关于玩具或其他事情的聊天,记4分。

F. 会活跃起来,主动聊天,或能给客人表演节目、邀请客人一起玩玩具,记5分。

②陌生同伴情境下的编码:

A. 默默地坐在那里,同桌小朋友主动与她/他聊天或邀请她/他游戏也不回应,记1分。

B. 会主动与其他小朋友打招呼,但打完招呼后不知所措,实验结束时也没参与游戏中,记2分。

C. 会主动打招呼并要求加入游戏,在游戏过程中,与其他小朋友没有言语交流或合作游戏,记3分。

D. 会主动与其他小朋友打招呼,关注并有时会给其他小朋友建议,或者主动协助,逐渐加入游戏中,记4分。

F. 会主动打招呼并要求加入游戏,在游戏过程中,与其他小朋友相互交流,表现出愉快的样子。或者在要求加入游戏被拒绝后,不沮丧,仍积极参与游戏,记5分。

(2)得分。计算被试在两种情境下的平均得分为被试的实验得分,分数在1~5分。

第三节 幼儿人格发展评估的常模制定

一、问题提出

人格发展是指个体自出生至老年死亡的整个生命过程中,人格特征的表现随着年龄和习得经验的增加而逐渐改变的过程。人格发展是人生全程发展至关重要的部分。人格特质具有稳定性,但人格的稳定性和可变性是共存的(McAdams,Olson,2010;McGue,Bacon,Lykken,1993)。西方人格发展研究基于“大五”人格模型。这一模型代表着与社会适应最密切相关的人格特质,如神经质—情绪稳定性、外倾性、经验开放性或可培养性(Sturaro, Denissen, Van Aken, Asendorpf, 2008)、宜人性和责任心(McCrae,John, 1992)。在不同研究领域,这一模型已被认为是一个稳定的人格模型,总体上促进了研究者之间的交流。而且“大五”人格模型不仅代表成人的人格,也代表儿童青少年,之前的研究也显示青年能提供可信且有效的“大五”人格自评结果(Soto,John,Gosling,Potter,2008)。

人格发展有两种类型,分别是均值水平变化(Mean-level Changes)和等级顺序变化(Rank-order Changes),首先应区分这两种类型的人格发展(Möttus,Johnson,Deary,2012;Specht,Egloff,Schmukle,2011)。均值水平的变化涉及正常改变,反映人们的特质得分随时间而变化。大多数研究显示的毕生人格各维度得分的发展趋势是:情绪稳定性增加,责任心增加(Bleidorn, Kandler, Riemann, Angleitner, Spinath,2009; Neyer, Lehnart, 2007; Roberts, Walton, Viechtbauer, 2006; Soto, John, Gosling, Potter, 2011),宜人性增加(Lüdtke, Roberts, Trautwein, Nagy, 2011; Soto, et al. ,2011),外倾性降低(Branje, Van Lieshout, Gerris, 2007),开放性则呈曲线趋势(Lehmann, Denissen, Allemand, Penke, 2013),成年早期增加,年长时则降低。等级顺序的变化或稳定性则反映人格特质是否随时间保持稳定。等级顺序稳定性的测量通常是对特定特质的重测信度进行测量(Gordon,2009;Roberts,Caspi,Moffitt,2001)。基于人格的稳定性和可变性,中国学者对幼儿阶段的人格结构、发展特点等进行了深入研究。陈基越、徐建平等人(2015)回顾了依据“大五”人格结构和五因素人格模型提出的国内外各种类型五因素人格取向测验的发展历程。回顾结论表明,已有一些在五因素人格模型框架下编制的自评测验版本适用于中国文化。如何应对西方五因素取向人格测验与中国本土化五因素人格测验的“碰撞”，以及在其影响下如何发展中国的五因素人格测验，都是值得研究的问题。在幼儿人格测验领域，目前研究的关键在于仍然缺乏以五因素人格理论为框架的标准化中国幼儿人格评定工具。如果有了标准化中国幼儿人格评定量表，那么不但可以为重复验证幼儿人格结构提供框架，还可以为修订幼儿人格发展测评工具提供基础；同时，可为今后科研工作提供测量幼儿人格的有效工具，也可为教师与家长提供幼儿人格评价的简便易行的工具。

为探索中国幼儿人格结构，杨丽珠团队进行了为期 15 年的三轮研究。在第一轮研究中，刘文与杨丽珠编制了幼儿人格教师评定问卷，探讨了 3 ~ 6 岁幼儿人格的结构。研究中使用自由描述法，请幼儿教师对本班熟悉的两名幼儿的不同人格特征的典型行为，进行中文环境下的自然语境的自由词汇描述，共收集到形容幼儿人格的词汇 394 个。正式施测时，在大连和武汉两座城市选取普通幼儿园带班教师对所在班的幼儿进行评定，评定教师的选择以带班半年以上为标准。被试分别来自大连市和武汉市的 6 所幼儿园，共 566 名幼儿，3 ~ 6 岁各年龄段幼儿的人数比例相当，男女各半。参加评定的教师均是接触幼儿半年以上的现任教师，共 50 名，另 50 名作评分者信度，均为女性。运用探索性因素分析获得的幼儿人格结构由智能特征、意志特征（责任心）、情绪情感（神经质）、亲社会性和活动性（内外向）五个因素构成。研究初步表明中国幼儿人格结构存在与五因素理论相似的结构（刘文，杨丽珠，1999）。

杨丽珠和张野等继续让幼儿教师自由描述来收集幼儿的人格特质。自由描述的开放式问卷来自全国 10 个省的 336 名普通幼儿园的幼儿教师，请幼儿教师在本班随机抽取 4 名熟悉的幼儿。教师针对这 4 名幼儿在幼儿园日常学习、生活中经常表现出来的人格特点写出描述词，并列出具体的行为表现。经过对 1 347 份开放式问卷的质性分析，包括编码、设置码号和建立类属等过程，得到幼儿人格特征的理论建构，进而编制问卷。首次使用了探索性和验证性因素分析交叉获得幼儿人格结构。正式样本来自大连市的 9 所幼儿园，在每所幼儿园的小、中、大班分别请教师使用问卷对本班幼儿进行评定。共有 90 名教师参加此次评定，回收有效问卷 1 642 份，问卷有效率为 91.2%。随机抽取其中 4 所幼儿园的幼儿样本（$N=715$）作为探索性因素分析样本，另外 5 所幼儿园的幼儿样本（$N=927$）作为验证性因素分析样本。探索性因素分析与验证性因素分析获得的幼儿人格测评结构和“幼儿人格教师评定问卷”（第二版）由智能特征、认真自控、情绪性、亲社会性 4 个维度构成，问卷具有较好的信度和效度（杨丽珠，张野，刘文，2004）。

杨丽珠，张金荣等人第三轮第一阶段的研究共调查了 3 个样本。第一个样本的被试与前期质化研究相同。质化研究同时使用了基于教师评价幼儿的开放式自由描述法和基于形容词表的词汇学方法。自由描述开放式问卷施测于大连 7 所幼儿园 91 名教师参与评定的 364 名 3 ~6 岁幼儿，男、女各半；形容词表施测于大连、广州共 324 名幼儿教师，最后选取完整的 47 份词表。第二个样本即预测样本选取大连市 2 所幼儿园 295 名幼儿，共 14 位教师参与评定。第三个样本为正式施测样本，包括探索和验证性因素分析样本，来自大连市 8 所幼儿园，共 71 名教师使用人格问卷对本班幼儿进行评定，回收有效问卷 1 104 份。随机抽取其中 3 所幼儿园的幼儿（$N=510$）作为探索性因素分析样本，另外 5 所幼儿园的幼儿（$N=594$）作为验证性因素分析样本。结果发现在中国幼儿样本中同样存在一个五因素结构，但其内涵与五因素理论略有差别。为考察幼儿人格五因素问卷的聚合效度，本阶段研究还首次考察了各维度与相应情境实验结果的相关系数作为效度系数。结果表明五因素与相应情境实验相关系数分别为 $r_{(探索性)}=0.755^{**}$，$r_{(自制力)}=0.708^{**}$，$r_{(内外向)}=0.845^{**}$，$r_{(亲社会性)}=0.766^{**}$，$r_{(情绪稳定性)}=0.775^{**}$。研究结果表明五因素结构的幼儿人格问卷也具有较理想的聚合效度。

杨丽珠、张金荣等人第三轮第二阶段的研究扩大了各施测环节的样本容量与施测内容，最终编制了“3 ~6 岁幼儿人格发展教师评定问卷”，获得中国幼儿人格的五因素结构，在此基础上进行了追踪研究，考察幼儿人格的发展特点（杨丽珠，张金荣，2015）。追踪研究证实了人格的稳定性与可变性是共存的。

本研究拟在前期研究的基础之上，依据中国幼儿人格发展特点，进一步将幼儿人格发展教师评定问卷进行标准化，通过分层随机抽样，建立标准化常模参照测验，为评价幼儿人格提供有效工具，以便更好地了解幼儿人格。

二、研究过程

（一）被试取样

由于中国地域广阔，发展水平各异，为获得中国幼儿人格发展教师评定量表的常模，本研究采用分层随机抽样。在抽样第一层考虑被试取样所在地区的发展水平，确定抽样地区；在第二层抽样中考虑被试性别、年级、所在幼儿园类型等人口学变量。在衡量地区发展水平时，本研究参考中国发展指数。2006 年以来，中国人民大学中国调查评价中心每年发布中国发展指数。中国发展指数由 4 个单项指数构成:(1)健康指数;(2)教育指数;(3)生活水平指数;(4)社会环境指数。该指数反映的我国地区综合发展水平是较为全面和客观的(袁卫,彭非,2007)。

对中国发展指数的聚类分析结果显示,与2012年相同,中国发展指数(2013)仍然将全国31个省区市划分为四大区域,我国内地31个省区市社会、经济、地理分四大板块的格局未变。第一类为特大都市区,包括北京、上海2个直辖市;第二类为沿海发达区,包括天津、浙江、江苏、山东、辽宁、广东6个省区市;第三类为中度发展区,包括内蒙古、吉林、福建、黑龙江、湖北、山西、海南、河北、陕西、湖南、安徽、重庆、河南、四川、江西、宁夏、新疆、广西18个省区市;第四类为西部偏远区,包括青海、甘肃、云南、贵州、西藏5个省区。第四类地区中,第一类和第二类地区的省市的分类结果历年来均较为稳定,第三类省份的个数在以上分类体系中均占大多数,而第四类地区省份的数量从2006年中国发展指数创始以来就持续减少,减少的省份均已被划入第三类省份。至2012和2013年度,第四类地区仅剩5个省份(人民网,2013)。

幼儿样本选取拟在以上四类省区(直辖市)中根据中国发展指数,在每类别中按照人口比例选取有代表性的省区(直辖市),在每省按照经济发展水平选取2个有代表性的市,包括一个较大的市,如省会或副省级城市,以及一个地级市,在每个市里选取有代表性的3所幼儿园进行测量,3所幼儿园分别是当地有代表性的三类幼儿园,即城市公办幼儿园、城市民办幼儿园和乡镇公办幼儿园。四类地区样本选取量应与各地区人口比例大致相当。按照此原则,一类地区选择北京市的朝阳区和延庆县,二类地区选择广东省深圳市、浙江省湖州市以及辽宁省大连市,三类地区选择广西南宁市和桂林市、黑龙江省哈尔滨市和牡丹江市、湖南省长沙市和湘潭市,以及安徽省阜阳市,四类地区选择贵州省贵阳市和遵义市。除社会经济发展水平外,四类地区还基本覆盖了中国的各个地域,在地域文化角度上,该样本也具有一定代表性。在每个地市分别选取三类幼儿园各1所,共42所幼儿园,其中每所幼儿园选取180人(大、中、小班各约60人),拟测量被试7 560人,男、女各半。实际回收有效问卷7 161份,有效率为94.72%。其中小班2 396人,平均年龄为3.87 ±0.50岁;中班2 424人,平均年龄为4.86 ±0.54岁;大班2 341人,平均年龄为5.80 ±0.57岁。女生3 423人,男生3 738人,各年级男、女比例无差异[$\chi^2(2)=4.33, p>0.05$]。使用SPSS统计软件进行数据处理与分析。数据中由于教师漏填等原因产生的随机缺失值490个,占全部数据的0.11%,使用基于极大似然估计的*EM*算法予以补全(Denoeux,2011)。

表 2-22　取样地区样本人口与总人口比例对比

取样地区	样本人数	样本百分比	所在地区人口(万人)	所在地区人口比例
一类地区	1 012	14.1%	4 529.80	3.3%
二类地区	1 567	21.9%	39 053.29	28.7%
三类地区	3 743	52.3%	80 806.34	59.5%
四类地区	839	11.7%	11 600.60	8.5%
总和	7 161	100%	135 720.03	100%

由表 2-22 可知,在中国的四类地区中,二类地区和三类地区人口比例最大,一类地区和四类地区人口比例较小。本研究的取样相应扩大了一类地区和四类地区在全样本中的比例,相应缩减了二类地区和三类地区样本比例,以保证样本的代表性和统计的稳健性。

(二)测量工具

杨丽珠、张金荣编制的"3 ~6 岁幼儿人格发展教师评定问卷"共 60 个题目,采用李克特五级计分法。二阶因素分析后确定量表的 5 个维度分别为:(1)智能特征;(2)认真自控;(3)外倾性;(4)亲社会性;(5)情绪稳定性。5 个维度与"大五"人格结构相对应。量表的信度和效度等心理测量学指标均已得到前期研究的验证(杨丽珠,张金荣,孙岩,2015)。调整反向计分后,各维度得分越高,越趋向于各维度本身意义。本研究中各维度的克伦巴赫 α 系数分别为 0.940,0.925,0.902,0.928 和 0.846。同时,为考察教师对幼儿评价结果的一致性程度,本研究抽取一部分样本,包括哈尔滨市的 3 所幼儿园(1 所城市公办、1 所城市民办和 1 所乡镇公办幼儿园),共 264 名幼儿,由幼儿所在班级的主班老师和副班老师同时填写本班所有幼儿的人格评定量表,考察两位评分者的一致性。结果表明,两位评分者在幼儿人格各维度的相关系数分别为:0.832^{***}、0.769^{***}、0.772^{***}、0.807^{***} 和 0.676^{***}。本研究中评价者对幼儿评价的一致性说明评价结果较为客观、可信。

三、结果

(一)常模参照分数的确定

基于以往对幼儿人格 5 个维度发展特点的纵向研究,幼儿人格发展有显著的年级效应和性别差异,幼儿人格随年级增长有显著发展,女生人格发展水平显著高于男生,因此本研究依据幼儿人格发展特点,将幼儿以年级(小班、中班和大班)

×性别(女生和男生)分为6个团体,进行常模参照分数的确定。

(二)中国幼儿人格发展教师评定量表全国常模的制定

在心理测量中,常模参照测验分数通常使用转化后的导出分数,用以对个体或团体分数在常模参照分数中的位置进行评估。原始分数转化为导出分数的第一步是将其转换为标准分即 Z 分数,然后再将其转换为 T 分数($T=a+bZ$)等导出分数。将原始分数转换为 Z 分数有两种方式:第一种为 $Z=(X-M)/SD$,即线性转换。即使原始分数所在总体的分布服从正态分布,样本选取的常模参照群体的测量分数也不一定服从正态分布,而且原始分数也不适宜用于直接的分数解释与比较评价。因此,适宜的方法是将原始分数转化为相应百分等级,然后依据百分等级对应的正态曲线下面积计算出对应的Z分数,这是一种非线性转换方式。然后按照 $T=10Z+50$ 导出为 T 分数(戴海琦, 2010;张厚粲,徐建平, 2004)。实际操作中,选择 *Blom* 比例估计公式 $R=(r-3/8)/(w+1/4)$ 估计各原始分数的百分等级,其中 R 是百分等级,w 是个案权重的总和,r 是秩,同时估计出百分等级对应的 Z 分数(卢纹岱,2002)。相比于原始分数,转化为正态化标准分数后,人格各维度的导出分数的偏度和峰度较人格五因素原始分数均有了较大改善,更接近正态分布。

依据幼儿人格的发展特点,本研究制定了中国幼儿人格发展教师评定量表的百分等级常模和 T 分数常模。由于篇幅所限,仅列出各性别年级团体代表性百分等级和 T 分数常模。本研究呈现包括全体被试的常模参照分数并无意义。因为在幼儿人格发展特点上,性别差异和年级差异均显著,个体或团体测验得分与均值的差异可能是性别差异或年级差异导致的。因此本研究须分别建立性别×年级的6个团体内常模,如表2-23至表2-28所示。

表 2-23　中国幼儿人格发展教师评定量表各维度女生小班团体内百分等级常模、原始分数、Z 分数和 T 分数对应表（n = 1 184）

百分等级	智能特征			认真自控			外倾性			亲社会性			情绪稳定性		
	原始分数	Z 分数	T 分数	原始分数	Z 分数	T 分数	原始分数	Z 分数	T 分数	原始分数	Z 分数	T 分数	原始分数	Z 分数	T 分数
P_5	43	-1.68	33.2	33	-1.62	33.8	23	-1.63	33.7	37	-1.64	33.6	15	-1.68	33.2
P_{10}	48	-1.26	37.4	35	-1.29	37.1	24	-1.40	36.0	40	-1.29	37.1	18	-1.29	37.1
P_{20}	52	-0.83	41.7	38	-0.86	41.4	27	-0.84	41.6	43	-0.85	41.5	21	-0.78	42.2
P_{30}	56	-0.49	45.1	40	-0.59	44.1	29	-0.50	45.0	46	-0.45	45.5	23	-0.47	45.3
P_{40}	59	-0.25	47.5	43	-0.23	47.7	31	-0.19	48.1	48	-0.22	47.8	24	-0.31	46.9
P_{50}	62	0.01	50.1	45	-0.01	49.9	32	-0.05	49.5	50	0.01	50.1	26	0.02	50.2
P_{60}	65	0.25	52.5	48	0.30	53.0	34	0.23	52.3	53	0.26	52.6	27	0.19	51.9
P_{70}	68	0.49	54.9	50	0.52	55.2	36	0.50	55.0	56	0.51	55.1	29	0.54	55.4
P_{80}	72	0.79	57.9	54	0.91	59.1	39	0.91	59.1	59	0.81	58.1	31	0.89	58.9
P_{90}	77	1.31	63.1	57	1.36	63.6	42	1.49	64.9	64	1.34	63.4	34	1.30	63.0
P_{95}	81	1.63	66.3	59	1.76	67.6	44	1.74	67.4	66	1.63	66.3	36	1.64	66.4

表 2-24　中国幼儿人格发展教师评定量表各维度女生中班团体内百分等级常模、原始分数、Z 分数和 T 分数对应表（n = 1 152）

百分等级	智能特征			认真自控			外倾性			亲社会性			情绪稳定性		
	原始分数	Z 分数	T 分数	原始分数	Z 分数	T 分数	原始分数	Z 分数	T 分数	原始分数	Z 分数	T 分数	原始分数	Z 分数	T 分数
P_5	47	-1.64	33.6	35	-1.60	34.0	24	-1.45	35.5	40	-1.60	34.0	16	-1.63	33.7
P_{10}	51	-1.27	37.3	36	-1.39	36.1	26	-1.33	36.7	42	-1.27	37.3	19	-1.21	37.9
P_{20}	55	-0.86	41.4	41	-0.85	41.5	28	-0.90	40.1	46	-0.85	41.5	22	-0.77	42.3
P_{30}	59	-0.49	45.1	43	-0.57	44.3	30	-0.55	44.5	49	-0.55	44.5	24	-0.49	45.1
P_{40}	62	-0.23	47.7	45	-0.31	46.9	32	-0.28	47.2	52	-0.26	47.4	26	-0.21	47.9
P_{50}	65	-0.01	49.9	48	0.03	50.3	34	-0.01	49.9	54	-0.05	49.5	27	-0.05	49.5
P_{60}	68	0.24	52.6	50	0.26	52.6	36	0.29	52.9	57	0.29	52.9	29	0.25	52.5
P_{70}	72	0.56	55.6	53	0.57	55.7	38	0.60	56.0	59	0.49	54.9	31	0.53	55.3
P_{80}	75	0.82	58.2	56	0.88	58.8	40	0.86	58.6	62	0.88	58.8	33	0.81	58.1
P_{90}	80	1.29	62.9	59	1.36	63.6	42	1.20	62.0	66	1.31	63.1	36	1.25	62.5
P_{95}	83	1.68	66.8	60	1.87	68.7	44	1.59	65.9	68	1.57	65.7	38	1.62	66.2

表 2-25　中国幼儿人格发展教师评定量表各维度女生大班团体内百分等级常模、原始分数、Z 分数和 T 分数对应表（$n=1\ 087$）

百分等级	智能特征			认真自控			外倾性			亲社会性			情绪稳定性		
	原始分数	Z 分数	T 分数	原始分数	Z 分数	T 分数	原始分数	Z 分数	T 分数	原始分数	Z 分数	T 分数	原始分数	Z 分数	T 分数
P_5	49	-1.64	33.6	35	-1.62	33.8	24	-1.66	33.4	41	-1.68	33.2	15	-1.68	33.2
P_{10}	51	-1.37	36.3	37	-1.33	36.7	26	-1.32	36.8	43	-1.24	37.6	18	-1.28	37.2
P_{20}	57	-0.80	42.0	41	-0.82	41.8	29	-0.80	42.0	46	-0.86	41.4	22	-0.81	41.9
P_{30}	60	-0.56	44.4	44	-0.53	44.7	31	-0.49	45.1	49	-0.53	44.7	24	-0.57	44.3
P_{40}	63	-0.29	47.1	46	-0.28	47.2	33	-0.21	47.9	52	-0.26	47.4	27	-0.21	47.9
P_{50}	67	0.03	50.3	48	-0.03	49.7	34	-0.06	49.4	54	-0.05	49.5	28	-0.06	49.4
P_{60}	69	0.23	52.3	50	0.21	52.1	36	0.25	52.5	56	0.20	52.0	30	0.25	52.5
P_{70}	72	0.51	55.1	53	0.55	55.5	38	0.57	55.7	59	0.50	55.0	32	0.57	55.7
P_{80}	76	0.85	58.5	56	0.88	58.8	40	0.86	58.6	63	0.84	58.4	34	0.84	58.4
P_{90}	80	1.31	63.1	59	1.36	63.6	43	1.38	63.8	67	1.34	63.4	37	1.39	63.9
P_{95}	82	1.58	65.8	60	1.81	68.1	44	1.66	66.6	69	1.67	66.7	38	1.64	66.4

表 2-26　中国幼儿人格发展教师评定量表各维度男生小班团体内百分等级常模、原始分数、Z 分数和 T 分数对应表（$n=1\ 212$）

百分等级	智能特征			认真自控			外倾性			亲社会性			情绪稳定性		
	原始分数	Z 分数	T 分数	原始分数	Z 分数	T 分数	原始分数	Z 分数	T 分数	原始分数	Z 分数	T 分数	原始分数	Z 分数	T 分数
P_5	41	-1.69	33.1	28	-1.67	33.3	22	-1.69	33.1	35	-1.64	33.6	15	-1.70	33.0
P_{10}	46	-1.30	37.0	32	-1.25	37.5	25	-1.22	37.8	39	-1.30	37.0	18	-1.20	38.0
P_{20}	51	-0.84	41.6	35	-0.89	41.1	27	-0.85	41.5	42	-0.87	41.3	20	-0.86	41.4
P_{30}	54	-0.55	44.5	37	-0.58	44.2	29	-0.52	44.8	44	-0.58	44.2	23	-0.46	45.4
P_{40}	57	-0.24	47.6	40	-0.20	48.0	31	-0.21	47.9	46	-0.30	47.0	24	-0.31	46.9
P_{50}	60	0.00	50.0	42	0.03	50.3	32	-0.05	49.5	49	0.02	50.2	26	0.02	50.2
P_{60}	63	0.25	52.5	44	0.28	52.8	34	0.21	52.1	51	0.23	52.3	27	0.19	51.9
P_{70}	66	0.53	55.3	46	0.51	55.1	36	0.50	55.0	54	0.54	55.4	29	0.53	55.3
P_{80}	70	0.81	58.1	49	0.81	58.1	39	0.91	59.1	57	0.84	58.4	31	0.81	58.1
P_{90}	75	1.26	62.6	54	1.34	63.4	41	1.23	62.3	61	1.22	62.2	34	1.32	63.2
P_{95}	79	1.71	67.1	56	1.63	66.3	43	1.60	66.0	64	1.60	66.0	36	1.66	66.6

表2-27　中国幼儿人格发展教师评定量表各维度男生中班团体内百分等级常模、原始分数、Z分数和T分数对应表（n＝1 272）

百分等级	智能特征			认真自控			外倾性			亲社会性			情绪稳定性		
	原始分数	Z分数	T分数	原始分数	Z分数	T分数	原始分数	Z分数	T分数	原始分数	Z分数	T分数	原始分数	Z分数	T分数
P_{5}	42	−1.70	33.0	28	−1.69	33.1	22	−1.68	33.2	37	−1.60	34.0	17	−1.66	33.4
P_{10}	46	−1.33	36.7	32	−1.29	37.1	25	−1.31	36.9	40	−1.27	37.3	20	−1.23	37.7
P_{20}	52	−0.82	41.8	36	−0.86	41.4	28	−0.87	41.3	43	−0.86	41.4	23	−0.77	42.3
P_{30}	56	−0.52	44.8	39	−0.50	45.0	30	−0.58	44.2	47	−0.48	45.2	25	−0.48	45.2
P_{40}	60	−0.25	47.5	41	−0.28	47.2	32	−0.27	47.3	49	−0.29	47.1	26	−0.32	46.8
P_{50}	63	−0.03	49.7	44	0.02	50.2	34	0.02	50.2	52	0.00	50.0	28	−0.01	49.9
P_{60}	67	0.28	52.8	46	0.22	52.2	36	0.32	53.2	55	0.30	53.0	30	0.30	53.0
P_{70}	70	0.52	55.2	49	0.55	55.5	37	0.48	54.8	57	0.53	55.3	31	0.45	54.5
P_{80}	74	0.87	58.7	52	0.85	58.5	40	0.89	58.9	60	0.84	58.4	34	0.88	58.8
P_{90}	79	1.30	63.0	56	1.26	62.6	43	1.28	62.8	64	1.22	62.2	36	1.22	62.2
P_{95}	82	1.68	66.8	59	1.76	67.6	45	1.95	69.5	68	1.67	66.7	38	1.62	66.2

表2-28　中国幼儿人格发展教师评定量表各维度男生大班团体内百分等级常模、原始分数、Z分数和T分数对应表（n＝1 254）

百分等级	智能特征			认真自控			外倾性			亲社会性			情绪稳定性		
	原始分数	Z分数	T分数	原始分数	Z分数	T分数	原始分数	Z分数	T分数	原始分数	Z分数	T分数	原始分数	Z分数	T分数
P_{5}	45	−1.65	33.5	29	−1.66	33.4	24	−1.60	34.0	37	−1.67	33.3	14	−1.68	33.2
P_{10}	49	−1.32	36.8	33	−1.30	37.0	26	−1.25	37.5	41	−1.25	37.5	17	−1.31	36.9
P_{20}	53	−0.88	41.2	37	−0.81	41.9	28	−0.89	41.1	44	−0.81	41.9	21	−0.86	41.4
P_{30}	58	−0.55	44.5	40	−0.49	45.1	30	−0.60	44.0	46	−0.57	44.3	24	−0.53	44.7
P_{40}	62	−0.23	47.7	42	−0.28	47.2	33	−0.19	48.1	50	−0.22	47.8	27	−0.22	47.8
P_{50}	64	−0.05	49.5	45	0.01	50.1	34	−0.06	49.4	52	−0.03	49.7	29	0.08	50.8
P_{60}	68	0.30	53.0	47	0.27	52.7	36	0.25	52.5	55	0.27	52.7	30	0.26	52.6
P_{70}	71	0.57	55.7	49	0.53	55.3	38	0.53	55.3	57	0.51	55.1	32	0.54	55.4
P_{80}	74	0.81	58.1	52	0.85	58.5	40	0.84	58.4	61	0.86	58.6	34	0.82	58.2
P_{90}	78	1.24	62.4	56	1.25	62.5	43	1.38	63.8	65	1.24	62.4	36	1.21	62.1
P_{95}	82	1.73	67.3	59	1.71	67.1	44	1.62	66.2	68	1.65	66.5	38	1.62	66.2

四、分析与讨论

(一)常模参照分数的确定

我们对幼儿人格纵向发展特点进行研究后,发现幼儿人格发展有显著的年级和性别差异,故此,我们将幼儿以年级(小班、中班、大班)×性别(女生和男生)分为6个团体,进行常模参照分数的确定。

我们完全以中国幼儿为被试,得到中国幼儿人格五因素模型。智能特征指个体自我意识、智力及效能特点,其主要反映幼儿是否能相信自己的能力,积极参与活动,展现自己的才能,以及在此过程中体现出的悟性、敏捷性及探索性。认真自控主要指个体的行事风格和态度,是幼儿人格整体结构中稳定、重要的因素。外倾性指个体在人际交往中的主动性、活跃性和自然性。亲社会性指个体做出的符合社会期望并对他人、群体或社会有益的情感和行为,是儿童社会化发展的重要方面,也体现了教师对幼儿道德品质发展的关注。最后,情绪稳定性指个体情绪的稳定性、持续性及情绪表达等特点。“中国3～6岁幼儿人格发展教师评定问卷”作为测量中国幼儿人格发展的教师评定量表,在编制的过程中,使用教师对幼儿人格的自由描述法和形容词表法,确定了测量中国幼儿人格的题目。在此基础之上确定了中国幼儿人格的5个维度,这5个维度无论是内容还是命名都具有评定中国幼儿工具的特色,符合在中国文化背景下幼儿园情境中幼儿的行为模式,适合中国幼儿教师对幼儿的人格评价。

从本研究的角度验证了五因素人格理论的普遍性,虽然从内容到特质可能与成人五因素略有差异,这是由于文化素养所致。

(二)中国幼儿人格发展教师评定问卷全国常模的制定

1. 关于评价者的说明

与成人人格研究不同,儿童人格研究中使用问卷法进行测量时,大多采用他人评定的方式进行,这是因为儿童还无法对自己的人格进行有效的报告。本研究中没有采用传统的父母评定方式,是考虑到其较高的社会期望易带来评价的不准确性。社会期望易于使父母对子女人格评价有偏重倾向。目前中国家庭基本上只有一个子女,家长对孩子大多宠爱有加,尽管对自己的孩子比较熟悉,但在评定时易高估自己的孩子,社会期望较强(Lönnqvist, Verkasalo, Vainikainen, 2011)。另外,家长接触到的儿童毕竟有限,很难把自己的孩子放到整个同龄儿童群体中进行比较后做出真实评价。与父母相比,教师是个中立者,社会期望效应相对较弱。除了父母之外,教师与儿童相处时间最长,是最了解儿童的人。他们能把评定的儿童放到整个年龄群体中进行横向考察,确定个体人格特质到底处于什么样的发展水平,而且教师能观察到儿童与同伴交往的情况,就更能全面地评价儿童的人格特点,这是父母评定很难做到的。儿童在家里和学校环境下的行为表现不同,因此暴露给父母和教师的信息有所不同,但父母评价还是有一定意义的,只是评价不如教师那么准确。鉴于父母评价与教师评定可能存在的差异,为检验教师评定问卷的有效性,本研究在量表编制过程中考察了父母与教师评定儿童人格的一致性,结果证明两者的相关较高,说明本研究工具所编制的题目具有较好的评分者信度,具备跨评分者的稳定性。

2. "中国幼儿人格发展教师评定问卷"的信度与效度

在中国幼儿人格发展教师评定量表全国常模制定的过程中,本研究的前期工作已积累多年,包括中国幼儿人格发展的理论基础,中国幼儿人格发展教师评定量表的建构及信度、效度的多轮检验,幼儿人格发展教师评定量表的内部一致性信度、教师与教师间和教师与家长间的评分者信度、分半信度、再测信度、内容效度、结构效度和效标效度指标均较为理想,是测量幼儿人格较理想的有效工具。

3. "中国幼儿人格发展教师评定问卷"全国常模的建立

对于中国人人格测评工具的常模建立,以往研究中已建立的常模参照团体包括中国 14 ~ 80 岁有自评能力的被试(崔红,王登峰,2004)、卡特尔 16 种人格因素问卷的中国军人常模(杨国愉,张大均,冯正直,2007)与大中专学生常模(李波,韩向明,马惠霞,张克让,2006)及女篮运动员常模(侯本华,盛绍增,2001)。在此之前,中国国内尚无对幼儿人格的评价工具制定常模参照分数的研究工作。本研究基于中国各地区社会经济发展水平不平衡的现状,依据中国发展指数确定了抽样的四类地区,并综合考虑中国以上地区的人口数量比例,使得四类地区人口比例与常模参照团体的四类地区人口比例基本相符,并保持统计结果的稳定性。另外,本研究在进行分层随机抽样时,还考虑到地域文化差异与中国幼儿园的主要类型,除人口比例较小的一类地区和四类地区外,二类地区和三类地区均覆盖了中国的南方与北方省份,包括了城市公办、城市民办和乡镇公办三类中国最主要的幼儿园办园类型。最终获得的常模参照团体样本来自全国四大类地区,共 42 所幼儿园(其中城市公办、城市民办和乡镇公办各占三分之一),共 7 161 名幼儿的教师评价人格量表分数。中国幼儿人格发展教师评定量表全国常模的制定进一步推进了中国文化背景下的儿童人格发展研究。基于中国幼儿人格发展教师评定量表优良的心理测量学特性、常模参照团体的大样本和分数正态分布的稳定性，今后依据中国幼儿人格发展教师评定量表常模参照分数，将可以对儿童人格进行快速、简单、有效的评定，为研究人员和教育管理部门提供专业有效的研究工具和测评结果，还可以应用于实际，为儿童教育工作者和儿童家长提供简单易行的人格评定工具。

另外，基于幼儿处于人格发展的可塑阶段，幼儿人格发展具有显著的性别差异与年级效应。我们的常模参照团体也依据幼儿的人格发展特点，按照性别与年级水平的结合，制定了 6 个亚团体（包括女生小班、女生中班、女生大班、男生小班、男生中班和男生大班）的中国幼儿人格发展教师评定量表的常模参照分数。分离出性别差异与年级效应后，常模参照团体更加同质，对幼儿人格的评价更可能避免出现偏倚，避免出现拔苗助长式的社会期望与要求。

最后，本研究在制定常模参照分数时，对人格各维度原始分数转换为导出分数时，采用了先将原始分数转换为百分等级，再转换为正态化标准分数的方式。这是一种非线性的转换方式，经过转换后的导出分数可以更有效地纠正原始分数中极端值对数据分布的影响，使常模参照分数的偏态分布特征得到校正，更接近正态分布，使样本数据分布更接近总体分布特征。原始分数转化为导出分数后，彼此相对位置并不发生改变，测量结果依然准确。

通过结合质化研究、量化研究、探索性研究和验证性研究，又经各种信效度检验，最终确立“幼儿人格发展教师评定问卷”为测量幼儿人格的有效工具。运用此工具能更深入地揭示社会环境因素给儿童人格发展带来的影响，为群体性的儿童人格培养提供理论依据，为常规幼儿园和学校教育中教师所需了解的儿童心理发展状况及教育实验后的有效性提供有效的评价手段。

总之，基于中国幼儿人格发展教师评定有效测评工具以及幼儿人格的发展特点，中国幼儿人格发展教师评定量表经全国代表性取样测量，制定了性别和分年级群体的正态化标准分数常模，可作为评价幼儿人格发展水平的测量工具。

第三章
幼儿人格结构研究

对儿童人格的研究始于 20 世纪 80 年代,在成人"大五"人格结构的基础上,研究者们开始探索儿童的人格结构。特质论研究者狄格曼(Digman)支持"大五"人格结构,并且最早将目光转向儿童人格结构研究,结果发现儿童的人格结构与成人相似,因此被称为儿童的"小五"人格结构。然而,对这一成果,研究者们莫衷一是,继而引起诸多关于儿童人格结构的探索。历经数年,国内外关于幼儿人格结构的研究如何发展,发展得怎么样?我国对西方的幼儿人格研究如何借鉴与创新?我国幼儿人格结构的内涵包含哪些特质,特质之间有何关系?与国外"大五"人格结构相比,我国的幼儿人格结构有何特色?在本章,我们将详细回顾国内外儿童人格研究的现状,并着重介绍我国幼儿的人格结构。此外,我们将比较我国幼儿人格结构与国外成人"大五"人格结构的差异。

第一节　国内外关于幼儿人格结构的研究

人格结构的研究对象始于成年人,在此基础上,研究者建立了人格结构的五因素模型(Five Factor Model)。麦克盖尔(McCrae)和科斯塔(Costa)通过自上而下的方式,以特质概念及其隐含的人性假设、词汇学研究的"大五"结构以及前人理论和问卷为理论基础,建立了五因素模型。五因素分别为:(1)外倾性,包括健谈、果断和好动性等特质,以及相对应的沉默、消极、谨慎等特质;(2)宜人性,包括善良、诚实、热心,以及相对应的敌视、自私、不可信等特质;(3)公正严谨性,包括组织能力、认真、值得信赖,以及相对应的粗心、疏忽和不可靠等特质;(4)情绪的稳定性,包括镇静、稳重以及沮丧、脆弱、紧张、焦虑等特质;(5)经验开放性,包括幻想、审美、情感、行动、观点、价值等特质。

随着学者们对五因素模型的认同度越来越高,研究对象逐渐由成人转换为儿童,学者们试图证明儿童的人格结构与成人相似,然而结果并非如此。后来研究者们基于儿童年龄阶段的特殊性,编制了很多适用于儿童的人格测评工具,运用这些工具测量与成人不同的儿童人格结构,同时探讨人格形成与发展过程中的规律。关于儿童人格研究过程,我国与西方国家基本相同。

一、西方关于幼儿人格结构研究的现状

西方关于儿童人格结构的研究首先是从小学以上儿童青少年开始,故我们在这里也先介绍了有关儿童的研究,以便引出有关幼儿人格结构研究。特质论研究者狄格曼支持"大五"人格结构,并且最早将目光转向儿童青少年的人格结构研究。狄格曼和井上(Inouye)(1986)为了探讨儿童人格结构,从成人人格结构五因素描述词中选出部分形容词,由教师对小学6年级儿童进行评价,结果发现儿童结构与成人相似,后被称为儿童的"小五"人格结构。这一发现证明"大五"人格结构适用于儿童,由此引发了很多后续研究。

格拉齐亚诺(Graziano)和沃德(Ward)(1992)对狄格曼(Digman)的五因素问卷进行改编,之后研究了教师对11~14岁男女学生的评价,其结果支持了狄格曼等人的发现。狄格曼和什梅廖夫(Shmelyov,1996)通过对俄罗斯8~10岁儿童气质和人格进行研究,进一步证明了五因素的存在。米尔维德(Mervielde)等人(1995)将研究对象扩展至幼儿,他们从戈德堡(Goldberg)的"大五"因素两极量表(含50个题目)中选取25道题,题目是两极形容词,之后请教师对224名4~12岁儿童进行评价。他们在研究后得出结论:人格五因素结构的出现与幼儿升入小学是同步的。

之后,有学者对儿童自评和他评的人格结构进行研究。米赛尔(Measelle)和约翰(John)(2005)运用BPI(Berkeley Puppet Interview)对5~7岁儿童自我报告的"大五"人格特质进行了研究,发现儿童自我报告的外向性、宜人性、公正严谨性与父母、教师提供的相关行为评定有很高的一致性。儿童自我报告的神经质与成人的报告无关,但能很好地预测在实验中可观察到的悲伤和焦虑行为。这个结果说明儿童自我评定的人格五因素结构在5~7岁逐渐稳定,并和他人评定具有一定的一致性。祖潘克(Zupancic,2006)进一步研究父母报告的3岁幼儿(31~46个

月)的人格结构,发现五因素结构可以用来描述学前儿童的人格。

尽管许多研究证实了儿童"小五"人格的存在,但还有许多研究者挑战儿童人格的五因素结构。约翰(John)等人(1994)使用英文版的加利福尼亚儿童Q-set问卷对所获得的350名12~13岁男孩母亲评价进行研究,他们认为兴奋性和活动性是独立于"小五"的因素。兴奋性是在压力面前较激动的悲伤,而不是恐惧形成的悲伤。活动性是高水平的身体或动作水平,并不能归属于神经质和外倾性这两个维度。而米歇尔(Michael)等人(2002)对102名瑞典儿童进行了13年的追踪研究,发现在儿童成长到青少年阶段之前,约翰等人提出的兴奋性和活动性分别应该是神经质和外倾性的成分,并不适合单独作为维度出现。亚伯(Abe,2005)也认为兴奋性和活动性在后续发展中将成为神经质和外倾性,是具有年龄阶段性的维度成分。米尔维德(Mervielde)等人(2000)采用取自"大五"因素的25个双极形容词,通过9~12岁儿童的同伴提名研究发现,同伴评定的儿童人格结构包括3个因素:其中一个因素为外倾性和情绪不稳定性,智力和公正严谨性成为另一个因素,第三个因素为宜人性。杰弗里(Geoffrey)和曼格尔斯多夫(Mangelsdorf,2008)采用CSVQ(Child Self-view Questionnaire)探究了5岁儿童自我报告的人格结构,结果发现5岁儿童的人格结构由羞怯、宜人性和负面情绪性3个维度组成,3个维度与其父母评定的"大五"人格特征有一定相关,这说明成人眼中的儿童人格发展与儿童自身的感知有所差异。

研究者对儿童人格结构的研究引入教师或父母的自由描述后,得出的人格结构与五因素人格结构同样有所不同。

一个调查父母对儿童人格自由描述的国际气质和人格研究群体收集了来自希腊、比利时、波兰、中国、美国、德国和新西兰等7个国家的数据。这些调查者将五因素作为分类依据,对父母的广泛描述词进行分类,证明了在不同国家,76%~85%的描述词能够被归入五因素。然而还有一些特质难以归入五因素结构中。该研究群体的成员米尔维德(Mervielde,1998)证明,父母对儿童的描述词中有大约68%可以归入五因素中的4个。对于整个样本来说,"大五"因素中只有4个因素体现出父母对儿童的自由描述。之后,米尔维德(Mervielde)和弗朗特(Fruyt)(1999)又把这些自由描述作为编制6~12岁儿童人格分层调查表(The Hierarchical Personality Inventory for Children,HiPIC)的基础。HiPIC评价了儿童人格结构的5个维度:情绪稳定性、外倾性、仁慈、想象、尽责性,以及18个更具体的方面。

范(Van)和海斯拉格(Haselager)(1994)使用荷兰版本的加利福尼亚儿童

Q-set问卷，调查了父母和教师对3～17岁儿童和青少年的描述。他们除了发现成年人的5个因素外，还有2个额外因素：外在活动性和依存性。

夏娜（Shiner，1998）在对气质和人格五因素模型充分回顾的基础上，提出了4个维度：侵犯对亲社会倾向、积极情绪对外倾性、消极情绪对神经质以及约束对尽责。同时，她又描绘了分布在4个维度之下的10个低级并有序的特质。这些分类与成人人格五因素中的4个因素具有相似性，即外倾性、宜人性、情绪稳定性和公正严谨性。

霍尔沃森（Halverson，2003）调查了8个国家50 000名母亲对3～12岁儿童人格的自由描述，得出了15个带有跨文化普遍性的人格特质，分别为：负面情绪、成就定向、反抗性、开放性、服从、不专注、无安全感、活动水平、聪慧性、秩序性、正性情绪、害羞、体贴、合群性、支配性。

另外，与成人人格研究类似，研究者也探讨了儿童人格结构的高维度因素。斯勒巴斯卡亚（Slobodskaya，2011）运用儿童个体差异问卷（Inventory of Child Individual Differences，ICID）对1 780名3～17岁俄罗斯儿童青少年进行研究，发现了与成人类似的2个高维度因素，即α、β因素，而且这个结构具有跨年龄和性别的稳定性。α维度包括宜人性、公正严谨性和神经质（反向），而β维度包括开放性、外倾性、公正严谨性和情绪稳定性，这说明儿童人格还没有像成人那样分化明显，维度间相关较高。塔克特（Tackett，2008）对1 563名双生子人格结构进行研究，再次证明了儿童高维度人格结构的存在，并且儿童在11岁时的母亲所评定的高维度人格结构能正向地预测儿童17岁时的自我评定。

以上研究表明，由于儿童的活动范围并不像成人那样广泛，因此研究者对儿童的研究无法像成人那样清楚地分离和总结出来。总之，儿童人格结构由于年龄等各方面的条件限制与成人人格结构有所不同。

二、我国关于幼儿人格结构研究的现状

从二十世纪七八十年代开始，我国研究者大多采用理论推导、查阅国内外文献资料的方式开展对幼儿人格结构的研究。

首先，上海幼儿教育现状与对策研究课题组（1990）发现4～6岁幼儿的人格主成分为好奇心、独立生活能力、对人对事的关心、情绪稳定性、自我控制能力、社会交往6个方面。之后，为进一步推进幼儿人格结构的本土化，我国学者进行了一系列研究。如陈学诗等人（2001）通过理论推导编制出养育者评定的幼儿人格

问卷,并将其施测于全国 9 个区 2 341 名幼儿,提出 2.5 ~3.5 岁幼儿人格由独立性、探索主动性、情绪稳定性和自我控制、合群和适应性 4 个维度构成。然而这种理论推导是基于对已有儿童人格发展理论的分析,缺乏现实资料的支持,其得出的研究结论是否适用于我国幼儿人格的结构,有待于进一步思考。

在我国学者通过查阅资料进行理论推导从而获得我国幼儿人格结构时,国外研究者开始用自然语言的方式代替传统的词汇学研究,来改善儿童人格结构研究的生态效度。他们认为自然语言研究更具动态性、情境性,比词汇学研究更适合用来研究还处于发展中的儿童人格,遵循这一思路,我国研究者也开始通过自然语言的方式探索我国幼儿人格的结构。

最早是张雨青(1999)在调查、分析父母对儿童人格自由描述的基础上,编制了父母评定问卷,并分别施测于 3 岁、6 岁、9 岁、12 岁 4 个年龄组的儿童。经过探索性因素分析得出结论:4 个年龄组儿童的父母评价主要人格维度都包括智力、宜人性、认真性、外倾性、情绪稳定性和自主性,其中情绪稳定性属于不稳定人格维度,而智力是 4 个年龄组中最稳定的一个维度,其次是外倾性、宜人性、认真性。

研究者之所以采用父母评定的方式,是因为幼儿年龄尚小,自我认知能力处于发展阶段,还不能对自己的人格特点进行稳定而准确的评价,且受限于语言表达能力,无法对自身的心理活动进行有效报告。然而家长由于对孩子的期望较高,往往会过高地估计自己孩子的心理发展水平。

为弥补父母评价的不足,同时加强他评的效度,刘文和杨丽珠(1999,2001)将评定者转换为同样熟悉儿童人格现状的教师,在教师自由描述的基础上编制评定问卷,经探索性因素分析得出教师评价的幼儿人格维度分为智能特征、自我意识、情绪情感特征、意志特征、亲社会性和活动性 5 个维度。为验证此结构的稳定性,张野和杨丽珠(2004)首先运用质化研究梳理来自全国 6 大区 10 个省的教师自由描述词,结合理论检索、推导和质化研究结果,编制儿童人格发展教师评定问卷。经探索性因素分析和验证性因素分析发现,幼儿、小学生人格结构均由智能特征、认真自控、情绪性和亲社会性 4 个维度构成,共包含 11 个特质。但幼儿和小学生的 11 个特质命名不完全一致,体现了幼儿、小学生人格结构的年龄特点。

张庭辉等人(2010)则在开放式问卷调查基础上,进行质化分析,形成理论建构。经过探索性因素分析和验证性因素分析得出,家长评定的幼儿人格结构由外向性、情绪性、和善性、探索性和尽责性 5 个维度构成。这一研究结果很大程度上与西方的“小五”人格结构相似。

综上所述,我国针对幼儿人格结构的研究,无论是量化研究还是质化研究,均相对薄弱。采用不同的研究方式(如自由描述或词汇学)与评定方式(父母或教师),得出的研究结论有较大差异。无论是自由描述固有的主观性,还是词汇学方法固有的概括性、抽象性,这两者的缺点均无法避免。因此,单独使用某一种方式都可能无法全面概括幼儿人格结构,并且导致编制的测评问卷的信效度不够理想。因此,为了有效探索我国幼儿人格结构、个体差异及发展水平,并服务于人格教育与培养实践,综合多种手段进一步探讨我国幼儿人格结构、编制有效测评工具是必要的。

三、幼儿人格结构的质化和量化研究结果

在以往研究的基础上,我们通过结合质化研究和量化研究完成了对幼儿人格结构的探索(见第二章第一节)。

幼儿人格的质化研究建立在教师的自由描述和词汇评定两种途径结合的基础上。首先,对人际互动中熟悉幼儿的教师进行开放式问卷调查,对收集的资料进行编码、汇总与归类,了解儿童的人格特点和行为表现,寻找符合儿童的人格特质。同时,把王登峰的 1 520 个成人人格特质形容词制作成词表,请教师挑选出适合用来描述儿童的人格特质形容词。对自由描述和词汇评定两种途径获得的幼儿人格形容词进行归纳整理,分别得出幼儿的描述性人格结构。完成质化研究,最终形成幼儿人格特质形容词的编码表。

幼儿人格的量化研究是在质化研究所得到的幼儿描述性人格结构的基础上,借鉴和吸收国内外已有的幼儿人格结构理论,既注重“自下而上”的资料收集,又注重“自上而下”的理论阐释,形成编制问卷的理论建构。此外,选择质化研究所得到的描述幼儿人格特质的具体行为作为初始问卷项目编制的来源,编制 3 ~ 6 岁幼儿人格发展教师评定问卷。将初始问卷施测于预测样本,之后对回收的有效数据进行项目分析。对问卷项目进行调整,以调整后的问卷对第二个样本进行正式施测。通过探索性因素分析验证幼儿人格结构,再使用验证性因素分析进一步调整,力图探求我国幼儿人格测评结构。

初始问卷经过项目分析、探索性因素分析、验证性因素分析,以及一系列信度检验(内部一致性信度、分半信度、再测信度、教师与教师评定的一致性及教师与父母评定的一致性两种评分者信度)、效度检验(内容效度、通过情境实验及各维度相关系数考察的构想效度)后,最终确立我国“3 ~ 6 岁幼儿人格发展的教师测

评问卷”,并明确了我国幼儿的人格结构内容。

而在前期质化研究阶段,我们通过教师自由描述和词汇评定两种途径获取了对幼儿人格全面、丰富的描述。这种描述性结构呈现了一定的层次性,以人格特质形容词为基础,以具体特质为下属单元,以特质和维度为高层单位,同时从细节和整体上动态地展现了幼儿的人格结构,并揭示了其文化和年龄属性。但质化研究毕竟是一种描述性研究,无法直观和客观地了解幼儿人格结构,且其研究结果是否具有普遍性,还有待于通过量化研究来证实。

在量化研究中我们采用探索性因素分析和验证性因素分析,对前期质化研究的特质进行了一些调整,将出现的较次要的具体特质删除或者与其他具体特质合并,这方面是由探索性因素分析本身的特点造成的。目前采用的主要是主成分分析,它的原理是在对事物的多个变量进行大量的观测以寻找规律的同时,抽取较少的主要变量来解释总体,是一种降维的方法。用这种方法来分析幼儿人格,势必从人格总体中抽取具有代表性的维度和特质来达到对人格整体的理解;另一方面,也可能由于个别具体特质项目较少或者与其他类似项目区分度不高,没有达到统计学标准而被筛掉,从而在相应人格维度中消失。

质化研究得到的幼儿描述性人格结构注重微观层面上的细节性和丰富性,而量化研究得到幼儿人格测评结构更注重宏观层面上的概括性和简约性,能对细节化的人格分类进行统合以实现对幼儿人格个体差异的评价,更有利于实践应用。

第二节 幼儿人格结构的内容

经过科学的质化研究和量化研究,我们团队最终确立了我国幼儿的人格结构由智能特征、认真自控、亲社会性、情绪稳定性和外倾性 5 个维度及下属 15 个特质构成。

一、幼儿人格各维度的具体内容

(一)智能特征

智能特征是指个体自我意识、智力及才能的发展特点,其主要反映幼儿是否能相信自己的能力,可以用各种不同的办法成功地解决问题,积极参与文体活动,并展现自己的才能,以及在此过程中体现的悟性、反应敏捷性以及探索性。智能特征维度一直是我国家庭、学校及社会教育最重视的方面，具体包括聪慧性、自主进取、探索创新、文艺兴趣4个特质。

聪慧性主要反映个体悟性、记忆能力、语言表达能力及头脑反应速度等智力特点，是智能特征的主要成分，也是中国传统教育历来重视培养的内容。其主要表现为爱动脑筋，好探索，善于观察，记忆力好、语言表达能力强、接受能力强等。同时聪慧性（记忆力好、反应灵敏、语言表达能力强等）特质与自信心、自主性、进取性等特质高度相关，说明幼儿的智力发展状况直接影响其自我认知的发展，进一步影响其社会性的发展。

自主进取主要反映幼儿一种积极向上的心态，主要表现为幼儿相信自己的能力，遇事会积极主动地独立解决问题，并在其过程中展示出不服输、力争上游、努力做到最好的心理倾向。这个属于自我范畴的特质与反映智力特点的特质混合在一个维度中，说明幼儿人格未完全分化，体现了幼儿人格的年龄特点。

探索创新主要表现为幼儿思维的开放性和新异性，幼儿喜欢探究和提问，对周围的一切事物都充满好奇，尤其是在陌生环境中所表现出来的“不怕生”。

文艺兴趣主要表现为个体在艺术方面的兴趣及才能，想象力丰富、兴趣广泛、多才多艺。这些特质将随着儿童年龄的增长、主导活动的变化而逐渐消失或发生内涵变化。

（二）认真自控

认真自控是指个体的做事风格和态度，在日常生活中表现出来的认真负责以及对自身行为的控制能力。它是幼儿人格整体结构中稳定、重要的因素，具体包括认真尽责、攻击反抗、坚持自制3个特质。

认真尽责主要反映个体的做事态度及投入程度，主要表现为幼儿完成一件事时，是否在活动中集中注意力、认真踏实、有条理，这是我国幼儿教育非常重视的一种人格品质。

攻击反抗主要反映个体与外界环境相冲突时的行为方式，主要表现为幼儿在与同伴和教师交往时，是否能在冲突环境中抑制自己的冲动（如骂人、打人、顶撞老师、砸物），约束自己的行为，顺从外在环境的要求。这个特质包含攻击性、易管教性。成人也会表现出这样的人际关系倾向，只是相对来说，幼儿的自控能力较弱。这也是幼儿人格与成人人格所不同的地方。该特质并不会随着年龄的增长而消失，因此在幼儿时期就应该注意培养约束自己的能力。

坚持自制主要反映个体做事的毅力及自我克制的特点，主要表现为幼儿在日常生活中能否遵守既定规则,是否能在遇到困难时坚持不懈、完成预定任务等。这一特质有益于个体意志品质的养成。总之,为完成一定目标,适应环境要求、约束自己的言行、遵守规定、学会耐心等待,是儿童在幼儿期需首要完成的发展任务。幼儿自控能力的发展对其在学习和游戏任务中的提高有重要影响,且能帮助幼儿在与同伴、老师的交往中有良好的情绪表达能力,学会分享、养成良好习惯,实现良好个性与社会性的发展。

(三)亲社会性

亲社会性是指个体做出的符合社会期望而对他人、群体或社会有益的情感和行为,是幼儿人格社会化发展的重要方面。由此体现出教师对幼儿道德品质发展的重视。社会性指由人的社会存在所获得的一切特征,符合社会规范的典型行为方式。这些行为方式正是人格特征的集中表现。其中品德是人格心理的一种特殊表现,反映人格中具有道德价值的核心成分,具体包括诚实知耻、同情利他、合群守礼 3 个特质。

诚实知耻主要反映个体的信用特点,及对在自己或他人的行为与社会标准或自我期望不一致时的体验特点,主要表现为幼儿做错事后能认识到自己的错误,并感到羞愧、难为情等情感体验或行为表现,且能如实告知大人事情的真相,这是幼儿亲社会行为形成的重要基础。

同情利他主要反映幼儿在他人遇到困难时的利他行为,主要表现为同情和关心他人、谦让、安慰、分享、助人,这是幼儿亲社会性的外在行为表现。在此阶段,该特质的发展具有很大的外控性,主要受教师和家长教导的影响。因此,可以合理利用榜样的作用促进幼儿形成良好的个性品质。

合群守礼主要反映个体在人际交往中的亲和力及行为的适宜性,主要表现为幼儿对他人有礼貌,能较容易地融入群体生活中,与同伴相处融洽,共同游戏等,它是幼儿亲社会性发展的最初体现。

亲社会性维度的确立,进一步证实幼儿人格不仅受到气质等生理因素的影响,也受到社会文化的影响。幼儿在人际互动中逐渐形成健全的人格,且带有明显的社会性成分。这种社会性内涵会随着阅历的增长与环境的变迁而产生相应的变化。

(四)情绪稳定性

情绪稳定性是指幼儿持续性的积极或消极的情绪表达,与成人相比,幼儿的情绪表达更善变、更强烈、更直接,且消极情绪较多,表现为暴躁易怒、敏感焦虑2个特质。

暴躁易怒主要反映个体的情绪控制方面,主要表现为幼儿在挫折情境下易生气发怒、哭泣不止、难以安抚。这主要是由于幼儿大脑尚未发育成熟和情绪控制能力弱所致,当幼儿出现此种负面情绪时,家长和教师应当积极给予特别关注和爱抚。

敏感焦虑反映个体的情绪易感性,主要表现为幼儿对于细微的环境变化都会表现出害怕恐惧的情绪,尤其是在游戏或表演中容易产生焦虑。这是因为在日常生活中幼儿只受到家庭方面单一的呵护,因此在遇到陌生环境容易产生敏感焦虑特质。

幼儿表现出的暴躁易怒或敏感焦虑大多是受环境的变化、同伴交往不畅等因素的影响。若这种现象持续发生,幼儿便会经常体验到消极情绪。如果不及时加以引导,将会对幼儿心理健康产生负面影响。因此,教师和家长应教会幼儿正确看待事件,帮助他们正确疏导消极情绪,减轻心理压力,促使其心理健康发展。

(五)外倾性

外倾性是指个体在人际交往中的主动性、活跃性和自然性,具体包括精力充沛、善交际、乐观开朗3个特质。

精力充沛主要反映幼儿活泼好动、调皮等特征,与以往研究的"活动性"类似,主要表现为幼儿活动时间较长、强度较大、不易疲惫。国外研究者迈克尔(Michael)等人研究也发现,在儿童成长到青少年阶段之前,活动性是外倾性的一个成分。

善交际主要反映个体在人际交往中的主动性和人际技巧,主要表现为幼儿见到生人不害怕、会主动问好,且积极主动参与同伴的游戏活动。这一特质有利于幼儿语言能力的发展。

乐观开朗主要表现为幼儿遇到困难不退缩,能乐观积极地看到事情的另一面,这一特质有利于幼儿积极心理的发展。

善交际和乐观开朗这两个特质都体现了幼儿善于融入集体游戏,对待事物有积极的心态。幼儿由于环境的转变,容易导致不自信、不合群、悲观的消极心理,而有些幼儿则会乐于融入新的环境中。此时,家长、教师的关注和引导会对幼儿的社会性发展产生重要影响。

二、幼儿人格结构与西方“大五”结构的比较

比较本研究中的“智能特征”与西方“大五”人格结构中的“开放性”，西方“大五”人格结构中的“开放性”反映的是幼儿的智力发展，除了强调基本的头脑反应速度外，更强调想象力、创造性、对生活美的追求、信念、价值等精神层面的内容。而我们所说的“智能特征”主要指幼儿的头脑反应是否灵活，如“动手操作能力强”“脑子反应快”“语言表达能力强”“思维独特”等方面，而且这个维度还包含幼儿的自主性和好胜心。因此，我们把这个维度命名为“智能特征”，似乎比“开放性”更能解释这个维度的真正意义且更加符合我国传统教育的特点。

较之西方国家，中国传统教育较少鼓励幼儿发展好奇心，更多的是保护幼儿，要求幼儿注意安全、不要冒险、不要乱问，做个听话的乖孩子，且更多训练的是幼儿的记忆能力、语言表达能力、动手操作能力等，忽略了幼儿创造性、思维速度的发展。同时要求幼儿严格要求自己、树立理想、拼搏进取，养成良好的生活习惯。文化的差异导致了涉及智力的人格特质内涵的不同。因此，基于我国的文化内涵，我们将与智力相关的维度命名为“智能特征”。

比较“认真自控”与西方“大五”人格结构中的“公正严谨性”，认真自控维度的内涵与公正严谨性维度的内涵基本一致，都强调有毅力、自我控制、谨慎、细心、尽责性等。但公正严谨性还包含成就动机、能力两个独有的特质，它们是个体能力才干的体现。依据王登峰和崔红(2005)在“行为归类假设”中所阐述的文化特性，这两种特质是西方个体主义文化独有的特质表现，在我国的这种传统文化背景下并不适用。在我国文化的熏陶下，幼儿认真自控有独特的表现，如诚实、易管教性、攻击性，反映的都是幼儿在与同伴、老师学习与活动交往中表现出的行为控制特点。这种差异反映在西方个体主义文化下的公正严谨性是事务取向的，更多地体现在个体做事的行为方式中，主要体现为实现个人价值。而中国传统集体主义文化下的认真自控则更多的是社会取向，强调行为的环境适应性，主要体现在人际互动中。因此，基于文化和年龄阶段的特殊性，我们将这个与意志特征有关的维度命名为“认真自控”。

比较“亲社会性”与西方“大五”人格结构中的“宜人性”，亲社会性这个维度中所包含的信任、利他性、顺从、温柔、善良等特质与宜人性的内涵基本吻合。但亲社会性中还有一个特质是合群性，在西方“大五”结构中却归属于外倾性维度。这说明受不同文化的影响，人们对同一特质的内涵有着不同理解。我国集体主义

的文化下的合群性，强调的是人际交往中对他人或群体的态度倾向，具有道德评价意味，有好坏之分。而“小五”人格中外倾性中的合群通常是指个体的性格特点或行为方式，并没有特别的人际指向。此外，亲社会性维度下的合群性有一个重要表现是“合作”，这反映出我国集体主义文化的大背景。因此，在日常教学活动中，幼儿园应当重视对孩子们合群性的培养，尤其在角色游戏中，注重对合作行为的培养。以往的研究表明，西方幼儿教育更注重幼儿个性化的发展，重在培养幼儿自身的发展，对社会性的培养较弱，因此合作意识相对较差。

“情绪稳定性”与西方“大五”人格结构中的“神经质”比较，如“为一点小事哭闹”“入园很长时间，仍对幼儿园有抵触情绪”等。幼儿的情绪很容易受到外界环境的影响。例如，刚进入陌生环境，幼儿很容易出现情绪适应性困难。随着环境熟悉度、交往经验的增加，幼儿紧张不安、易哭的负面情绪会逐渐消失。然而，神经质更多的是指虽然受到意识的控制，却依然表现出焦虑情绪。这与幼儿的情绪随环境变化而变化不同。因此对幼儿来说，情绪稳定性侧重强调稳定与不稳定，更适合表达幼儿的情绪特点。

比较外倾性与西方“大五”人格结构中“外向性”，这两个人格特质反映的是幼儿人格发展中的内外性，两者之间的内涵也基本吻合，都包含好社交、健谈、活跃、热情、乐观等人格特质。与成人相比，幼儿的活动不受意识控制，缺乏明确的目的。一般以“生龙活虎”“精力充沛”“在游戏活动中非常活跃”等来描述幼儿的活跃，而成人的活跃往往包含有意锻炼身体或赢得比赛这类目的明确的词汇。这一点反映了幼儿与成人在内外性表现方面的不同。较之国外，中国的幼儿外向性更多是指社会化过程的体现，如强调“主动与小朋友交往”“能很快与陌生人熟悉起来”等。西方强调的则是“喜欢标新立异”，更加注重个体本身的感觉寻求倾向。

三、幼儿人格结构的内部关系

幼儿人格结构中有着不同内容的维度，体现了幼儿人格不同方面的特征。各个维度之间并不是相互独立、毫无关系的，相反，它们具有内在的相关性和逻辑性。

智能特征、情绪稳定性、认真自控3个维度主要是从知、情、意3个方面描述儿童基本的人格心理特征。知、情、意3个方面分别代表个体的认知、情绪、意志的发展，三者相互影响、相互作用。具体表现为良好的自控能力和情绪状态有利于学习活动的顺利进行，提高幼儿的认知发展水平；较强的自信心和较高的智力能促进幼儿行为及情绪调节能力的发展;外倾性的幼儿喜欢探索,容易融入同伴游戏中,且经常保持积极乐观的情绪状态,这有利于促进幼儿智力发展,但行为控制能力较弱;亲社会性作为幼儿人格特征的集中体现,在幼儿人格中处于核心地位,是人格发展的社会性成分,是幼儿道德观念和行为的集中体现。道德观念发展的好坏在一定程度上影响到人格其他方面的发展及个体的社会性发展。亲社会性水平较高的儿童一般较开朗,外倾性发展较好,也有利于亲社会性的发生和发展。

另外,在教师访谈中发现,幼儿人格结构中各个特征之间的相关具有明显的年龄特征。例如,幼儿的智能特征与外倾性水平具有较高的一致性,也就是说,在幼儿身上外倾性和智能特征有很大的重合。聪明伶俐、语言表达能力强往往代表幼儿的智力较高,这样的幼儿在成人看来可能就更活泼开朗。而到了小学阶段,教师反映两者的关联性明显下降,外倾性已随着幼儿年龄的增长与智能特征的关系越来越弱。此时,幼儿的认真自控和亲社会性的关联性明显上升,说明自控能力强的幼儿更容易在社交中表现出宽容、诚实、谦让等亲社会行为。也就是说,在教师看来,小学生的亲社会行为带有很大的自控成分。

总之,人格是多维度、多层次的复杂系统,但这个结构中的诸多心理成分不是无组织的、杂乱无章的,而是一个系统的、有动力性的整体。任何一个人格结构的研究都会因自身研究的局限而难以包含人格的所有特质,如何在尽量挖掘能体现个体差异特质的同时,考虑构建简洁而明晰的人格结构、提高人格评定对其他社会性行为发展的预测效度,是未来研究的方向。

第四章 幼儿人格发展的特点

对人格发展的研究主要从人格的等级序列稳定性、特质平均水平的变化以及发展的个体差异3个方面进行(Caspi,Roberts,Shiner,2005)。等级序列稳定性经常是通过计算人格特质在两个时间点上的相关来评估的,如重测的相关,这种等级序列相关反映了个体某个特质的跨时间的相对稳定程度。人格特质平均水平的变化则指某个群体的某特质随时间的平均变化趋势,这种趋势被认为是成熟或经验带来的。而人格发展的个体差异主要体现在人格的发展方向、速率和变化时间上的差异,而我们经常考察的性别差异就属于这方面。

在以往的研究中,对幼儿人格发展特点的关注较少,研究者更多地关注成年人人格的发展与变化。直到20世纪90年代,研究者才逐渐开始关注从婴儿到儿童早期人格特质发展的个体差异及其与成人人格和适应功能的关联(Charles,2005)。

在等级序列稳定性方面,罗伯茨(Roberts,2000)对人格等级序列稳定性的相关研究进行了元分析,发现重测相关系数随时间的变化是微弱的,这说明了人格发展的相对稳定性。但从整体上看,重测相关系数是随着年龄的增长而增长的,在50岁时达到高峰。也就是说,人格在具有相对稳定性的同时,也会随着年龄增长而持续变化,只是在50岁后这种变化越来越小。

在人格特质平均水平的变化方面,兰博(Lamb)等人(2002)主持了一个成人(父母和教师)评定瑞典儿童的追踪研究,运用CCQ(California Child Q-set)从2岁追踪到15岁,5个人格维度在2.3~6.7岁均有显著的增长趋势,其中公正严谨性、神经质、经验开放性呈现倒U形的二次增长趋势。米塞尔(Measelle)等人(2005)运用木偶访谈法研究发现,5~7岁儿童的公正严谨性不断提高。

对个体差异的探讨，主要集中在性别差异和不同文化背景下的群体差异上（Bryson，2009）。另外一部分学者埃尔斯奎斯特（Else-Quest）等人（2006）运用元分析的方法分析了 3 个月到 13 岁儿童在 3 个气质因素上的性别差异，其中女孩的努力控制高于男孩，比如抑制控制、感知敏感性，男孩的伶俐性高于女孩，比如活动性、高强度的兴奋。布拉尼耶（Branje）等人（2007）运用群组序列的追踪设计考察了“大五”人格从青少年到成年中期的发展，并运用潜变量增长曲线模型估计了“大五”人格平均水平的变化，发现男孩的外倾性和开放性随年龄增长而降低，而女孩的外倾性、宜人性、公正严谨性、开放性却都不断增长。在儿童人格发展的文化差异上，克尼亚杰夫（Knyazev）等人（2008）比较了斯洛文尼亚和俄罗斯儿童的人格发展特点，发现斯洛文尼亚儿童被认为有更高的外倾性、公正严谨性和开放性，这种差异随着年龄增长而发展，表明他们可能经历了不同的社会化过程。杨丽珠等人（2007）对中国和澳大利亚幼儿的人格进行了比较，发现中国幼儿在坚持自制、同情利他等特质上得分高于澳大利亚幼儿，而在独立进取、开朗活泼特质上又低于后者，表明幼儿人格发展受到集体主义/个人主义文化倾向的影响。

综上所述，幼儿期是人格发展变化的重要时期，生理因素的不断成熟及生活环境的影响都会带来人格的变化。而要准确地描述幼儿人格发展的规律，探索各种生物和社会文化因素对人格发展影响的机制，需要科学有效的测评工具和长期的追踪研究。西方研究者对儿童人格发展的探索已有诸多成果，但国内对人格的研究主要是针对小学生和特殊群体儿童，对幼儿人格发展的特点尤其是性别差异的研究还很少见，并且也只停留在横向研究阶段上。这种研究设计对于年龄和群组这两个概念用了相同的变量“年龄”来测量，不能将年龄和群组效应区分开，即无法了解不同年龄群体特征的差异究竟是由年龄的变化导致的，还是由所选取群体的差异而造成的，更无法回答个体内的发展趋势。因此要准确捕捉儿童人格的发展变化，探索儿童人格发展的一般规律，为教育和干预提供理论基础，长期的追踪研究是最佳选择。

本研究在以往研究的基础上，运用自编的“中国 3 ~6 岁儿童人格发展教师评定问卷”，采用群组序列的追踪设计探讨幼儿人格发展特点。群组序列的追踪设计是将横向研究设计与追踪研究设计结合起来，通过对不同年龄群体有限的追踪数据进行连接，从而对个体某一特征在较长时间内的发展趋势进行分析。与单组追踪设计相比，群组序列设计的最大优点是只需要相对较短时间的追踪测量，就可以了解被试某一特征较长时间的发展变化趋势。为了能把不同群组的数据连接起来，必须确保群组间没有群组效应，要校验此问题必须采用潜变量增长曲线模型进行分析，这一模型在幼儿心理发展研究中已有广泛应用（Smetana, et al., 2012；Costa, Magalhaēs, Costa, 2013）。在没有群组效应的情况下，可进一步运用多层线性模型探讨幼儿人格的发展特点。

总之，研究期望运用有效的测评问卷，采用追踪设计揭示我国幼儿人格发展的年龄与性别特点，推进我国幼儿人格研究的本土化。

第一节　幼儿人格发展的纵向研究

一、研究目的与研究假设

（一）研究目的

通过群组序列的追踪设计，探索幼儿人格随年龄的发展轨迹及在发展过程中的性别差异。

（二）研究假设

1. 幼儿人格各维度及特质随着年龄的增长具有显著的增长趋势。

2. 幼儿人格各维度及特质的发展具有性别差异。

二、研究方法

（一）被试

采用整群抽样法选取3～3.5岁、3.5～4岁、4～4.5岁3个年龄群组的608名幼儿为被试，其中3～3.5岁组217名（男孩111名，女孩106名），平均年龄为3.21±0.17岁；3.5～4岁组184名（男孩95名，女孩89名），平均年龄为3.81±0.14岁；4～4.5岁组207名（男孩121名，女孩86名），平均年龄为4.30±0.15岁。

被试均来自大连市的4所幼儿园，研究中由于幼儿被试长期不来园或转园等原因，造成了部分被试没有参加全部的4次测量(4次测量人数分别为608人、587人、603人、568人)，形成了一定量的缺失数据，占整体数据的2.83%，比例相对较小。

所有参与评定的教师均为女性，是幼儿的主班教师，教龄在2年以上。4次测量分别有34名、28名、33名、34名教师参加，其中有24名教师参加了全部4次测量，降低了教师特征对测量结果的影响。

（二）研究工具

本研究在刘文和杨丽珠（1999）以及杨丽珠、张野和刘文（2004）研究的基础上（杨丽珠，2006），进一步编制了“中国3～6岁儿童人格发展教师评定问卷”。该问卷具有良好的信、效度，具体指标见第二章第三节。

（三）施测程序

以3～3.5岁、3.5～4岁、4～4.5岁3个年龄群组的幼儿为被试，采用群组序列设计，进行1年半的追踪测量。第一次测量时间为2009年5月，以后每隔半年（6个月）测一次，直到2010年11月，共4次，具体设计如表4-1所示。

表4-1　幼儿人格发展追踪研究的群组序列设计

群组	年龄（观测时间）					
	3～3.5岁	3.5～4岁	4～4.5岁	4.5～5岁	5～5.5岁	5.5～6岁
3～3.5岁	√ 2009.05	√ 2009.11	√ 2010.05	√ 2010.11		
3.5～4岁		√ 2009.05	√ 2009.11	√ 2010.05	√ 2010. 11	
4～4.5岁			√ 2009.05	√ 2009.11	√ 2010.05	√ 2010. 11

从表4-1看出，总的测量包含了幼儿人格3～6岁的信息。在群组序列设计中，年龄组的选取应使测量时间和检验年龄“近似交错”，即第一个年龄群体第二次测量时的平均年龄与第二个年龄群体第一次测试时的平均年龄近似相等，第一个年龄群体第三次测试时的平均年龄与第二群体第二次测试和第三个群体第一次测试时的平均年龄近似相等。不同年龄组的数据为整体发展模型的不同部分提供信息，建构完整的发展曲线模型需要同时利用多个群组的信息。在建构完整的曲线模型时，假设一条曲线可以用来描述相互交错的年龄组的发展特点，那么这条曲线从理论上应该与真实的追踪研究设计，即单组长时间的追踪研究得到的曲线近似（刘红云，张雷，2002）。

（四）数据管理与统计

研究采用SPSS15.0、HLM6.08和Mplus 4.2软件对数据进行录入和统计分析。

首先，采用潜变量增长曲线模型（Latent Growth Curve Model，LGM）探索幼儿人格发展是线性还是二次增长趋势;然后,运用多组比较的潜变量增长曲线模型,考察不同群组发展是否有共同的发展轨迹,验证能否连接不同群组的发展曲线,构成3~6岁完整的发展曲线。LGM多组比较的基本原理是同时对多个组定义的曲线模型进行分析,通过对限定模型(在多组中限定某些参数相等)和非限定模型(不限定这些参数相等)的拟合指数的比较,对不同组是否存在差异做出检验。通过限定3个群组的增长函数(即不同组具有同样的线性或二次增长趋势)、因子均值(即模型中不同组的截距和斜率相等)和因子方差(不同组中个体之间在此因子上变异相同)相等来进行多组比较。研究将分别考察线性和二次增长曲线模型与数据的拟合。二次增长模型设定(线性模型与其类似,只是把二次增长斜率因子去掉)如图4-1所示。

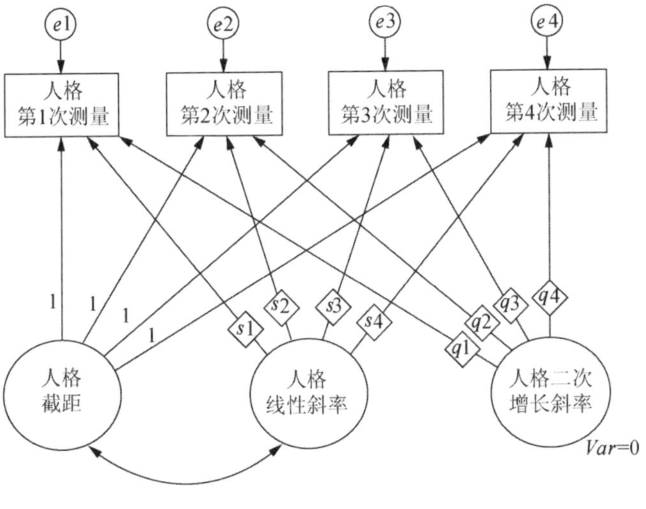

图4-1 幼儿群组序列设计的潜变量增长曲线模型

注:图4-1呈现了含有4个时间点的幼儿人格发展的增长情形。抽取其中一个潜变量为截距,对于任意一个给定个体,截距为一个与时间无关的常数,所以将截距对应的因素载荷都限定为1。而截距因素的均值(固定部分)与方差(随机部分)分别用来描述个体在$T=0$时整体的平均值与这一平均值的个体变异;第二个潜变量为线性斜率(Slope),即观察值随时间的线性变化,为确保模型可识别,需固定斜率因素测量的因素载荷。分别将因子载荷限定为$s1$、$s2$、$s3$、$s4$(第1群组为0、1、2、3;第2群组为1、2、3、4;第3群组为2、3、4、5);将二次增长因子载荷分别固定为$q1$、$q2$、$q3$、$q4$(第1群组为0、1、4、9;第2群组为1、4、9、16;第3群组为4、9、16、25)。这样,截距表示的是第一次测量的平均水平,线性斜率及二次增长斜率表示4次测量之间的增长水平;$e1$~$e4$为残差的方差;为保证全部模型收敛,将二次增长斜率的方差设定为0。

其次，采用多层线性模型（Hierarchical Liner Model，HLM）的统计方法对幼儿人格年龄发展的年龄趋势及性别差异进行分析。事实上，潜变量增长曲线模型同样能得到人格各维度随年龄增长的发展趋势及其性别差异，但模型里的年龄是大概年龄，如3～3.5岁都赋值为3岁，而多层线性模型能运用实际年龄进行估计，比潜变量增长曲线模型得到的结果更精确。

在追踪研究的模型结构中，两个数据层分别为第一层的各个时间的观测结果和第二层的被观察的个体，也就是说，对每个被试的多次观察形成了第一层数据，而个体代表的是第二层数据。因此，本研究就所关心的两个问题建立对应的两个水平统计模型：第一水平模型，描述幼儿人格随时间（年龄）变化的发展趋势；第二水平模型，描述这种发展趋势的性别差异。

多层线性模型中将幼儿4次测量的人格维度数据作为第一层数据，参与测查的幼儿个体作为第二层数据。二次增长的全模型可以用方程形式表示如下：水平1，因变量 $=\pi_0+\pi_1$（年龄）$+\pi_2$（年龄平方）$+e$；水平2，$\pi_0=\beta_{00}+\beta_{01}$（性别）$+\gamma_0$，$\pi_1=\beta_{10}+\beta_{11}$（性别）$+\gamma_1$，$\pi_2=\beta_{20}+\beta_{21}$（性别）$+\gamma_2$。

模型参数所表示的意义如下：

因变量——幼儿人格的各维度：3个群组4次测查的人格维度得分，作为水平1的因变量。

自变量——(1)年龄：幼儿的年龄 = 每次测量时的实际年龄 -3，这样转换的目的是使截距有明确的含义，即它表示的就是幼儿每个人格维度初始状态(3岁)得分。

(2)年龄平方：将年龄平方作为描述幼儿人格维度二次增长趋势的变量。

(3)性别：将女孩编码为0，男孩编码为1，是水平2中的预测变量。

π_0——水平1的截距；

π_1——水平1的斜率，是线性增长率；

π_2——水平1的二次增长率；

e——残差；

β_{00}——平均截距，当第二水平的预测变量取值为0时，第一水平的截距的总体平均值，本研究中指幼儿人格各维度在3岁时的总体平均分；

β_{10}——平均线性发展斜率，即在保持其他变量恒定的情况下，幼儿人格维度随着年龄增长的线性发展速率；

β_{20}——平均二次增长率，即在保持其他变量恒定的情况下，幼儿人格维度随着年龄增长的二次发展速率；

β_{01}——第二层方程的回归系数，代表第二层的变量性别对第一层截距 π_0 的作用；

β_{11}——第二层方程的回归系数，代表第二层的变量性别对第一层斜率 π_1 的作用；

β_{21}——第二层方程的回归系数，代表第二层的变量性别对第一层斜率 π_2 的作用；

γ_0——个体与平均截距 β_{00} 的离差；

γ_1——个体与平均线性斜率 β_{10} 的离差；

γ_2——个体与平均二次增长斜率 β_{20} 的离差。

第二节 幼儿人格发展的年龄特点

一、幼儿人格发展的年龄特点的统计分析

（一）描述性统计分析

表4-2的描述统计结果表明：3个群组的智能特征得分在4次测量中（即3～6岁）均出现了增长，但增长的速率逐渐变小；与智能特征的发展趋势类似，幼儿认真自控得分也在4次测量中持续增长，但增长率逐渐变小；幼儿外倾性得分总体上不断上升，其中1群组4次测量分数不断增加，但2、3群组得分是先上升后下降；幼儿亲社会性得分总体上同样具有增长趋势，其中1、2群组得分不断增加，但增加速度逐渐变慢，3群组是先上升后下降；幼儿3个群组的情绪稳定性得分均呈现增长趋势，并随着年龄的增加增长速度变缓。

表 4-2　男女幼儿智能特征 4 次测量的平均值与标准差

群组	维度	第 1 次		第 2 次		第 3 次		第 4 次	
		M	*SD*	*M*	*SD*	*M*	*SD*	*M*	*SD*
1	智能特征	44.34	10.474	54.09	9.468	62.16	11.393	64.82	12.339
	认真自控	35.19	7.355	40.99	7.453	45.10	7.476	46.41	8.291
	外倾性	24.11	7.092	29.83	5.949	33.13	7.496	33.32	7.454
	亲社会性	38.65	9.127	45.21	8.126	49.65	9.767	52.17	10.658
	情绪稳定性	21.16	5.553	25.47	5.301	28.33	5.426	30.36	5.185
2	智能特征	52.90	11.552	59.02	11.496	64.01	12.400	64.70	11.886
	认真自控	38.13	8.167	42.22	8.103	44.68	8.694	44.87	8.329
	外倾性	29.22	6.139	31.91	6.901	35.11	6.927	34.68	6.346
	亲社会性	43.71	8.951	47.99	7.925	51.56	8.654	52.06	9.834
	情绪稳定性	24.40	4.518	28.33	4.393	28.90	4.746	31.58	5.034
3	智能特征	57.58	12.538	62.64	11.728	67.74	11.439	69.14	11.860
	认真自控	41.18	8.174	44.42	7.555	45.96	8.164	48.15	8.672
	外倾性	31.58	6.504	34.28	7.087	36.17	6.631	35.79	5.756
	亲社会性	47.42	8.947	51.06	8.050	54.60	8.936	52.45	11.525
	情绪稳定性	28.29	5.119	29.42	4.983	30.21	5.121	32.68	4.958

通过对描述统计结果的分析,基本上对各人格维度的年龄发展趋势有了一定的认识,下面进一步通过潜变量增长曲线模型及多层线性模型对幼儿人格维度发展的年龄特点进行分析。

(二)潜变量增长曲线模型和多层线性模型分析

潜变量增长曲线模型拟合结果表明,幼儿 5 个人格维度的限定二次增长模型拟合指数较好,不存在群组效应,可以用一条共同的二次增长发展曲线来描述,具体结果如表 4-3 所示。

表 4-3　幼儿人格维度的限定二次增长模型拟合指数

人格维度	χ^2	*df*	*CFI*	*TLI*	*RMSEA*	*SRMR*
智能特征	31.246	17	0.976	0.958	0.067	0.046
认真自控	34.475	17	0.972	0.950	0.074	0.060
外倾性	32.297	17	0.955	0.921	0.069	0.049
亲社会性	34.221	17	0.961	0.930	0.073	0.047
情绪稳定性	31.561	17	0.926	0.869	0.067	0.047

潜变量增长曲线模型分析已探明幼儿人格维度均呈现二次增长趋势,因此在进一步采用多层线性模型分析幼儿人格发展的年龄特点时,可直接考察二次增长

模型。

表4-4 幼儿人格5个维度的二次增长模型系数

维度	系数			变异		
	截距 β_{00}	斜率 β_{10}	曲线斜率 β_{20}	截距 γ_0	斜率 γ_1	曲线斜率 γ_2
智能特征	40.93***	18.49***	-3.08***	81.67	194.58	15.11
认真自控	32.66***	10.12***	-1.75***	33.57*	69.45	6.93
外倾性	22.49***	10.13***	-1.94***	42.75	72.35	4.59
亲社会性	35.53***	13.90***	-2.74***	62.95**	165.34	17.47*
情绪稳定性	19.91***	7.69***	-1.19***	16.40	16.78	1.10

注：* 代表 $p<0.05$，** 代表 $p<0.01$，*** 代表 $p<0.001$。

从表4-4可发现，幼儿智能特征固定部分（即反映整体发展趋势的部分）中截距（初始状态）即3岁时幼儿的智能特征的平均值为40.93，在3～6岁时幼儿智能特征有显著的线性上升趋势，平均上升速度为18.49，但随着年龄的增长其发展速度会放缓，平均下降率为3.08。随机部分的结果表明，幼儿智能特征发展在截距、线性斜率和二次增长率上均不存在个体差异。幼儿3岁时的认真自控的平均值为32.66，并且存在显著的个体差异，其线性斜率和二次增长斜率的固定效应均显著，说明认真自控发展有显著的上升趋势，但发展的速度会随着年龄的增长而逐步下降。幼儿3岁时外倾性的平均值为22.49，其发展有显著的线性和二次增长趋势。幼儿亲社会性的截距平均值为35.53，在3～6岁幼儿亲社会性有显著的线性上升趋势，平均上升速度为13.90，但随着年龄的增长其发展速度会放缓，平均下降率为2.74。同时，在截距和二次增长率上存在显著的个体差异。幼儿情绪稳定性固定部分中截距，即3岁时幼儿的情绪稳定性的平均值为19.90，在3～6岁幼儿情绪稳定性有显著的线性上升趋势，平均上升速度为7.69，但随着年龄的增长其发展速度会放缓，平均下降率为1.19。

综上所述，幼儿人格5个维度在3～6岁均有显著的上升趋势，但随着年龄的增长其发展速度放缓，增长率具有显著的二次下降趋势；随机部分的结果表明，除认真自控、亲社会性在截距和二次增长率上存在个体差异外，智能特征、外倾性、情绪稳定性的发展在截距、线性斜率和二次增长率上均不存在个体差异。

为准确地解释幼儿人格的发展规律，我们又分别计算了幼儿人格各维度在各个年龄上的估计值。根据二次增长的方程 $Y=a+b_1x+b_2x^2$，计算幼儿在各个年龄点的估计值，其中 a 为截距00；b_1 为平均线性斜率10；b_2 为平均二次增长斜率20；x 为年龄，即取值0，0.5，1，1.5，2，2.5（分别代表3～3.5岁、3.5～4岁、4～4.5

岁、4.5～5 岁、5～5.5 岁、5.5～6 岁 6 个年龄段）；x^2 为年龄的平方，即取值 0，0.25，1、2.25，4，6.25。结果如表 4-5 所示。

表 4-5　幼儿人格发展的年龄估计值

	3～3.5 岁	3.5～4 岁	4～4.5 岁	4.5～5 岁	5～5.5 岁	5.5～6 岁
智能特征	40.929 3	49.405 6	56.343 7	61.743 8	65.605 7	67.929 6
认真自控	32.659 0	37.279 9	41.027 0	43.900 4	45.900 2	47.026 3
外倾性	22.489 5	27.070 4	30.680 7	33.320 5	34.989 7	35.688 4
亲社会性	35.528 7	41.795 2	46.690 7	50.215 3	52.368 9	53.151 6
情绪稳定性	19.909 4	23.459 8	26.417 2	28.781 8	30.553 4	31.732 2

由表 4-5 可见，幼儿智能特征在 3～6 岁呈持续发展的态势，但发展速度在各年龄段有所不同，其中 3～4 岁时发展最快，其次是 4～5 岁，5～6 岁发展最慢。幼儿认真自控同样在 3～4 岁时发展最快，在 4～6 岁持续发展，但发展速度变缓。幼儿外倾性在 3～5 岁持续增长，但在 5～6 岁时发展减慢，趋于平缓。幼儿亲社会性在 3～6 岁持续增长，其中 3～4 岁时增长最快，4～5 岁发展迅速，但发展速度到 5～6 岁逐步放缓。幼儿情绪稳定性在 3～6 岁不断发展，在 3～4 岁发展最快，其次是 4～5 岁，到 5～6 岁变化不大。

综上所述，幼儿人格各维度在 3～6 岁呈持续发展的态势，但发展速度在各年龄段有所不同，其中 3～4 岁发展最快，4～5 岁持续发展但发展速度放缓，5～6 岁发展最慢，基本趋于稳定，如图 4-2 所示。

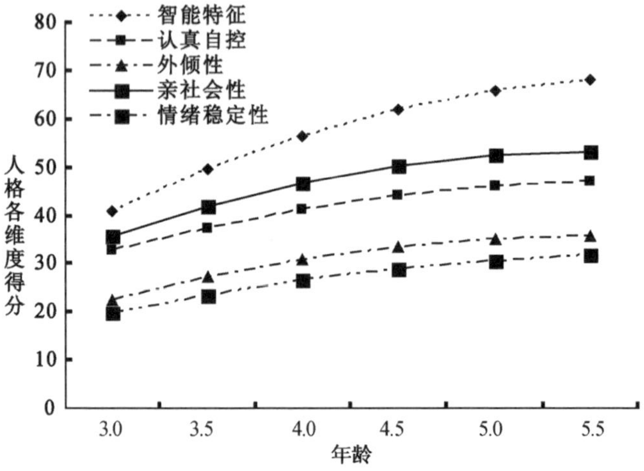

图 4-2　幼儿人格维度发展的年龄趋势

二、幼儿人格发展的年龄特点的结果分析

（一）幼儿智能特征发展的年龄特点

智能特征与“大五”人格中的经验开放性类似。经验开放性用于描述人格倾向如探索、寻求、对内部和外部感知刺激的注意及信息提取，智能特征将其具体描述为幼儿的聪慧性、文艺兴趣和探索创新。但智能特征除了上述内涵外，还包括幼儿在环境适应中体现的自主性、自信和自尊。幼儿从家庭进入幼儿园，在相对丰富的外在环境下，必然激发其探索求知的欲望，自主性增强，同时自我意识情绪如自尊、自信也随之发展。

邹晓燕（2006）等人对幼儿独立性（即自主性）的研究发现，3 岁时幼儿独立性的个体差异已较明显，如果幼儿受到成人的鼓励，那么其自我依靠即自己事情自己做的愿望和能力逐步增加，并随着年龄的增长，其稳定性越来越强；而且张丽华（2005）对幼儿自尊心、王娥蕊（2006）对幼儿自信心的研究也发现，3 ~ 4 岁是幼儿自尊心、自信心的上升期，这与幼儿的自我情绪体验及自我评价在此时发生转折有关，与教师对不同年龄幼儿的期望水平不一致有关。教师对低龄幼儿的期望值较低，只要幼儿取得一点进步，教师就鼓励和夸奖，迅速提高了幼儿的自我效能感和成就感。而教师对年龄较大幼儿的期望值升高，并较多采用横向比较的评价方式，忽略幼儿自身的进步，易使幼儿自我评价降低，产生自卑情绪。另外，胡克祖（2006）等人对好奇心的研究也表明，幼儿已有知识信息的丰富程度决定了幼儿对新异事物的反应性水平。年龄小的幼儿（3 ~ 4 岁）由于新异刺激物同其认知结构间的信息差距较大，因此反应性水平也就最高。随着年龄的增长、认知结构的不断丰富，最终使幼儿对新异刺激的反应性下降，好奇体验也随之下降，但探究的主动性和持久性会逐步上升，从而表现出总体上增长但增长率下降的发展趋势。另外，随着幼儿大脑的成熟及教育的熏陶，幼儿知觉的概括性和目的性不断增强，其记忆力、理解力、语言表达能力等都在教育活动的熏陶中不断发展。

可见，幼儿智能特征中所包含的特质内容的发展，促进了整个智能特征维度的发展。但幼儿在 3 ~ 4 岁时，自主性、自尊等与自我控制、自我评价相关的人格特质尽管增长速度最快，但尚处于他控、他评阶段。从 4 岁左右开始，随着认知的成熟，幼儿开始尝试自我控制与自我评价，其发展速度尽管放缓但却是质的变化，而后在 5 ~ 6 岁时逐渐趋于稳定。

(二)幼儿认真自控发展的年龄特点

认真自控与“大五”人格中的公正严谨性类似,主要包括幼儿的自我调节、抑制不适宜反应、集中与转移注意的能力。

本研究发现幼儿认真自控发展特点与宋辉等人(2003)研究结果一致,幼儿认真自控在3~4岁发展迅猛,在4~5岁相对减慢,5~6岁逐步稳定。这一发展趋势与幼儿生理成熟及环境影响有关。3岁时幼儿大脑皮质兴奋过程仍占优势,抑制机能尚不成熟,做事情有很大的冲动性并缺乏坚持性。随着年龄的增长,大脑皮质的抑制机能逐步完善,兴奋与抑制过程逐渐平衡,使得幼儿认真自控能力迅速发展。霍伊尔(Hoyle,2006)研究表明儿童的气质特质“努力自控”2岁出现,4岁暂时稳定,也证明了生理成熟在儿童认真自控中的作用。另一方面,在3~4岁初入幼儿园,幼儿是服从教师权威的“被动自我控制”,到了3.5岁,幼儿逐渐从他控过渡到约束性顺从。约束性顺从是幼儿全心全意地、心甘情愿地遵从成人的要求而约束和调节自己的行为,说明幼儿开始把外部需要内化为自己的需要,是幼儿从外部控制发展到内部控制的过渡阶段。随着认知的发展,幼儿对规则与秩序的不断内化,到4.5岁后幼儿逐渐向自我控制转化,这种自控意识与行为在5~6岁趋于稳定。

(三)幼儿外倾性发展的年龄特点

外倾性是指描述个体的心理能量是投向外部世界还是内部世界的人格维度。活泼好动、爱说爱笑、喜欢与小伙伴游戏是大多数外倾性维度水平高幼儿的特点,它主要包括善交际、精力充沛和乐观开朗3个成分。

阿贝拉(Abela)等人(2012)研究发现具有较高依赖性的儿童具有较强的消极情绪,换句话说,自主性高的幼儿情绪表现更活泼开朗,更有探索外在环境及进行人际交往的自信和能力。3岁左右的幼儿刚刚进入幼儿园时,较依恋教师,在与同伴交往时显得害羞、拘束,缺少主动性,而且不具备合适的交往技巧。但到4岁左右,随着交往经验的增多和心理发展水平的逐步提高,实现去自我中心化,心理理论、观点采择能力及移情等社会认知能力也不断提高,幼儿开始主动与同伴交往,且语言表达能力的发展在处理同伴冲突、加强交往能力中快速发展起来。这也可能是幼儿外倾性在这一阶段快速发展的原因。随着幼儿对幼儿园生活的逐渐适应,开始积极参加各种游戏活动,并伴随产生更多的积极体验,变得活泼好动,这种特征一直延续到幼儿园学习阶段的结束。

(四)幼儿亲社会性发展的年龄特点

幼儿的亲社会性是其人格结构中的道德成分,是幼儿表现出的符合社会期望并有益于他人的情感和行为。研究发现,认真自控与亲社会性具有较高的正相关,幼儿自控的意识和行为表现在人际关系中就是亲社会行为。

目前大部分幼儿是独生子女,在家庭中受父母及长辈的宠爱,易形成独占、挑剔等人格特征。因此在刚入园时,大多数幼儿不懂得谦让、分享与合作,无法理解他人的情绪状态和心理。但随着教师权威地位的确立,教师的期望和态度会对幼儿直接产生影响。3～4岁时,幼儿正处于"复制式心理理论"发展的重要阶段,其对社会规则性知识的获得依赖于成人,此阶段的幼儿也倾向于按照教师所传授的道德原则去行事。因此在教师的影响下,幼儿在此阶段利他行为显著发展。4～5岁时,随着情绪认知和心理理论的发展,幼儿学会了帮助他人、与他人分享和合作时能兼顾自己与他人的利益,亲社会性也由绝对的自我中心发展到他人中心,最后过渡到关系中心。也就是说,随着年龄的增长,幼儿他控的亲社会情感和行为逐渐变少,变得更具主动性和社交性,同时,也变得更合群,更懂得人际交往的社会规范,羞耻感和道德情感也逐步发展起来。

(五)幼儿情绪稳定性发展的年龄特点

情绪稳定性与"大五"人格结构中的神经质类似。幼儿在初入园时极易表现出消极情绪,包括痛苦、惧怕、焦虑、悲伤、易怒和挫折,出现"分离焦虑""陌生焦虑"等现象。并且,在3～3.5岁阶段,幼儿大脑皮质的兴奋性易扩散,皮下中枢的调控能力较弱,因而,极易受到其他幼儿消极情绪的影响。因此在3～3.5岁阶段幼儿情绪极不稳定。

姚端维、陈英和和赵延芹(2004)研究发现,3岁是幼儿获得情绪理解能力的关键期,此时幼儿在同伴冲突情境下的情绪调节策略已由情绪释放策略(如面对冲突情境时,单纯哭泣或等待帮助)发展到建构性策略(如尝试自己想办法解决问题)。随着年龄的进一步增长,幼儿学会了回避策略,避免直面情绪冲突,也就是说随着幼儿情绪认知和情绪调节能力的发展,其情绪越来越趋于稳定,陌生、分离焦虑得以缓解,幼儿表现出积极情绪。

总之,幼儿人格发展的年龄特点揭示,幼儿入园的上半年对全新的环境还不适应,到了下半年会逐渐适应新的生活。在教师的鼓励和帮助下,其身体活动水平、智力、社会技能及自我评价能力、自我效能感、自我控制能力都显著发展。在与教师、同伴互动的过程中，其心理理论能力不断提升，逐渐学会了从他人角度看问题，表现出最初的同情心、谦让、分享等亲社会行为。而且日趋融洽的师生、同伴关系降低了幼儿易怒、易哭等情绪不稳定因素，使其变得更加开朗活泼、乐于交往。因此，对于整个幼儿阶段来说，人格发展的关键阶段在3～4岁，尤其是3.5～4岁，这时适当的教育、良好的引导能促进幼儿人格的健康发展。

第三节　幼儿人格发展的性别特点

一、幼儿人格发展的性别特点的统计分析

（一）描述性统计分析

幼儿人格的5个维度在4次测量时的平均值和标准差分别如表4-6至表4-10所示。

表4-6　男女幼儿智能特征4次测量的平均值与标准差

		第1次		第2次		第3次		第4次	
		M	*SD*	*M*	*SD*	*M*	*SD*	*M*	*SD*
第1群组	男	43.32	10.942	53.85	10.131	62.07	10.706	66.76	11.645
	女	45.42	9.894	54.33	8.813	62.26	12.111	62.90	12.763
第2群组	男	52.11	12.112	56.89	11.575	62.77	11.733	64.51	12.528
	女	53.74	10.929	61.40	10.992	65.34	13.010	64.93	11.168
第3群组	男	56.31	11.591	62.05	11.721	66.33	11.838	67.27	12.334
	女	59.38	13.627	63.48	11.755	69.72	10.605	71.78	10.683

表4-7　男女幼儿认真自控4次测量的平均值与标准差

		第1次		第2次		第3次		第4次	
		M	*SD*	*M*	*SD*	*M*	*SD*	*M*	*SD*
第1群组	男	33.68	7.842	39.82	7.431	43.34	7.276	46.55	7.651
	女	36.77	6.469	42.14	7.331	46.90	7.278	46.27	8.918
第2群组	男	36.60	8.516	40.30	8.271	42.39	8.657	44.44	8.955
	女	39.76	7.485	44.37	7.382	47.12	8.088	45.37	7.563
第3群组	男	39.93	8.277	42.85	7.926	43.86	8.016	46.02	8.790
	女	42.94	7.737	46.63	6.419	48.92	7.462	51.14	7.597

表 4-8　男女幼儿外倾性 4 次测量的平均值与标准差

		第 1 次		第 2 次		第 3 次		第 4 次	
		M	*SD*	*M*	*SD*	*M*	*SD*	*M*	*SD*
第 1 群组	男	23.48	7.222	29.85	5.690	33.48	6.587	34.61	7.353
	女	24.78	6.923	29.81	6.222	32.76	8.344	32.04	7.370
第 2 群组	男	29.05	6.465	31.20	6.991	34.94	7.158	34.56	6.647
	女	29.40	5.803	32.70	6.752	35.30	6.708	34.81	6.015
第 3 群组	男	31.27	6.329	34.20	6.924	36.43	6.589	35.27	5.477
	女	32.02	6.756	34.40	7.351	35.80	6.712	36.52	6.085

表 4-9　男女幼儿亲社会性 4 次测量的平均值与标准差

		第 1 次		第 2 次		第 3 次		第 4 次	
		M	*SD*	*M*	*SD*	*M*	*SD*	*M*	*SD*
第 1 群组	男	38.28	9.686	45.50	8.401	48.52	9.737	53.83	9.844
	女	39.04	8.526	44.92	7.879	50.82	9.705	50.53	11.218
第 2 群组	男	42.46	9.459	46.43	7.683	49.71	7.889	51.40	10.582
	女	45.03	8.222	49.74	7.871	53.53	9.036	52.84	8.890
第 3 群组	男	46.42	9.099	50.01	8.486	53.38	9.012	51.59	10.830
	女	48.81	8.585	52.55	7.183	56.31	8.589	53.66	12.400

表 4-10　男女幼儿情绪稳定性 4 次测量的平均值与标准差

		第 1 次		第 2 次		第 3 次		第 4 次	
		M	*SD*	*M*	*SD*	*M*	*SD*	*M*	*SD*
第 1 群组	男	21.05	5.876	26.11	5.175	28.14	5.352	31.17	4.962
	女	21.28	5.216	24.83	5.372	28.52	5.519	29.56	5.303
第 2 群组	男	24.56	4.596	28.37	4.470	29.76	4.557	32.00	5.141
	女	24.22	4.454	28.29	4.331	27.98	4.797	31.09	4.892
第 3 群组	男	28.57	5.160	29.65	5.152	30.68	4.184	32.85	4.895
	女	27.90	5.064	29.08	4.743	29.55	6.171	32.43	5.063

描述统计结果表明:女孩的智能特征得分在整个年龄段内略高于男孩;女孩认真自控得分始终高于男孩;外倾性男、女幼儿得分在 3 ~6 岁基本相同;亲社会性女孩得分略高于男孩;在幼儿情绪稳定性方面,男、女幼儿得分相差不大。下面进一步通过潜变量增长曲线模型及多层线性模型对幼儿人格维度发展的性别特点进行更准确的分析。

(二)潜变量增长曲线模型和多层线性模型分析

本研究运用多层线性模型对幼儿人格发展的性别差异进行分析。由于智能特征、外倾性、情绪稳定性的随机部分的截距、线性斜率及二次增长率均不显著,就不必再加入第二水平的预测变量对其差异进行解释(见本章第二节)。因此,只需在认真自控的截距、亲社会性的截距及其二次增长率上加入性别预测变量。而对于模型中不显著的随机变异,通常做法是在第一水平不考虑其随机效应,即限制其随机效应参数(γ_1、γ_2)为 0,不参与进一步的模型估计。结果如表 4-11 所示。

表 4-11　认真自控与亲社会性的性别差异

维度	系数				变异		
	截距 β_{00}	性别截距 β_{01}	斜率 β_{10}	曲线斜率 β_{20}	性别曲线斜率 β_{21}	截距 γ_0	曲线斜率 γ_2
认真自控	34.33***	-3.02***	9.77***	-1.54***	—	23.58***	—
亲社会性	36.36***	-2.03**	14.05***	-2.86***	0.20	37.05***	1.47***

注:** 代表 $p<0.01$,*** 代表 $p<0.001$。

从表 4-11 可以看出,男、女幼儿在认真自控和亲社会性两个维度上的截距的差异都是显著的,即女孩在 3 岁时,其认真自控和亲社会性的得分都要高于男孩。但无论是男孩还是女孩,在线性和二次增长趋势上都不存在差异。为更具体地描述其发展的性别特点,分别计算男、女幼儿的认真自控和亲社会性随年龄发展的估计值。具体结果如表 4-12 及图 4-3、图 4-4 所示。

表 4-12　男女幼儿认真自控和亲社会性发展的年龄估计值

		3 ~3.5 岁	3.5 ~4 岁	4 ~4.5 岁	4.5 ~5 岁	5 ~5.5 岁	5.5 ~6 岁
认真自控	男	31.308 2	35.808 5	39.539 1	42.499 9	44.691 0	46.112 3
	女	34.329 9	38.830 2	42.560 8	45.521 6	47.712 7	49.134 0
亲社会性	男	34.337 6	40.648 0	45.530 0	48.983 5	51.008 6	51.605 2
	女	36.364 2	42.674 6	47.556 6	51.010 1	53.035 2	53.631 8

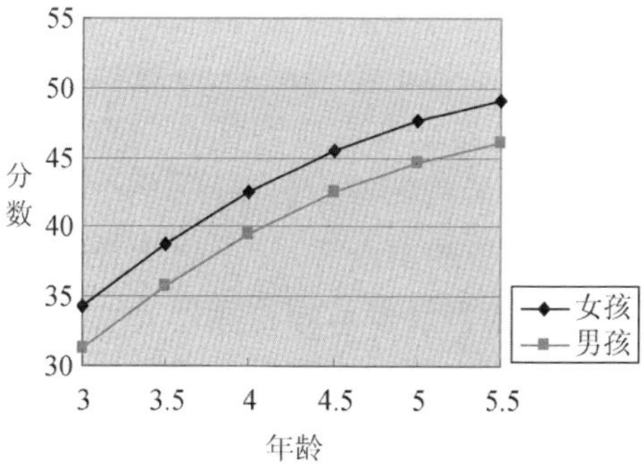

图 4-3 幼儿认真自控发展的性别差异图

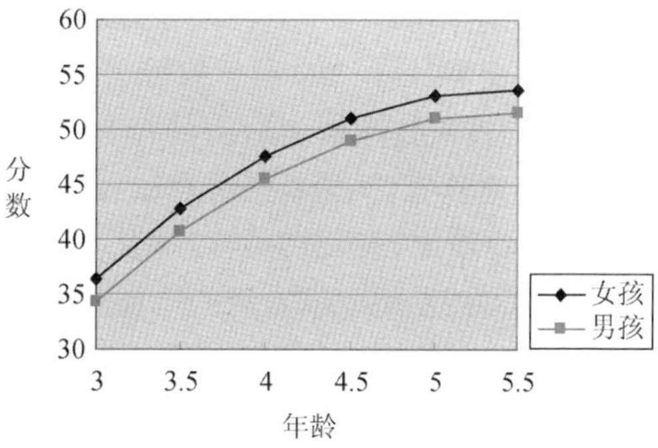

图 4-4 幼儿亲社会性发展的性别差异图

综上所述,男、女幼儿在 3 岁时,认真自控和亲社会性得分存在显著差异,女幼儿均高于男幼儿,但在线性和二次增长趋势上都不存在差异。这说明女幼儿认真自控和亲社会性发展水平均始终高于男幼儿。另外,变异部分的方差仍然显著,说明男、女幼儿在两个人格维度上有个体差异,但这种差异不是性别变量能够解释的,可能是由其他因素引起的。

二、幼儿人格发展的性别特点的结果分析

研究结果表明,在维度水平上,3 岁时男、女幼儿在认真自控和亲社会性两个人格维度上存在显著的差异,均是女孩得分高于男孩,但在 3 ~ 6 岁时发展速度不存在差异。以往许多研究也发现,幼儿期女孩的认真自控和亲社会行为水平要高于男孩,这可能是由于生理因素和社会文化因素造成的。

首先,在生理因素方面,如身高、肺活量、基础代谢等,男孩较女孩有更多的优势,具有精力旺盛的行为和进行过多的体力活动。例如,男孩手臂比女孩略长,体内肌肉的含量也高于女孩,因此在敲击和投掷活动中男孩的力量和速度要大于女孩。但正是由于男孩的这种身体优势,也就可能促使男孩的行为更具攻击性,更容易参与冒险性活动。其次,在大脑机能、激素等方面存在着性别差异,使男孩冲动性更强、更具攻击性,这可能是造成 3 岁时女孩的自控水平就显著高于男孩的原因之一。

同时,受社会期望的影响,女孩被认为应更具同情心,关心和照顾他人,有较强的人际敏感性,在乎自我评价和同伴评价,而男孩应更具支配性和竞争性。正是受到这种文化期望的影响,教师和家长在教育过程中将性别角色意识渗透给幼

儿，并提出不同的发展要求，人为地塑造了幼儿的性别行为。当然，随着幼儿自我意识的发展和社会认知水平的提高，幼儿逐渐内化了性别角色标准，并按这种标准行动，表现出与性别相适应的行为。因此，教师在对幼儿认真自控和亲社会性维度进行评价时，无论在传统观念上还是在对幼儿的具体观察经验上，都得出了女孩在两个维度及所包含的特质发展水平上高于男孩的结论。

幼儿人格发展与其本身的生理成熟有关，也与生活环境从家庭到幼儿园的转变有关。这与卡斯皮(Caspi)等人(1993)提出的“人格在变迁情境下改变的可能性非常大”的观点一致。该观点已获得一系列研究的支持(Löckenhoff, et al., 2009; Lüdtke, et al., 2011; Ormel, et al., 2012)。幼儿由家庭成员非结构化互动转变为强调与同伴、教师的结构化互动，环境转变和社会化任务的出现促进了幼儿人格发展的发展。

幼儿期是个体人格发展与变化的重要时期，不同的人格维度随着年龄的成熟及社会文化环境的影响而呈现出不同的发展趋势。因此，充分了解不同人格成分随着年龄发展的不同轨迹和性别特点影响的结果，揭示出人格发展的一般规律和机制，能使幼儿人格的家庭教育和学校教育不盲目、不冒进，依规律而行。

第五章
幼儿人格发展的影响因素

幼儿人格的发展不但受气质等生理因素的影响，而且受家庭、幼儿园等后天因素的制约，是生理因素和环境因素相互作用的结果。深入探讨我国幼儿人格发展的影响因素，有利于提高社会对幼儿人格发展问题的关注，提出更有效的幼儿人格健康发展的方案。本章将从气质、家庭、幼儿园、社会文化四个方面来阐述幼儿人格发展的影响因素。

第一节　气质的影响

一、气质与人格的关系

气质是人格的生物基础，变化缓慢，是相对稳定的基本人格特质。

奥尔波特(Allport)认为气质、智力和体质是人格形成的重要基础，由遗传决定。简·斯特里劳(Strelau)认为气质对个体与环境相互关系产生影响。在个体与环境相互作用的过程中，产生了具有一定内容的行为方式。许多因素的分析研究都发现早年气质结构与成人期人格结构关系密切。成人人格结构不超过五个的研究成果(Costa，McCrae，1996)，进一步促进了研究者对幼儿气质发展的实证研究。马丁(Martin)等人研究发现幼儿的5～7个气质维度相当于“大五”人格中的4个因素。成人的人格不仅局限于气质的特征，还具有许多习得的思想和行为模式，人格发展过程就是气质和经验交互作用的过程(刘继亮，孔克勤，2001)。

气质与人格特质存在着连续性。丹尼丁(Duniden)研究发现低控制型的幼儿较冲动,情绪性明显,没有持久性,难以管理。他们在 18 岁时与同伴关系较疏远,攻击性和冲动性较强,21 岁时有更多的人际冲突和就业困难,不被信赖。抑制型的幼儿害羞、害怕交往,他们在 18 岁时显得拘谨、过于自控、不愿扮演领导角色、对他人影响小,21 岁时获得的社会支持较少,受抑郁影响大。他人评定显示,抑制型气质的个体不易被团体接纳,社会地位偏低。良好适应型的幼儿具有较好的自控能力,对研究人员很友好,试图去完成富有挑战性的任务,不会因为任务太难而过于焦躁不安。在随后的成长过程中,这些行为特征仍能见到。

二、气质对幼儿人格的影响

气质对人格的影响具体表现在两个方面。一方面,气质通过影响个体与环境的相互作用来塑造人格。气质通过影响父母的教养方式,从而影响幼儿人格的形成。遗传因素导致人在体质与神经系统类型上存在差异,这就使人原始的气质有了差异,表现出气质的外部特质的不同,诸如感受性、耐受性、活动性、反应持续性、反应灵活性、反应再生性、反应速度等,这是幼儿人格形成的生物基础。例如,专注性强的人注意力容易集中,耐受性弱的人意志力差。幼儿的这些先天气质表现,都会直接影响父母的教养方式。一个脾气暴躁的幼儿,在等待母亲哺乳时,会大哭大叫,容易引起母亲的手忙脚乱,导致母亲对幼儿的态度不好,发展下去,幼儿就容易形成急躁的性格。另一方面,气质反应性水平的差异影响人格的形成。反应性是气质中能量水平的一种行为特质,其生理机制决定刺激需求,个体为了满足这种刺激的需求,经常会选择相应的情境和活动,坚持下去,就会形成一种习惯的行为方式,最后形成一种人格特征。研究表明,高反应性个体倾向于低刺激值的活动与环境,低反应性个体寻求具有丰富刺激的活动与环境(杨丽珠,刘文,2006)。

本研究团队围绕气质对幼儿人格的影响进行了一系列研究,如气质对同伴交往类型和自我调节能力的影响等。

(一)气质和幼儿同伴交往类型关系的研究

同伴交往指同伴之间通过接触产生相互影响的过程。同伴交往能帮助幼儿形成自己的态度和价值观,同伴交往提供的活动领域可以是幼儿从父母那里获得的价值观。同伴关系是双边的、互动的,受幼儿和与之交往的同伴双方特征(尤其是气质特征)的影响。幼儿气质特征具有相对稳定性,使得他在与不同人的交往方式、态度上具有一定的倾向性。

斯特里劳(1987)的气质调节理论提出行为能量水平是气质的外部特质,反应性与活动性是与行为能量水平的个体差异有关的气质基本维度。高反应性幼儿与他人合作较少、坚持性差、怪异行为多;低反应性幼儿则善于与他人合作,坚持性强。根据反应性水平,个体会选择不同刺激水平的活动。幼儿的同伴交往活动具有一定的刺激意义,可以满足一定的个体需要,所以活动性的强弱会影响幼儿的同伴交往活动。庞丽娟(1994)发现各类幼儿交往的积极主动性的特征有显著差异。受欢迎的幼儿喜欢交往,积极主动,善于交往;被拒绝的幼儿也喜欢交往,积极主动,但不善于交往;被忽视的幼儿交往兴趣低,积极主动性差,不太善于交往;一般幼儿处于中间水平。

发展心理学家对儿童行为抑制性与同伴交往能力之间的关系进行了研究,由于不同文化背景下对抑制型儿童的看法不同,其社会交往地位也不同,因此对气质与幼儿同伴关系交往类型的研究所得结论也并不一致。阿森多夫(Asendorpf,1990)研究发现,行为抑制性可以预测儿童对陌生同伴的退缩行为,但不能预测与熟悉同伴交往的行为。陈欣银等(1995)研究了中国攻击性和害羞儿童的社会及学校适应,结果发现抑制性儿童的社会适应良好,与同伴能形成积极的关系。王争艳(2000)研究发现,幼儿2岁时的抑制性能预测其4岁时在陌生同伴交往中的缺乏社交发起行为,但不能预测其5岁时在幼儿园与熟悉同伴交往的特征。抑制性分数高的幼儿不能主动邀请同伴、接近同伴或对同伴进行积极的回应。气质作为幼儿自身行为的特点,对同伴关系类型的形成具有重要作用。探讨气质对同伴交往的影响,可以改善不利的同伴交往状况,制定出有针对性的、行之有效的教育干预方案。

刘文、杨丽珠、金芳(2006)采用问卷法和社会测量法相结合的方法,以班级为单位对484名3~9岁儿童的气质和同伴关系类型进行研究,对各同伴关系类型在气质各维度上及总体上进行差异检验,结果如表5-1所示:

表5-1 各同伴关系类型在气质各维度上及总体上的差异检验

维度	受欢迎型		被拒绝型		被忽视型		一般型		F
	$\bar{x}$	s	$\bar{x}$	s	$\bar{x}$	s	$\bar{x}$	s	
情绪性	16.84	5.17	20.98	4.68	17.01	4.59	17.82	4.48	8.736^{***}
活动性	20.85	4.59	27.08	4.74	20.66	5.13	22.35	5.39	16.91^{***}
反应性	23.89	5.13	20.46	5.47	20.34	4.63	21.19	5.36	6.014^{***}
社会抑制性	13.52	4.06	15.98	4.44	17.12	3.61	15.44	4.00	9.37^{***}
专注性	23.59	4.22	16.51	4.70	19.07	4.79	18.70	4.69	23.01^{***}

注:***代表 $p<0.001$。

各维度得分的含义是：情绪性得分越高，其情绪激烈性越强，越不稳定；活动性得分越高，其活动强度越大，活动时间越长；反应性得分越高，其敏感性和敏捷性越强；社会抑制性维度得分越高，其灵活性和适应性越差；专注性维度得分越高，其专注性越强。

从表 5-1 中可以看出，受欢迎型幼儿情绪性维度得分最低，情绪最稳定；被忽视幼儿和一般型幼儿得分居中；被拒绝型幼儿得分最高，情绪不稳定，易冲动。可见情绪稳定、不易冲动的幼儿在同伴中受欢迎。受欢迎型幼儿活动性水平得分居中，说明适度的活动性水平在同伴中容易被接受。被忽视型幼儿的活动性水平得分最低，说明不爱活动的幼儿容易被同伴忽视。被拒绝型幼儿在活动性水平上得分最高，说明不安静、过度的活动容易遭到同伴的拒绝。受欢迎型幼儿反应性水平最高，说明感知敏捷的幼儿容易被同伴欢迎、接纳。反应性水平较低的儿童容易被忽视和拒绝。受欢迎型幼儿专注性水平高，被忽视幼儿居中，被拒绝型幼儿最低。说明高专注性幼儿易被同伴接纳、喜爱，而低专注性幼儿注意力容易分散、被同伴拒绝；被忽视型幼儿也具有较高的专注性水平。

研究发现，幼儿气质对同伴关系类型的形成具有重要影响，与任榕娜等的部分研究结果一致，他们的研究表明幼儿气质类型可以影响社会生活能力。另外，杰罗姆·凯根（Jerome Kegan）研究认为典型的非抑制性幼儿用一种“自由、精力充沛和自发的”方式来表达自己，他们能很快进入角色，很容易开始交往，成为同伴的核心。典型的抑制性幼儿对不熟悉的新环境感到焦虑，表现出社交退缩。过去人们往往从幼儿的道德品质方面来评价幼儿（李文权，李辉，刘春燕，2003）。例如，认为被拒绝幼儿霸道、攻击、破坏等，被忽视幼儿不会关心别人、自私等，不少教师对这两类幼儿有误解。研究也阐释了气质本身对幼儿形成同伴关系类型的影响，可以使人们更好地理解被拒绝幼儿和被忽视幼儿。幼儿的同伴关系部分取决于幼儿的气质与同伴间的期望、教师的期望和要求间的匹配程度。并不是所有幼儿都以同一种气质特点与同伴交往。幼儿往往根据教师的态度评价同伴，被拒绝型幼儿人格形成的原因常常是由于其被教师经常批评。教师应采用不同的方式来引导他们，而不是用惩罚、批评或埋怨的态度。

（二）幼儿自我调节能力的发展及与气质的关系

自我调节是人格建构中一个既具有生物学基础又具有心理学因素的成分，强调个体如何处理冲突、调节冲动，使自身达到或建立起一种良好的稳定状态的能力。自我调节能力与认知、情绪、行为及人际交往能力关系密切（张劲松，金星明，沈晓明,2006)。许多心理失调问题(如抑郁症、注意缺陷、多动障碍、品行障碍、成瘾)和高危行为问题都与自我调节能力低有关(Jones,Rothbart,Posner,2003)。自我调节对个体的社会化和人格健康发展起着关键性的作用(Campbell,Graziano,2005)。

自我调节有3个成分:(1)情绪情感;(2)执行功能;(3)动机过程。其中,执行功能是自我调节重要组成部分。洛斯巴特(Rothbart)和波斯纳(Posner)(1998)从气质研究中发现执行功能与自我调节之间的关系,认为执行功能的发展是幼儿自我调节的基础,能够帮助幼儿自觉分配注意力,调节情绪和行为的反应。

幼儿的自我调节能力是通过与外界相互作用逐渐发展起来的,是神经心理成熟以及与环境相互作用的结果。自我调节的发展受生理、情绪、认知、动机和社会等因素的影响。气质是儿童早期在情绪、活动性水平和注意方面的个体差异,是儿童反应性和自我调节的生理机制(杨丽珠,刘文,2008)。当这些机制的敏感性发生变化时,相同的刺激会引起不同的结果,导致他们在自我调节能力方面有差异。自我调节包含了幼儿处理各种唤醒水平的能力,气质则影响着幼儿调节的程度以及调节策略的方式或类型。气质和自我调节特点的结合对幼儿社会性功能的作用可能更强、更有预示性。在幼儿园和小学低年级的儿童中,消极情绪和低调节能力结合起来对幼儿社会性发展破坏性最强。找出气质与自我调节之间的关系,就能找到提高自我调节能力的依据。

刘文等(2010)从执行功能的角度入手,采用实验法和问卷法对90名3~5岁的幼儿进行研究。通过创设难度递进的冲突情境来考察幼儿在两种不一致规则中的转换能力,探讨了幼儿自我调节能力的发展及与气质的关系。按照幼儿的自我调节任务总分,将他们分为高分组、中分组和低分组,对他们与气质各维度间的关系进行方差分析,结果如表5-2所示。

表5-2 3~5岁幼儿气质与自我调节能力的关系($N=90$)

气质		n	社会抑制性		活动性		反应性		专注性		情绪性	
			M	SD	M	SD	M	SD	M	SD	M	SD
自我调节	高分组	17	14.35	2.37	14.82	1.81	20.17	1.55	22.82	1.55	14.82	2.77
	中分组	55	16.58	1.82	15.32	2.94	17.64	3.80	20.25	1.84	15.24	2.40
	低分组	18	17.77	1.35	16.44	1.50	14.94	2.75	17.67	2.03	15.50	2.62
F			15.3***		1.97		11.02***		34.79***		0.323	

注:***代表$p<0.001$。

从表 5-2 中可以看出,社会抑制性、反应性和专注性在自我调控的 3 个水平上存在显著差异,说明气质组成中这 3 个特征对不同水平的自我调控能力有着不同影响。然而,活动性和情绪性在 3 个水平上的差异均不显著。

为考察哪些变量对自我调节的变异贡献最大,首先考察气质各维度、年龄与自我调节总分之间的相关,发现自我调节总分与年龄($r=0.55$,$p<0.01$)、活动性($r=-0.23$,$p<0.05$)、专注性($r=0.59$,$p<0.01$)、反应性($r=0.29$,$p<0.01$)及社会抑制性($r=-0.28$,$p<0.01$)相关显著。其次,将幼儿自我调节任务总分作为因变量,将年龄和各气质维度作为自变量,进行多元逐步(Stepwise)回归分析,进入方程中的变量顺序依次为:Z1(专注性)、Z2(年龄)和 Z3(社会抑制性)。合在一起,这些变量可以解释自我调节任务总变异量的 54.7%。结果如表 5-3 所示。

表 5-3　幼儿自我调节能力发展的多元回归分析

变量	B	SE	$Beta$	R^2	ΔR^2	T	F
Z1(专注性)	0.17	0.03	0.44	0.35	0.35	5.62***	47.80***
Z2(年龄)	0.50	0.90	0.44	0.53	0.18	5.86***	48.16***
Z3(社会抑制性)	-0.07	0.03	-0.15	0.55	0.02	-2.02*	34.60***

注:* 代表 $p<0.05$,*** 代表 $p<0.001$。

从以上结果分析可知,幼儿气质与自我调节能力的发展有着密切的关系,专注性和社会抑制性维度对不同水平的幼儿自我调节能力的方差检验都达到了显著,两者与年龄一起,能够对幼儿自我调节能力进行一定程度的预测。这与洛斯巴特(Rothbart)和波斯纳(Posner)(1998)的研究结论类似,幼儿的气质中注意的集中或转移,抑制与控制,知觉敏感性和低强度的愉悦感与幼儿的自我调节能力有关。

注意的脑成像研究(Kopp,1996;MacDonald,2000;Fossella,2002;Fan,2003a,2003b;Posner,2006,2007)表明,注意通过改变信息加工过程系统的功能来对自我调节产生影响。多元逐步回归结果显示,年龄、气质专注性和气质社会抑制性是造成自我调节差异的独特变量。表现良好的 3 岁幼儿在实验中更为专注,眼睛紧盯着主试,没有表现出害怕退缩的倾向。有的 3 岁幼儿则表现得很紧张,即使和他聊天也会让他惶恐不安。有些成绩不佳的 5 岁幼儿容易受外界无关因素的干扰,常常被其他幼儿的嬉笑声分散了注意力。幼儿的这种专注性、适应能力与其自身的气质特征关系密切。

第二节　家庭的影响

一、父母教养方式对幼儿人格的影响

父母教养方式是指家长在教育、抚养子女的日常活动中表现出的一种行为倾向，它是对父母各种教养行为特征的概括，是一种相对稳定的行为风格（林磊，1995）。父母教养方式在儿童人格发展中扮演着重要的角色，积极的、支持性的父母教养与儿童语言和认知发展水平的提高相关（Tamis-LeMonda ，Shannon，Cabrera，Lamb，2004），也会促进儿童情绪调节能力的发展（Morris，et al. ，2011）；而消极的教养方式则是儿童人格发展的危险因素（Cheng，Huang，Liu ，2011；Robinsona，Lopez，Ramos，2014）。

本研究团队针对父母教养方式对幼儿人格的影响进行了一系列研究。

（一）母亲教养方式及其相关因素同幼儿好奇心关系的研究

胡克祖、杨丽珠、张日昇（2005）以 217 名幼儿园幼儿及其母亲为研究对象，以“母亲教养方式问卷”和自编的“3～6 岁儿童好奇心教师评定问卷”为工具，探讨了母亲教养方式及其相关因素与幼儿好奇心之间的关系。

研究将幼儿所接受的母亲教养方式分成了溺爱、民主、放任、专制和不一致五种。对母亲教养方式、幼儿性别和年龄在儿童好奇心 6 个因子上进行多因子多变量方差分析。结果表明：幼儿好奇心在母亲教养方式间差异非常显著（$F=2.181$，$p=0.001$），母亲教养方式与幼儿性别交互作用不显著（$F=0.575$，$p=0.949$），母亲教养方式与幼儿年龄交互作用也不显著（$F=1.141$，$p=0.156$）。

不同母亲教养方式在幼儿好奇心各因子上的单因素方差分析表明：好问、喜欢摆弄、关注未知这 3 个因子得分在不同母亲教养方式间的差异非常显著。各因子方差分析结果分别为：好问（$SS=249.816$，$df=4$，$MS=62.454$，$F=3.525$，$p=0.008$）、喜欢摆弄（$SS=175.22$，$df=4$，$MS=43.805$，$F=3.768$，$p=0.006$）和关注未知（$SS=104.697$，$df=4$，$MS=26.174$，$F=3.625$，$p=0.007$）。为进一步探明这种差异主要存在于哪些教养方式，对不同母亲教养方式间的儿童好奇心得分进行事后比较（见表 5-4）。

表 5-4　不同母亲教养方式儿童好奇心得分均值多重比较结果

因变量及比较方法	(I)教养方式	(J)教养方式	均值差(I−J)	s	因变量及比较方法	(I)教养方式	(J)教养方式	均值差(I−J)	s
好问 Tamhane	不一致	溺爱	−1.053	0.969	喜欢摆弄 LSD	不一致	溺爱	−2.311**	0.785
		民主	0.137	0.940			民主	−1.562*	0.762
		放任	−2.515	0.960			放任	−2.707**	0.778
		专制	−2.062	0.974			专制	−2.448**	0.789
探索持久 LSD	放任	溺爱	−0.470	0.750	关注未知 LSD	不一致	溺爱	−2.046**	0.619
		民主	−1.574*	0.723			民主	−1.280*	0.600
		专制	−1.210	0.754			放任	−1.291**	0.613
		不一致	−0.652	0.811			专制	−2.089**	0.622
敏感 LSD	不一致	溺爱	−0.902	0.957	好奇体验 LSD	民主	溺爱	−0.890	0.488
		民主	−0.583	0.928			放任	−0.744	0.483
		放任	−2.086*	0.948			专制	−0.479	0.492
		专制	−2.035*	0.961			不一致	−9.5E−02	0.530

注：* 代表 $p<0.05$，** 代表 $p<0.01$。

对母亲受教育程度、母亲生育年龄、母亲教养方式以及儿童好奇心之间建立了怎样的关系，结构方程模型如图 5-1 所示：

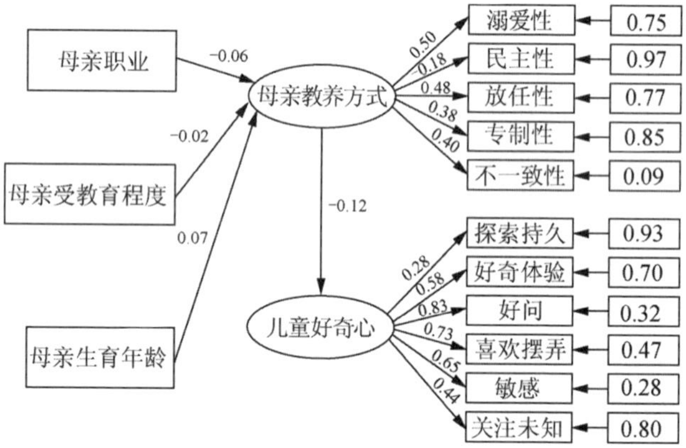

图 5-1　母亲教养方式及其相关因素与幼儿好奇心的关系

注：母亲受教育程度按照"初中以下""高中""中专""大专""本科以上"的顺序从"1"到"5"分组；母亲生育年龄按照"24 岁以下""25～29 岁""30 岁以上"的顺序从"1"到"3"分组。

结果发现，不一致的母亲教养方式不利于幼儿好奇心的发展，放任性的母亲教养下的幼儿探索持久性较差；母亲受教育程度和生育年龄对幼儿的好奇心存在间接影响，但不显著。

教养方式中不一致性较高的母亲所养育的幼儿对新异事物和未知事物缺乏关注和探索。母亲对幼儿探究行为较多的不一致性反应使幼儿不知道自己对新异事物的探索和反应会得到鼓励还是惩罚，出于自我保护目的，儿童对事物做出反应时多采取保守行为，最终使他们逐渐失去对事物的好奇和兴趣。

母亲教养方式的民主性同幼儿的好奇心之间存在正向关系，而不一致性、溺爱性、放任性和专制性等同幼儿好奇心之间均存在负向关系。这种幼儿对母亲比较一贯的专制行为的可预知性使他们建立了有效应对的心理机制。幼儿借助这个机制保护自己不受伤害，形成了自己的安全感，面对新事物时，他们不像不一致教养方式下的幼儿那样有太多犹豫和顾虑。

民主教养方式下的幼儿在探索持久性方面显著好于放任教养方式下的幼儿，这可能同母亲的过分放纵和忽视以及缺乏积极引导有关。母亲对幼儿行为的忽视和缺乏引导，导致幼儿在活动时完全依据自己的知识经验对事物表面属性进行粗浅的探究，从而养成了浅尝辄止的行为习惯。民主的母亲常常引导幼儿做事时要明白为什么或怎么做；在和幼儿谈话时允许幼儿插话提问，并能对幼儿的问题给予认真解答。这些积极的引导和做法，可以帮助幼儿习得探究事物深层属性的思维方式并养成习惯。此外，母亲的适度限定也可帮助幼儿形成持之以恒的意志品质。

（二）父母教养方式对 3～6 岁幼儿责任心发展的影响

刘闯、杨丽珠（2007）通过对 3 所幼儿园的 382 名 3～6 岁幼儿责任心及其父母教养方式进行问卷调查，探讨了父母教养方式对幼儿责任心的影响。依据父母在各教养方式上的得分把各教养方式划分为高分组、中分组、低分组，做父母教养方式高、中、低 3 种水平对幼儿责任心 6 个维度的单因素方差分析（One-way ANOVA）。根据检验结果进行定量分析，结果显示，父母教养方式是影响幼儿责任心发展水平的重要因素，结果如表 5-5 所示。

表 5-5　父母教养方式对 3～6 岁幼儿责任心发展的影响

父母教养方式	分组	n	自我责任心		任务责任心		他人责任心		集体责任心		过失责任心		承诺责任心	
			M	SD	M	SD	M	SD	M	SD	M	SD	M	SD
溺爱性	高分组	67	17.30	3.402	6.90	1.689	8.88	2.219	8.66	2.441	8.60	1.818	9.48	2.055
	中分组	232	18.01	3.721	7.05	1.668	9.63	2.485	9.28	2.545	8.52	2.241	10.09	1.843
	低分组	83	18.75	3.499	7.37	1.680	9.77	2.122	10.00	2.384	8.93	2.076	10.16	1.735
	F		2.997		1.717		3.100*		5.495**		1.110		3.187*	
民主性	高分组	81	20.01	3.108	7.98	1.449	10.58	1.877	10.73	2.231	9.46	2.286	10.70	1.699
	中分组	214	17.58	3.689	6.92	1.695	9.28	2.505	9.06	2.530	8.51	2.020	9.84	1.872
	低分组	87	17.34	3.361	6.69	1.588	9.15	2.213	8.68	2.290	8.11	2.082	9.71	1.873
	F		16.393**		16.026***		10.757***		18.108***		9.280***		7.804***	
放任性	高分组	96	17.32	3.444	6.72	1.640	8.88	2.318	8.57	2.284	8.27	2.184	9.52	1.847
	中分组	207	17.82	3.633	7.02	1.665	9.52	2.437	9.34	2.572	8.56	2.025	9.94	1.759
	低分组	79	19.51	3.526	7.72	1.601	10.32	2.060	10.19	2.408	9.23	2.270	10.71	1.988
	F		9.017***		8.427***		8.262***		9.306***		4.654**		9.317***	
专制性	高分组	91	17.41	3.550	6.81	1.564	9.07	2.292	8.87	2.304	8.33	1.960	9.79	1.639
	中分组	190	18.05	3.544	7.12	1.728	9.51	2.404	9.27	2.546	8.61	2.100	9.87	1.965
	低分组	101	18.60	3.832	7.30	1.659	9.95	2.351	9.83	2.596	8.91	2.337	10.42	1.829
	F		2.579		2.046		3.330*		3.615*		1.754		3.586*	
不一致性	高分组	71	17.83	3.939	7.47	1.691	9.38	2.504	9.24	2.464	8.51	2.242	9.86	1.959
	中分组	218	17.67	3.491	7.02	1.663	9.33	2.383	9.12	2.546	8.48	2.037	9.83	1.836
	低分组	93	19.10	3.575	6.82	1.642	10.10	2.197	9.87	2.455	9.04	2.255	10.49	1.810
	F		5.314**		3.615*		3.634*		2.975		2.393		4.482*	

注：* 代表 $p<0.05$，** 代表 $p<0.01$，*** 代表 $p<0.001$。

由表 5-5 可见，父母的溺爱性水平越高，幼儿的他人责任心、集体责任心和承诺责任心水平越低；父母的民主性水平越高，幼儿的责任心水平越高；父母的放任性水平越高，幼儿的责任心水平越低；父母的专制性水平越高，幼儿的他人责任心、集体责任心和承诺责任心水平越低；父母的不一致性水平越低，幼儿的责任心水平越高。分析可知，父母教养方式是影响幼儿责任心发展的重要因素。民主性父母教养方式容易促进幼儿责任心良好发展；放任性、溺爱性、不一致性和专制性的父母教养方式容易导致幼儿责任心的不良发展。

1. 影响幼儿责任心发展的积极父母教养方式因素

对 3 ~6 岁幼儿而言，民主性父母教养方式是影响幼儿责任心发展的积极因素。持有民主性教养方式的父母把幼儿视为独立的个体，注重培养他们的自理、自制能力和主动精神，对幼儿的期望、要求及奖励、惩罚比较恰当；经常与幼儿交流，并尊重幼儿的要求、意见，及时纠正自己在教养幼儿过程中的失误。这一教养方式下的幼儿一般自理能力较强，有着强烈的“我自己能做”的愿望和要求；基本上可以做到自己的事情自己做，主动性强，不需要成人的时刻提醒。因此，民主性父母教养方式有利于幼儿责任心的发展。鲍姆林特(Baumrind)在对学前儿童的研究中也发现权威型(民主性)家庭中的幼儿具有更多的责任感。

2. 影响幼儿责任心发展的消极父母教养方式因素

影响幼儿责任心发展的消极父母教养方式因素包括：放任性、溺爱性、不一致性、专制性。

持有放任性教养方式的父母对幼儿冷淡，给予幼儿自由，虽有交流和沟通，但对幼儿没有具体的规定和要求，很少奖励或惩罚。这一教养方式下的幼儿极易对家庭、幼儿园和社会中的规则熟视无睹，因为幼儿每次违反规则时都被父母放任，父母在无形中为幼儿提供了违反规则的便利条件，使得幼儿不自觉地形成了不良行为，失去了发展责任心的机会。因此，这种父母教养方式对幼儿责任心的发展是极其不利的，是影响幼儿责任心发展的主要消极因素。这一研究结果与麦科比(MacCoby)和马丁(Martin)所得结果一致，即放任性教养方式下，幼儿缺乏责任感。

持有溺爱性教养方式的父母过分满足幼儿的需要，幼儿的一切都由父母代劳。幼儿认为父母所做的一切都是应该的，甚至连洗手、刷牙、吃饭、睡觉等都认为是在替父母做。过分的关爱使幼儿不懂得自己对自己负责，不懂得自己照顾自己。另外，这种教养方式容易使幼儿以自我为中心，不利于责任心尤其是集体责任心的发展。这一研究结果与诧摩武俊(Takuma Wujun)有关母亲教养态度与幼儿性格关系的研究结果一致，即母亲教养态度为过度顺从时，幼儿人格中更多地表现出无责任心。

持有不一致性教养方式的父母在处理与幼儿有关的事情时，会因为时间、地点、自己的心情而采取不同的教养方式。父母有时顺其自然、不管不问，有时又严加管制，缺乏始终如一的要求和态度，是一种比较混乱的教养方式。另一种情况是父母对幼儿的责任行为要求不一致,使幼儿对责任行为所做的反应得到父母的不同反馈,幼儿无所适从,对责任行为做出的反应更多采取保守行为,即使有了正确的责任认知也不会践行。幼儿逐渐变得漠视他人及集体,甚至自己的承诺,其责任心自然得不到发展。

持有专制性教养方式的父母把幼儿作为附庸品,压制其创造性、独立性。父母过分干预幼儿的行为,过分要求幼儿服从,要求幼儿言听计从,幼儿没有发言权,稍有违背就会加以惩罚。父母以挑剔的眼光审视幼儿,往往忽视幼儿的年龄特点和能力水平,很少考虑幼儿的愿望和要求,要求幼儿无条件遵循规则,但又缺少对规则的解释。这种教养方式下的幼儿大多爱撒谎,没有勇气去承担责任,以免遭到惩罚。因此,专制性水平越高就越不利于幼儿责任心的发展。这一研究结果与鲍姆林特对学前儿童的研究结果一致,即专制型家庭中的幼儿缺乏社会责任感。

此外,张丽华、杨丽珠、宋芳(2006)运用在中国文化背景下所编制的父母教养方式评定问卷和自尊评定问卷,探讨了父母教养方式对儿童自尊的影响,结果发现父母教养方式是儿童自尊发展的重要影响因素。民主性教养方式对儿童自尊的发展起积极的作用,不一致性、溺爱性教养方式对儿童自尊的发展起消极的作用。对儿童越溺爱,教育方式越不一致,越容易使儿童形成低自尊。专制的教养方式影响着儿童重要感和自我胜任感的形成。对儿童自尊与其父母教养方式之间进行多元回归分析,发现两者之间没有线性的因果关系,但却存在着显著的相关,说明父母教养方式不是影响儿童自尊发展的直接因素,而是通过其他途径间接发挥作用的。

二、气质、父母教养方式的交互作用

利他行为是指从他人利益出发而不企图带来任何报偿的行为。不同学派的心理学家对幼儿的利他行为有不同的解释。社会生物学派认为人类的利他行为由本能决定,是人类的本性,因为它有助于种系的延续。精神分析学派则强调早期经验和潜意识的作用,利他行为反映的是与早期经验有关的潜意识中的个人动机。这两个学派的观点并没有得到人们的普遍接受。在解释利他行为时,大多数心理学家倾向于利他行为是模仿和认知发展的结果。对于幼儿利他行为的影响因素研究,主要集中在年龄、认知发展水平和榜样学习方面。而对于幼儿利他行为形成的内部特征,诸如个体的气质与父母教养方式之间的交互作用的研究则很少(Eisenberg,et al.,1996)。关于气质对幼儿利他行为的影响目前仍有争论。琳达·斯坦霍普(Linda Stanhope)等人在气质对幼儿利他行为的影响方面做了有益的探讨(刘文,杨丽珠,1993),研究表明:气质中的社交能力与利他行为有关,爱社交的学前儿童表现出更多的利他行为,不爱社交的学前儿童表现出很少的利他行为。艾森伯格(Eisenberg)等人(1989)的研究结果支持了这样的观点,即利他、他人取向的人格特质在某些情境中促进了亲社会行为。巴特森(Batson)等人(1995)的研究却与此不一致,提出了两个值得进一步思考的问题:情境在特质因素中如何影响帮助的程度;亲社会取向与独立于情境性同情反应的帮助发生联系的机制是什么。研究幼儿利他行为与气质、父母养育方式之间的关系,对探讨亲社会行为的形成原因,对促进儿童社会化发展具有重要的意义。

刘文、杨丽珠(2004)采用实验室实验和问卷法相结合的方法,以92名3～5岁幼儿为被试,探讨了社会抑制性与父母教养方式对幼儿利他行为的影响。社会抑制性是幼儿气质的一个重要维度,是幼儿对早期未经历事情所做出反应的方向性倾向。根据幼儿社会抑制性得分的高低,被试分为3组:爱社交组、中间组、害羞组。幼儿社会抑制性与利他行为之间的方差分析结果如表5-6所示。

表5-6 幼儿社会性抑制与利他行为关系

任务	害羞组 ($n=31$)		中间组 ($n=24$)		爱社交组 ($n=37$)		F
	M	SD	M	SD	M	SD	
箱子任务	1.58	0.81	1.71	0.75	2.11	0.88	3.810*
玩具任务	0.97	0.84	1.17	0.64	1.49	0.73	4.118**
磁带任务	1.97	1.08	1.71	1.04	2.41	0.83	3.998*
任务总分	4.52	2.16	4.58	1.91	6.00	1.86	5.99**

注:* 代表 $p<0.05$,** 代表 $p<0.01$。

结果发现,社会抑制性方面害羞组、中间组和爱社交组在3种利他行为情境实验中存在显著差异,爱社交组幼儿利他行为发生频率比害羞组高。

对3种典型的父母教养方式下的幼儿利他行为进行方差分析,结果如表5-7所示。

表 5-7 三种典型父母教养方式下的幼儿利他行为的比较

任务	溺爱型 ($n=22$)		专制型 ($n=10$)		权威型 ($n=60$)		F
	M	SD	M	SD	M	SD	
箱子任务	1.23	0.69	1.89	0.78	2.03	0.82	8.449***
玩具任务	0.59	0.50	1.00	0.50	1.48	0.75	14.52***
磁带任务	1.05	1.00	2.44	0.73	2.38	0.78	21.688***
任务总分	2.86	1.64	5.33	1.00	5.90	1.73	27.07***

注：*** 代表 $p<0.001$。

表5-7表明3种典型父母教养方式在幼儿利他行为上存在显著差异，父母是权威型教养方式的幼儿利他行为出现的频率最高。权威型教养幼儿与溺爱型教养幼儿在各项任务和任务总分中存在显著差异；专制型教养幼儿与溺爱型教养幼儿在利他行为的得分上存在显著差异；权威型教养幼儿与专制型教养幼儿的利他行为均高于溺爱型教养的幼儿。然而，专制型教养幼儿与权威型教养幼儿在各项任务中的利他行为所得结果不稳定。尽管权威型教养幼儿的利他行为总分高于专制型，但在任务总分中差异不显著。

通过多元方差分析（MANOVA）考察两因素3（社会抑制性）×3（典型父母教养方式）的交互作用，结果发现两因素的交互作用显著，说明幼儿利他行为的发展既受到自身社会抑制性的影响，又受到父母教养方式的影响，是在与自身社会抑制性、父母教养方式互动中发展起来的。

研究发现气质中社会抑制性影响幼儿的利他行为，由此证实了幼儿利他特质的存在。家庭是幼儿的主要生活环境，幼儿最初生活经验及一般的社会道德评价和行为习惯都是通过父母获得的。研究表明，父母教养方式和子女气质之间存在着一定的良性循环和恶性循环关系，幼儿气质从一开始就影响其与父母的交往，从而表现出不同的人格特征。若幼儿气质表现为容易适应、易社交、易抚慰，会导致父母温和、反应迅速的教养方式。若幼儿气质表现为苛求、易怒和退缩，则易导致与父母之间的关系疏远，也会导致激怒或缺少刺激的教养方式。温和型和反应迅速型父母可以减少幼儿气质中负面情绪的发生，而疏远或缺少刺激的父母教养方式会加强幼儿抑郁特质的发展（Kelley，Power，Wimbush，1992）。良好的父母教养方式对幼儿优良性格的形成起了积极作用，权威型父母热情、坚定、善于考虑幼儿的意见。溺爱型父母允许幼儿为所欲为,幼儿人格成熟较晚,不会与人合作。权威型父母教养的幼儿利他行为多于溺爱型。社会生物学认为,利他是人类的本性,有助于种系延续,可以用基因遗传和文化遗传来解释。社会学习理论强调后天的作用,认为幼儿表现出利他行为是因为他们在先前类似的情境中学会了这样去做。在后天因素中,家长的教养方式是重要因素。证实幼儿的利他行为受到自身气质和父母教养方式两方面的影响,在一定程度上统一了利他行为先天与后天的争论。

三、气质、父母共同养育的交互作用

父母共同养育是指在父母与孩子三方互动的养育过程中,父母对彼此在情感、观念、行为方面的内隐品质表达与外在的行为表现。家庭系统理论把家庭看成一个系统、一个完整的单位,而家庭成员是系统的组成部分,每个成员之间都是相互作用的。早在 1980 年,马森(Mussen)就指出,在研究儿童发展与父母养育方式的关系时,必须考虑"双向原则"。刘金花认为家庭研究中新的指导原则就是双向互动原则:父母须考虑幼儿自身特点,如性别、年龄、气质、体质、能力和发展水平等,进而选取适合幼儿发展的养育方式;另外,研究者在研究父母影响幼儿行为的同时,还要关注幼儿对父母的影响及幼儿对父母的反应(刘金花,1996)。共同养育实质上是超越了双边关系的家庭研究。

冷珊(2010)探讨了 3 ~5 岁幼儿气质、父母共同养育与幼儿人格三者的关系,发现共同养育各个维度与幼儿自身气质的各个维度存在着交互作用并对人格产生影响。

(一)智能特征

幼儿智能特征的发展是在幼儿自身气质的情绪性、活动性和父母共同养育互动中发展起来的。活动强度越小、情绪越稳定的幼儿,父母共同养育的质量越高,越有利于幼儿智能特征的发展;而对于活动强度大、情绪不稳定的幼儿来说,父母共同养育对幼儿智能特征的预测不显著。贝茨(Bates,1992)研究发现当幼儿表现出易抚慰、易适应、易社交的气质特征时,父母会以温和、反应迅速的养育方式对待幼儿,同时这种温和的养育方式可以减少幼儿气质中负面情绪的发生。以幼儿的特长学习为例,对于活动强度小、情绪稳定的幼儿来说,父母之间是以和谐并最终达成一致的方式进行沟通并支持对方,双方对幼儿的抚养职责有明确且都能接受的分工,不让幼儿感受到父母间的分歧与冲突,并能积极主动地参与和幼儿的互动中。同时这种高质量的共同养育将会减少幼儿气质中负面情绪的产生。当家庭中父母的共同养育与幼儿气质之间存在着良性循环时,幼儿感知到更多的是家庭带来的温馨、和谐。父母能根据幼儿的气质特征提供给幼儿成长所对应的共同养育模式及相当的自由,让幼儿充分发展自我特点、自我维护、自我表现和自我促进,确保幼儿身心健康发展,使父母有更多的精力投放在提高幼儿的智能特征方面。由于幼儿自身情绪不稳定或者活动性过高,导致在日常生活中父母难以与幼儿沟通,无论父母如何对幼儿施加影响,幼儿都不理会,这样很可能会终止父母与幼儿的正向互动,久而久之,父母会对幼儿产生一种习得性无助,幼儿的智能特征也就无法得到发展。

(二)认真自控

幼儿认真自控的发展是在与父母的沟通、支持并和幼儿情绪性的互动中发展起来的。在有冲突的家庭环境中,幼儿认真自控的发展也有不同的变化。按照气质理论,如果父母为幼儿提供适合发展的环境,则很多行为问题将会改善。虽然有某种气质类型的幼儿比较容易出现行为问题,但是一旦创设了适应幼儿发展的环境,幼儿就会在成人的教导下发挥积极作用(Bates,Wachs,Emde,1994)。采恩(Tschann)等人(1996)研究发现,气质特征为困难型的儿童在高表达型的家庭中,最容易出现攻击性的行为。肖(Shaw)等人(1997)研究发现,父母冲突与儿童气质的交互作用显著,在父母经常出现冲突的家庭中,气质表现为负向情绪的儿童更容易出现焦虑、抑郁、退缩等内隐性问题。为了避免幼儿产生过多的攻击行为,更好地发展孩子的认真自控能力,当幼儿的气质与父母对其的期望不相符时,父母之一需要在三角关系中保持中立,与其他两人既保持平等的情绪接触,又保持适当的情绪分离,这一过程就是家庭系统理论中强调的“去三角”(张志学,1990)。交互作用的研究发现,无论父母彼此的沟通与支持的质量多高或者说父母之间的分歧与冲突有多大,都要考虑到幼儿与生俱来的气质,只有这样才能更好地促进幼儿全身心投入、坚持把一件事做到最好并且为了达到目标来控制自己的行为。

(三)外倾性

幼儿外倾性是在自身气质的活动性和父母共同养育的互动中发展起来的。对于活动强度小的幼儿来说,父母共同养育对幼儿外倾性的预测是正向的,父母的共同养育质量越高,越有利于幼儿外倾性的发展;对于活动强度大的幼儿来说,父母共同养育对幼儿外倾性没有预测。巴斯(Buss,1981)研究了117名学前儿童活动水平与亲子互动之间的关系，发现气质为高活动性的幼儿其父母倾向于干预幼儿的活动，同时家长也会有不耐烦甚至不友好的态度；气质为低活动性的幼儿与父母的交往更加和谐。郭志峰、刘文(2006)研究指出父母与幼儿的关系是辩证的，父母与幼儿的影响也是相互的：父母的教养因素对幼儿活动性的形成和发展起着重要作用，幼儿的行为或反应性会引发父母新的行为。父母的教养态度、教养行为、教养方式是幼儿气质发展的重要影响因素。冈杜尔(Gandour,1989)通过对学步儿童的活动性及其家庭环境刺激强度的研究发现：低活动性的学步儿童如果在刺激强度高的家庭环境中，探索能力则会变强；而在刺激强度低的家庭环境中，探索能力则会更低。本研究从共同养育的角度证实了冈杜尔的研究。对冈杜尔的研究进一步引申理解为，幼儿在这种交互作用的环境下探索能力变强，在与父母的交往情境中主动性、活动性和自然性会得到提高，父母对幼儿及时的、正向的反馈会促进幼儿与父母沟通的欲望。在这种良性循环中，父母之间的合作关系越好，共同养育幼儿的质量越高，幼儿的外倾性发展就越好。而对于活动性很高的幼儿来说，父母很可能忽视幼儿外倾性方面的培养，如同伴交往能力的培养，导致父母对活动性高的幼儿的外倾性的影响不显著。家长可以根据幼儿的活动性高低鼓励孩子选择不同的特长学习，让幼儿在交往中更加主动、自然。

(四)亲社会性

幼儿亲社会性的发展是在幼儿自身气质的专注性和父母彼此的沟通与支持中发展起来的。对于专注性较差的幼儿，父母与幼儿进行问题沟通，从而使幼儿获得支持的工作做得越好，幼儿对他人友好、关注和帮助他人的能力发展得就越好；对于专注性比较高的幼儿，父母与幼儿的沟通和支持对幼儿的亲社会性没有影响。当幼儿自身对周围事物专注性比较差时，父母如果能及时沟通，根据幼儿气质特征共同商量解决的对策，即便幼儿自身气质有困难，也会促使幼儿的人格向好的方向发展。有研究表明，当幼儿表现出易怒、退缩、苛求等"困难型"的气质特征时，父母会以激怒、疏远或缺少刺激的养育方式予以反馈，这种养育方式会加重幼儿气质中抑郁特质的发展，导致父母共同养育与子女气质之间的恶性循环(Bates,1992)。当父母一方与幼儿有矛盾时，另一方应及时与配偶沟通并让配偶注意到幼儿的气质问题，从孩子的角度去调节对幼儿的教育影响，使幼儿亲社会能力得到发展。专注地做一件事情是优点，但太专注就成了缺点。专注性很高的幼儿，会高度集中地去做一件事情，受外界影响不大，忽略家长、教师、同伴对其语言和外在行为的影响。他们往往能够把喜欢的事情做好，但是由于其受他人的影响较小、信息闭塞、不能顾及全局,因此培养幼儿的亲社会性也很难。

(五)情绪稳定性

幼儿情绪稳定性的发展是在自身反应性和父母之间的沟通与支持的互动中发展起来的。对于反应性高的幼儿来说,父母之间的沟通与支持的质量越高,越有助于幼儿的情绪稳定性发展;对于反应性低的幼儿来说,父母之间的沟通与支持对幼儿情绪稳定性没有预测。杨丽珠、杨春卿(1998)关于幼儿气质对母亲教养方式的选择研究发现:幼儿较高的活动水平、较高的反应水平、较低的适应性等消极气质因素影响母亲的教养方式,易引发母亲的放任性教养方式、专制性教养方式、溺爱性教养方式。根据家庭“双向互动”原则,我们可以逆向推出,母亲这种不好的教养方式反过来也会抑制幼儿良好气质的发展。

该研究符合托马斯(Thomas)和切斯(Chess)提出的“良好匹配”模型。对于反应性高的幼儿来说,父母的沟通如果是一种正向积极的态度,则为幼儿营造一个和谐的家庭氛围。父母根据幼儿的气质特点调整自己对幼儿的影响行为,父母和幼儿对彼此的反应都有积极的回馈,这样的良性循环会使幼儿有安全感,使其情绪稳定性得到发展。对于反应性很低的幼儿来说,他们对父母所提的要求不予理会,可能会导致父母与幼儿的互动和影响减少。如果幼儿不能认识到自我,一直对别人以一种不理会的态度,那么父母对幼儿的情绪稳定性就很难产生影响;反之,如果幼儿能够认识到随着父母的变化而改变自己,幼儿的态度也会随之向好的方面转化,进而增强与父母的互动,通过家长的影响,幼儿的情绪会稳定地发展。

四、父母教育价值观对幼儿人格的影响:有调节的中介模型

教育价值观是指父母在养育孩子的过程中认为最重要的方面,即对幼儿培养的重心,包括生活、学业以及人际交往等各个方面(杨红梅,2013)。它直接影响着父母对幼儿的态度,对幼儿进行教育的期望、目标、途径、策略及行为,是家庭教育的核心因素,对幼儿人格的发展起到宏观的指导作用。国外诸多研究表明,如果父母教育价值观中注重培养幼儿的自主独立性,那么幼儿就容易形成独立自主,强调自我实现、自我成就的人格特质;反之,如果父母教育价值观注重培养幼儿与他人保持一致性,那么幼儿就容易形成服从、依赖性、合作性的人格特质(Chen,French,2008;Suizzo,et al. ,2008)。父母教育价值观一直以来被认为是父母教养方面的认知因素,可能会在家庭中营造出一种符合父母教育价值取向的氛围,潜

移默化地影响着幼儿人格的发展。

教养方式不仅与幼儿人格的发展密切相关并对其产生影响，同时也受到教育价值观的影响。劳斯特(Luster,1989)曾经指出，父母的教育价值观通过日常照顾与抚养儿童的教养方式反映出来。达林(Darling)和斯坦伯格(Steinberg)(1993)的教养方式背景模型认为，父母的教育价值观决定父母的教养方式，从而影响儿童的发展。有研究发现，教育观念中比较重视儿童学业成就的家长，会在日常生活中更多地与儿童讨论学习的话题(Rowe,Casillas,2011)，或者可能会倾向于让儿童参加以教育为导向的课程(Chao,2000)。李凌艳等人(1995)推测了教育价值观对儿童发展的影响途径，即父母可能通过营造特定的符合当下文化背景的期望氛围，帮助产生和塑造父母相应的教养行为，而教养行为又对儿童的人格起到直接的塑造作用。

气质作为遗传的心理因素，与环境共同交互地影响儿童人格的发展。这种交互性的影响表现在两个方面：其一，气质在教育价值观与父母教养方式之间起调节作用，影响父母教养方式的选择。当面对不同气质类型的儿童时，持不同教育价值观的父母可能会根据儿童气质特点选择不同的教养方式。蒙(Meng,2012)也认为，有效的教养方式取决于父母能否将儿童气质特点融合于父母教养目标之中，从而确保儿童良好的发展。其二，气质在教养方式与儿童人格之间起调节作用。当面对容易型气质的儿童时，容易唤起父母良好的积极的教养方式，促进其人格的健康发展。勒科(Leerkes,2009)的研究发现，在对童年早期情绪失调的预测中，反应性高的婴儿与敏感的母亲相匹配时，会减少儿童的情绪失调。当面对困难型气质的儿童时，唤起父母的消极的教养方式，将不利于儿童人格的发展。慕色提(Muhtadie,2013)的研究发现，努力控制水平较低的儿童容易唤起父母专制型教养方式，而权威型教养方式对那些愤怒和沮丧特质的儿童则较为有效。

孙岩、马亚楠、杨丽珠(2015)通过整群取样的方法选取3所幼儿园的553名3~6岁幼儿为测查对象，采用问卷方式探讨了家长教育价值观、父母教养方式、幼儿气质以及幼儿人格之间的关系，提出了3个假设。假设1：父母教育价值观可能会显著影响幼儿人格某些维度的发展；假设2：父母教养方式一方面会受教育价值观的影响，另一方面还可能直接影响幼儿人格，即教养方式在父母教育价值观和幼儿人格之间起中介作用；假设3：幼儿气质在教养方式中介教育价值观与幼儿人格的关系中，起调节作用。研究验证了假设，构建了一个有调节的中介模型，即父母教养方式在教育价值观和幼儿人格之间起中介作用，这一中介作用受到幼儿自身气质特点的调节。结果发现,教育价值观中关系性维度正向影响幼儿人格的智能特征,教育价值观中好行为维度正向影响幼儿人格的情绪稳定性发展;教养方式不一致性维度在关系性与智能特征的关系中起中介作用;教养方式溺爱性维度在好行为与情绪稳定性的关系中起中介作用;气质的情绪性维度和反应性维度分别调节了教养方式不一致性和溺爱性的中介作用。

相关分析(见表 5-8)显示了教育价值观、教养方式、人格和气质 4 个变量各个维度的相关系数、平均数以及标准差。结果显示,父母教育价值观的好行为与幼儿人格的情绪稳定性显著相关;父母教育价值观的关系性与幼儿人格的智能特征、认真自控和亲社会性 3 个维度显著相关。此外,教养方式中除了专制性维度,其他维度均与幼儿人格的 5 个维度存在不同程度的相关。气质的 5 个维度均与幼儿人格的 5 个维度存在不同程度的相关。

表 5-8 各变量的相关系数和平均数、标准差

变量	1	2	3	4	5	6	7	8	9	10	11	12	13	14	15	16	17	18	19	20
1. 独立性	1																			
2. 坚韧性	.284**	1																		
3. 好行为	.355**	.508**	1																	
4. 知识性	.347**	.375**	.316**	1																
5. 关系性	.379**	.602**	.510**	.415**	1															
6. 溺爱性	-.153**	-.229**	-.207**	-.141**	-.238**	1														
7. 民主性	-.145**	-.592**	-.359**	-.295**	-.461**	.288**	1													
8. 放任性	-.209**	-.336**	-.274**	-.308**	-.323**	.485**	.420**	1												
9. 专制性	-.002	-.185**	.014	-.037	-.134**	.324**	.224**	.250**	1											
10. 不一致性	-.156**	-.224**	-.160**	-.142**	-.253**	.545**	.335**	.404**	1											
11. 情绪性	.021	-.049	-.081	-.023	-.039	.102**	.065	.045	-.013	.004	1									
12. 活动性	.049	-.062	-.073	-.050	-.096*	.042	.099*	.015	.006	-.003	.636**	1								
13. 反应性	.036	.087*	.001	.028	-.084*	-.050	-.034	-.091*	-.090*	-.109*	.200**	.191**	1							
14. 社会抑制性	-.033	-.142*	-.067	-.112**	-.112**	.168**	.086*	.140**	.068	.055**	.103*	-.077	.429**	1						
15. 专注性	-.040	.073	.039	.017	-.099*	-.042	-.085*	-.024	-.080	-.077	-.555**	-.666**	.152**	-.084*	1					
16. 智能特征	-.025	.058	-.010	.052	.088*	-.075	-.059	-.103*	-.074	-.123**	-.037	-.080	.471**	-.406**	.321**	1				
17. 认真自控	-.022	.035	.023	.004	.092*	-.062	-.097*	-.060	-.042	-.078	-.351**	-.454**	.255**	-.176**	.573**	.676**	1			
18. 外倾性	.046	.039	.034	.052	.066	-.072	-.018	-.098*	-.023	-.089*	.101*	.240**	.438**	-.431**	.006	.714**	.316**	1		
19. 亲社会性	.030	.062	.050	.066	.138*∗	-.063	-.090*	-.120**	-.023	-.097*	-.177**	.145**	.349**	-.281**	.312**	.700**	.661**	.708**	1	
20. 情绪稳定性	.018	.014	.086*	.008	-.021	-.123*∗	-.002	-.031	.023	-.009	-.219**	-.065	-.062	-.105*	.010	-.163**	-.030	-.155**	-.182**	1
M	13.70	30.37	17.57	10.96	19.86	14.03	19.35	20.50	22.17	14.57	16.75	17.11	18.85	16.06	21.42	59.75	42.83	31.03	47.73	25.75
SD	2.98	3.18	1.97	2.24	2.75	3.42	4.28	4.06	3.44	3.40	4.00	4.46	3.92	3.59	4.19	11.05	7.73	6.37	8.28	5.57

说明:1～5 代表教育价值观的 5 个维度;6～10 代表教养方式的 5 个维度;11～15 代表气质的 5 个维度;16～20 代表人格的 5 个维度;* 代表 $p<0.05$,** 代表 $p<0.01$。

(一)教育价值观对幼儿人格的影响

应用逐步回归分析考察教育价值观对幼儿人格各个维度的作用后,结果显示,教育价值观对人格的智能特征维度和情绪稳定性维度有着显著作用。具体来说,教育价值观的关系性维度能显著地影响幼儿人格的智能特征($\beta = 0.088$, $t = 2.073$, $p < 0.05$);教育价值观的好行为维度能显著地影响幼儿人格的情绪稳定性($\beta = 0.086$, $t = 2.021$, $p < 0.05$)。因此,假设1得到验证。

研究结果显示,教育价值观的关系性维度对幼儿人格的智能特征具有显著的影响,良好的亲子关系可以促进儿童智能特征的发展。关系性是指亲代在养育子代的过程中,尊重孩子的个体性,注重培养孩子的人际交往能力,这里主要指亲子关系。良好的亲子关系容易使幼儿形成安全型的情感依恋,使幼儿在亲子交往过程中感受到较多的关爱与温暖。此外,具有良好亲子关系的父母注意为孩子创设较好的家庭环境,对他们有较高的期望并进行合理适度的监控,不仅在生活中为个体提供经验和创造活动的机会,在学习上也给予热情的支持和指导,有助于促进幼儿智能特征的发展。

教育价值观的好行为维度对幼儿人格的情绪稳定性具有显著的促进作用。好行为是指亲代在养育子代的过程中,注重培养孩子尊老爱幼的传统美德及社会公德。邹萍和杨丽珠(2005)的研究表明,父母教育价值观中不注重对幼儿好行为的培养,会给儿童情绪带来不良影响,容易导致情绪的不稳定、情绪调节能力差、适应性较低。如果没有父母这种好行为的规范和引导,或者一味地放任幼儿心性发展,幼儿可能变得难以自控、自私而情绪化。此外,父母对幼儿的好行为期望能够为幼儿所感知。通常他们都想取悦自己所爱的父母,受此驱动,他们会做父母期望他们做的事,学习父母期望他们学习的内容,接受父母对自己的指导与约束,进而形成良好的情绪调节能力。

(二)教养方式的中介作用

1.教育价值观与幼儿人格智能特征维度:教养方式的中介作用

依据相关研究结果,应用路径分析对教育价值观的关系性维度、教养方式的不一致性维度、气质的情绪性维度以及教育价值观的关系性维度对幼儿人格的智能特征影响的作用机制和气质维度的调节作用进行考察,采用极大似然估计的方法假设模型进行检验。模型的各项拟合指数如下:$\chi^2/df = 0.570$, $NFI = 0.983$, $CFI = 1.000$, $TLI = 1.074$, $RMSEA = 0.000$,其中有3项相对拟合指数大于0.90, $RMSEA$

小于0.05,拟合指标都在良好的范围之内。因此可以认为,数据与模型拟合较好。

采用温忠麟和叶宝娟(2014)提出的有调节的中介模型的判断标准,进一步考察模型中的各项路径系数(如图5-2所示),发现教育价值观的关系性维度对教养方式的不一致性维度的影响路径系数显著($\beta=-0.253, t=-6.139, p<0.001$),不一致性维度对智能特征的影响路径系数显著($\beta=-0.111, t=-2.599, p<0.01$),表明教养方式不一致性在教育价值观关系性与智能特征之间关系中起中介作用。教养方式的不一致性维度与气质的情绪性维度的交互项对智能特征的影响路径系数显著($\beta=0.183, t=4.235, p<0.001$),表明气质的情绪性维度对教养方式的不一致性维度与智能特征之间的关系具有调节作用。假设2和3得到验证,由此形成了一个有调节的中介模型,其中当气质的情绪性维度分别取1,0,-1时,中介效应值分别为0.018,0.028,0.074,分别占了总效应的20.4%,31.8%,84.1%。

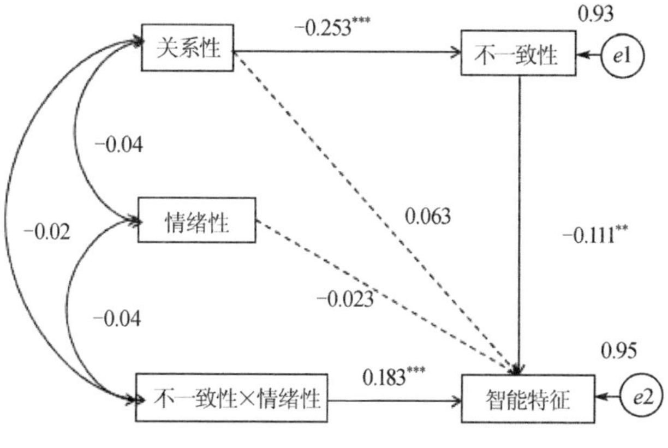

图5-2 教育价值观、教养方式、气质对智能特征的影响模型图

为了揭示交互效应的实质,我们根据回归方程分别取不一致性和情绪性正负一个标准差的值绘制了简单效应分析图(Dearing, Hamilton, 2006)。简单斜率检验表明(如图5-3所示),当幼儿气质情绪性水平较高时,教养方式不一致性对幼儿人格的智能特征没有显著影响($\beta=0.201, t=1.984, p=0.05$);然而,当幼儿气质情绪性水平较低时,教养方式不一致对幼儿人格的智能特征存在显著性负向影响($\beta=-0.341, t=-3.097, p<0.01$)。这表明,气质的情绪性维度对教养方式的不一致性维度与幼儿的智能特征的关系具有调节效应。

在教育价值观关系性对幼儿人格智能特征的影响中,父母教养方式的不一致性起中介作用。父母教育价值观中注重对幼儿关系性的培养，容易形成良好的亲子关系，使幼儿感受到温馨的家庭氛围。同时父母更容易表现出高质量的协调一致的教养，而这样的教养行为被发现与幼儿的语言和认知能力的提高相关（Tamis-Le Monda，2004），是幼儿智能特征发展的保护性因素。在关系性教育价值观影响下，采取一致性教养行为的父母会经常与幼儿交流，在亲子活动中设法激发幼儿的好奇心以及引起幼儿进行探索的欲望，从而促进智力的发展。在幼儿智能特征发展过程中，对新颖事物的兴趣以及持久性注意都是幼儿学习能力发展的保证，使他们有更多的机会去学习。一项纵向研究发现，如果父母采用支持性的教养行为，则他们的孩子容易对新颖事物感兴趣并且持久注意能力发展较好。此外，较低水平的教养不一致性与幼儿抑制能力的良好发展相关（Roskam，Stievenart，Meunier，Noël，2014），而抑制能力的良好发展则意味着其对某件事（比如学习）有专注性，因而可以促进其智能特征的发展。

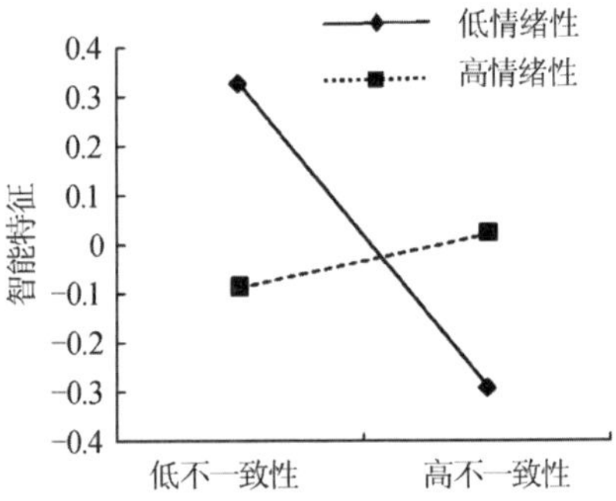

图 5-3　情绪性对不一致性与智能特征的调节

2. 教育价值观与人格情绪稳定性维度：教养方式的中介作用

依据相关研究结果，应用路径分析对教育价值观的好行为维度、教养方式的溺爱性维度、气质的反应性维度以及教育价值观的好行为维度对幼儿人格的情绪稳定性影响的作用机制和气质维度的调节作用进行考察，采用极大似然估计的方法对模型进行检验。模型的各项拟合指数如下：$\chi^2/df = 1.340$，$NFI = 0.941$，$CFI = 0.981$，$TLI = 0.905$，$RMSEA = 0.005$，其中有 3 项相对拟合指数大于0.90，$RMSEA$ 小于 0.05，拟合指标都在良好的范围之内，因此可以认为数据与模型拟合较好。

采用温忠麟和叶宝娟（2014）提出的有调节的中介模型的判断标准，进一步考察模型中的各项路径系数（如图 5-4 所示），发现教育价值观的好行为维度对教养方式的溺爱性维度的影响路径系数显著（$\beta = -0.212$，$t = -5.110$，$p < 0.001$），溺爱性对情绪稳定性的影响路径系数显著（$\beta = -0.110$，$t = -2.549$，$p < 0.05$），表明教养方式溺爱性在教育价值观好行为与情绪稳定性的关系中具有中介作用。教育价值观的好行为维度与气质的反应性维度的交互项对溺爱性的影响路径系数显著（$\beta = -0.085$，$t = -2.083$，$p < 0.05$），表明气质的反应性维度对教育价值

观的好行为维度与教养方式的溺爱性维度之间的关系具有调节作用。假设2和3得到验证,由此形成了一个有调节的中介模型,其中当气质的反应性维度分别取值1,0,-1时,中介效应值分别为0.032,0.023,0.014,分别占了总效应的37.6%,26.7%,16.3%。

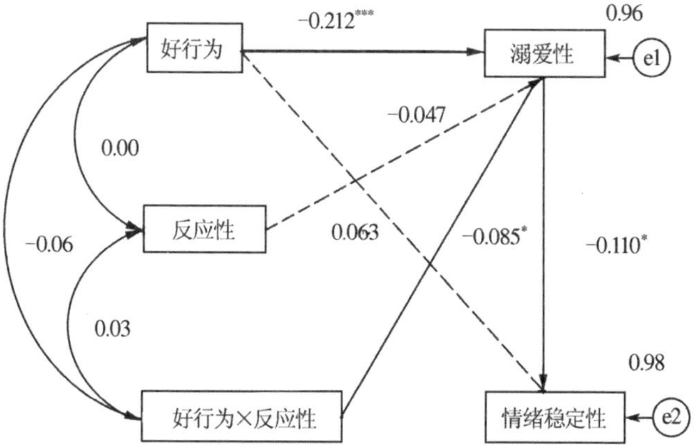

图5-4 教育价值观、教养方式、气质对情绪稳定性的影响模型

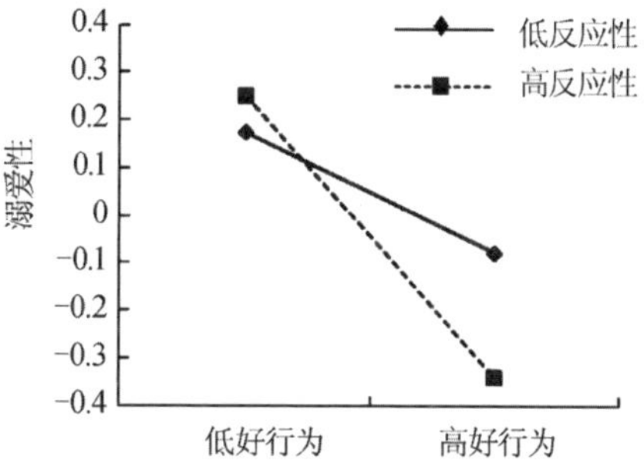

图5-5 反应性对好行为与溺爱性的调节

为了揭示交互效应的实质,我们根据回归方程分别取好行为和反应性正负一个标准差的值绘制了简单效应分析图(Dearing, Hamilton,2006)。简单斜率检验表明(如图5-5所示),当幼儿气质反应性水平较高时,教育价值观的好行为维度显著地负向影响了父母教养方式的溺爱性($\beta=-0.349$, $t=-3.615$, $p<0.001$);然而,当幼儿气质反应性较低时,教育价值观的好行为维度不能显著地影响父母教养方式的溺爱性($\beta=-0.061$, $t=-0.485$, $p>0.05$)。

以上研究结果支持了本书提出的有调节的中介模型(温忠麟,叶宝娟,2014),教养方式在教育价值观与幼儿人格之间起中介作用,幼儿自身气质水平调节了这一中介效应。

在教育价值观好行为维度对幼儿人格情绪稳定性的影响中,父母教养方式的溺爱性起中介作用。父母在教育价值观中注重对幼儿好行为的培养,会在生活中对幼儿的行为进行适当约束与限制,摆脱以幼儿为中心的思想,跳出父母的角色,客观理性地看待幼儿，不使用溺爱性的教养方式，这样的父母把幼儿作为独立的主体，关爱与约束并重，对幼儿的期望、要求及奖惩比较恰当，有利于幼儿自我情绪的调控，培养出较为稳定的情绪；相反，父母在教育价值观中不注重对幼儿好行为的培养，不关注幼儿养成良好品质，任由幼儿的心性发展，对幼儿日常行为没有给予一定的规范和引导，容易选择溺爱性的教养方式，父母在日常生活中对幼儿不合适的情绪宣泄不予制止，过分的溺爱容易使幼儿以自我为中心，难以对自己情绪进行有效的控制，不利于情绪调节的发展（Jabeen，Anis-ul-Haque，Riaz，2013）。另外，持有溺爱性教养方式的父母对幼儿有过分保护的倾向，容易使幼儿养成过分依赖的习惯，幼儿在生活中缺乏主动性，适应能力也较差，任性、娇气、自私，不利于幼儿情绪稳定性的发展，同时也容易导致幼儿不会使用适应性的情绪调节策略，情绪调节困难，从而导致情绪的不稳定（Fletcher，Parker，Bayes，Paterson，McClure，2014；Rubin，Burgess，2005）。

综上所述，父母的教育价值观与幼儿的人格发展是相关的，因为它塑造着父母的教养方式（Senese ，Bornstein，Haynes，Rossi，Venuti，2012），父母对幼儿发展认识的不同会导致不同的教育策略和行为。改变父母不良的教养方式，既可以从行为入手，也可以从父母教育价值观入手。转变父母不良的教育价值观，提高父母对幼儿人格发展的正确认识，促进幼儿人格的健康发展。

（三）气质的调节作用

1. 教育价值观与人格智能特征维度：气质的调节作用

运用个体与环境交互作用的观点考察父母教育价值观对幼儿人格的影响及其内在作用机制后，结果发现，幼儿的情绪性水平对教育价值观与幼儿人格之间的间接效应存在着调节作用。教养方式不一致性与智能特征之间的关系受幼儿气质水平调节，与情绪性水平较高的幼儿相比，间接效应对于情绪性水平较低的幼儿更显著。

在气质的情绪性水平较低的幼儿中，随着教养方式一致性水平的提升，幼儿的智能特征得分会显著增高。气质的情绪性包括对人和事物的积极情绪与负面情绪表达及其表现的适度性（刘文，杨丽珠，2005），情绪性水平较低的幼儿的情绪的稳定性、耐受性较高，是生活中情绪比较温和、稳定的幼儿。贝茨（Bates，1992）曾指出，当幼儿表现出易抚慰、易适应、易社交的气质特征时，父母会以温和、反应迅速的养育方式对待幼儿。当幼儿气质的情绪性水平较低时，父母会选择符合幼儿气质的教养方式来养育孩子，这种符合幼儿气质的教养方式继而影响着幼儿智能特征的发展。以往的研究结果表明，当父母使用一致性较高的教养方式时，幼儿智能特征发展较好（Sultan, Hagger, Hussain, 2013; Puustinen, Lyyra, Metsapelto, Pulkkinen, 2008）。这就形成了气质调节教养方式的选择，教养方式继而影响着幼儿人格发展的调节模式，父母要创设符合幼儿气质的健康发展环境，促进幼儿的人格发展（桑标，2009）。

此外，研究结果也表明，当幼儿气质的情绪性水平较高时，教养方式不一致性会增加，幼儿智能特征得分有上升的趋势，但是边缘显著。这说明在面对气质情绪性水平较高的幼儿时，虽然会唤起父母高不一致性的教养，但却没有严重影响到幼儿智能特征的发展。一方面，这可能是由于存在家庭以外的支持性因素，比如来自学校教师的情感支持，缓冲了父母不一致性教养方式对幼儿智能特征带来的不良影响（Vitiello, 2012）；另一方面，可能是因为父母都比较关注幼儿的教育问题，在幼儿的教育方面付出比较大的投资，在一定程度上避免了不一致性的教养方式对幼儿智能特征的消极影响。

2. 教育价值观与人格情绪稳定性维度：气质的调节作用

在教育价值观对幼儿人格情绪稳定性的影响中，气质反应性在教育价值观好行为与教养方式溺爱性之间起着显著的调节作用。反应性水平越高，代表个体对外界刺激的感受、敏锐程度越高，对刺激做出的反应速度越快。当幼儿反应性水平较高时，教育价值观好行为显著影响了教养方式溺爱性。可能是因为反应性水平较高的幼儿更敏感，更容易感知到父母教育价值观好行为的期望和要求，从而做出敏感而积极快速的反馈（Stright, Gallagher, Kelley, 2008），得到幼儿积极反馈的父母则会倾向于对幼儿的行为进行一定的约束，良好的教养方式使幼儿的情绪稳定性得到很好的发展，从而形成良性循环。而气质反应性水平较低的幼儿对父母提出的要求感受性不高、反应不积极，父母的教育价值观自然无法落实，导致教育价值观与教养方式没有显著的相关。

气质对幼儿人格发展的影响是通过与环境的交互作用实现的。首先，气质调节了教养方式的使用，温和的幼儿会唤起父母良好一致性的教养方式，进而促进幼儿智能特征的发展，使得亲子互动形成良性循环。其次，气质调节了父母教育价值观。父母会根据不同气质类型的幼儿的特点选择不同的教养方式。容易型的气质特点会匹配良好的教养方式，而困难型的气质特点则会匹配消极的教育价值观或者教养方式。但是，困难型气质的幼儿人格并非不能获得健康发展，有研究表明当困难型气质的幼儿体验到高质量的教养时,同样能得到较好的发展(Stright,Gallagher,Kelley,2008 ;Grazyna,Sanghag,2013)。

在考察家庭对幼儿人格的影响时,幼儿的生物基础气质和他们所处的家庭环境不可避免地交织在一起。因此,在讨论家庭因素对幼儿人格发展的贡献时,两者都要考虑(Bates,Pettit,2007),个体自身特征可能会让这种影响减弱或增强,这也说明了有些幼儿对环境较为敏感,另一些幼儿则不那么容易受到环境的影响(Ellis,Boyce,2008)。幼儿气质特点没有好坏之分,关键是幼儿生活的环境与其自身气质特点能否良好匹配。如果生活在与自身气质相匹配的环境中,那么气质就能发挥积极作用;如果生活在与自己气质不匹配的环境中,则气质就可能对幼儿产生不良影响(张晓,王晓艳,陈会昌,2010)。因此,不同气质特点的幼儿能否唤起父母采用适合幼儿气质的教育价值观或教养方式,使幼儿处于与自身气质相匹配的环境中,是幼儿能否获得健全人格发展的关键。

第三节　幼儿园的影响

一、教师期望与师幼互动的影响

现今,我国加快了学前教育普及的步伐(庞丽娟,孙美红,张芬,夏靖,2012),幼儿园成为学前儿童成长的重要场所。其中,教师作为肩负教育使命的重要他人,对幼儿的发展起到了有力的支持作用(Dallaire, Ciccon,Wilson, 2010)。教师的人格品质、行为方式、职业道德、教师期望等均对幼儿人格的发展起到重要作用(杨丽珠,2014),所以,考察教师如何影响幼儿人格发展对寻找幼儿健全人格培养途径具有重要参考价值。

(一)教师期望

众多影响儿童发展的因素中,教师期望(Teacher Expectations)很早就是心理学和教育学领域的研究重点。教师期望是教师在对学生现状全面了解的基础上,对学生未来学业成就、人格特征和行为表现等所做出的预测性认知(杨丽珠,张华,2012)。罗森塔尔(Rosenthal)关于教师期望效应的研究在 20 世纪 70 年代后引发了一系列教育和心理领域的相关研究。研究表明,教师期望对于学生的学业发展等有着重要的影响作用(Kuklinski,Weinstein, 2001)。但由于过去长期存在着"重学业,轻人格"的现象,教师期望的早期研究大都关注其对学生学习成绩和智力的影响,较少关注其对学生的人格、社会性等方面的影响。

近些年,关于教师期望的相关研究显示,教师不仅重视与智力相关的认知能力,对幼儿的自我控制、合作、自信、社会情感等也尤为重视(Lane, Pierson, Stang, Carter, 2010)。杨丽珠、沈悦等(2012)的研究发现,教师对幼儿日常行为和人际互动的期望可以有效预测自我控制的水平,并且教师对男孩日常行为的期望、对自我控制的影响要大于女孩。研究者认为相比于低期望的幼儿,教师会给予高期望的幼儿更多的表扬和反馈、更富有挑战的机会等(Rubie-Davies, 2007; Rubie-Davies, Peterson, Sibley, Rosenthal, 2015)。但是,现有的研究仅仅是探讨教师期望对人格某些特质的影响,而没有整体地探讨教师期望对人格发展的影响。

(二)师幼关系

师幼关系也称早期师生关系。一般认为,早期师生关系以依恋理论为基础,是对亲子关系的扩展。张晓、陈会昌(2006)对前人研究进行梳理后,指出师幼关系是指幼儿在幼儿园中与教师形成的以情感、认知和行为交往为主要表现形式的心理关系。

幼儿进入幼儿园以后,教师的作用逐渐增大,成为影响幼儿适应与发展的关键因素(Pianta, Nimetz, Bennett, 1997),对幼儿的社会化发展有重要意义。在提供结构性帮助和信息支持方面,教师的作用甚至大于父母和同伴,排在首要位置,因此很多研究者认为,与教师建立良好关系的能力是幼儿社会能力的一个重要标志(张晓,陈会昌,张银娜,2009)。

师生关系是在师生互动基础上形成的特殊人际关系,是儿童社会化的重要内容,也是人格发展的重要影响因素。以往大量研究表明,师生关系对学生的社会适应、问题行为、自我概念、心理健康等社会性发展都有显著的预测作用(Saft, Pianta, 2001;林崇德,王耘,姚计海,2001;李彩娜,邹泓,杨晓莉,2006)。同时我们也应注意到,师幼关系在幼儿的亲子关系和同伴关系中起到一定的补偿和调节作用。

师幼关系质量主要受幼儿和教师两个方面的影响。以往研究从幼儿角度对师幼关系质量的影响阐释较多,主要表现在幼儿的混乱行为、攻击性行为、抗拒行为等问题行为和对幼儿园的消极情绪,这些表现都会阻碍亲密师幼关系的建立(Greene, Abidin, Kmetz, 1997);幼儿与其父母的亲子关系同师幼关系呈正相关,幼儿与父母的冲突程度和强度可预测后来与教师的矛盾性等(Ingoldsby, Shaw,

Garcia, 2001)。教师作为师幼关系的另一个主体,对其探讨相对较少。

教师期望是教师对幼儿行为结果的预测性认知,而这些预测性认知会影响教师对幼儿的态度、交往方式、互动行为等。另一方面,社会互动质量的优劣能够使幼儿感受到自身的价值被教师接受的程度,幼儿如果能够与成人建立良好的关系,则幼儿更加可能接受并内化成人的期望和目标,因此安全、亲密、信任的师幼关系有利于教师期望的传递(Wentzel, 2009)。

(三)教师期望与师幼关系对幼儿人格的影响

教师期望对儿童心理影响的过程十分复杂,不仅需要研究教师期望对学生心理产生的深远影响,还需要研究教师期望的实现过程。为此学者提出了多种教师期望效应实现的过程模型,其中罗森塔尔(Rosenthal,1973)的"四因素中介模型"认为教师期望传递主要通过:(1)气氛:教师的情感反应;(2)反馈:教师给予学生有差别的表扬与批评;(3)输入:指向特定学生的教师行为的数量和质量;(4)输出:教师提供给学生做出反应的机会。这四种行为都会影响学生的表现。另一些研究也发现,教师期望效应可以通过两个路径实现(Darley,Fazio, 1980):一是直接路径,即教师有差别地对待学生(如提供不同的学习机会),而直接影响学生的行为;二是间接路径,以社会认知为中介,在期望传递过程中,学生对教师期望的知觉和评价起到中介作用。这就表明,教师期望的作用是通过教师与学生双方的互动过程(比如师生关系)而发挥作用的。据此,我们认为师幼关系在教师期望对幼儿人格影响中发挥着中介作用。以往研究者在论述教师期望和师幼关系两者关系时,发现教师期望对幼儿态度、交往方式等方面的影响是造成不同师幼关系的原因之一(Rubie-Davies, Peterson, Sibley,Rosenthal, 2015)。另外,社会互动质量的优劣能够使幼儿感受到自身的价值被教师接受的程度,相比于恶劣的关系,如果能够与成人建立良好的关系,幼儿更加可能接受与内化成人的期望和目标,因此安全、亲密、信任的师幼关系有利于积极教师期望的传递。而且以往关于师幼关系和人格方面的研究显示,亲密性师幼关系的幼儿表现出较高的社会交往能力和自主能力(Birch,Ladd, 1997;张晓,陈会昌,2008),而冲突性师幼关系的幼儿则显示出更多的攻击性行为、退缩和违纪问题(Verschueren,Koomen, 2012;Runions,Shaw, 2013)。

纵观近 50 年有关教师期望的研究,多数研究者集中探讨了教师期望对个体层面的影响,并取得了一系列丰硕的研究成果。多水平分析方法的出现丰富了心理学研究的角度,能够区分研究的组内效应(个体层面)和组间效应(班级层面),

即组内同质性与组间异质性(方杰,张敏强,邱皓政,2010)。然而,一些研究发现,教师期望的影响不仅仅局限于个体层面(教师对学生个体的期望),教师期望在班级层面(教师对班级整体的期望)上也发挥着更加显著的作用(Rubie-Davies, Hattie, Hamilton, 2006)。班级层面的教师期望水平较低时,教师向学生提供的富有挑战性的任务更少,对学生的自我概念和成就感产生消极的影响;与此相反,班级层面教师期望水平较高时,教师更愿意为学生提供富有挑战性的任务,给学生更多的机会,对学生自我概念和成就感的形成与发展带来更多积极方面的影响(B Spinath, FM Spinath, 2005)。鲁比-戴维斯(2006)的研究进一步发现,班级层面的教师期望处于较低水平时,学生的自我感知水平下降,进而学生的学业成绩也受到消极影响。基于教师期望在班级层面上对学生的影响可能会大于其对学生个体的影响(Brophy, 1983),一些研究者提出将班级作为整体进行管理,教师期望将发挥更加积极的作用,大量的研究结果也证实了这一观点。鲁比-戴维斯(2006, 2010)的研究发现教师整体上对待学生积极的态度将有利于营造积极的学习和社交环境,使班级中每个学生受益。也有研究表明,教师对班级整体的期望区别越大时,教师期望对学生的影响就越大(McKown, Weinstein, 2008; Bohlmann, Weinstein, 2013)。对比幼儿园的不同班级也会发现,有的班级幼儿安静、守纪,有的班级幼儿则活泼、好动(莫源秋,2003),这可能与教师期望不同有关。由此可见,教师期望在班级层面上可以影响幼儿的生活环境,也可以潜移默化地影响幼儿的人格。我们也可以发现,教师期望的程度不同,对班级层面整体影响也不同。

(四)相关研究

杨丽珠、李淼等通过整体取样的方法选取634名幼儿作为被试,采用问卷法,应用多层线性模型,在班级和个体两个层面上,探讨教师期望对幼儿人格的影响,并考察师幼关系在教师期望和幼儿人格中的中介效应。提出假设:在班级层面上,教师对班级整体的期望会以班级整体的师幼关系为中介变量正向预测幼儿人格的各个维度;在个体层面上,教师期望会以师幼关系为中介变量正向预测幼儿人格的各个维度。研究结果表明:(1)个体层面和班级层面教师期望对师幼关系均有显著预测作用。(2)个体层面上,教师期望对人格智能特征、认真自控、外倾性和亲社会性有显著的预测作用;班级层面上,班级平均教师期望对认真自控有显著预测作用。(3)个体层面上,师幼关系是教师期望影响人格的认真自控、外倾性、亲社会性和情绪稳定性的中介变量;班级层面上,师幼关系无显著的中介作用。

此研究运用自编的“幼儿教师期望问卷”，杨丽珠，张金荣编制的“幼儿人格发展教师评定问卷”，皮安塔(Pianta)和斯坦伯格(Steinberg,1992)编制、张晓(2011)修订的“师幼关系量表”，主要采用多水平分析的方法，将幼儿性别和月龄纳入数据分析当中，从个体层面和班级层面分别对变量之间的关系进行分析。中介效应的检验方法采用目前多数学者推荐的系数乘积法，采用的分析软件为 Mplus 7.0，本研究的模型如图 5-6 所示。

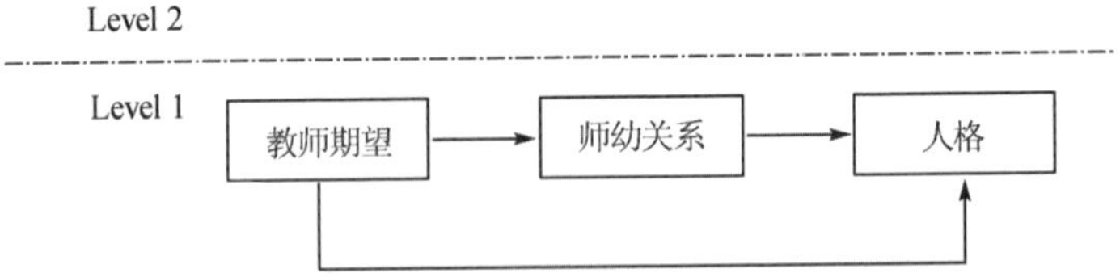

图 5-6　教师期望、师幼关系和人格的多水平模型

各变量的描述性统计和相关分析(见表 5-9)显示了各变量的描述统计和相关分析。从研究结果中我们看出，教师期望和师幼关系、人格的各维度之间呈显著正相关；师幼关系和人格的各维度均呈显著正相关；月龄与人格各维度均呈显著正相关，性别与智能特征、认真自控、亲社会性显著相关，说明两者对人格会产生影响。

表 5-9　各变量的描述统计和相关分析

	M	*SD*	1	2	3	4	5	6	7	8
1 性别	0.50	0.50								
2 月龄	51.46	11.02	0.02							
3 教师期望	3.73	0.50	0.18**	0.48**						
4 师幼关系	3.72	0.35	0.08*	0.14**	0.46**					
5 智能特征	3.59	0.60	0.16**	0.21**	0.45**	0.23**				
6 认真自控	3.74	0.70	0.21**	0.23**	0.59**	0.27**	0.64**			
7 外倾性	3.51	0.68	0.02	0.22**	0.32**	0.18**	0.73**	0.33**		
8 亲社会性	3.61	0.59	0.14**	0.19**	0.47**	0.25**	0.71**	0.70**	0.65**	
9 情绪稳定性	3.66	0.70	-0.03	0.35**	0.33**	0.20*	0.10*	0.13**	0.13**	0.04

注：* 代表 $p<0.05$，** 代表 $p<0.01$；性别均值表示男、女生比例。

由于班级平均教师期望和班级平均师幼关系是由个体变量汇聚而成的，属于情境变量，因此需要进行聚合指标适用性检验。本研究中采用的聚合指标为 *ICC*(1)、*ICC*(2)和 *Rwg*。教师期望的 *ICC*(1) = 0.46，*ICC*(2) = 0.98，*Rwg* - *mean* = 0.95；师幼关系的 *ICC*(1) = 0.37，*ICC*(2) = 0.93，*Rwg* - *mean* = 0.98。*ICC*(1)值

和 $ICC(2)$ 值均大于判断标准0.12 和0.60(杨建锋,王重鸣,2008),班级平均 Rwg 值也都在 0.70 以上,说明教师期望和师幼关系有显著的组间异质性和组内一致性(方杰,张敏强,邱皓政,2010),可以将其班级均值作为层2(班级)变量。

1.教师期望对人格各维度的预测作用

研究表明,即使控制了幼儿的性别和年龄的影响,在个体水平上,教师期望对幼儿人格的智能特征、认真自控、外倾性及亲社会性仍有正向的预测作用,对情绪稳定性没有预测作用。这一结果与我们的预期和编制“幼儿教师期望问卷”时的访谈结果(李淼,杨丽珠,杜文轩,2015)基本相符。在前期的半结构访谈中,教师提到喜欢班级内头脑灵活、能够自我管理、自我约束,与其他小朋友和睦相处,关心其他小朋友,积极参加集体活动的幼儿。这与包含“聪慧性”的智能特征,包含“抑制冲动、坚持自制”的认真自控,包含“合群守礼、同情利他”的亲社会性以及包含“主动活跃”的外倾性的人格特征有关。因此,当教师对某个幼儿形成较高水平的期望时,即认为该幼儿在这方面有发展潜能,可以积极影响人格的智能特征、认真自控、亲社会性和外倾性。而在与教师交谈时,教师对幼儿情绪方面较少提及,使得教师期望对幼儿情绪稳定方面没有显著的预测作用。从另一个角度思考,即使教师对幼儿产生的期望存在偏差,也可能通过对幼儿的态度、教育行为上的影响来促使幼儿朝着教师期望的方向发展,即所谓的自我实现预言(Self-fulfilling Prophecies)(Jussim, 1989; Jussim, Harber, 2005)。早在 20 世纪 80 年代,库德(Good)和布罗菲(Brophy,1987)提出教师对待高、低期望学生的态度和行为方式存在差别,并通过观察总结出 17 种教师对待不同期望学生的差别行为,包括回答问题时教师等待时间的长短差异、表扬批评次数的差异、互动过程的差异等(Good, 1987)。之后,韦恩斯坦(Weinstein,2002)提出教师常在 6 个指导领域中展示出不同的期望水平,包括课程设置、分组情况、评价、动机策略、命令支配者、气氛。因此,推测用到本研究中,当教师对幼儿形成高的期望时,可能在互动行为、机会分配、反馈评价等方面促进幼儿人格的发展。

虽然教师期望在班级层面上对幼儿人格的预测作用弱,班级平均教师期望仅对认真自控维度有显著的预测作用,但我们也不能忽视这一重要结果。认真自控是人格的核心部分,研究表明,幼儿期自我控制能力高的,学龄期学校适应方面总体发展也好(杨丽珠,王江洋,2007;张萍,梁宗保,陈会昌,2014),幼儿期最大的行为问题与认真自控有关,如注意力差、难以完成任务、坐不住、来回走动等(金星明,2004),说明认真自控是学前期教师关注的重心,教师不仅对幼儿具体行为提出自我约束的要求，同时也在班级管理过程中向幼儿传递自控的期望。

2. 师幼关系在教师期望对人格各维度影响的中介作用

师幼关系在教师期望对人格各维度影响的多层中介效应检验结果如表 5-10 所示。结果显示，个体层面上，师幼关系在教师期望对人格的认真自控、外倾性、亲社会性维度上中介作用显著。具体来看，教师期望对智能特征（$\gamma_{10}^{c1}=0.48$，$SE=0.08$，$t=6.18$，$p<0.001$）、认真自控（$\gamma_{10}^{c1}=0.65$，$t=6.79$，$p<0.001$）、外倾性（$\gamma_{10}^{c1}=0.30$，$t=4.64$，$p<0.001$）、亲社会性（$\gamma_{10}^{c1}=0.47$，$t=7.35$，$p<0.001$）具有正向促进作用；教师期望对建立良好师幼关系具有正向促进作用（$\gamma_{10}^{a1}=0.24$，$t=6.04$，$p<0.001$）；师幼关系对认真自控（$\gamma_{20}^{b1}=0.28$，$t=2.37$，$p<0.0001$）、外倾性（$\gamma_{20}^{b1}=0.32$，$t=3.31$，$p<0.001$）、亲社会性 $\gamma^{b120}=0.30$，$t=3.67$，$p<0.001$）、情绪稳定性（$\gamma_{20}^{b1}=0.26$，$SE=0.06$，$t=4.49$，$p<0.001$）具有正向促进作用。

班级层面上的中介作用均不显著，班级层面的中介假设虽未被证实，但班级平均教师期望对班级平均师幼关系有正向促进作用（$\gamma_{01}^{a2}=0.20$，$SE=0.06$，$t=3.59$，$p<0.001$），班级平均教师期望对认真自控有正向预测作用（$\gamma_{01}^{c2}=0.47$，$t=4.77$，$p<0.001$）。

表 5-10 师幼关系在教师期望对人格各维度影响的多层中介效应检验

	固定效应									随机效应	
	γ_{00}	γ_{10}^{c1}	γ_{01}^{c2}	γ_{10}^{a1}	γ_{01}^{a2}	$\gamma_{10}^{c'1}$	$\gamma_{01}^{c'2}$	γ_{20}^{b1}	γ_{02}^{b2}	σ^2	τ_{00}
智能特征											
	3.59***									0.29***	0.07**
	2.73***	0.48***	0.01							0.24***	0.06**
	2.98***			0.24***	0.20***					0.06***	0.03***
	2.90**					0.44***	0.03	0.17	−0.06	0.21***	0.06***
	$\gamma_{10}^{a1}\times\gamma_{20}^{b1}=0.04$ [−0.01, 0.09]　$\gamma_{01}^{a2}\times\gamma_{02}^{b2}=-0.01$ [−0.14, 0.12]										
认真自控											
	3.74***									0.37***	0.12***
	1.94***	0.65***	0.47***							0.24***	0.07***
	2.98***			0.24***	0.20***					0.06***	0.03***
	3.31**					0.58***	0.58***	0.28*	−0.46	0.23***	0.07***
	$\gamma_{10}^{a1}\times\gamma_{20}^{b1}=0.07$* [0.01, 0.12]　$\gamma_{01}^{a2}\times\gamma_{02}^{b2}=-0.09$ [−0.21, 0.03]										
外倾性											
	3.51***									0.37***	0.07***
	2.45***	0.30***	0.09							0.34***	0.07**
	2.98***			0.24***	0.20***					0.06***	0.03***
	3.01*					0.23***	0.15	0.32*	−0.19	0.33***	0.07**
	$\gamma_{10}^{a1}\times\gamma_{20}^{b1}=0.08$** [0.02, 0.13]　$\gamma_{01}^{a2}\times\gamma_{02}^{b2}=-0.04$ [−0.18, 0.10]										
亲社会性											
	3.61***									0.28***	0.13***
	2.59***	0.47***	0.19							0.15***	0.12**
	2.98***			0.24***	0.20***					0.06***	0.03***
	3.41*					0.40***	0.26	0.30***	−0.28	0.15***	0.11**
	$\gamma_{10}^{a1}\times\gamma_{20}^{b1}=0.07$** [0.02, 0.12]　$\gamma_{01}^{a2}\times\gamma_{02}^{b2}=-0.06$ [−0.24, 0.13]										
情绪稳定性											
*M*0	3.66***									0.20***	0.28**
*M*1	1.53*	0.07	0.40							0.20***	0.19***
*M*2	2.98***			0.24***	0.20***					0.06***	0.03***
*M*3	1.24					0.01	0.39	0.26***	0.10	0.19***	0.19***
	$\gamma_{10}^{a1}\times\gamma_{20}^{b1}=0.06$*** [0.03, 0.06]　$\gamma_{01}^{a2}\times\gamma_{02}^{b2}=0.02$ [−0.12, 0.12]										

注：* 代表 $p<0.05$，** 代表 $p<0.01$，*** 代表 $p<0.001$；σ^2 表示层 1 的残差，τ_{00} 表示截距的残差；[ ]内为 95% 的置信区间。

通过统计分析发现,师幼关系在教师期望对人格的影响中起到中介作用。师幼关系是师幼互动的结果,更容易被教师和幼儿感知,从而影响幼儿的发展。研究结果表明,控制了幼儿性别和年龄后,个体层面上,师幼关系是教师期望对认真自控、外倾性、亲社会性和情绪稳定性的中介变量,即教师对某幼儿期望越高,师生关系越好,幼儿更加外向,情绪更加稳定,表现出更多的亲社会行为,做事更认真尽责,有较高的自我控制能力。

首先,本研究中,不论是班级还是个体层面,均是教师期望越高,师幼关系越好。这表明当教师对幼儿产生积极期望时,容易创建融洽的师幼关系(Rubie-Davies, 2010; Rubie-Davies, Peterson, Sibley, Rosenthal, 2015)。教师对于幼儿学业、行为和社会互动方面有积极的期望,那么就会在教育过程中付诸更多期望行为,教师期望会通过行为表现出来。比如教师期望越高,教师就更愿意参与幼儿活动中,并及时给予指导,也会更积极地去调和同伴间的矛盾等,这些实际的参与和教育过程极大地提高了师生之间的互动水平;同时幼儿有自我认知积极偏向的特点(沈悦,杨丽珠等,2016),教师增强的互动模式更容易让幼儿理解教师的善意,也就更愿意与教师进行交往,进而有良好的师幼关系;另外,教师期望除了明显的外显行为外,有时还会产生非常隐性和微妙的差别行为,如教师和幼儿之间眼神的交流,这类行为很难被研究者观察和测量到,但是的确能够被幼儿接收到并做出相应的解释,与教师产生亲密的心理联系,建立良好的师幼关系。

其次,教师期望能够通过师幼关系对人格的认真自控、外倾性、亲社会性和情绪稳定性产生影响,师幼关系是教师期望影响人格诸维度的中介变量。当师幼关系融洽时,幼儿能感受到自己在教师心目中的地位和价值,更愿意接受和内化成人的期望和要求,从而提高其社会适应性的发展(Pianta, 1994; Pianta, Nimetz, Bennett, 1997; O'Connor, Dearing, Collins, 2011),更愿意参与到人际活动中,通过学习和模仿机制,提高人格各个特质的发展水平。具体而言,教师对于幼儿社会互动方面积极的期望,会提高教师与幼儿之间的互动频率和互动质量,进而提高师幼关系的水平。幼儿也由此加深对教师的喜爱,更愿意符合教师的期望要求,也更愿意做出相对好的行为,如高水平的自我控制能力,愿意帮助他人,活泼外向(Howes, et al., 1994; O'Connor, et al., 2011)和良好的情绪控制能力等,以此获得教师表扬,并保持住良好的师幼关系。此外,师生关系质量高不仅有助于师幼之间积极的互动行为,还有助于营造安全的情感氛围,当幼儿感到安全时,他们更喜欢幼儿园生活,更愿意与老师、同伴发生互动行为,建立情感关系,把教师所期望的内容付诸实践，进而促进自身人格的发展。

最后，师幼关系并没有在教师期望对智能特征的关系中发挥中介作用，说明教师期望对智能特征的影响并不需要通过师幼关系的间接路径。教师期望对智力的预测性要远远大于师幼关系，这与以往研究者认为教师期望关注学生智力发展潜能是一致的（Rubie-Davies，Hamilton，2006；Bohlmann，Weinstein，2013）。另外我们也应看到，相关分析表明师幼关系和智能特征呈显著正相关，以往研究也显示师生关系与幼儿的智力水平呈显著正相关（Roorda，Koomen，Spilt，Oort，2011）。但就本研究的结果显示，在幼儿阶段，良好的师幼关系与幼儿的外倾性、亲社会性、情绪稳定性、认真自控人格特质联系更紧密，说明与那些具有高创造力但不合作的幼儿相比，教师更欣赏和积极对待那些具有合作性和坚持性的幼儿，与这类幼儿的师幼关系更好。

总之，教师期望值随年级增长而提高，说明教师期望与幼儿的身心发展有关。这就提示我们“三岁看到老”的观点不应该存在于教师期望中，教师期望不应该是一成不变的，要以发展的观点看待幼儿的成长。教师期望和师幼关系分别是个体社会化过程中重要的人际期望和人际关系，任何一个环节出了问题，都可能对幼儿人格的发展造成不良的后果。教师对幼儿的期望有时是不明确或者无意识的，教师觉察有一定困难，但师幼关系可以透过师幼的日常交往及教师对幼儿的喜欢程度容易被教师感知，教师可通过反思与幼儿的师幼关系来反观是否对某些幼儿产生了消极期望，不断调整对幼儿的认知，建立有利于幼儿发展的积极期望。

二、气质与同伴接纳交互作用的影响

本章第一节我们已经介绍了气质对幼儿人格的影响的相关内容，在这里我们主要介绍同伴接纳和气质的交互作用对幼儿人格的影响。

（一）同伴接纳

我国学者张文新把同伴关系看作同龄人之间的一种人际交往关系，主要分为同伴群体关系和友谊关系两个层面（张文新，1999）。由于幼儿阶段同伴之间的友谊尚不够稳定，很多研究都用同伴群体关系衡量幼儿期的同伴关系，而研究者常用同伴接纳来进行同伴群体关系研究。因此，同伴接纳可用来代表幼儿的同伴关系。

庞丽娟（1993）关于幼儿不同交往类型心理特征的比较研究结果，在一定程度上反映了幼儿同伴接纳与人格的关系。研究发现，幼儿的性格、情绪情感特征与其同伴交往地位有密切的联系，具体表现为：受欢迎幼儿和被拒绝幼儿的性格、情绪情感特征都靠近外向、活泼、易兴奋激动和适应性强的一端。其中，被拒绝幼儿的自我控制力比较差、脾气更大、性子更急、好冲动，而被忽视幼儿则处于性格、情绪情感特征的另一极，较内向、偏静、缓慢、适应性差、不爱说话。斯劳特（Slaughter,2002）的研究发现，攻击行为和亲社会行为能够有效预测5岁以下幼儿的同伴接纳水平，而对于国内幼儿来说，亲社会行为是5岁以上幼儿同伴接纳的最佳预测变量。郭伯良和张雷（2003）的元分析结果发现，亲社会行为水平高的儿童，同伴关系的发展也较好。有研究发现，在控制亲社会行为的稳定性或延续性后，早期的同伴接受性会积极促进后期亲社会性的发展。

研究者大都以同伴接纳的类型为出发点，探讨不同同伴接纳类型的幼儿所体现的人格发展特点，如情绪情感特征、亲社会行为、孤独感、社会退缩等。此外，也有一些关于同伴接纳与领导能力的相关研究。

（二）幼儿气质与同伴接纳

自20世纪80年代以来，儿童同伴交往类型研究不断得到发展，随着研究的深入，研究者也开始涉及气质倾向，关注不同交往类型的儿童自身的气质特征在同伴交往中的作用。

庞丽娟（1993）发现，幼儿的同伴接纳类型不同，他们在交往积极主动性的特征上也不同，在气质的神经特性中，灵活性特质对同伴关系类型的形成有直接影响。沃克（Walker）等人（2001）的研究也发现，不同的同伴接纳类型的幼儿，其气质特点也不同。与被拒绝型幼儿相比，受欢迎型幼儿的气质特点表现为活动性水平较高、注意力分散、持久性较差；与受欢迎型的幼儿相比，被拒绝型和被忽视型幼儿具有较低的适应性和更加消极的情绪。刘文、杨丽珠、金芳（2006）关于儿童气质与同伴关系类型之间的关系研究发现，儿童气质会影响同伴交往类型，四种同伴交往类型的幼儿在气质各维度上均有不同特点，如被拒绝的幼儿情绪较冲动，被忽视的幼儿情绪稳定。之后也出现了类似的研究成果，如有相对于受欢迎和一般型幼儿，被拒绝幼儿的情绪性和活动性都比较高（廉欢，2011）。

在气质各维度与同伴接纳的相关关系上，反应性和专注性与同伴接纳有显著的正相关，情绪性、活动性和社会抑制性与同伴接纳有显著负相关，这说明反应敏捷、专注性高的幼儿容易受到同伴的欢迎，而情绪激烈、活动水平高、适应性差的幼儿往往不容易受同伴的欢迎。

国内外对幼儿气质、同伴接纳与人格的研究已经取得了长足的进展，但从以往的研究来看，研究者只对幼儿气质与人格之间、气质特点与同伴接纳类型之间或不同同伴接纳类型的个体在人格维度上的发展特点进行研究。把班级环境视为无关变量，缺乏对幼儿气质、同伴接纳与人格发展三者之间关系，及在班级层面上对幼儿人格的影响的研究。

在以往研究的基础上，我们深入探讨了幼儿气质、同伴接纳对其人格的影响。选择 3 ~6 岁幼儿为被试，分别运用“儿童气质教师评定问卷”和“幼儿人格发展教师评定问卷”两种问卷让教师评定幼儿的气质和人格，采用同伴提名法测查幼儿的同伴关系，采用共同方法偏差检验判断数据是否具有较大误差。接着对幼儿气质各维度、同伴接纳与人格各维度之间的关系进行相关分析。最后检验幼儿同伴接纳在气质各维度对智能特征、认真自控、外倾性、亲社会性和情绪稳定性 5 个维度是否存在多层级中介效应。在此，我们仅列出智能特征这一维度的分析结果，如表 5-11 所示。

表 5-11 同伴接纳在气质对智能特征影响中的多层级中介效应检验

	参数估计													
	γ_{00}	γ_{01}	γ_{02}	γ_{03}	γ_{04}	γ_{05}	γ_{06}	γ_{10}	γ_{20}	γ_{30}	γ_{40}	γ_{50}	γ_{60}	ε_{ii}	μ_{0i}
零模型	60.077***													97.344***	24.324***
路径 c	47.125	0.076	0.320	0.080	-1.101	1.046		0.184*	-0.032	1.048***	-0.588**	0.707***		64.478***	19.145***
路径 a	-0.855	0.002	0.023	-0.025	-0.004	0.046		-0.005	-0.015	0.044	-0.044*	0.091***		1.702***	0.012*
路径 b 和 c′	44.707	0.083	0.385	0.007	-1.113	1.177	-2.914	0.188*	-0.021	1.014***	-0.555**	0.639***	0.754**	63.473***	19.090***

注：* 代表 $p<0.05$，** 代表 $p<0.01$，*** 代表 $p<0.001$。

1. 幼儿同伴接纳在气质对智能特征影响中的中介效应

研究发现，同伴接纳在社会抑制性和专注性方面分别对智能特征进行影响时会产生部分中介效应。

社会抑制性低的幼儿行事灵活、适应性好，常常参与集体活动，主动与同伴交流，易受到同伴的欢迎，具有较高的同伴接纳水平，同时也会在同辈身上学习各种技能，在与同伴的交流中发展各种能力，从而会促进智能特征的发展。虽然抑制程度高的儿童与同伴交流的动机很强烈，但是他们往往习惯保持沉默，加上本身社交能力差，又不主动去接近同伴，导致被同伴喜欢的程度降低（Guyer，2014）。同时，抑制幼儿自身的退缩行为使幼儿减少了自己对生活经验的接触，以及社会技能的练习，不利于自身智能的发展。专注性高的幼儿坚持性好，在与同伴交往时专注、不分心，容易得到同伴的认可，在与同伴的频繁互动中，能学到各种社会经验，从而提高自身的认知能力，有利于智能特征的发展。

2. 幼儿同伴接纳在气质对认真自控影响中的中介效应

研究结果显示，同伴接纳在专注性对认真自控的影响中存在部分中介效应。专注性高的幼儿有较高的同伴接纳水平。幼儿在同伴群体活动中，通过认可、模仿同伴的行为，与同伴频繁地进行交流，从而纠正或形成自身的行为方式，促进其认真自控水平的提高。同时，专注性高的幼儿本身就表现出较高的坚持性水平，有利于自控能力的发展。

3. 幼儿同伴接纳在气质对外倾性影响中的中介效应

研究结果显示，同伴接纳在社会抑制性对外倾性的影响中存在部分中介效应。气质社会抑制性水平较高的幼儿，适应环境的能力比较差，在群体面前易恐惧、害羞，从而保持沉默或表现出逃避行为，很少主动与陌生同伴互动，造成他们的同伴接纳水平较低，容易形成高水平的约束性和低水平的外倾性（Caspi，Harrington，Milne，Amell，Theodore，Moffitt，2003）。因此，较差的同伴关系容易使抑制性幼儿形成沉默、害羞的内向性格。反之，良好的同伴关系容易使非抑制性幼儿养成活泼开朗的外向性格。同时，专注性好的幼儿在同伴关系良好时，会形成较高的外倾性水平，如果没有引入同伴接纳，那么专注性与外倾性之间的关系就被掩盖了。

4. 幼儿同伴接纳在气质对亲社会性影响中的中介效应

研究结果显示，同伴接纳在专注性对亲社会性的影响中存在部分中介效应。专注性高的幼儿容易被同伴接纳，较高的同伴接纳水平对幼儿的亲社会性的发展起到促进作用。有研究指出，儿童集中注意力、努力控制和行为抑制可能是成人尽责性、约束性和亲和性发展的基础（McAdams，Olson 2010），专注性差的 3 岁幼儿，长大后多被身边的人描述为敌对、心胸狭窄、不可靠等（Caspi，Harrington，Milne，Amell，Theodore，Moffitt，2003）。

总之，幼儿阶段是儿童人格发展的关键期，幼儿的人格发展会受到来自自身及周围环境等各方面的影响。其中，气质是个体本身先天就有的，是人格发展的生物基础。同伴接纳作为一种重要的同伴关系，可用来探讨幼儿在同辈群体中受欢迎的程度，两者在幼儿人格发展中起着不容忽视的作用。探讨幼儿气质、同伴接纳对其人格的影响，不仅为探索幼儿人格发展机制研究提供理论依据，而且对幼儿园开展人格教育及干预具有极强的实践指导意义。如果同伴接纳在幼儿气质与人格之间存在多层中介效应，就会引发我们去关注同伴关系不良的幼儿，对他们不利的群体地位进行干预，改善他们的同伴关系，从而有效地预防其社会适应问题的发生。

三、幼儿园环境对幼儿人格的影响

（一）幼儿园环境与人格

幼儿园的环境是指在幼儿园里幼儿身心发展所具备的一切物质条件和精神条件的总和。幼儿的成长离不开环境，环境对幼儿发展的影响是极其深远的。在前面我们已经介绍了教师期望、师幼关系、同伴关系对幼儿人格的影响，但幼儿园的组成不单单只有教师和同伴，还包括园舍建筑、设施、绿化、活动室的布置，等等。如活动室的拼贴设计，应以墙面为底，用各种纸张、布料等易于加工的材料经剪、刻、撕、折、粘及描绘的手法制作而成。其中平面拼贴可利用纸张等平面材质（如废布、蜡光纸、吹塑纸、皱纹纸、旧挂历纸、包装纸、牛皮纸等），进行平面造型（刘静，2008）。

我国古代对环境的重要性就有精辟的论述。"近朱者赤，近墨者黑"，就是强调环境对人的感染作用。又如"孟母三迁"的故事说明培养人才时要重视环境的选择，环境是通过潜移默化的方式对儿童产生影响的，而这种影响是深远而持久的。幼儿每天的大部分时间在幼儿园，因此幼儿园的环境创设至关重要。幼儿园环境作为一种"隐形教育课程"，对处在身心迅速发展阶段的幼儿具有特别重要的意义，良好的环境可以更好地开发幼儿智能，促进幼儿个性健康发展。

（二）如何构建和谐幼儿园环境

和谐幼儿园，是指一种以和衷共济、内和外顺、协调发展为核心的素质教育模式，是以幼儿园为纽带的各种教育要素的全面、自由、协调、整体优化的育人氛围。它使幼儿园教育各子系统及各要素之间协调运转，是幼儿园教育与社会教育、家庭教育和谐发展的教育合力，是以幼儿发展、教师发展、幼儿园发展为宗旨的整体效应（何晓红，2006）。

和谐幼儿园环境主要包括以下几个方面：

第一，就其表现形式而言。有物化形态的，如园舍建筑、设施、绿化、活动室的布置等的和谐；有观念形态的，如信息、园风、人际关系、教师期望、幼儿园的办园理念、评价方式等的和谐。

第二，就其时空形式而言。它不仅表现在幼儿园内、活动室内的学习，如游戏、体育活动、活动区活动的和谐；也表现在幼儿园外、活动室外教师组织的一系列活动中，如参观、劳动、旅游等的和谐。

第三，就其性质而言。有的是有目的地选择、有计划地安排的，如教育计划中设计的活动等的和谐；有的则是潜在地、自发地、潜移默化地发生作用，如园舍布局、教师对幼儿的期望等的和谐。

在构建和谐的幼儿园文化环境过程中，科学的人性化布局“让幼儿园的每一面墙壁都会说话”（常炜，2005），一草一木均用心栽植，一景一物均包含性情之中，起着“润物细无声”的教育效果，达到教学因素与非教学因素的和谐发展、人与自然的和谐统一。在构建和谐的教师关系中，教师之间互相关心、互相帮助、配合默契，以积极、温暖、友善的态度对待同事和幼儿，使幼儿从中耳闻目染，学会体察别人的情绪情感和正确、适宜的行为方式。在构建和谐的教师与家长关系中，树立平等、合作意识，达成家园共识，形成教育合力，以爱心、精心和诚心赢得家长的信任、理解和支持。通过构建和谐的幼儿园环境来影响和促进学前儿童的社会性发展，通过塑造环境更好地塑造人。

第四节　社会文化的影响

一、社会生态学理论

心理学家布朗芬布伦纳（Bronfenbrenner）认为对儿童发展特点的研究要强调其发展的情景性，并依据此种想法提出了生态系统理论的观点。布朗芬布伦纳认为，发展心理学生态化是指发展心理学研究应当在自然环境和具体的社会背景下探讨个体发展问题的一种研究取向（刘杰，孟会敏，2009）。

布朗芬布伦纳在其理论模型中提出，行为系统指人生活于其中并与之相互作用的不断变化着的环境，并将其分为几个层次，由小到大（也是由内到外）分别是微系统、中间系统、外层系统及宏系统。这四个层次是以行为系统对儿童发展的影响直接分界的，从微系统到宏系统，对儿童的影响来说是从直接到间接的。

（一）微系统

布朗芬布伦纳环境层次的最里层是微系统（Microsystem），指个体活动和交往的直接环境。儿童的微系统之一是由父母和儿童的同胞组成的家庭；儿童的另一个微系统是学校环境，主要由教师和同伴组成。

对大多数婴儿来说，微系统仅限于家庭。然而，随着儿童进入幼儿园、学前班，以及与同伴群体和社区玩伴交往，此系统变得越来越复杂。布朗芬布伦纳强调，为认识这个层次的儿童发展，必须看到所有关系是双向的。换句话说，成人影响着儿童的反应，但儿童决定性的生物和社会的特征——生理属性、人格和能力也影响着成人的行为。有关研究表明，不同气质和行为特征的婴幼儿会使双亲尤其是母亲形成不同的行为倾向，进而影响亲子相互作用的行为模式和心理氛围。因此，微系统的确是一个动态的情境，生活于其中的每个人都影响着别人，同时也受别人的影响。大部分心理学家的研究是在微系统水平上进行的，例如在家庭中儿童对母亲的谈话和儿童言语的关系，或者学校中的合群性与其攻击性之间的关系。

（二）中间系统

布朗芬布伦纳的第二个环境层是中间系统（Mesosystem），指的是儿童直接参与的微系统，如家庭、学校和同伴群体之间的联系或相互影响。对幼儿来说，由于家庭和幼儿园是幼儿最常接触的两个小系统，因此这两个小系统之间的关系便构成了幼儿的一个重要的中间系统。家庭与幼儿园是否形成支持性的联系对幼儿的发展至关重要。如果家庭和幼儿园能保持经常性的联系，并能协调一致地对幼儿进行教育，那么，就有助于幼儿的发展；反之，则不利于幼儿的发展。可见，家庭和幼儿园之间的联系支持性会影响到中间系统性质环境，进而影响到教师对幼儿的教育。

（三）外层系统

布朗芬布伦纳的第三个环境层是外层系统（Exosystem），大于中间系统的生态环境单元，是指不包括儿童在内，但在即时环境中影响他们经历的社会环境。例如，从家庭方面来说，家长的经济收入、社会地位、职业状况和文化水平决定了父母所承担的角色、所从事的活动和所建立的人际关系，从而间接地影响了他们对待子女的态度和抚养子女的方法；从幼儿园方面来说，师资水平影响着教师的活动范围、承担的社会角色以及所建立的人际关系，从而影响着教师的教育观、儿童观及事业心等；从幼儿园所处的社区来说，幼儿园在社区中的地位也会间接地影响教师对幼儿的态度、情感，所处社区的文化水平、经济状况及社区中人们的交往方式、习惯等也会潜移默化地影响幼儿的知识范围和交往水平等。幼儿虽然没有具体加入外层系统，但却会时刻受到它的影响。今天，外层系统环境对儿童心理发展的间接影响已日益受到人们的关注。

（四）宏系统

布朗芬布伦纳强调发展也出现在宏系统（Macrosystem）中，宏系统不是一个特殊的内容，相反，它包括价值观、法律、习惯和特定文化来源。儿童需要的优先权宏系统影响着他们在低层次环境中得到的支持。

宏系统中的社会组织、机构是有形的，属“硬件”，如文化体育设施、社会团体、社保和医保机构、人才和劳动力市场等，一般都能直观地感觉到它们的存在；宏系统中的社会文化、亚文化的背景、氛围是无形的，属“软件”，如社会的多元价值观状况及主流价值观体系、社会资源配置的观念、社会的风俗习惯和道德风尚、社会的教育观念和生活方式、社会的择业和就业的观念等，对它们的存在有时不一定很清晰地意识到。这种种要素会作用于其他诸系统中的各种环境，进而影响个体的心理发展。宏系统包含微系统、中间系统及外层系统，虽然离儿童最远，却对儿童发展起着不可或缺的作用。因为文化影响外层系统，并影响到儿童的微系统和中间系统。值得注意的是，目前关于宏系统领域进行的心理学研究还很少。对于文化如何影响儿童发展这个问题，包括影响方式、影响途径和影响时间等问题，还存在较多的争论，因此，有必要加强宏系统层面的研究，并在各系统的相互作用的关系中来考察儿童的发展（戴维，谢弗，2012）。

布朗芬布伦纳认为，人类发展的过程是一种在日益复杂的水平上连续不断地认识和建构其生态环境的过程。儿童首先认识的是父母，然后是家庭其他成员、幼儿园或学校环境，最后是更广阔的社会。布朗芬布伦纳认为，生态环境的变化或者“生态过渡”，如上学、找工作、提升、结婚等，在儿童发展中具有特殊的重要性。在这些时刻，个体都面临挑战，必须学会适应，发展就因此而发生。根据布朗芬布伦纳的观点，一个人不仅是发展的结果，而且是发展的塑造者，人们通过自身的生理和心理特点、天赋和技能、气质等影响着自身的发展。

从以上发现，我们每个人都生活在特定的微系统中，这些微系统和中间系统相联系，并与更大的外层系统和宏系统紧密联系。在有限的实验室环境中研究环境影响对生态环境论者来说几乎没有意义。相反，他们认为，只有观察发展中的人和不断变化的自然环境之间的相互作用，才能理解人是怎样影响环境并被环境所影响的。

布朗芬布伦纳对环境影响的深入分析向我们展示了儿童和青少年可以通过

多种方式获得发展。假设一位职业母亲很难与其气质困难型的孩子建立一种愉快的关系,从微系统水平来看,成功的干预可能使父亲成为一个更敏感的合作者,多承担一些照顾孩子的琐碎事务,鼓励母亲对孩子更敏感、更有耐心。从外层系统来看,如果社区在成人教育课中安排父母如何抚养孩子的课程,或者,如果社区中遇到麻烦的父母可以表达他们的想法,得到他人情感的支持,从别人那里学会如何引发孩子的愉快反应等,这些都有助于母亲改善同孩子之间的关系。在宏系统水平上,父母在产假期间能否得到薪酬等类似的社会政策可能是一个重要的干预因素,不仅能使职业父母花更多的时间解决抚养孩子的问题,也传达了这样的一种态度:整个社会认为,家庭问题的解决和孩子的健康幸福同样重要。

总之,人的发展不能离开环境,人与环境的互动是双向的,所以对儿童发展所进行的分析既不是超然于环境的个人,也不是环境本身,而是环境中的个人。对于儿童发展的研究需要心理学者和文化人类学者的共同合作和不断努力。

二、文化差异对幼儿人格的影响

(一)集体文化和个体文化的差异

在古希腊至今的漫长岁月中,个人主义和集体主义的概念充斥于整个社会科学、人文科学和哲学领域。

在集体主义文化中,人们重视合作、平等、诚实,人们忠诚于自己所属的家庭或部落,家庭和部落则为其成员提供保护。“我们”意识根深蒂固,集体是自我同一性的源泉,个人在情感上依赖组织或机构,个人信赖团体决策,对组织有归属感。

个人主义文化中的人们对于某一个固定团体的忠诚很微弱,他们认为自己属于多个团体,并经常根据自己的需要改变成员资格(Membership),对于转换教会或辞职另寻雇主等行为没有心理上的抵制(Goleman,1990)。个人目标置于集体目标之上,在情感上不依附于任何组织和机构,对于私有财产拥有绝对的权利,旗帜鲜明地拥有独立的思想和意见。该文化还强调个人的主动性和个人成就动机,重视独立决策制定,喜欢竞争,崇尚舒适的生活、快乐和功名(Fiske,Kitayama,Markus,Nisbett,1998)。

1. 中美文化

关于成人中美文化差异的研究主要包括人格、智力、饮酒、自恋、自我意识等方面。对于儿童青少年来说,主要关注其创造性人格、网络成瘾、社会行为、同伴关系与孤独感的关系以及儿童的多动问题等。幼儿的中美跨文化的研究相对较少,而且多涉及的是幼儿的行为,其人格方面的研究寥寥无几。

杨丽珠、邹晓燕、伯根(Dois Bergen,1995)采用时间取样观察法,用录像对中美 150 名学前儿童在游戏中的社交和认知类型进行比较研究,试图探讨中美学前儿童在游戏活动中社交类型和认知类型的发展规律,以及游戏中的社交发展水平与认知发展水平的关系;验证在社会性和认知维度上作为发展进程标志的游戏水平模式及各类不同水平的游戏与幼儿发展进程的关系;比较在不同文化背景下学前儿童在游戏活动中的社交类型和认知类型的异同,探讨文化背景对游戏方式和幼儿心理发展的影响。部分结果如表 5-12 至表 5-14 所示。

表 5-12　中国大连学前儿童社交类型和认知类型层次分类的百分率

游戏种类		1 岁半(10 人)		2 岁(20 人)		3 岁(20 人)		4 岁(20 人)		5 岁(20 人)		x^2
		频数	百分率	频数	百分率	频数	百分率	频数	百分率	频数	百分率	
社交类型	旁观	66	34.7	78	20.5	63	16.6	60	15.8	47	12.4	38.18**
	个体	98	51.6	63	16.6	12	3.2	9	2.4	9	2.4	362.27**
	平等	14	7.4	185	48.7	159	41.8	139	36.6	117	30.8	66.92**
	联系	1	0.5	18	4.7	69	18.2	101	26.6	99	26.1	104.02**
	合作	0	0	2	0.5	34	8.9	50	13.2	94	24.7	112.4**
认知类型	实践	171	90	266	70	194	51.1	206	54.2	190	50	48.31**
	象征	8	4.2	80	21.1	131	34.5	138	36.3	145	38.2	69.54**
	规则	0	0	0	0	12	3.2	15	3.9	31	8.2	25.86**

注:** 代表 $p<0.01$。

表 5-13 美国迈阿密学前儿童社交类型和认知类型层次分类的百分率

游戏种类		3 岁（20 人）		4 岁（20 人）		5 岁（20 人）		x^2
		频数	百分率	频数	百分率	频数	百分率	
社交类型	旁观	71	19.7	72	20	70	19.4	0.03
	个体	48	13.3	17	4.7	10	2.8	32.72**
	平等	159	44.2	145	40.3	141	39.2	1.2
	联系	41	11.4	73	20.3	98	27.2	23.1**
	合作	5	1.4	22	6.1	30	8.3	17.16**
认知类型	实践	259	71.9	253	70.3	270	75	0.57
	象征	59	16.4	66	18.3	72	20	1.29
	规则	6	1.7	10	2.8	7	1.9	1.13

注：** 代表 $p<0.01$。

表 5-14 中美 3～5 岁儿童各类游戏类型百分率的差异

游戏类型	旁观	个体	平行	联系	合作	实践	象征	规则
中方	14.9	2.6	36.4	23.6	15.6	51.8	36.3	5.1
美方	19.7	6.9	41.2	19.6	5.3	72.4	18.2	2.1
比例差异检验 Z N 中方 $=60\times19$ N 美方 $=60\times18$	3**	4.78**	2.32*	2.29*	7.86**	10**	9.53**	3.75**

注：* 代表 $p<0.05$，** 代表 $p<0.01$。

结果表明，学前儿童社会交往发展水平、认知发展水平、游戏难度随年龄的增长而提高。较高水平的认知游戏行为与较高水平的社会技能的发展相关联，社交水平与认知水平的发展相互影响。中美学前儿童社交和认知能力发展进程具有一致性，游戏行为发展模式具有一致性。但是在游戏的方式和内容、社交和认知水平上存在显著差异，这表明不同文化背景的制约性。

由此我们得知，中国幼儿更多地做合作游戏，表现出群体意识；相反，美国幼儿更多地做个体、平行游戏，表现出独立性和探索特征。中美幼儿游戏类型的差异反映了两种文化主流价值观的不同。

当代文化的发展趋势虽然是提倡各民族不同文化相互吸收和借鉴，但仍然保持多元化的基本态势。就其形成社会主流文化核心的基本价值观念而言，中国与美国具有不同的文化特质，这些文化特质渗透在生活的各个领域，影响着家庭、幼儿园对幼儿的教养方式与内容。

美国人具有个人主义的价值观念，他们注重个人自由活动、自我实现，如为儿童提供的活动场地大，大型活动器械多，实物多，孩子们活动的自由度大，自由玩耍，老师不强求一致等，这样就导致美国儿童个体、平行游戏多。他们的实用主义价值观使其讲究实际，重视生活技能的培养，例如，用面包学做点心，从如何抹黄油，如何装饰各种果仁，到成品包装，这就使美国儿童实践游戏多一些。

中国人具有集体主义的价值观，表现在幼儿园注重培养幼儿的群体性，强调在角色游戏中的合作，在合作中遵循着一定的规则；另外，中国人重权威、重理的价值观念，使幼儿更多地按照教师旨意去做，教师给幼儿提供大量象征性玩具，让幼儿在一起玩、模仿生活，故中国学前儿童联系、合作、象征、规则游戏多，个体、平行游戏少。

总之，幼儿的社会性和认知能力可以在游戏中得以体现，又在游戏中得以发展。探讨学前儿童在游戏活动中的社交和认知类型的发展规律，将对托儿所、幼儿园的游戏活动起着指导性的作用，对于在游戏活动中培养婴幼儿的社交能力和认知能力有着重要的实践意义。探讨不同种族不同文化背景的儿童在游戏活动中的社交和认知类型的发展规律，比较他们的异同，对于研究不同文化背景对儿童游戏方式和心理发展的影响，有着重要的理论意义。

2. 中澳文化

中国、澳大利亚是不同文化的国家。在跨文化研究中，中国通常被认为是集体主义文化，澳大利亚则被认为是个人主义文化。中国拥有世界上最多的人口，是一个社会主义国家，并且在传统上被称为“东方国家”。中国文化建立在儒家传统的价值体系上，强调团结、社会一致性和社会等级秩序。在社会价值观方面，中国的父母强调幼儿服从、重视学业成就和孝顺长辈。在家庭至上的文化中，孝顺长辈以及努力学习取得成就被认为是为家庭增光添彩的重要事情。

澳大利亚是发达的资本主义国家，通常被归属为“西方国家”。澳大利亚的文化建立在基督教基础上。澳大利亚人很看重独立和自主性，他们重视自我管理、漠视权威、以个人的幸福为最优先，宗教在他们的生活中占有重要的位置，70% 的人有宗教信仰。在跨文化研究中个人主义得分很高，仅次于美国，名列第二位

(Hofstede,2001)。

以往在探讨父母育儿风格的研究中,较少有文化参与并且缺乏对于父母教育价值观进行质的研究,另外,也没有从集体主义/个人主义文化背景下考察父母育儿风格与幼儿人格关系的异同。基于以上所提出的问题,杨丽珠、孙晓杰、常若松(2007)开展了一系列研究。

(1)4~5岁幼儿人格特征的中澳跨文化比较

试图用集体主义/个人主义理论范式解释两种文化下的幼儿人格形成的特征。结果表明,中国幼儿人格具有集体主义文化倾向,澳大利亚幼儿人格具有个人主义文化倾向,幼儿人格形成受文化特质的影响,结果如表5-15和表5-16所示。

表5-15 中澳幼儿人格4个维度的 t 检验

	智能特征	认真自控	情绪性	亲社会性
澳大利亚幼儿 $M(SD)$	37.91 (5.76)	46.49 (8.69)	37.72 (3.99)	30.57 (4.95)
中国幼儿 $M(SD)$	36.40 (4.92)	46.72 (6.48)	32.89 (4.87)	34.33 (4.74)
t	3.0**	−0.326	11.01***	−8.05***

注:*** 代表 $p<0.001$,** 代表 $p<0.01$。

表5-16 中澳幼儿人格11个特质的比较

		聪慧性	独立进取	认真尽责	攻击反抗	坚持自制	开朗活泼	敏感焦虑	激烈执拗	同情利他	合群性	羞愧内疚
澳大利亚	M	22.22	15.68	7.82	23.35	15.31	13.60	7.72	16.39	8.94	10.85	9.5
	SD	4.34	2.42	1.67	5.39	3.18	1.39	1.82	2.73	2.32	2.00	2.43
中国	M	23.25	13.15	7.14	24.78	14.79	10.62	7.24	15.02	13.61	10.98	12.80
	SD	4.22	2.30	2.23	3.85	2.91	2.65	2.12	3.05	3.08	2.32	2.05
F		6.27*	126.50***	16.94***	11.31**	3.24	185.96***	23.75***	6.05*	111.6***	0.14	247.65***

注:*** 代表 $p<0.001$,** 代表 $p<0.01$。

智能特征包括聪慧性和独立进取两种特质。其中聪慧性,中国幼儿得分高于澳大利亚幼儿。这个结果也许与儒家文化注重文化知识和经验的获得有关。在独立进取上,澳大利亚幼儿得分较高,这与个人主义文化提倡的自立等信念一致。许多澳大利亚家长认为幼儿是一个独立的个体,有独特的意愿和个性,因此他们通常不替幼儿做决定,而是要使幼儿感到自己就是主人,这反映了个人主义的价值观。

澳大利亚幼儿在认真尽责上得分高,中国幼儿在攻击反抗上得分高,但是在坚持自制上两种文化没有显著差异。在认真尽责这个特质上澳大利亚幼儿得分高于中国幼儿,与澳大利亚幼儿教育有关。澳大利亚的幼儿园的课程安排包括观察自然和野生动物,培养幼儿的环境责任感。集体主义文化中和谐一致的价值观会使中国父母和教师更加努力地控制幼儿的攻击行为,因此中国幼儿行为中更少表现出攻击反抗的特征。

与澳大利亚幼儿相比,中国的幼儿更加激烈、执拗,他们消极情绪产生的速度更快,时间也更长。这可能是因为中国被试多为独生子女,父母宠爱所致,因此比较任性和受不得批评。总之,文化不同,幼儿在情绪性的感受上也不相同,文化因素影响着幼儿情绪体验。

羞愧内疚表现的是因违规被老师批评后感到难为情,以往的研究也发现,父母和教师通过指出别人长处,使幼儿感到害羞来帮助幼儿进步(Chao,2001)。同情利他则是关心、同情和安慰不快乐的同伴,这些特点都体现了与他人相互联系的情感,是他人中心性的。中国幼儿在集体主义特质上发展较好,体现了文化在幼儿人格形成过程中的作用。另外,合群性,数据没有明显差异,这可能与个人主义文化也注重合作有关,尚有待进一步研究。

(2)中澳父母教育价值观的跨文化比较

杨丽珠、孙晓杰使用质的研究方法,通过开放式访谈调查中澳父母教育价值观的异同,结果发现各自的教育价值观与文化一致。中国父母强调的是"品德的培养""管理和指导""对孩子的关怀"和"注重教育"等四个方面,反映了集体主义价值观。澳洲父母强调了"平等""情感上的支持""纪律性""沟通""个体性"和"价值观"等几个方面,与个人主义价值观一致,如表5-17所示。

表5-17 中澳父母访谈一级结构类属的百分率

国别	注重道德培养	指导监督	父母职责	重视教育	平等	关怀	纪律性	沟通	个体性	价值观	合计
中国 百分率(%)	90 17%	107 20.3%	102 19.3%	121 22.9%	23 4.3%	17 3.2%	15 2.8%	18 3.4%	20 3.7%	14 2.6%	527 100%
澳大利亚 百分率(%)	24 5.4%	12 2.7%	24 5.4%	8 1.8%	78 17.7%	74 14.1%	63 14.3%	63 14.3%	57 12.9%	36 8.2%	439 100%
比例差异检验Z	5.52**	8.30**	6.33**	9.62**	-6.78**	-7.21**	-6.53**	-6.11**	-5.25**	-3.86**	

①澳大利亚父母的教育价值观反映了个人主义文化。

第一,父母与孩子的沟通。在西方文化中,能言善辩是重要的教育价值观,它的历史可以追溯到古希腊。在个人主义文化中,自我与周围环境不发生联系,其本身是完整的、独特的存在。当人们表达内心的情感时,不必担心破坏与其他人和谐的关系。同时,因为每个人都是独立的存在,个人的价值和意见被承认和尊重。

第二,父母对孩子的关怀。在澳大利亚父母爱孩子的目的不是为了互相依赖,而是为了让孩子感到快乐。在这样的家庭中成长的孩子,感到安全、自尊和自信。拥有如此心理品质的孩子可以放心地探索个人的兴趣和需要。

第三,父母对个性的尊重。父母们谈到的培养孩子的独立性、尊重个人选择的自由、认同孩子个体性以及与父母的分离等都是个人主义文化价值观的体现。

第四,培养孩子良好的价值观。澳大利亚父母认为自己应诚实地对待自己,也应诚实地对待孩子。澳大利亚父母表达的品质虽然有时也需要有对象的存在,但是他们的根本目的是自我展示,表现自己内在的本质。

第五,注重平等。平等主要表现在两个方面:理解孩子的感受(11.3%),父母有个人生活(6.3%)。通过这两个方面,我们看到父母尊重孩子的想法和做法,虽然孩子小,但是父母把他们作为一个独立的个人看待。在承认孩子独立性的同时,父母认为自己也应该享受自由,他们有自己的事业、娱乐和时间,而非将生活的重心完全放在孩子身上。

第六,重视纪律。这包含了两个主要的内容:第一是与孩子共同制定规则并让孩子承担违背规则的后果(9.7%);第二是父母以身作则(7%)。

②中国父母的教育价值观反映了集体主义文化

第一,重视教育。在中国,孩子学业上的成功被认为是最重要的社会化目标之一,也是判断父母是否合格的重要标准。孩子被期待着金榜题名、光宗耀祖。优秀的成绩和将来事业的成功是对父母养育的回报,是对于父母的孝顺和尊敬。

第二,指导监督。孩子要孝顺父母,父母要为孩子的成长负责,他们有责任把孩子培养成一名学业有成、行为端正的好公民,这样的孩子才能为家庭带来荣耀。“子不教,父之过”,管教孩子,父母责无旁贷,指导监督的信念和实践深植于集体主义价值观中。

第三,父母职责。父母重视对孩子生活的关心、投入和牺牲,更期望孩子能在自己年老后赡养自己,自己能够有个依靠。

第四,注重品德培养。中国父母的教育价值观与儒家思想强调的家庭观念是一致的。每种文化都有家庭观念,但是中国文化将孝顺父母长辈规定为重要的品德，进而将互相依存的家庭关系推广到维护社会和谐这一层面，最终将其提高至尽忠国家这样一个高度加以弘扬。这种观念也许更多地存在于一个拥有立体人际关系的集体主义文化中。

（3）中澳父母育儿风格的跨文化比较

研究发现，中国父母的育儿风格是管型，澳大利亚父母的育儿风格是民主型，中澳父母育儿风格与各自的文化价值观相一致，如表 5-18 所示。

表 5-18　中澳幼儿人格特质与父母育儿风格的相关

		聪慧性	独立进取	认真尽责	攻击反抗	坚持自制	开朗活泼	敏感焦虑	激烈执拗	同情利他	合群性	羞愧内疚
澳大利亚	民主	0.38**	0.36**	0.57**	0.13	0.42**	0.39**	0.59**	0.14*	0.17*	0.45**	0.12
($n=170$)	管	0.39**	0.08	0.25	0.47**	0.37**	0.03	0.29	-0.01	0.36**	0.13	0.16*
中国	民主	0.04	0.25**	0.10	-0.06	0.08	0.32**	-0.00	-0.02	-0.09	0.07	-0.02
($n=307$)	管	0.35**	0.03	0.17*	0.26**	0.37**	0.11*	-0.01	0.04	0.30**	0.30**	0.16*

注：* 代表 $p<0.05$，** 代表 $p<0.01$。

我们发现个人主义文化中的澳大利亚父母采用了民主型的育儿风格。中国父母的主导育儿风格是管型，即在关怀爱护的同时进行监督、指导和控制。这反映了中国的集体主义文化，管与关心、爱护和负责任有相似的含义，不管孩子的父母是不是称职、有没有爱心。这种控制可能反映在孩子对亲子关系的感知中，如果孩子认为控制体现了父母的关怀，则这种控制对于孩子便有积极的含义。

我们还发现了一个有趣的结果：中国父母在孩子年幼时很少使用民主型。也许父母认为 4 ~5 岁是形成好习惯的重要时期，若想将来成才，必须从小抓起，否则悔之晚矣。但是，随着孩子逐年长大，中国父母是否更多地采用民主型育儿风格还有待于今后的研究。我们有必要在不同的年龄段调查中国父母的育儿风格，也许在孩子的不同年龄，父母在育儿风格上也有所不同。

（4）父母育儿风格与幼儿人格关系的跨文化比较

使用回归分析的方法检验父母育儿风格对于幼儿人格特质的影响。结果发现，在中国，管对攻击反抗、坚持自制、同情利他和羞愧内疚等集体主义特质有积极的影响。同时，管对聪慧性和认真尽责两种文化的普遍性特质有积极的影响。在澳大利亚，民主型对独立进取、开朗活泼和敏感焦虑等个人主义特质有积极的影响，此外它对于聪慧性、认真尽责和合群性等文化普遍性的特质有积极的影响。结果显示了文化通过父母育儿风格影响着幼儿人格。

表 5-19　中澳父母育儿风格对幼儿人格特质的影响

			聪慧性	独立进取	认真尽责	攻击反抗	坚持自制	开朗活泼	敏感焦虑	激烈执拗	同情利他	合群性	羞愧内疚
澳大利亚	民主	B	0.27	0.18	0.09		0.22	0.11	0.31	6.48E-02		0.17	
		SE	0.06	0.04	0.02		0.05	0.02	0.04	0.03		0.03	
		β	0.30***	0.49***	0.54***		0.29***	0.39***	0.56***	0.17*		0.45***	
	管	B	0.33			0.52	0.22				0.16		
		SE	0.07			0.75	0.05				0.03		
		β	0.32***			0.48***	0.37***				0.36***		
中国	民主	B		0.15				0.17					
		SE		0.03				0.03					
		β		0.25***				0.32***					
	管	B	0.29		6.12E-02	0.20	0.21				0.14	0.11	6.20E-02
		SE	0.04		0.20	0.04	0.03				0.03	0.02	0.20
		β	0.35***		0.18*	0.26***	0.37***				0.30***	0.30***	0.16*

注：* 代表 $p<0.05$，*** 代表 $p<0.001$。

在中国，集体主义价值观建立于儒家思想基础之上。孩子需要服从老师，尊敬父母，回应家庭和社会对于儿童的期待，服从是一个迎合立体式人际关系的重要价值观。中国孩子服从父母的管教，对于父母控制较少存在抵抗心理。在这种大的社会环境中，“管”可以发挥积极作用，该育儿风格有助于促进学业成绩和社会性的发展。

相反，澳大利亚是个人主义文化，人人平等，父母和孩子的关系也是如此。在这样的环境中，孩子们重视独立和自主性，尊重给予他们自主和独立的父母，他们在家庭氛围中感到舒适和满足。以往研究的结果发现，在西方，民主型家庭的孩子在学业、社会和情绪诸方面都比较好，就可以支持这个结论。这个结果给我们的启示是，不能妄加判断育儿风格的孰优孰劣，也不可生硬地照搬照抄，而要把父母育儿风格放置在一个广大的社会环境中进行具体的分析，考察其对于幼儿发展的影响。适合该文化幼儿发展的育儿风格，就值得继承和发扬；反之，就需要放弃或改造。

总之，杨丽珠（2014）通过对中国大连和澳大利亚珀斯 4～5 岁幼儿人格与父母育儿风格的关系的跨文化研究发现，父母育儿风格影响幼儿人格特质的形成，影响的方向与文化价值观一致。其差异主要是形成社会主流文化核心的价值观念——个人主义和集体主义有别所致。正如傅维利所说，作为一个国家主流文化核心成分的价值观念是沉淀在人们深层心理结构中的价值取向和心理倾向等，它弥漫于整个社会中，渗透在人们生活的各个方面，几乎影响人们所有的选择和行为准则（傅维利，刘民，1988）。这种价值观念的差异渗透到家庭，从而导致两国幼儿人格发展的差异。在集体主义文化中一致的“管”影响着中国幼儿的集体主义人格特质，与个人主义一致的民主型影响着澳大利亚幼儿的个人主义特质。同时我们还发现在文化融合过程中，中国父母育儿风格对幼儿的影响模式也在澳大利亚文化中初现端倪。这对于中国的家庭教育是个有益的启示。

（二）中日文化差异对幼儿人格的影响

中日两国同处东亚，文化同源，日本文化在历史上受中国文化影响巨大，两国文化有颇多相通之处。但由于中日两国近代以来的社会、文化发展历程不同，以致形成不同的价值取向和行为模式。我国长期以来形成的以儒家文化为代表的价值取向重传统、重权威，在教育理念上表现出尊长敬上、尊师重教的特点，形成了强调家长和教师对儿童的教育模式。而在日本，受儒家思想的影响，形成了效忠所属集团的伦理价值取向（董存梅，2011）。

以前对中日文化差异的相关研究主要集中在对儿童虐待状况的分析、父母的教养态度与儿童孤独感的关系、幼儿自我调控的中日比较、中日幼儿所有关系的跨文化研究等。在幼儿人格方面中日跨文化的研究尚处于缺乏状态。由于幼儿家长的教育观念是影响幼儿人格发展的重要因素，所以我们对少子化时代中日家长教育观念进行了比较研究，试图对同具有东方文化渊源，而又不同民族、不同社会文化的中国、日本的幼儿家长教育观念进行比较，考察其教育观念异同的机制，探讨不同的社会文化对幼儿家长教育观念的影响，考察其教育观念现状，为少子化时代制定家庭教育对策，以改善幼儿家长教育观念，使其相互借鉴，提高幼儿家庭教育水平。

杨丽珠、李灵、田中敏明（1999）随机选取中国大连和日本福冈两地幼儿园中 4～5岁幼儿的家长各 800 名、805 名，然后让日本家长采用由日本福冈教育大学编制的“对幼儿父母的调查问卷”，让中国家长采用本土化后的“对幼儿父母的调查问卷”，以开家长会形式，集体施测并且由其独自完成，结果如表 5-20 所示。

表 5-20　幼儿家长的教养方法(%)

维度	问题	教养方式	中国	日本
服从	孩子不听话时	用打让他听话	17.7	25.3
		不打,严厉斥责	32.9	29.4
		讲清道理	32.9	33.6
		尽量按孩子要求做	14.1	1.4
		不理睬	2.4	1.2
满足	孩子想买糖果、玩具时	尽量给买	23.8	1.9
		有时给买	40.8	47.1
		非要不可时给买	6.9	16.6
		只买应该买的东西	28.2	25.6

1. 中国、日本少子化时代幼儿家长教育观念之共性

(1)幼儿家长在自然养成与教育培养的关系上,持有交互作用的观点,总体上更重视教育培养的作用。

(2)中国、日本幼儿家长对其子女就学、择业有高期望。绝大多数都希望自己孩子上大学、考研究生。在择业方面,虽然各国排序不同,但都希望选择高学历的、有社会地位的职业,对其子女择业受幼儿性别的影响。两国幼儿家长希望自己的孩子成为尊重老人的人、既热爱工作又爱护家庭的人、经济富裕的人、珍惜自己生命的人。

(3)在少子化时代,幼儿家长的教养方式虽然主流是好的,但也存在值得注意的问题。例如,包办代替、溺爱、过分满足孩子的需要、训斥打骂孩子、对孩子期望过高、过于重视幼儿的学习等。这主要是因为在社会高速发展、经济发达、生活富裕、家庭孩子少的情况下,父母过于疼爱孩子、缺乏育儿知识。此外,父母在育儿过程中教育的不协调、交往中的困惑以及对教养态度不满意等,这些问题都亟待解决。

2. 中国、日本少子化时代幼儿家长教育观念之差异

中国、日本两国幼儿父母在对孩子忧虑的事上,中国父母更担心孩子缺少同兄弟姐妹的交往。在对待孩子择业的期望上,日本父母较中国父母更能考虑到幼儿的爱好和能力。在就学期望方面,中国父母选择文科校多,日本父母选择理科校多。在对孩子生存方式的期望上,中国父母多期望孩子孝敬父母,而日本父母多期望孩子有思想且快乐,在为国尽力方面日本父母选择率低,在宗教信仰方面

中国父母选择率低。在对待孩子方面，日本父母态度粗暴相对多一些，中国父母溺爱孩子多一些。在针对少子化问题对孩子采取的教育中，中国父母更注意利他行为、规则意识和交往能力的培养，而日本更注意孩子自己做事能力的培养。

究其原因，与文化背景有关。中国、日本同源于东方文化，受儒家思想的影响深刻，有其共性。但由于在漫长的历史演变过程中，社会、政治、经济形态发生了深刻的变化以及自然条件的不同，必然形成不同特征的价值取向和思维、行为模式。所以，中国父母希望自己的孩子成为孝敬父母的人，希望自己的孩子能够帮助他人、为国尽力。但这种文化有明显的重人伦轻自然、重群体（家族）轻个体的倾向，过分强调个人的义务和道德人格的独立性，不重视个人的自由，所以在对待孩子就学、择业的期望上，我国父母很少考虑孩子个人的爱好和能力。另外，我国宗法道德观念摆脱了神学思想，自然敬神、佛的人就少。日本人虽然也具有和谐、合群精神，但是却继承了儒家的“忠”，成为典型的群体本位文化，特别是战后，日本人的“忠”的伦理价值取向迅速转移到个人所属企业集团身上，形成了他国文化史中少见的效忠所属集团的伦理价值（刘金才，1990）。

日本孝敬父母、为国效力选择率不高。日本人吸收西方文化，在集团中强调民主，另外，日本崇尚好思进取、开拓开放、强调个人才能，所以，日本父母在孩子上学、择业上能够考虑孩子的能力和爱好，更重视孩子做事的能力。8 世纪的日本人对技术就显示出超越思想问题的兴趣，重视自然、重视技术，构成社会主流文化核心的价值观念，深深地影响着幼儿家长的教育观念。

为适应少子化、高龄化社会，针对幼儿存在的问题，要加强对幼儿家长的教育，增强幼儿家长对培养幼儿的爱心、利他行为、规则意识、任务意识、自控能力、独立性、进取性意识，为幼儿创造出健康环境。

第三篇 幼儿健全人格培养体系的构建

第六章 幼儿健全人格培养目标体系的构建

幼儿健全人格教育就是促进幼儿人格的完整发展。幼儿人格是个综合系统，我们的研究发现，幼儿人格结构是由 5 个维度 15 个特质组成的，因此幼儿健全人格教育就是要促进这 5 个维度 15 个特质的均衡发展。同时，幼儿的人格发展也具有显著的年龄特征，各人格特质在幼儿阶段的发展速度是不一样的。因此，幼儿健全人格教育要对应幼儿的年龄特点进行有针对性的设计，提出对应的发展目标。本章立足于幼儿人格结构的理论研究结果，通过文献法、问卷法构建幼儿健全人格教育的总目标，提出了幼儿阶段应该发展的 9 个目标项目，然后分年龄阶段提出这 9 个项目的发展目标,为幼儿健全人格教育的实践提供参考。

第一节　幼儿健全人格培养总目标的制定

一、研究目的

确定幼儿健全人格发展的目标项目及各项目内涵,为年龄阶段目标的构建及人格教育实践提供总的指导方针。

二、研究方法

(一)调查对象

选取沈阳和大连两地小班、中班、大班幼儿教师 187 人,其中小班教师 65 人,中班教师 62 人,大班教师 60 人。这些教师最低教龄为 3 年,且学历都在大专以上,其中具有本科学历的教师 131 人,占总人数的 70%。

(二)研究工具

编制"幼儿健全人格培养目标确立的教师评定问卷"。杨丽珠及其团队历经为期 12 年的三轮研究,最终确定幼儿人格结构由智能特征、认真自控、外倾性、亲社会性、情绪稳定性 5 个维度 15 个特质(聪慧性、自主进取、探索创新、文艺兴趣、认真尽责、攻击反抗、坚持自制、诚实知耻、同情利他、合群守礼、情绪稳定性、情绪敏感性、精力充沛、善交际、乐观开朗)构成。以这 15 个人格特质及其内涵为依据编制本问卷,请 187 名小、中、大班幼儿教师根据自己的理解,对 15 个人格特质的重要性进行排序,把认为最重要的排 1,其次为 2,依次类推,认为最不重要的排 15,以筛选出我们所要培养的人格特质项目。

(三)数据处理

采用 SPSS16.0 对幼儿教师关于 15 个人格特质的评定结果进行描述统计分析和重复测量方差分析。

三、研究结果与分析

如表 6-1 所示,15 个人格特质得分由高到低依次为乐观开朗、诚实知耻、自主进取、认真尽责、合群守礼、坚持自制、善交际、探索创新、同情利他、情绪稳定性、聪慧性、精力充沛、情绪敏感性、攻击反抗、文艺兴趣。采用重复测量方差分析考察幼儿教师对15个人格特质项评价的差异状况，结果显示特质主效应非常显著[$F_{(14,2604)}=64.789, p<0.001$]。进一步多重比较的结果显示：精力充沛、情绪敏感性、攻击反抗和文艺兴趣4个特质与其他11个特质之间差异显著（除精力充沛与聪慧性之间差异不显著）（$p<0.05$），4个特质的得分显著低于其他特质，结果如表6-2所示。而4个特质彼此之间的差异不显著，两两之间的多重比较结果分别为－0.615（情绪敏感性对精力充沛）（$p>0.05$），－0.631（攻击反抗对精力充沛）（$p>0.05$），－0.016（攻击反抗对情绪敏感性）（$p>0.05$），－1.187（文艺兴趣对精力充沛）（$p>0.05$），－0.572（文艺兴趣对情绪敏感性）（$p>0.05$），－0.556（文艺兴趣对攻击反抗）（$p>0.05$）。根据上述统计结果，我们认为在幼儿教师眼里，乐观开朗、诚实知耻、自主进取、认真尽责、合群守礼、坚持自制、善交际、探索创新、同情利他、情绪稳定性、聪慧性应是幼儿健全人格教育的重要内容。

表6-1　15个人格特质培养重要性的排序

排序	特质	*M*	*SD*
1	乐观开朗	11.10	3.941
2	诚实知耻	10.40	3.499
3	自主进取	10.19	3.745
4	认真尽责	10.11	3.646
5	合群守礼	9.83	3.379
6	坚持自制	9.38	3.382
7	善交际	8.64	3.781
8	探索创新	8.45	3.870
9	同情利他	8.22	3.637
10	情绪稳定性	7.35	4.144
11	聪慧性	6.91	4.166
12	精力充沛	5.47	4.166
13	情绪敏感性	4.85	3.742
14	攻击反抗	4.83	3.711
15	文艺兴趣	4.28	2.945

表 6-2　15 个人格特质均值之间的多重比较分析

特质比较	精力充沛 *MD*	情绪敏感性 *MD*	攻击反抗 *MD*	文艺兴趣 *MD*
乐观开朗	5.631*	6.246*	6.262*	6.818*
诚实知耻	4.930*	5.545*	5.561*	6.118*
自主进取	4.722*	5.337*	5.353*	5.909*
认真尽责	4.647*	5.262*	5.278*	5.834*
合群守礼	4.369*	4.984*	5.000*	5.556*
坚持自制	3.914*	4.529*	4.545*	5.102*
善交际	3.171*	3.786*	3.802*	4.358*
探索创新	2.989*	3.604*	3.620*	4.176*
同情利他	2.754*	3.369*	3.385*	3.941*
情绪稳定性	1.882*	2.497*	2.513*	3.070*
聪慧性	1.444	2.059*	2.075*	2.631*

注：* 代表 $p<0.05$，*MD* 为 Mean Difference 的缩写，采用 Bonferroni 法事后检验。

鉴于聪慧性反映的是幼儿悟性、记忆能力及头脑反应速度等智力特点，而这些特点与个体的遗传基础有密切关系，另外教师评定结果中，聪慧性的排名也偏后，所以将聪慧性排除。为了便于理解和表达，我们需要将个别名词进行调整，通过与 2 名心理学博士、4 名幼儿园园长、2 名幼教专家的讨论，最终确定幼儿健全人格培养的目标项目为：认真尽责、自我控制、诚实礼貌、合作交往、自主进取、自尊自信、情绪适应、同情助人、探索创造。

针对健全人格发展的目标，我们又检索了日本的《幼儿园教育要领》（樊倞，2002）和美国亚利桑那州的《3 ~5 岁儿童早期学习标准》中关于幼儿人格和社会性发展的内容，并进行了归纳对比分析，具体分析结果如表 6-3 所示。通过对比分析发现，我们确定的幼儿健全人格发展目标与日本和美国亚利桑那州所确定的目标基本一致，因此，以这 9 个人格特质作为健全人格发展的目标项目是恰当的。

表 6-3 健全人格发展目标与日、美两国人格发展目标的对比分析

日本人格教育目标	美国亚利桑那州人格教育目标	本研究确定的幼儿健全人格发展目标
情绪安定愉快	情绪识别和表达分离	情绪适应
乐意交谈,讲话礼貌 尊重他人	尊敬	诚实礼貌
主动参与,乐意交往	合作	合作交往
自信心	自信 自我意识	自尊自信
自立精神	问题解决 主动性	自主进取
好奇心和求知欲 动手动脑,探究问题	好奇 创造力	探索创造
自律	坚持性 自我控制	自我控制
责任感 爱物品,爱他人	尊敬(爱惜物品)	认真尽责
同情心		同情利他

同时与幼儿人格结构相对照,我们发现这 9 个方面正好涵盖了幼儿人格结构的 5 个维度,关于这 9 个目标项目的操作性定义及与人格五维度的对应如表 6-4 所示。从幼儿健全人格发展的 9 个目标项目着眼,我们提出幼儿健全人格发展的总目标为:通过幼儿园系统和有意识的人格发展教育,幼儿能够具有良好的自我认识,有自信心,积极进取,有独立做事的能力,有主见,喜欢探索,有创造力;乐于与他人交往,喜欢合作,诚实,对他人有礼貌;有同情心,对他人的不幸表现出关注,并愿意帮助他人;做事认真,负责,有一定的控制力;心境平和,有适度的情绪表达,有良好的情绪适应能力。

表 6-4 人格发展目标项目的内涵及与人格结构五维度的对应

人格结构	目标项目	内涵阐释
智能特征	自主进取	反映幼儿能依靠自己的力量做事,不依赖,并力争上游的一种心理倾向
	探索创造	反映幼儿对新事物表现出好奇,积极探求,敢于大胆创造的一种心理倾向
认真自控	认真尽责	反映幼儿对自己及他人负责,力求尽善尽美的一种心理倾向
	自我控制	反映幼儿能根据环境调整自己的行为,能战胜困难而不放弃的一种心理倾向
外倾性	合作交往	反映幼儿喜欢群体生活,乐于与他人交流,并能和谐地与他人相处的一种心理倾向
	自尊自信	反映幼儿能肯定自己,相信自己的能力并乐于表现以赢得他人的认可的一种心理倾向
亲社会性	诚实礼貌	反映幼儿与人交往中使用彬彬有礼的语言、行为,尊重他人、不撒谎
	同情助人	反映幼儿能对他人的不幸表示关注,并能做出利他表现(分享、援助)的一种心理倾向
情绪稳定性	情绪适应	反映幼儿情绪稳定,有适当的情绪表达及在新环境中能保持良好的情绪状态的一种心理倾向

四、讨论

(一)幼儿人格结构是幼儿健全人格发展目标确定的重要依据

人格教育的本质是开发人的潜能,塑造具有健全人格的人。而到底什么是健全人格,大家的认识还不完全一致:有的人认为是各种积极人格特质的完美结合,有的人认为是人格系统中各成分都得到健康、均衡的发展,更多的人是给健全人格列出各种标准。而幼儿的人格能否冠以“健全”二字呢? 葛明贵(2003)曾经指出,健全人格是一个结构性概念,健全人格的结构是一个富有内在逻辑关系的、完整的心理成分构成物。而埃里克森(Eriksson)指出早期人格是人的整个一生的人格基架,并对以后的人格定型化具有重要影响(欧贤才,2006)。也就是说,幼儿时期的人格已经形成相对稳定的结构,所以冠以“健全”二字是合理的。但由于幼儿的健全人格仍处于不断发展中,因此尚不能用列标准的方法对其进行界定。受黄希庭健全人格概念的启发及积极心理学人格观的影响,我们认为幼儿健全人格是指幼儿人格结构中具有普遍性和积极适应性的典型人格特质的健康、均衡的发展。所以幼儿健全人格培养应立足于幼儿的人格结构,并寻找人格结构中具有典型性的积极人格特质,将其作为幼儿人格教育的重要内容,进而构建健全人格发展目标。我国学者杨丽珠及其团队经过多年的研究,探索出幼儿人格由智能特征、认真自控、外倾性、亲社会性和情绪稳定性5个维度15个特质34个具体特质所构成。其中,智能特征反映个体自我意识及智能的发展特点,包含文艺兴趣、自主进取、聪慧性和探索创新4个亚特质。认真自控反映个体的做事方式和态度,包含认真尽责、攻击反抗和坚持自制3个亚特质。外倾性反映的是在人际交往情境中的主动性、活跃性和自然性,以及与人沟通的欲望,包括善交际、精力充沛和乐观开朗3个亚特质。亲社会性反映个体对他人友好、关注和帮助他人的特点,包括同情利他、合群守礼和诚实知耻3个亚特质。情绪稳定性反映个体情绪的稳定性、持续性、情绪表达及稳定的心理状态的特点,包括敏感焦虑和暴躁易怒2个亚特质,幼儿健全人格教育应以促进幼儿人格这5个维度的整体发展为宗旨(杨丽珠,张金荣,刘红云,孙岩,2015)。

(二)幼儿健全人格教育应着重培养具有典型性的积极人格特质

明确了幼儿的人格结构,我们请幼儿教师对幼儿人格的5个维度15个特质的重要性进行排序,也就是选择典型的积极人格特质,研究结果显示幼儿阶段人格发展的目标项目是:认真尽责,自我控制,诚实礼貌,合作交往,自主进取,自尊自信,情绪适应,同情助人,探索创造。在排序法分析个体心理品质的培养中,应着重培养的研究案例很多,如余晓灵等人(2009)就对中学生积极心理品质的培养内容进行了序列化研究。他们请1 880名中学生对6个维度的24项积极心理品质的重要程度进行排序。结果表明,中学生认为最应该着重培养的品质是真诚、善良和爱。在此基础上,张冲(2010)根据初中生关键期的心理发展特点和为预防某些心理偏差,总结出初中生应着重培养的积极心理品质是爱、信念希望、友善、谦虚、宽容、创造力、执着、真诚、领导力。这种重要性的排序,对教育者来说,能够帮助他们把握各种培养内容的关键要素,从而更有针对性地开展教育活动。另外这9个目标项目均属于积极的人格特质,积极心理学家认为积极的人格特征对人的健康发展是有利的,他们坚信人格优势会渗透于个体的整个生活空间,一个拥有积极品质的人能更好地发挥潜力,最大限度地实现自我(余娟,2009)。

(三)9个积极人格特质的发展能够反映幼儿健全人格的发展

我们确定的幼儿健全人格发展的9个目标项目是对幼儿5个人格维度的整体反映。其中,探索创造和自主进取2个项目反映智能特征维度;认真尽责和自我控制2个项目反映认真自控维度;合作交往和自尊自信2个项目反映外倾性维度;诚实礼貌和同情助人2个项目反映亲社会性维度;情绪适应反映情绪稳定性维度。

探索创造是对个体智能的一种反映,与人的思维活动紧密联系,是人类思维活动的最高表现,而“创新是一个民族进步的灵魂”。探索创造既是个体的一种心理过程,也是一种人格品质。在这里,我们将幼儿的探索创造界定为幼儿对新事物的好奇,积极探求,敢于大胆创造的一种心理倾向。幼儿时期,儿童还不能像成人那样进行探索与创造,即产生复杂而新颖的产品。但幼儿已经具有了创造性的萌芽,突出地表现在幼儿的好奇心和创造性想象的发展上(林崇德,2002)。在艺术、制作和游戏活动中,幼儿通过自己独特的方式将想象力渗透到他们的活动中,逐渐发展着他们的探索性和创造性,使其成为推动个体认识客观世界的强大动力。因此,幼儿园阶段,我们应通过多种途径和形式保护幼儿的好奇心,激发其探索欲,并鼓励幼儿的想象和创造,为培养创新人才打下坚实的基础。

自主进取作为一个重要的非智力因素,反映了一个人的自我意识状况,是个体在充分认识自己的基础上,通过积极主动地与环境相互作用,不断超越自己,进而争取更大进步的一种心理倾向,它对个体智力因素的发挥有着积极的促进作用。儿童的自主性很早就发展起来了,蒙台梭利认为,儿童有一种自发向上的力量,他们通过这种力量学会了爬、走、跑等,通过这种力量,儿童不断地吸收着外界的一切,儿童是靠着自己的力量逐渐发展起来的。儿童在学习走路的时候,如果成人抱起她(他),就会遭到儿童的强烈反抗。可见,自主性是儿童成长的强大动力。但现实生活中,成人往往不相信儿童的能力,总是讨好似的给儿童提供各种“帮助”,人为地剥夺了儿童自发成长的机会,导致儿童愈发的依赖,遇到困难就退缩等不良现象的产生。因此,我们应加强幼儿时期自主性的培养,鼓励幼儿克服自身的局限,积极参与,不断进取。

认真尽责是一名社会成员必须具备的一项心理品质,它反映了一个人对有关事物认真的态度倾向,是衡量一个人品德优劣的基本尺度。责任心强的个体更愿意与人合作,更能推进集体的利益(David,Paul,Van,2001)。而责任心缺乏的个体,容易造成工作中的各种失误和错误,从而失去他人的信任。责任心是个体在后天生活中逐渐发展起来的,在儿童心理发展中具有重要的地位,影响着儿童的学习与智能开发。马卡连柯(Makarenko)曾经指出,“许多教育问题解决的手段之一是培养一种认真的责任心”。幼儿时期的责任心已经有了初步的表现,并且获得了快速发展。幼儿能够认真地完成教师布置的整理任务。对于幼儿来说,培养其对自己负责、对他人尽责、对集体关心是责任心培养的重要内容。责任心的培养应从小开始,注重从小事入手,逐渐养成负责任的行为习惯,这对其未来的学习责任心、工作责任心和社会责任心的养成有着积极的奠基作用。

自我控制是自我意识的重要组成部分,是个体对自我行为的一种积极的、自觉的调节过程,是人类个体完成各种任务、协调与他人关系、成功地适应社会的必要条件(杨丽珠,宋辉,2003)。幼儿期是自我控制发展的关键期。杨丽珠、王江洋的研究(2007)表明,以儿童4岁时的自我延迟满足能力水平可以预期9岁时的学校社会交往能力水平。儿童早期善于自我控制的个体,成年以后在很多方面的表现都更佳,如能更好地抵抗挫折和诱惑,更好地应对人生中的各种危机(Sethi, Mischel, , Aber, et al. ,2000)。因此抓住幼儿期自我控制的培养,对发展个体的人格、社会性极为重要。但幼儿自我控制能力受神经系统发育状况影响较大,因此对儿童自我控制能力的培养要依幼儿的年龄特点来进行。

合作交往是个体社会化的重要内容,人生活在社会中,不可避免地要与他人接触,而交往行为在维持个体与他人和社会的关系中具有极为重要的作用。通过交往活动,个体获得对社会的适应和身心的健康成长;通过交往活动,社会得以正常运转和发展。而学会交往也成为21世纪教育的四大支柱之一。幼儿时期是社会交往态度与技能形成的重要时期,幼儿的社会交往对个性、情绪情感、认知等方面的发展都具有十分重要的作用,交往状况不良的幼儿更容易出现心理问题,并影响其学习能力。我国幼儿大多为独生子女,另外,越来越狭小的现代生活空间,使得幼儿与他人尤其是同龄人的交往逐渐减少,幼儿所掌握的交往技能不足,不善于合作,变得越来越以自我为中心。因此,开展相应的教育活动,引导幼儿的交往合作行为就显得极为迫切了。

自尊自信是对自我的一种肯定,是由积极自我评价引起的,并期望受到他人肯定的一种积极心理倾向,是衡量个体心理健康的重要标准,是形成健康人格的关键。4岁是幼儿自信心和自尊心发展的关键年龄。很多国家都把增强幼儿的自信心和自尊心作为学前教育的重要目标。它们作为一种重要的中介变量,影响人的认知、情感和社会行为等的发展,且这种影响具有弥散性。良好的自尊心和自信心有助于幼儿经常保持愉快的情绪,激发幼儿的探索性行为,并乐于交往与表现(程志宏,2003)。因此,在幼儿期,我们就要为幼儿播下自尊自信的种子,这对他们形成健全人格是十分必要的。

诚实礼貌是一种美德，也是人生立足之本，是中华民族优良传统的重要组成部分，是人生早期就应塑造的良好行为习惯，是个体亲社会性的重要体现。幼儿时期是诚实礼貌形成的重要时期。由于幼儿善模仿，容易出现"近朱者赤，近墨者黑"的情况，所以幼儿时期，如果不注意对幼儿的诚实礼貌行为的养成教育，则会影响到其日后良好社会行为的建立，健全人格就不容易形成。从教师对人格特质的排序上看，诚实这一特质非常受教师的重视，在15个特质中排名第二。因此，我们应把诚实礼貌作为幼儿健全人格教育的重要内容加以训练。

同情助人也是个体亲社会性的重要组成部分，是对他人的不幸产生共鸣，进而表现出关心、支持和帮助的心理倾向。它是一切道德的基础，是我们这个社会所崇尚和注重培养的重要人格品质。幼儿时期，幼儿已能对他人的不幸有应答反应。富有同情心的幼儿往往有较好的社会适应性，更受同辈群体和长辈的欢迎；反之，缺乏同情心的幼儿易引发攻击性行为，社会交往状况呈现不良状态。当前，由于子女人数的减少，家长对幼儿往往过于溺爱，幼儿一味地接收他人的爱，却不知道如何去爱，导致自私、冷漠性格。这样成长起来的孩子是不能适应时代发展要求的，现在"学会关心"已成为国际社会教育的重要目标，我们唯有从小引导幼儿发展同情心，培养其乐于助人的品质，幼儿才有可能成为具有健全人格的人。

情绪适应是涉及情绪理解与情绪调控两个层面的一种心理倾向，对个体的认知、社会性交往、心理健康等方面均有着重要影响。一个遇到情绪问题不能进行积极调控的人，可能表现出更多问题行为（潘苗苗，苏彦捷，2007）。个体早期情绪体验对日后情绪的发展影响也较大，甚至影响成年后身心发展的各个方面。幼儿阶段，幼儿离开家庭进入幼儿园时，面临着人生中的第一次分离，幼儿往往会出现分离焦虑等情绪障碍。另外，受神经生理发展水平的制约，整个幼儿期幼儿的情绪还带有较大的情境性，情绪容易波动，不善于情绪调控。因此，引导幼儿理解和调控情绪，帮助幼儿做自己情绪的主人，是幼儿健全人格教育的重要发展目标。

我们制定的幼儿健全人格培养的总目标与教育部新颁布的《幼儿园工作规程》（2016）相应的内容是一致的。该规程指出，幼儿园保育和教育的主要目标是：（1）促进幼儿身体正常发育和机能的协调发展，增强体质，促进心理健康，培养良好的生活习惯、卫生习惯和参加体育活动的兴趣。（2）发展幼儿智力，培养正确运用感官和运用语言交往的基本能力，增进对环境的认识，培养有益的兴趣和求知欲望，培养初步的动手探究能力。（3）萌发幼儿爱祖国、爱家乡、爱集体、爱劳动、爱科学的情感，培养诚实、自信、友爱、勇敢、勤学、好问、爱护公物、克服困难、讲礼貌、守纪律等良好的品德行为和习惯,以及活泼开朗的性格。(4)培养幼儿初步感受美和表现美的情趣和能力。该规程还强调,幼儿园应当关注幼儿心理健康,注重满足幼儿的发展需要,保持幼儿积极的情绪状态,让幼儿感受到尊重和接纳。教育活动的过程应注重支持幼儿的主动探索、操作实践、合作交流和表达表现。可见,我们所制定的幼儿健全人格培养的总目标符合我们对幼儿全面发展的要求。

第二节　幼儿健全人格培养年龄阶段目标的制定

一、研究目的

本研究的目的是确定不同年龄阶段幼儿在积极人格特质上的发展目标,指明幼儿健全人格发展的年龄特点,为不同年龄阶段幼儿健全人格教育方案设计提供参考。

二、研究方法

(一)调查对象

在沈阳和大连两个城市选取小班、中班、大班幼儿教师共计 110 人。其中,小班教师 39 人,中班教师 41 人,大班教师 30 人。这些教师的教龄均在 5 年以上,其中具有本科学历的教师 90 人,占总人数的 82%。

(二)研究的具体方法

1. 文献法

(1)根据总目标所确定的人格目标项目,检索文献,分析各目标项目的年龄发展特点,以便提出年龄阶段目标。具体做法是:在中国期刊网上,以自主性(独立性)、自信心、自尊心、助人、分享、同情心、诚实、说谎、自我控制、责任心、好奇心、创造性、合作、情绪理解、情绪调控、焦虑等相关词语作为检索词,检索 1990 年以来的相关文献,在此基础上对文献进行分析总结,分别提出小班、中班、大班幼儿在这些项目上的发展目标。

(2)分析我国颁布的《幼儿园教育指导纲要(试行)》和《3~6 岁儿童学习与发

展指南》两个文件，概括总结出文件中与儿童人格发展相关的内容。

(3)以美国亚利桑那州颁布的《3～5岁幼儿早期学习标准》为参考，提炼总结出与幼儿人格发展相对应的内容。

2. 问卷法

编写“幼儿健全人格培养年龄阶段目标确定的教师描述问卷”，问卷列出15个人格特质及其内涵，请110名小班、中班、大班幼儿教师根据自己的经验，以所在班级中人格发展较好的幼儿为描述对象，列出他们在15个人格特质上的主要表现。以教师所描述的语句为参考，提出不同年龄阶段幼儿的人格培养目标。本次问卷共发放110份，回收110份，回收率100%。

(三)对结果的质性分析

采用编码的方式对问卷中教师所描述的语句进行归纳整合。在一个特质内，分别对各个年级所有教师的描述语句进行归类编号，如大班30名教师在自主进取这个特质中，有16名教师提到幼儿自己的事情自己做，能独立穿脱衣服、叠被子，我们就把这些描述归为一类，初步提出发展目标。

对文献法获得的三类结果进行归纳处理，并将其与问卷结果整合，正式提出幼儿健全人格发展的年龄阶段目标。

(四)效度检验

我们对正式提出的幼儿健全人格发展年龄阶段目标进行内容效度的检验。首先，我们邀请了幼教领域的4名专家、发展与教育心理学专业的6名博士研究生和学前教育专业的6名硕士研究生组建了一支专家群体；其次，我们在沈阳市两所幼儿园组织了由24名一线幼儿教师参加的教师群体。请上述人员从目标内涵准确性、目标难度、目标在年级上的递进性和目标的语言表述四个方面对年龄阶段目标体系进行鉴定，结果显示，绝大部分的条目都很合适，对个别相对较难的项目和一些语句表述不够清晰的项目进行了调整，最终确定了幼儿健全人格发展的年龄阶段目标。

三、研究结果与分析

(一)人格特质文献检索分析结果

根据健全人格发展的总目标，我们对相关特质概念进行检索，分析各特质的年龄发展特点，在此基础上提出不同年龄段的幼儿发展目标，结果如表6-5所示。

表6-5　小、中、大班幼儿在各人格特质上的发展特点及目标的提出

特质及其发展特点	发展目标
自主进取 检索的相关词语为自主性和独立性。邹晓燕(2004)研究得出,3～5岁是儿童独立性发展的关键期,其间独立性逐渐由不稳定向稳定发展,5岁儿童的独立性已经相当稳定,且在不同情境下的表现非常一致。黑丽君(2008)研究得出,幼儿自主性的发展具有一定的年龄差异性,呈现逐渐上升的趋势。另外,幼儿自主性在认知、情感和行为三个层面的表现也有一定的差异。其中,幼儿的行为自主在3～4岁阶段发展迅速,4岁以后发展速度放慢。情感自主水平在4～5岁阶段快速提高。认知自主在整个3～5岁阶段都呈迅速发展的趋势。	**小班:**自己的事情自己做,可以初步处理一些自己在日常生活中遇到的事情。 **中班:**在遇到困难时能够自主解决,不依赖他人。 **大班:**幼儿有主见,能够自己做决定,并能坚持自己的正确决定,不易受他人干扰。
自尊自信 检索的相关词语为自信心和自尊心。王娥蕊(2006)的研究表明,幼儿自信心由3个维度构成,即自我效能感、自我表现和成就感。从发展特点来看,自信心在整个幼儿期都呈逐渐上升趋势,但在3个年级上的发展趋势并不一致,其中3～4岁是幼儿自信心发展最迅速的时期,4～5岁、5～6岁儿童自信心发展均处于较缓慢的上升时期,5～6岁的发展速度略快于4～5岁,这说明4岁是幼儿自信心发展的关键年龄。张丽华、杨丽珠(2005)对3～8岁儿童自尊的研究表明,自尊的发展在3～4岁呈上升趋势,在4～7岁呈下降趋势,4岁幼儿的自尊总分最高,在自尊的3个维度上,除自我胜任感外,4岁幼儿的重要感和外表感得分也显著高于3岁和5岁幼儿,这说明4岁是幼儿自尊感发展的转折年龄,4～5岁是幼儿自尊发展的转折阶段。	**小班:**对自己有初步的认知与评价,愿意展示自己,能体验到成功的快乐。 **中班:**对自己有较为正确的认知与评价,在集体活动中愿意表现并敢于表达自己的想法,获得成功后对自己有满意感。 **大班:**对自己有较为稳定和正确的评价,相信自己的能力,在各种活动中能够主动参与,并力求成功。
同情助人 检索的相关词语为助人、分享、同情心。幼儿的助人主要体现为助人观念和助人行为两个方面。已有研究(胡金生,杨丽珠,李博,2007;廖凤林,廖桂春,李江雪,吉英兰,1999;胡金生,杨丽珠,2005)发现,幼儿的助人观念和助人行为发展并不一致,助人观念的发展好于助人行为,幼儿的助人观念随着年龄的发展而发展,而助人行为的发展则呈波浪式。具体来说,小班幼儿主要关注他人在生活自理方面的问题,对人际交往和身体问题	**小班:**在成人引导下,对他人的不幸与困难有同情体验,有助人和分享的意愿,能给予他人一定的援助。 **中班:**对他人的不幸与困难有同情体验,能够主动分享和给予他人一定的关心和帮助。

续表

特质及其发展特点	发展目标
的关注也较多；对于他人的困难情境，小班幼儿往往把自己对情境的体验投射到他人，有很强的自我中心性。在助人行为方面，小班幼儿能采用物质援助、体力援助或不援助。中班幼儿仍对他人的生活自理方面的问题较为关注，除关注人际交往方面外，开始对物品匮乏有较多的关注。对于他人的困难情境，他们更倾向于根据已有的社会知识做出刻板的推测，所以在助人行为方面的表现好于小班和大班幼儿。相对于物质援助与体力援助，中班幼儿开始能够进行心理援助，比例逐渐增加。大班幼儿对学习问题的关注超过了对生活自理以外的其他方面。对于他人的困难情境，大班幼儿能根据特定对象的行为信息进行比较灵活的推测，所以在助人行为方面变得更为灵活。采用心理援助和求助他人的幼儿越来越多，但体力援助与物质援助仍占有一定的比例。分享指通过与他人共同享用某种资源而使他人获益。小班幼儿具有一定的分享观念，但动机水平比较低，主要来自诱发、互惠、权威等外部力量，以被动分享为主。随着年龄的增长，主动分享的人次有所增加。吝啬现象较为明显，公平分享开始出现。中班幼儿的分享观念和分享行为比小班幼儿有了较明显的提高，开始能够主动分享，但分享主要以互惠为原则。公平分享的比例很高，吝啬倾向减弱，慷慨倾向逐渐发展。大班幼儿的分享观念更加成熟和公正，分享行为的利他性显著提高，慷慨倾向出现飞跃，但存在分享观念和分享行为不一致的情况（李幼穗，赵莹，2008；杨爱莲，2004；杨恒，2009；郭忠玲，1996；王海梅，陈会昌，张光珍，2005）。关于同情心的研究表明，幼儿阶段，无论同情理解还是同情行为都呈逐渐增长趋势，4～5岁是幼儿同情心发展的重要时期（李幼穗，韩映红，2008）。	**大班**：能同情他人的不幸与困难，能积极主动地给予他人关心和帮助，能大方地与他人分享。
诚实礼貌 检索的相关词语为诚实、说谎。调查发现，大多数孩	**小班**：对说谎行为有初步的认知与评价，减少说谎行为。

续表

特质及其发展特点	发展目标
子的说谎和其他不诚实行为主要是从幼儿时期开始的。3 岁幼儿就已经有了说谎的经验,但说谎的水平较低,处于行为的欺骗阶段,不具有隐藏信息或意图这样的欺骗能力,只是想通过说谎来影响他人的行为,还不会考虑别人会想什么。3 岁幼儿还不能很好地对说谎进行理解与道德评价,且受行为的干扰。中班幼儿说谎的人数显著地高于 3 岁幼儿。4 岁幼儿开始能够进行策略性的说谎,幼儿在违规之后,会用更合理的解释来“圆”自己的谎言。大部分 4 岁幼儿已经很明显地想通过语言或动作给他人制造错误信念,以便他人相信其所说的谎话。4 岁幼儿能明确理解说谎的概念,且对说谎做出消极的道德评价。大班幼儿隐藏意图的欺骗能力趋于平稳发展时期,对说谎/说真话的判断与道德评价已经基本达到成熟水平,很少受外界因素的干扰,且对外界诱惑具备了一定的自控力(徐芬,王卫星,张文静,2005;张文静,徐芬,张瑞平,2007;王平,2005;刘秀丽,2004)。	**中班**:能对说谎行为进行稳定的认知评价,减少刻意的说谎行为。 **大班**:降低说谎行为的频率,养成诚实的好品质。
自我控制 自我控制是幼儿对自身的心理与行为的主动掌握,是幼儿自觉地选择目标,在没有外界监督的情况下,抑制冲动、抵制诱惑、延迟满足,控制、调节自己的行为,从而保证目标实现的一种综合能力(杨丽珠,宋辉,2003)。3 岁幼儿已经具备一定的行为控制能力,能够在一定程度上遵从老师或家长提出的要求,但尚未达到有意识的自觉约束、控制的水平,其自我控制的行为动因大多来自他人的要求或命令。当外界压力消除时,幼儿的行为还可能表现为冲动。到了中班,幼儿已经开始意识到对自身行为进行控制的重要性,并能在行动中逐渐有意识地控制自己;尽管有时幼儿由于坚持性不足,不能较长时间地达到意识和行为的完全一致,出现一些冲动行为,但此时幼儿开始有意识地自觉约束、控制自己的行为,顺从社会	**小班**:在外界的要求下,能够行为自控,并逐渐将规则内化,初步形成对自身行为的有意识控制。 **中班**:能够自觉地约束和控制自己,做事有坚持性,做到有始有终。 **大班**:不轻易为外界诱惑所干扰,能自觉地遵守规则,能长久地专注于某项活动。

续表

特质及其发展特点	发展目标
的规范。大班幼儿在头脑中已有对规则的初步认识和对自己行为对错的简单判别标准，能够批判性地对待自己的欲望，不轻易为诱惑所动。主动性增强，在一定程度上做自己情感和行动的主人（董光恒，杨丽珠，2007）。	
认真尽责 检索的相关词语为责任心。责任心是指个体在社会生活中对自身的社会角色以及角色所应承担的责任的认知、情感体验及相应的行为。庞丽娟、姜勇（1999）研究发现，小班、中班、大班幼儿责任心的发展随年龄增长而提高；任务责任心、自我责任心、承诺责任心是 3 ~ 6 岁幼儿责任心的主要表现形式，他人责任心、集体责任心和过失责任心是其次的表现形式。除在过失责任心方面，大班是发展的关键年龄，在责任心的其他方面，中班是发展的关键期。另有研究指出，小班幼儿的责任心发展处在依从阶段，对责任的意义并不理解，只是根据成人的外在要求和标准做出相应的责任行为。因此，对小班幼儿责任心的培养应强化榜样的作用，加强对幼儿责任行为的训练；中班幼儿的责任心发展处在认同阶段，对责任有了一定的认识，但不深刻，因此应强化幼儿对责任的理解与认识，通过各种活动全方位地发展中班幼儿的责任心。大班幼儿的责任心发展处在信奉阶段，已内化为自身的价值标准，但还缺少情感力量的支持。应提高大班幼儿对责任的情感体验，做到知、情、行协调一致，促进大班幼儿责任心水平的提高（杨丽珠，金芳，2005）。	**小班**：有初步的责任意识，能对自己和他人负责。 **中班**：有较强的责任意识，能对自己承担的事情负责，守信用，有一定的集体责任心。 **大班**：责任意识、情感和行为协调一致，对自己的事情认真负责、守信，有较强的过失责任心和集体荣誉感。
探索创造 检索的相关词语为好奇心和创造性。胡克祖（2005）研究发现，幼儿好奇心发展总体呈现一个类“V”形发展趋势，且男孩的好奇心要强于女孩。小班幼儿能对新异事物表现出敏感和好奇，能够主动探究，但缺乏探索的持久性，且主要对事物的表面属性感到好奇，不能对	**小班**：对新奇的事物有好奇体验，爱模仿想象，喜欢动手操作和摆弄。 **中班**：能对自己感兴趣的事物探究，喜欢提问，能够进行有意想象，并用自己喜欢的方式进行创造。

续表

特质及其发展特点	发展目标
事物的深层属性感到好奇。中班幼儿探究的主动性、好奇体验和对新异事物的反应性有所下降,但探索的持久性仍有一定的提高,开始对事物的深层属性表现出好奇。大班幼儿的好奇体验继续下降,但探究的主动性和对新异事物的敏感性再次获得发展,探索的持久性得到明显提高,能够对事物的深层属性进行探索,是幼儿好奇心发展最快、变化最大的时期。创造性即创造力。已有研究指出,小班幼儿主要以自己最熟悉的食品和日用品为主进行自由想象,创造性成分较低,而且往往是指向一个事物的笼统的整体,体现出其认知的不精确和泛化的特征,发散思维水平较低,创造只是一种无意想象的结果,但随着年龄的发展,创造力得到了快速发展。中班幼儿在小班的基础上有了一定的进步,由于语言、概括能力的提高,其想象中的创造性成分增多,在想象中有了自己的内容。中班幼儿的创造性思维发展达到了一个高潮,是幼儿创造性人格发展的关键期,而这一时期,幼儿主要通过游戏玩耍来表现他们的创造性。大班幼儿思维的流畅性有了显著提高,思维的变通性也有了极大发展。他们不再局限于食品和身边的日用品等,而是将思维的触角伸向了社会生活的诸多方面。思维的灵活性也有了明显的发展,基本的创造技法已清晰可见。大班幼儿创造性想象有了很大的发展,他们能根据自己已有的知识,对某个特定的主题发挥自己的想象。5 岁左右是幼儿发散思维发展的转折期,幼儿进入学前班后,发散性思维水平出现了"高原期",即发展速度骤然减缓(王小英,2005;齐璐,2007)。	**大班:**有敏锐的发现力,能对事物的深层属性进行相对持久的探究,能大胆想象和创造。
合作交往 检索的相关词语为合作。已有研究指出,多数小班幼儿不能较好地进行合作,合作认知和合作行为的水平都很低,活动中不能主动与他人进行协调,需要成人的提示与指导才能勉强进行协商与分工。小班幼儿不易主动	**小班:**在成人引导下,愿意与伙伴合作游戏。 **中班:**愿意与伙伴合作游戏,知道如何与人沟通和协商,初步完成合作任务。

续表

特质及其发展特点	发展目标
与人合作,合作意图不明显,合作目标也不明确。小班幼儿的合作现象主要体现在生活活动中。中班幼儿的合作现象日益集中在游戏活动中。与小班幼儿相比,多数中班幼儿能较好地进行合作,开始主动与人合作,合作意图增强,合作目标也逐渐明确,但整个合作进程自由松散,合作处于一种自发性协同状态。中班幼儿之间虽有语言交流,动作也协调一致,但在具体行动上难以按照统一的合作意图来商定共同的合作目标和一致的行动计划,该年龄段的幼儿对合作技能、技巧掌握得还不够,也使得他们很少能够完成合作任务,取得成功的结果。大班幼儿在游戏活动中产生了明确的合作意图和统一的合作目标,双方具有适应性的相互反应,行动具有序列性,在合作活动中,大部分幼儿能够相互配合,围绕目标行动,直至完成合作意图。这种合作行为虽有明确的目标和计划,但双方行动尚未组织化,完全依靠幼儿自觉的相互适应来维持合作,合作进程缺少内在制约性,因而这种合作方式不稳定,也难以持久(王小英,石丽娜,2008;赵海燕,2007;喻小琴,2008;曹中平,1994;魏中杰,2009)。	**大班:**能够主动发起合作交往,合作过程中有积极的互动,能够独立解决合作中的矛盾与纠纷,成功完成合作任务。
情绪适应 检索的相关词语为情绪理解、情绪调控和焦虑。关于情绪理解的研究发现,幼儿对积极情绪的理解要好于对消极情绪的理解。在对几种情绪的识别上,幼儿最容易识别的首先是高兴,其次是生气和伤心,对害怕、吃惊和厌恶的辨认较为困难。幼儿情绪理解能力总体上随年龄的发展而发展,但并非直线式增长,其中 4 ~5 岁是转折点(展宁宁,2005;王小溪,2010)。而幼儿情绪调控的研究多集中在情绪调节策略上,王玲凤(2013)的研究发现,幼儿较多地使用替代活动、问题解决的策略,其次是认知重建,而较少地使用被动应付、发泄等策略。3 ~5 岁,问题解决策略越来越多地被使用,发泄策略则越来越少地被使用。焦虑(Anxiety)是以过分恐惧和担忧为主	**小班:**能初步认识几种情绪状态,能愉快入园,对亲人的短暂离开不担忧。 **中班:**能正确识别常见的几种情绪状态,能适度地表达自己的不良情绪,较少焦虑。 **大班:**能认识自己不良情绪产生的原因,能运用适当的策略控制自己的不良情绪。

续表

特质及其发展特点	发展目标
要体验的一组情绪障碍。如果儿童的焦虑程度恰当并主要针对某种特定情境,则可视为一种正常反应;如果儿童的焦虑程度过高或泛化,则易成为一种病理或异常状态,严重影响儿童的智力、情感及社会性发展。研究发现,焦虑状况与个体的遗传因素和气质特点有密切的相关,因此具有一定的稳定性,但同时也受到环境因素的影响。在发展特点上显示出一定的年龄特征。小班幼儿的焦虑总分、分离焦虑、社交恐惧、强迫—冲动行为和广泛性焦虑在整个幼儿期间得分最高,此后,随年龄的增长呈下降的趋势。在各种焦虑症状中,躯体伤害恐惧水平最高,且一直表现较为稳定,分离焦虑在小班幼儿身上也表现较高,再次是社交恐惧和广泛性焦虑。随着年龄的增长,学前儿童的焦虑水平呈明显的下降趋势,这可能是因为随着年龄的增长,儿童越来越熟悉和适应幼儿园的生活,同时由于生理和心理发展水平的提高,他们对于外界环境的认识逐步加深,担忧水平下降(赵金霞,王美芳,2009;王美芳,王玉廷,2008;黄志敏,2004;刘爱芳,2008;王静,宋荧荧,2003)。	

(二)我国幼教文件中关于幼儿人格发展目标的分析结果

在确定幼儿健全人格发展的年龄阶段目标时,我们参考了学前教育领域的重要文件《幼儿园教育指导纲要(试行)》(以下简称《纲要》)和《3～6岁儿童学习与发展指南》(以下简称《指南》),将《纲要》和《指南》中与人格发展内容相关的条目摘录出来,并将其与我们确定的人格发展总目标进行匹配,结果如表6-6和表6-7所示:

表 6-6 《纲要》中关于幼儿人格发展目标的阐述

《纲要》中的描述	对应的目标项目
在集体生活中情绪安定、愉快。	情绪适应
乐意与人交谈,讲话礼貌。	诚实礼貌 合作交往
1. 能主动地参与各项活动,有自信心; 2. 喜欢参加艺术活动,并能大胆地表达自己的情感和体验。	自尊自信 自主进取
乐意与人交往,学习互助、合作和分享,有同情心。	合作交往 同情助人
理解并遵守日常生活中基本的社会行为规则。	自我控制
能努力做好力所能及的事,不怕困难,有初步的责任感。	认真尽责
1. 对周围的事物、现象感兴趣,有好奇心和求知欲; 2. 能运用各种感官,动手动脑,探究问题。	探索创造

表 6-7 《指南》中关于幼儿人格发展目标的阐述

《指南》中的描述	对应的目标项目
3 ~ 4 岁 1. 能根据自己的兴趣选择游戏或其他活动。 2. 自己能做的事情愿意自己做。 4 ~ 5 岁 1. 能按自己的想法进行游戏或其他活动。 2. 自己的事情尽量自己做,不愿意依赖别人。 5 ~ 6 岁 1. 自己的事情自己做,不会的愿意学。 2. 与别人的看法不同时,敢于坚持自己的意见并说出理由。	自主进取
3 ~ 4 岁 1. 喜欢接触大自然,对周围的很多事物和现象都感兴趣。 2. 经常提问各种问题,或好奇地摆弄物品。 4 ~ 5 岁 1. 喜欢接触新事物,经常问一些与新事物有关的问题。 2. 常常动手、动脑探索物体和材料,并乐在其中。 5 ~ 6 岁 1. 对自己感兴趣的问题总是刨根问底。 2. 能经常动手、动脑寻找问题的答案。 3. 探索中有所发现时感到兴奋和满足。	探索创造

续表

《指南》中的描述	对应的目标项目
3~4岁 1. 喜欢承担一些小任务。 2. 在成人提醒下,爱护玩具和其他物品。 3. 长辈讲话时能认真听,并能听从长辈的要求。 4~5岁 1. 知道接受了的任务要努力完成。 2. 在提醒下,能节约粮食、水电等。 3. 喜欢自己所在的幼儿园和班级,积极参加集体活动。 5~6岁 1. 主动承担任务,遇到困难能够坚持而不轻易求助。 2. 能认真负责地完成自己所接受的任务。 3. 爱惜物品,用别人的东西时也知道爱护。 4. 爱护身边的环境,注意节约资源。 5. 愿意为集体做事,为集体的成绩感到高兴。	认真尽责
3~4岁 在提醒下,能遵守游戏和公共场所的规则。 4~5岁 感受规则的意义,并能基本遵守规则。 5~6岁 理解规则的意义,能与同伴协商制定游戏和活动规则。	自我控制
3~4岁 身边的人生病或不开心时表示同情。 4~5岁 1. 能注意到别人的情绪,并有关心、体贴的表现。 2. 对大家都喜欢的东西能轮流、分享。 3. 不欺负弱小。 5~6岁 1. 能关注别人的情绪和需要,并能给予力所能及的帮助。 2. 不欺负别人,也不允许别人欺负自己。	同情助人

续表

《指南》中的描述	对应的目标项目
3～4岁 1. 能在成人的提醒下使用恰当的礼貌用语。 2. 在提醒下能做到不打扰别人。 3. 知道不经允许不能拿别人的东西，借别人的东西要归还。 4～5岁 1. 能主动使用礼貌用语，不说脏话、粗话。 2. 会用礼貌的方式向长辈表达自己的要求和想法。 3. 不私自拿不属于自己的东西。 4. 知道说谎是不对的。 5. 尊重为大家提供服务的人，珍惜他人的劳动成果。 6. 接纳、尊重与自己的生活方式或习惯不同的人。 5～6岁 1. 懂得按次序轮流讲话，不随意打断别人。 2. 做了错事敢于承认，不说谎。	诚实礼貌
3～4岁 1. 愿意和小朋友一起游戏。 2. 想加入同伴的游戏时，能友好地提出请求。 3. 与同伴发生冲突时，能听从成人的劝解。 4～5岁 1. 喜欢和小朋友一起游戏，有经常一起玩的小伙伴。 2. 会运用介绍自己、交换玩具等简单技巧加入同伴的游戏。 3. 与同伴发生冲突时，能在他人帮助下和平解决。 4. 活动时愿意接受同伴的意见和建议。 5～6岁 1. 有自己的好朋友，也喜欢结交新朋友。 2. 有高兴的或有趣的事愿意与大家分享。 3. 能想办法吸引同伴和自己一起游戏。 4. 活动时能与同伴分工合作，遇到困难能一起克服。 5. 与同伴发生冲突时能自己协商解决。 6. 知道别人的想法和自己不一样时，能倾听和接受别人的意见，不能接受时会说明理由。	合作交往

续表

《指南》中的描述	对应的目标项目
3～4 岁 为自己的好行为或活动成果感到高兴。 4～5 岁 1. 知道自己的一些优点和长处,并对此感到满意。 2. 敢于尝试有一定难度的活动和任务。 5～6 岁 1. 能主动发起活动或在活动中出主意、想办法。 2. 做了好事或取得了成功后还想做得更好。	自尊自信
3～4 岁 1. 情绪比较稳定,很少会因一点小事哭闹不止。 2. 有比较强烈的情绪反应时,能在成人的安抚下逐渐平静下来。 3. 换新环境时情绪能较快稳定。 4. 在帮助下能较快适应集体生活。 4～5 岁 1. 经常保持愉快的情绪,不高兴时能较快缓解。 2. 有比较强烈的情绪反应时,能在成人提醒下逐渐平静下来。 3. 愿意把自己的情绪告诉亲近的人,一起分享快乐或求得安慰。 4. 能较快适应人际环境中发生的变化。如换了新老师也能较快适应。 5～6 岁 1. 经常保持愉快的情绪。知道引起自己某种情绪的原因,并努力缓解。 2. 表达情绪的方式比较适度,不乱发脾气。 3. 能随着活动的需要转换情绪和注意。 4. 能较快地融入新的人际关系环境。如换了新的幼儿园或班级后能较快地适应。	情绪适应

(三)美国亚利桑那州《3～5 岁儿童早期学习标准》中关于幼儿人格发展目标分析结果

如表 6-8 所示,美国亚利桑那州的《3～5 岁儿童早期学习标准》中的社会情感内容描述(邵小佩,康永春,2009)在很多方面与我们的幼儿健全人格培养的内容相对应,包括 4 大标准和 12 个概念。对于每个概念,他们都指出了发展的指标及其对应的例子。我们基于内涵的一致性将两部分内容进行匹配,对相似内容进行整合,概括出幼儿人格发展目标(见表6-9)。

表6-8　美国亚利桑那州《3～5岁儿童早期学习标准》中关于幼儿人格发展目标的描述(译)

标准1:自我知识	
概念1:自我意识(儿童表现出的对自身的意识) 当儿童开始识别出使他们成为独一无二的个体的特征和建构自尊时,他们发展了自我同一感。	
指标	日常生活、活动和游戏中的例子
a. 表现自信	· 儿童承认自己的技能,并说:"我能击球。" · 儿童告诉他的朋友:"我不喜欢那样。"
b. 让别人知道个人的喜好	· 当被要求列举一个喜欢的颜色时,儿童说:"红色。" · 儿童说:"我喜欢巧克力冰激凌。"
c. 显示自我同一性的知识	· 当照镜子时,儿童说:"我戴了副新眼镜。" · 儿童说:"我的生日是在5月。"
d. 表现出对自己与他人之间的相似性与差异性的意识	· 儿童说:"我比你大点儿。" · 儿童指指自己的衬衫,然后指指朋友的衬衫,表明他们正穿着同样颜色的衬衫。
概念2:情绪识别和表达(儿童识别与表达对自己和他人的情感) 儿童能够有效地和合适地表达自己的能力,了解到他们的态度和感情是他们情感健康的一个重要方面。儿童通过与朋友和家人的日常关系,了解他人的感情。	
指标	日常生活、活动和游戏中的例子
a. 情感与语言和面部表情的联系	· 当面对一个带笑脸的玩偶时,儿童使用手语做出笑的姿势。 · 当听一个故事时,儿童遮住他的眼睛并说:"这太可怕了。"
b. 识别和描述自己的感情	· 儿童说:"我今天很开心,今天是我的生日。" · 当在户外游戏的时候,儿童说:"你拿走我的自行车使我很难过。"
c. 展示拒绝的技巧,通过对(在)伤害情境中说"不"	· 当一个陌生人问"你叫什么名字"时,儿童会走开。 · 儿童说:"不,我不会跳下滑坡。"
d. 识别和描述他人的感情	· 儿童走近一个成年人并说:"Jamal现在很难过,他在哭。" · 当画完一幅妈妈的画像后,儿童说:"我的妈妈看到我的画后会很高兴。"

续表

e. 表达对他人的同情	· 儿童看到他的朋友在哭，然后给了他一个拥抱。 · 看到他的朋友摔倒后，儿童问："你还好吗？"

标准2：和他人的社会关系

概念1：分离(儿童展示出和家庭成人分离的能力)

儿童在感到安全的和有把握的环境中发展与成人之间的积极社会关系。

指标	日常生活、活动和游戏中的例子
a. 当家庭成员在附近时，能和他人相互作用	· 当儿童的妈妈与另一个儿童的妈妈聊天时，他们的孩子一起在滑坡上玩。 · 当了解到某一位家庭成员的到来后，儿童继续游戏。
b. 和家庭成员分离不过度紧张	· 当他的妈妈将他送到他朋友的房子时，儿童跑出去玩。 · 当儿童被送到学校时，儿童不哭或儿童喜欢照顾者的家。
c. 从家庭成人那寻求安慰和保护	· 当儿童玩一个玩具卡车时手指受伤，他跑到他的照顾者那里寻求安慰。 · 儿童偶尔寻找老师的拥抱。

概念2：合作(在社会关系中，儿童表现出给予和索取的能力)

儿童与同辈和成人的合作暗含了对共有权的理解和平衡他们自己的需要与其他人的需要的能力。

指标	日常生活、活动和游戏中的例子
a. 当成人或其他儿童发起关系时的反应	· 问："你想要炸薯条吗？"儿童假装吃一个汉堡并回答："是的。" · 问："现在你想做什么？"儿童说："我想出去玩。"
b. 发起和维持与成人同朋友的积极关系。	· 当进行字面组合的时候，儿童问是否需要帮忙，儿童们一起完成字面组合。 · 儿童说："让我们为我们的汽车修筑一条路吧。"儿童们一起修筑公路。
c. 展示积极的解决冲突的方式	· 儿童与他的朋友进行玩具交换。 · 儿童同意与想要和他们一起玩儿的朋友分享积木。

标准3：对自己和他人负责

概念1：自我控制(儿童在各种环境中遵守规则和程序)

当儿童拥有控制冲动的能力和遵守规则与程序时，儿童发展了自我控制。这使得儿童在个人和社会背景下能成功和独立地做事。

续表

指标	日常生活、活动和游戏中的例子
a. 处理过渡、生活常规和意外事件	·到讲故事的时间了，儿童收拾好积木并来到集合的地方。 ·当儿童看到一个意外拜访者时，问："那是谁？"然后继续活动。
b. 在学习环境中理解和遵守规则	·儿童提醒朋友要在户外跑。 ·当宣布打扫时间到了时，儿童收起智力玩具。
c. 接受积极或消极行动的后果	·儿童在把牛奶泼到桌子上后拿起一块海绵将其擦干。 ·儿童用一块积木意外地将他朋友的手击伤后，给他朋友拿一个冰袋。
d. 调整行为以适应轮流活动和不同的学习环境	·当参观图书馆时，儿童发出很小的声音。 ·在群体活动中，儿童分享学习材料。

概念2：尊敬（儿童承认自己和他人的权利与财产）

当儿童和他人相互作用时，他们意识到可接受行为的限制和界限，开始了解到他们行为的可能后果。他们学习处理自己的行为，与其他儿童发展合适的社会关系。除此，当儿童拥有身份感时，他们在环境中茁壮成长。

指标	日常生活、活动和游戏中的例子
a. 在使用他人物品前请求允许	·幼儿看到另一个幼儿背包中的娃娃，提出要玩一下娃娃。 ·幼儿问："接下来我可以骑三轮车吗？"
b. 视自己的权利和他人的权利而定	·幼儿告诉他的朋友不要撞倒他搭好的积木。 ·幼儿说："Elizabeth，Joe 先用自行车。"
c. 使用彬彬有礼的语言和行为	·收到一个点心后，幼儿说："谢谢"。 ·幼儿在交谈期间能轮流交替进行。
d. 参与打扫学习环境	·幼儿帮助老师把彩色蜡笔收好。
e. 表现出对学习材料和玩具的关心	·幼儿提醒朋友小心使用玩具。 ·幼儿从地板上捡起彩色蜡笔并放回到正确的包装盒里。

标准4：对学习的态度

概念1：好奇（幼儿对新经历的好奇）

幼儿是积极的学习者，对事物好奇并渴望学习。幼儿倾向于探索环境中的一切，这与好奇心密切相关。幼儿通过自己寻找问题的答案来建构知识体系。

续表

指标	日常生活、活动和游戏中的例子
a. 当提供多个选择的时候选择一个活动	·当给出选择或者玩玩具或者画画时,幼儿选择画画。 ·当户外活动时,幼儿跑去滑行。
b. 表现出对学习新事物的兴趣和尝试新的事物	·儿童在教室第一次看到显微镜时说:“让我看一看。” ·儿童问:“你是怎样制作橡皮泥的?” ·儿童询问为什么他的朋友不在学校。
c. 表达对人的兴趣	·儿童问:“你有姐妹吗?”
d. 提问以获取信息	·当往前走时,儿童问:“我们要去哪儿?” ·听了一个小狗的故事后,儿童问:“你有哪种狗?”

概念2:主动性(幼儿表现独立)

独立是指儿童展示独立精神和对自己选择拥有控制感的一种能力。它也反映儿童开始社会关系的能力。

指标	日常生活、活动和游戏中的例子
a. 开始和他人联系	·当户外游戏时,儿童让一个朋友和他一起在滑坡上玩。
b. 独立地做决定	·儿童选择一个人读故事,而不是和朋友们一起游戏。
c. 在活动、常规生活和游戏中发展独立性	·一旦进入学习环境,儿童挂起他的外套和背包。 ·幼儿画完画后,不用吩咐就能去洗手。

概念3:坚持性(儿童表现出维持和坚持一个具有挑战性任务的能力)

从很小的时候开始,儿童就知道了如何坚持和维持一个任务。儿童从事他们正在做的和迎接适合他们发展水平的挑战的能力就是坚持性的表现。坚持完成一个任务的能力是学习中的一个重要元素。

指标	日常生活、活动和游戏中的例子
a. 持续地参加一个任务	·儿童按照“一日课程”完成建造一个垒高拼装玩具结构。
b. 从事挑战	·儿童不断试图将2个纸巾筒用带子绑起来。 ·儿童要求玩有许多线路的迷宫。
c. 应对挫折和沮丧	·儿童试图在猴架上摇摆。 ·儿童将一杯果汁泼到地板上,将其擦拭干净,然后又要了一些果汁。 ·儿童说:“我们必须进屋,天正在下雨。等雨停了我们再回到外面玩。”

续表

<table>
<tr><td colspan="2">概念4:创造力(儿童具有能用独特的方式表现自己所认识的世界的能力)
创造力能用各种方式表达。我们通常思考这个世界与表达艺术有关。然而,创造力包含处理新情境和问题的能力与用不同的观点看事情的能力。一个有创造力的幼儿能详细说明观点,有幽默感。</td></tr>
<tr><td>指标</td><td>日常生活、活动和游戏中的例子</td></tr>
<tr><td>a. 使用想象以生成新的观点</td><td>· 儿童根据自己画的图片创编一个故事。
· 当儿童和一个朋友玩过家家时,说:“让我们将孩子带到公园吧。”</td></tr>
<tr><td>b. 欣赏幽默</td><td>· 当故事中的某件可笑的事发生了,儿童会大笑或微笑。儿童说:“那是一个有趣的故事。”</td></tr>
<tr><td colspan="2">概念5:问题解决(儿童具有寻找问题解决的能力)
问题解决包括寻找或者发现每天问题的解决的能力。当儿童以他的前期经验为基础和整合新信息时,这个能力对于构建知识结构是至关重要的。</td></tr>
<tr><td>指标</td><td>日常生活、活动和游戏中的例子</td></tr>
<tr><td>a. 识别问题</td><td>· 当摆桌子时,儿童发现没有足够的杯子,然后要了额外的杯子。</td></tr>
<tr><td>b. 设法解决问题</td><td>· 当儿童发现短裤上的颜料时,他将纸巾弄湿并将颜料擦下去。</td></tr>
<tr><td>c. 当需要支持的时候寻求成人的帮助</td><td>· 当穿夹克时,儿童问:“你会给夹克拉上拉链吗?”
· 儿童告诉成人:“他拿了我的玩具。”</td></tr>
<tr><td>d. 独立想办法解决问题</td><td>· 当秋千上的绳索打结时,儿童会努力将它们解开。</td></tr>
<tr><td colspan="2">概念6:自信(儿童展示出的在各种各样的环境中的自我确信)
自信的儿童能肯定自己和他们做事情的能力或者适应变化了的情境的能力。一个自信的儿童愿意进行合情合理的冒险,去尝试新的经验,或者从事有挑战的任务。</td></tr>
<tr><td>指标</td><td>日常生活、活动和游戏中的例子</td></tr>
<tr><td>a. 表达观点或想法</td><td>· 儿童表明红色是他喜欢的颜色,然后选择它。
· 当建造一个城堡时,儿童对他的朋友说:“我知道怎样让顶部站稳。”</td></tr>
<tr><td>b. 认为自己能胜任和有技能</td><td>· 儿童说:“我能自己倒果汁。”</td></tr>
<tr><td>c. 愿意冒险和考虑多种选择</td><td>· 儿童告诉他的朋友:“我不需要你的帮助,我能做。”
· 当提供“花椰菜和农场的装束”时,儿童说:“我想试试。”</td></tr>
</table>

表 6-9 对美国亚利桑那州《3～5 岁儿童早期学习标准》中人格发展目标的概括

美国亚利桑那州《3～5 岁儿童早期学习标准》社会情感领域			对应我们的目标项目
标准	概念	对发展指标的概括	
自我知识	自我意识	1. 了解自己的意愿并能按自己的意愿做事 2. 了解自己的特征，知道自己与他人不同	自尊自信
	情绪识别和表达	1. 了解自己的情绪和情感并表达自己的情绪和情感 2. 了解他人的情感变化并能够用语言和行为表达对他人的同情	情绪适应 同情助人
和他人的社会关系	合作	1. 能主动发起并维持与他人的积极关系，也能对来自他人发起的活动做出积极回应 2. 在游戏活动中能用积极的方式处理冲突，如交换或分享	合作交往
	分离	1. 受到伤害时，能从成人那里寻求安慰 2. 有安全感，情绪稳定，不过分担忧和焦虑	情绪适应
	自我控制	1. 理解并遵守规则 2. 自觉调整自己的行为以适应环境的需要	自我控制
对自己和他人负责	尊敬	1. 使用他人物品前能做出请求以征得对方的同意 2. 能用彬彬有礼的语言和行为对待他人，如会使用言谢、轮流等 3. 爱惜物品	诚实礼貌 认真尽责
对学习的态度	好奇	1. 对新异事物感兴趣并愿意尝试 2. 喜欢提问以满足自己的需要	探索创造
	创造力	1. 能进行有意想象	
	主动性	1. 独立地选择和决定 2. 不需提醒就能自觉地完成常规活动任务	自主进取 自我控制
	问题解决	1. 能独立地想办法解决问题 2. 遇到困难时懂得求助	
	坚持性	能持续进行某项活动，不轻易放弃	自我控制
	自信	1. 相信自己的能力并表现自己的能力 2. 敢于尝试有挑战性的活动	自尊自信

(四)幼儿教师关于不同年级幼儿健全人格发展目标描述的质化分析结果

在确定幼儿健全人格发展目标项目研究中发现,教师眼中最看重的人格特质是:乐观开朗、诚实知耻、自主进取、认真尽责、合群守礼、坚持自制、善交际、探索创新、同情利他、情绪稳定性和聪慧性。经适当调整,我们最后确定的人格发展特质是:自主进取、探索创造、认真尽责、自我控制、诚实礼貌、同情助人、合作交往、自尊自信、情绪适应。在这里,我们对本问卷调查中教师关于聪慧性、文艺兴趣、情绪敏感性、精力充沛、攻击反抗5个特质的目标描述不予处理,同时将顺从自制和坚持性的目标描述结果合并在一起,以便针对9个人格特质提出发展目标,结果如表6-10所示。

表6-10 幼儿教师描述的幼儿健全人格发展的年龄阶段目标

特质	年级	发展目标
自主进取	小班	·喜欢独立尝试,并通过自己的努力去完成,如自己进餐、自己穿脱衣物、自己动手操作 ·愿意争第一,希望通过自己的表现得到老师的认可
	中班	·喜欢独立完成任务,自己的事情自己做 ·积极参加各种活动,在活动中喜欢争得第一 ·主动承担任务,如做老师的小助手
	大班	·生活能够自理,独立穿脱衣服、叠被子、系鞋带,并有能力承担任务,如做值日生,自己整理活动区的玩具 ·竞赛活动中,能够尽力表现,争取最佳 ·学习积极主动,能通过自己的努力独立完成任务
探索创新	小班	·好问 ·对新异事物感兴趣并能探索 ·游戏中能进行想象,无意想象水平高
	中班	·对自然界中的现象感兴趣,喜欢探索 ·在原型的基础上能进行简单创作 ·能大胆想象,探索不同答案或玩法
	大班	·对新异事物感兴趣,并能大胆尝试或探索 ·能进行有意想象和创造想象,并大胆创作,有一定新颖性 ·对不确定的事能够通过询问或亲自探索弄懂 ·游戏中能探索新玩法

续表

特质	年级	发展目标
认真尽责	小班	·上课时,保持注意力集中,专注做事情 ·对自己的生活、学习和游戏负责,如将自己的物品摆放整齐,玩完玩具后收拾放好 ·对自己的任务负责,如做值日生工作时,能认真服务
	中班	·保持注意力集中,能专注做事情 ·对自己的任务负责,如按成人要求去做,做值日生工作时积极负责 ·对自己的生活、学习和游戏负责,如用完物品后能摆放整齐
	大班	·保持注意力集中,能专注做事情 ·对自己的任务负责,如按成人要求去做,做值日生工作时积极负责 ·对自己的生活、学习和游戏负责,如用完物品后能摆放整齐
坚持自制	小班	·能按要求做事,并遵守规则 ·能够等待,按顺序做事,如排队喝水 ·在成人的鼓励下,能克服困难坚持完成自己正在做的事
	中班	·有规则意识,在成人要求下能遵守规则 ·做事有始有终,能克服困难并坚持完成自己正在做的事
	大班	·游戏中,遵守游戏规则 ·生活中,有秩序地做事,如排队如厕 ·活动中,能坚持完成任务
诚实知耻	小班	·在老师的引导下,能承认自己的错误 ·能分辨好与坏,对自己的错误行为有羞愧表现
	中班	·在老师的引导下,能承认自己的错误 ·能分辨好与坏,对自己的错误行为有羞愧表现
	大班	·对自己的过失能主动道歉 ·能分辨好与坏,对自己的错误行为有羞愧表现
同情利他	小班	·能与其他幼儿分享自己的物品 ·通过语言或动作表达对他人的关心 ·对他人的困难能主动给予帮助
	中班	·能与其他幼儿分享自己的物品 ·通过语言或动作表达对他人的关心 ·对他人的困难能主动给予帮助

续表

特质	年级	发展目标
	大班	·能与其他幼儿分享自己的物品 ·通过语言或动作表达对他人的关心 ·对他人的困难能主动给予帮助
合群守礼	小班	·喜欢和同伴在一起,愿意合作开展游戏或合作完成任务 ·能主动使用常用的礼貌用语,如见面问好,会使用请求、道谢词语等
	中班	·喜欢和同伴在一起,能合作开展游戏或共同完成任务 ·能主动使用礼貌用语,如见面问好,会使用请求、道谢词语等 ·开始喜欢交朋友
	大班	·喜欢和同伴在一起,能合作开展游戏或共同完成任务 ·愿意交朋友,有比较固定的玩伴 ·能主动使用礼貌用语,如见面问好,会使用请求、道谢词语等
情绪稳定性	小班	·遇到挫折后,会寻求帮助,不哭不闹 ·生气后,在老师的引导下,能调整自己的不良情绪 ·能很快适应变化了的环境,不紧张、不焦虑,情绪平稳 ·能愉快入园,不哭闹
	中班	·遇到挫折后,会寻求帮助,不哭不闹 ·遇到挫折后,有情绪表现,但能控制住自己的情绪并很快平复 ·能很快适应变化了的环境,不紧张、不焦虑,情绪平稳 ·能愉快入园,不哭闹
	大班	·对他人的过失能给予原谅,而不表现出消极的情绪 ·在新的环境中,不紧张、不焦虑,情绪稳定 ·在受到批评时,情绪平稳,并接受对方的批评,没有过激情绪
善交际	小班	·能主动地发起交往,会表达对他人的友爱之情 ·能协调与伙伴之间的关系,会使用商量、分享等交往技能
	中班	·愿意与他人交朋友,有比较固定的玩伴 ·能协调与伙伴之间的关系,会使用商量、轮流、帮助等交往技能 ·能很快融入新的团体,能与同伴合作游戏
	大班	·懂得使用谦让、协商等交往技能,协调与伙伴之间的关系,与伙伴友好相处 ·能积极主动地与他人交往,且大方不拘谨

续表

特质	年级	发展目标
乐观开朗	小班	· 愉快入园,愿意和他人分享快乐 · 愿意表现自己,且大方不拘谨
	中班	· 有积极心境,心情愉快,能很快原谅他人 · 喜欢展示自己的才艺,在众人面前表现不紧张、不怯场 · 课堂上活跃,能积极与老师互动
	大班	· 有积极心境,高兴入园,愉快离园 · 能大胆表现自己,上课活跃

(五)最终确定幼儿健全人格发展的年龄阶段目标

依据文献分析结果及幼儿教师的描述结果、专家群体和教师群体的鉴定结果,经适当调整,最终确定了幼儿健全人格培养的年龄阶段目标,如表 6-11 所示。

表 6-11 幼儿健全人格发展的年龄阶段目标

特质	年级	教育目标
自主进取	小班	· 喜欢自己的事情自己做,如自己进餐、自己穿脱衣物、自己动手操作 · 愿意通过自己的努力尝试解决一些简单的生活问题 · 能根据自己的兴趣选择游戏
	中班	· 能主动承担任务,并能独立完成任务,不依赖他人 · 能按自己的想法游戏,游戏中表现积极
	大班	· 能够自己做决定,并坚持自己的正确决定 · 渴望他人的认可,在各种活动中能够积极表现,争取最佳
探索创造	小班	· 对新异事物感兴趣,喜欢摆弄或操作 · 喜欢提问 · 游戏中能进行模仿和想象活动
	中班	· 对自己感兴趣的事物和现象进行探究,并乐在其中 · 经常问各种各样的问题以满足自己的需要 · 能探索游戏的不同玩法或进行简单创作
	大班	· 喜欢接触新事物,并大胆地尝试或探索 · 喜欢刨根问底,并愿意动手探索解决疑问 · 在感兴趣的活动中,能进行有意想象和大胆创造,有一定新颖性

续表

特质	年级	发展目标
认真尽责	小班	·能对自己的生活、学习和游戏负责,如将自己的物品摆放整齐,玩完玩具后收拾放好 ·喜欢承担一些小任务
	中班	·知道要对自己承担的任务负责并尽力完成任务 ·初步产生集体责任心,能积极参加集体活动,喜欢自己所在的班级
	大班	·能主动承担任务,并认真地完成任务 ·讲信用,能对自己的过失自责,愿意承担自己的过失 ·愿意为集体做事,有较强的集体荣誉感
自我控制	小班	·在外界要求下能遵守规则 ·在成人的鼓励下,能持续专注于某事
	中班	·有规则意识,基本上能自觉遵守规则 ·能自觉克服困难并坚持完成自己正在做的事 ·对诱惑有一定的抵制力,能克制自己的冲动
	大班	·能自我约束,在各种活动中能遵守规则 ·不易受外界诱惑干扰,能主动地控制自己的情感和行动,能长久专注于某项活动
合作交往	小班	·喜欢和伙伴在一起,愿意和伙伴一起游戏 ·与伙伴发生冲突后愿意听从劝解,与伙伴继续游戏
	中班	·喜欢和同伴一起游戏,有比较固定的玩伴 ·会运用轮流、交换等简单技巧加入同伴游戏和维持与同伴的关系 ·在他人帮助下,能协调与同伴之间的关系,解决冲突
	大班	·有自己的好朋友,愿意结交新朋友 ·能正确运用人际交往技巧发起游戏,喜欢与伙伴合作游戏,游戏中能分工合作 ·能独立解决与同伴的矛盾和纠纷
自尊自信	小班	·愿意表现自己的能力,能体验到成功的快乐
	中班	·能初步认识自己的能力,并相信自己的能力
	大班	·敢于尝试有挑战性的活动,获得成功后有满足感

续表

特质	年级	发展目标
诚实礼貌	小班	·能在成人的提醒下使用常用的礼貌用语 ·不随便拿别人的东西,知道借完东西要归还
	中班	·能主动使用礼貌用语对待他人,如言谢、主动问好、表达歉意等 ·知道说谎不好,不故意说谎
	大班	·恰当地使用礼貌用语,尊重他人,不故意打扰他人 ·基本不说谎,能主动承认自己的过错
同情助人	小班	·在成人的引导下,对他人的不幸与困难有同情体验和行为 ·在要求下,愿意与他人分享
	中班	·能认识和体验到他人的不幸与困难,并有关心、体贴的表现 ·对大家都喜欢的东西能主动分享
	大班	·能对他人的不幸表示同情,并给予力所能及的帮助 ·能主动分享自己喜欢的东西
情绪适应	小班	·认识几种常见的情绪,在帮助下能逐渐适应变化了的环境,情绪能较快稳定 ·有比较强烈的情绪反应时,会寻求安慰,不会哭闹不止
	中班	·能较快适应变化了的环境,保持情绪平稳 ·有不良情绪时,在提醒下能控制住自己的不良情绪并较快平复
	大班	·能很快适应变化了的环境,经常保持愉快的情绪 ·知道引起某种情绪的原因,能根据需要调整情绪 ·有不良情绪时能适度表达

四、讨论

(一)幼儿健全人格发展年龄阶段目标体系的适用性分析

在明确了幼儿人格发展的总目标后,还需要对 3 ~4 岁、4 ~5 岁、5 ~6 岁幼儿在人格的不同方面的发展水平提出合理的期望,即确定幼儿健全人格发展的年龄阶段目标。幼儿健全人格发展年龄阶段目标的制定是一个非常复杂、艰巨的工程。

首先,我们制定的年龄阶段目标应能反映出幼儿人格发展的特点和规律,符合受教育者的身心发展特点,既能适应幼儿当时的接受水平,又要考虑给他们的未来发展做好必要的准备。

其次,我们制定的年龄阶段目标还要符合国家对教育的要求,考虑到社会发展的需要。人格教育应以促进国家和社会的可持续发展为最终目标。

再次,我们制定的年龄阶段目标应满足不同幼儿发展的需要,让每个幼儿都有可能获得发展的机会,体现出兼顾个体的原则。

另外,我们制定的年龄阶段目标还应具有一定的可操作性,目标表述通俗易懂,便于理解和实施。

由于幼儿人格结构的复杂性,我们很难通过一个人的认识和一个研究结果就确定下来,所以要实现上述要求,我们在制定幼儿健全人格发展年龄阶段目标的时候,就必须综合多方面的内容。在这里本研究采用了“三管齐下”的做法:第一,我们立足于幼儿人格发展特点,检索了各人格特质的相关研究内容,梳理出小班、中班、大班幼儿各人格特质的发展特点,初步提出年龄阶段目标。第二,对我国颁布的幼教领域的两个重要文件《幼儿园教育指导纲要(试行)》和《3~6岁儿童学习与发展指南》进行了分析,从中解析出与幼儿人格发展内容相对应的目标描述语句,并与人格目标项目进行了匹配,目的是保证我们的发展目标与国家的整体要求相一致。美国亚利桑那州的《3~5岁儿童早期学习标准》是我们在制定发展目标时的一个参考,以补充我们的目标内容。第三,依据幼儿教师对表现好的幼儿人格特征的描述结果提出培养目标,因为幼儿教师最了解幼儿,对幼儿的现有水平和可能发展的水平都有较清楚的认识。综合以上几种研究结果,于是正式提出了幼儿健全人格发展的年龄阶段目标。

年龄阶段目标体系提出后,为了检验其内容效度,我们组织了相关专家群体和教师群体,请他们就目标内涵的准确性、目标难度、目标在年级上的递进性和目标的语言表述4个方面进行了鉴定,根据反馈结果,调整了相关条目,最终确定了幼儿健全人格发展的年龄阶段目标。从整体来看,幼儿健全人格发展年龄阶段目标体系反映了幼儿人格发展的特点,反映了国家和社会的要求,以此为依据制定出相应的人格教育内容。但由于各种主客观原因,我们没有对这个目标体系的效度做进一步的检验,未来,可将年龄阶段目标体系转换成评价工具,选择一定数量的幼儿,对不同年龄段幼儿在各个目标上的通过情况请教师或家长予以评定,以检验其年龄效度。

幼儿健全人格发展年龄阶段目标的确定为幼儿健全人格的培养指明了具体方向,但需要注意的是,年龄阶段目标只是指明了在某个年龄阶段中幼儿人格发展的典型表现,不能把这些典型表现视为这一年龄段中每一个幼儿在发展中必然表现出的行为,由于每一个幼儿的家庭教育、所处环境及其气质的差异,幼儿的人格发展还会表现出超越或晚于所列举的这些典型表现,表现出一定的个别性和特殊性。对此,我们不能简单地要求所有的幼儿都要达到这样的目标,即不能用一把"尺子"衡量所有的幼儿。

(二)幼儿健全人格发展年龄阶段目标与幼儿人格发展特点的对应性分析

幼儿人格发展具有显著的年龄差异。研究(张金荣,2011)发现,幼儿阶段儿童人格发展的总趋势是:3～4岁快速发展,4～5岁发展变慢,5～6岁趋于稳定。幼儿人格各特质发展的关键期也有所不同,如自我控制和责任心发展的关键期是中班时期,而自信心发展的关键期是小班末期,这就导致人格培养的年龄目标不完全一样。以情绪适应性为例,各种分析发现,幼儿阶段的情绪适应主要体现在对环境变化的适应性和情绪的稳定性(即控制自己的不良情绪,保持情绪稳定)两方面。小班幼儿由于刚从家庭进入幼儿园,生活环境发生了巨大的变化,加上与亲人分离,缺乏安全感,从而导致产生分离焦虑。所以,对于小班幼儿来说,帮助他们缓解或消除分离焦虑,保持情绪的相对稳定并逐渐适应幼儿园的生活是我们的一个重要的教育目标。到了中班,虽然幼儿已经基本适应了幼儿园的生活,但幼儿仍然会面临各种各样的环境改变,如教师的更换等,幼儿能否让自己适应这种改变并保持情绪的稳定是教育的重点。而大班幼儿即将步入小学,所处的环境也将发生变化,他们能否顺利地融入新的人际环境中,适应小学的生活,是幼儿需要发展的重要内容。因此,在情绪适应的培养上,小班幼儿的发展目标是在老师的帮助下能逐渐适应变化了的环境,情绪能较快稳定;中班幼儿的发展目标是能较快适应变化了的环境,保持情绪平稳;大班幼儿的发展目标是能很快适应变化了的环境,经常保持愉快的情绪。另一方面,幼儿对自身的控制能力较差,所以当遇到挫折或困难时,往往会出现不良情绪表现。对此,根据幼儿年龄发展特点,我们提出,小班幼儿有比较强烈的情绪反应时给其安慰,使其不会哭闹不止;中班幼儿有不良情绪时,能在提醒下控制住自己的不良情绪并较快平复;大班幼儿有不良情绪时能适度表达,知道引起某种情绪的原因,能根据需要调整情绪。这样提出来的年龄阶段目标由于对应了幼儿人格发展的特点,符合了幼儿心理发展的需要,因此可以为幼儿园人格教育实践提供借鉴。

第七章 幼儿健全人格培养的途径

构建培养幼儿健全人格发展的有效教育模式是幼儿身心全面和谐发展的需要,是全面推进素质教育的关键性问题之一。依据幼儿心理特点和发展需要,选择幼儿的基本活动——游戏,它是促进幼儿健全人格发展的最佳载体,在幼儿个性和社会性发展中起着举足轻重的作用。幼儿健全人格的发展也是幼儿个体与环境不断交互作用的结果,家庭、幼儿园等后天环境因素是幼儿健全人格发展的必要条件,也是被探讨最多的环境因素。其中,家庭是幼儿最早和最直接的社会化场所,也是对幼儿人格发展最重要和最具影响力的因素。在幼儿教育中,家庭与幼儿园的目标是否协调,教育内容是否连贯,方法是否互补,直接影响幼儿发展的优劣。家园共育,不仅可以有效地发挥学前教育的整体功能,而且能够全面地促进幼儿健全人格的发展。

第一节 游戏是幼儿健全人格培养的最佳载体

一、游戏的特征及其发展功能

(一)游戏的特征

游戏是一种广泛存在的现象。在人类社会中,它不仅活跃于儿童的世界,也存在于成人的生活中。但是人们往往把儿童的游戏看作"游戏的最纯粹形式",而且在事实上游戏也更频繁地发生在人的童年期。《幼儿园工作规程》明确规定了"以游戏为基本活动,寓教育于各项活动之中"的教育原则,并提出"游戏是对幼儿进行全面发展教育的重要形式”，进一步明确了游戏在学前教育与幼儿发展中的价值和地位。

游戏作为儿童活动的一种模式，具有自身所固有的基本特征。游戏的特征是游戏本质属性的表现。对于游戏的特征，鲁宾（Rubin）等人（1983）认为主要具有以下 6 种倾向：

（1）内部动机：儿童游戏是因为他们想游戏，而不是饥饿等生理内驱力的作用，也不依从于来自外部的社会要求，或因为要得到游戏之外的奖赏。

（2）对手段的注意：游戏行为是自我发动的而不受外部的诱惑或要求的驱使。幼儿被游戏本身所吸引，而不是把注意力放在游戏的结果上。

（3）我拿它做什么：游戏不同于探究。探究是“这个东西有什么用途”，由物体本身的特征来控制它的作用。而游戏是活动者自己控制的，游戏材料的选择由游戏者自己来决定，并结合物体与游戏材料的关系来决定“它来做什么”。

（4）想象或虚构：游戏是想象的或假想的行为，游戏行为不同于工具性行为。游戏者在游戏中可以通过把物体假装当作其他东西从而发现它的潜在意义，同时，游戏者也清楚地意识到“这不是真的”“这是跟你闹着玩呢”。

（5）规则来自游戏的需要：游戏是有规则的行为，但这种规则不是来自游戏之外，而是出于游戏的需要，由游戏者自己制定或自愿执行的。

（6）游戏者积极参与：游戏者总是积极参与活动，材料和人相互作用。游戏区别于闲逛和无所事事。

除此之外，鲁宾认为只有在特定的环境下才能导致游戏行为的发生，因此，游戏的背景应具有以下 5 个特征：

（1）游戏者熟悉的环境（包括人和物）。一整套熟悉的玩具或其他能够引起儿童游戏兴趣的材料以及儿童熟悉的伙伴。

（2）儿童能够自由选择。儿童与成人之间通过言语、姿势或惯例规则建立一种协议或默契，在有限制的范围内儿童可以自由地选择他们希望玩的东西。

（3）成人的干预减少到最低限度。

（4）舒适、安全、友好的心理气氛。

（5）身心放松，机能状态良好。儿童没有任何来自内部或外部的压力（如饥饿、疲劳、疾病等）。

以上从 5 个方面对游戏特点的阐述和措辞与传统上对游戏特点的说明（如说游戏是自愿的、自发的、愉快的等）是不同的，它更有助于我们对什么是游戏和什么不是游戏的问题有更加清晰的认识。

(二)游戏的发展功能

福禄贝尔(Fröbel)曾说:“游戏是儿童发展的最高阶段,是这一时期人类发展的最高阶段……同时,它是整个生活所特有的,是人和一切事物内部隐藏着的自然生活中所特有的。所以游戏给人欢乐、自由、满足,内部和外部的平静和整个世界的安宁。它具有一切善的来源。一个能够痛快地、有着自动的决心,坚持游戏,直到身体疲劳为止的儿童,必然会成为一个完全的人、有决心的人,能够为了增进自己和别人的幸福而自我牺牲的人。”具体来说,游戏对幼儿的发展主要有以下功能(虞永平,2001)。

1. 游戏有利于幼儿动作技能和身体素质的发展

游戏,对幼儿来说意味着行动、操作。不管游戏调动了幼儿哪些部位的运动,都表明游戏与动作分不开。就幼儿园日常游戏而言:有的游戏注重幼儿的手部动作,如握、捏、拿、插嵌、叠放等等,都是手部小肌肉动作,且又都是手眼协调动作;有的游戏注重幼儿腿部运动,如跑、跳、蹦高、蹬等;还有的游戏注重的是臂部和腿部的配合协调动作,如爬行、攀登等。以上所述的几类动作也可能在同一个游戏中发生。这些动作在游戏情境中的出现不仅减少了幼儿反复练习的枯燥感和疲劳感,而且会促进幼儿主动地、自觉地进行练习。因为,在游戏情境中,这些动作或运动总是与一定的角色行为、与达到一定的游戏目的联系在一起的。因此,给予幼儿充分的游戏机会,有利于幼儿动作技能的发展,进而有利于幼儿身体素质的提高。

2. 游戏有利于幼儿智能的发展

根据现代儿童发展理论的研究,儿童的发展,包括智能的发展,都与儿童内在的或外在的活动不可分割,没有这些活动就不可能有儿童的发展。而游戏是一种对幼儿的发展具有重要影响的活动,幼儿通过游戏与外在环境建立了联系,获得了有关环境的信息,并对这些信息进行加工、处理,将其纳入自己的智能结构,并以新的智能结构为指导,开展进一步的与外界环境的相互作用,即进一步地进行游戏。有的学者指出,幼儿在游戏气氛中与环境相互作用,能够在一些客体与观念之间形成一些独特的关系和联想,而这些客体与观念在受限制的同化思维中通常是难以形成任何关系和联系的。

(1)游戏有利于幼儿探索行为的发展

操作、探索是幼儿游戏的动态描述词,幼儿的许多游戏都离不开探索和操作。

事实上,幼儿对于客观世界的了解就是通过探索和操作实现的。游戏不同于专门的操作和探索活动,它不是把操作和探索的结果置于首位,更强调的是操作、探索的过程。由于游戏情境中的操作和探索对幼儿来说更具有兴趣性,更具有情境性,幼儿会反复地进行,在愉快的情境中反复地练习,因此,游戏活动也就促进了幼儿操作、探索能力的发展。

(2)游戏有利于幼儿语言的发展

游戏是操作活动,也是交往活动;是外部活动,也是内部活动。内部语言、独自语言、交流性语言总是伴随着游戏过程。随着游戏的发展,幼儿要表达自己的要求和愿望,对自己和同伴的评价与鼓励、不满与怨恨。在游戏中幼儿逐步学会说恰当的语言以及可以与同伴维持友好互动的话语。因此在游戏中幼儿的语言能力得到了发展。

(3)游戏有利于幼儿想象力和创造力的发展

游戏的特征之一就是具有想象性或假想性。因此,在游戏过程中幼儿可以充分发挥想象力,充分表现自己的创造性。如幼儿把小竹竿当马骑,把小椅子当作汽车开,都是想象力在幼儿游戏中的具体体现。在建构游戏、角色游戏中,幼儿在想象的基础上经常有创造性能力的表现,这种创造性包括造型、用途、语言以及行为的创造。

3. 游戏有利于幼儿社会性的发展

幼儿在游戏过程中,一方面,自我意识逐步加强,进一步了解自己的感官及四肢的特征、作用,了解自己的能力及兴趣爱好,并在游戏中逐步发展自己的应变能力及自控能力;另一方面,由于游戏是同他人的交往过程,因此,在游戏过程中,幼儿逐步了解了同伴,知道了同伴与自己的异同,学会与同伴合作与互助,并逐步形成了分享、谦让等行为。此外,游戏中幼儿也逐渐认识了自己所在的集体,并在具体的游戏中知道了自己和集体的关系,逐步掌握了在集体游戏中应该遵守的规则,并在活动中履行自己应尽的职责。

当然,幼儿在游戏中社会行为规范的表现是有假想性的,与日常生活中真正的行为是有区别的,幼儿自己也能意识到游戏情境与日常生活情境的不同。但是,在游戏中,对一些基本社会行为规范的理解和执行能够对幼儿产生潜移默化的影响。

帕顿(Parten)所描述的2~6岁幼儿游戏行为的发展较好地表现了幼儿在游戏中社会性发展的基本线索和水平。

无所用心的行为:幼儿主要花费时间于自发行为、无休止的随机活动或者闲逛,偶尔看到他人。

独自游戏:具有专心地、独立地操作玩具的特点。很少注意或者关心他人的接近或他人的游戏。

袖手旁观的行为:幼儿在近处观察同伴的活动,甚至会向游戏的参加者提出问题和建议,但没有主动地加入活动。

平行游戏:幼儿相互模仿,人们会发现两个或两个以上的幼儿操作相似的玩具或者开展相似的活动,交往时而发生。虽然幼儿和谐共处,但是他们主要仍是在独自游戏,在活动中没有合作行为。

联合游戏:幼儿仍然以自己的兴趣为中心,但同处于一个集体之内,时常发生许多借还玩具行为,但还没有建立集体的共同目标。

合作游戏:以集体共同的目标为中心,有严格组织的游戏活动;常常有一两个领导者。

由此可见,游戏,尤其是较高水平的游戏,如联合游戏、合作游戏,在幼儿的社会性发展中起积极作用。

4. 游戏对幼儿情感发展起到了积极的作用

游戏是幼儿积极地、愉快地参与的活动。在游戏中幼儿处于积极的、稳定的情绪状态,表现出轻松和活泼的状态。幼儿可以通过各种方式表达自己的情感。因此,游戏可以稳定幼儿的情绪,能消除幼儿的紧张情绪,也可以消除幼儿的愤怒情绪,给予幼儿情感的满足,使幼儿处于一种良好的情感状态之中。

美国学者阿克斯莱因(V. M. Axline)所著的《游戏治疗》一书中指出,儿童在游戏中能直爽、诚实、生动地表达他们自己。他们能迂回曲折地把感情、态度和思想展示出来,不再像以前那样尖锐和生硬了。儿童学会了更好地理解自己和别人,并和所有的人建立友好感情。在游戏里,儿童能把自己的感情和冲动毫无拘束地流露出来。他们也能用些简单的玩具创造自己想象的世界来充分表现自己。他们可以认为自己是建筑师,在沙里建造自己的城堡,他们可以和自己创造出来的人物生活在他们自己的世界里。他能为自己造一座山,安全地爬到山顶,大声叫喊,让全世界的人都听见:“我能给自己造一座山,我也能把它压平。在这里我最大!”从阿克斯莱因的上述论述中可见,游戏在儿童情感发展方面是起了积极作用的。

二、游戏与幼儿健全人格发展的关系

游戏是幼儿的基本活动，是激发幼儿潜能、对幼儿进行教育的有效途径。选择游戏作为载体来促进儿童的人格发展，符合幼儿心理发展特点和儿童发展的需要。发展心理学的研究早已证明，游戏在幼儿个性和社会性发展中起着举足轻重的作用。幼儿在游戏中通过与同伴的相互作用，开始学会互相理解，逐渐形成对待他人的态度和行为，并掌握游戏规则，学会轮流、协商、合作等社会技能。可以说，正是幼儿的游戏经验促进了其个性与社会性的发展（杨丽珠，宋芳，2008）。

从幼儿园教育看，游戏对幼儿人格发展具有非常重要的作用。一方面，由于幼儿心理具有情绪性，在执行以目标导向为特征的活动时，不仅依赖信息加工的认知过程，还依赖头脑中的情绪系统。游戏是幼儿最喜欢的一种活动方式，在游戏中幼儿的情绪处于最佳状态，它能唤起幼儿强烈的兴趣和内在动机，幼儿表现的是“我要玩”而不是“要我玩”，幼儿能够积极参与游戏活动，并具有活动的适应性。另一方面，游戏具有情境性和规则性。在游戏活动中，幼儿将获取的各种信息在操作中以形象化再现，并将行为规则转化为主体意识，又通过游戏活动，将内化的主体意识具体表现出来，实现了主体意识的外化，以此强化内化了的意识，并在高一层水平上进一步内化，使人格不断得到发展。对幼儿自信心、自尊心、同情心等的培养实验也都证明了游戏活动对幼儿人格发展的重要作用。

三、适合幼儿健全人格发展的游戏形式与指导

不同年龄幼儿获得健全人格的典型游戏类型不同，或者说，不同年龄幼儿对游戏的喜好及需求不同。因此，对不同年龄阶段的儿童，所采用的游戏活动也不同。杨丽珠等人依据幼儿人格的结构内容，针对幼儿人格发展的特点，采用问卷、个案追踪、现场观察等方法，构建了培养幼儿人格的最佳载体——游戏活动类型。在确定促进幼儿人格发展的各年级游戏类型的前提下，设计了实验过程中的游戏训练方案，并且在幼儿园实施促进其人格发展的教育现场实验，以促进幼儿形成健全的人格。例如，在幼儿自我控制能力培养的实验研究中，研究者们使用事件取样观察法发现适合幼儿自我控制能力发展的游戏类型有 4 种，包括操作性游戏、娱乐性游戏、运动性游戏和智力游戏，然后根据适合于小班、中班、大班幼儿自我控制发展的游戏类型及比例，为小班、中班、大班编制游戏作为实验因子来训练幼儿自我控制能力。实验的结果表明这种培养方式是有效的（杨丽珠，宋芳，

2008)。

幼儿人格有其特定的内涵、结构及发展特点,我们要按照幼儿人格发展的规律进行培养,促使幼儿发展成为一个身心健康的儿童,这符合世界幼儿教育发展趋势。例如,在设计主题游戏促进幼儿自尊发展的实验研究中,通过让幼儿学穿衣、学穿袜和鞋、比比谁的衣服最整洁、学擦椅子、学做值日生、“我要上学了”等主题游戏来培养幼儿在生活游戏中的积极情感体验;通过数字游戏、七巧板、“科学小问号”等主题游戏来使幼儿获得成就感等。研究证明,主题游戏促进了幼儿自尊的发展。对幼儿好奇心、自信心、责任心、自我控制和同情心进行的教育现场实验研究结果均表明,通过科学的、精心设计的主题教育游戏活动可以有效地促进幼儿人格的发展。因此,幼儿人格培养可以有自己独立的主题教育活动,主题游戏是促进幼儿健全人格发展的最佳教育途径。

四、设计促进幼儿健全人格发展的游戏库

(一)健全人格培养活动编制的原则和标准

从文献分析发现,专门针对幼儿健全人格设计的教育游戏活动并不多见,且不成系统。基于此,我们需要建立一个幼儿人格培养的游戏库,即以发展幼儿积极人格特质为目标,分别为小班、中班、大班幼儿设计人格培养游戏活动,组成游戏库。游戏活动设计的关键在于所设计的游戏是否适应幼儿的年龄特点,是否能抓住人格发展的关键期。研究发现,人格各特质在整个幼儿阶段的发展速度是不平衡的,某个阶段会呈现快速发展趋势,而某个阶段会处于平稳发展状态,即存在发展上的关键期。而抓住关键期的教育才能最大限度地促进幼儿人格的发展。同时,我们还必须严格依据幼儿健全人格教育的年龄阶段目标设计游戏。人格教育的年龄阶段目标是在科学分析幼儿人格特质发展特点的基础上提出来的,考虑到了幼儿的年龄特点,是人格教育实施的基础。如,同样培养幼儿的自我控制,对于小班幼儿以发展其守规则为关键内容,而对于中班、大班幼儿则开始注重坚持性和自觉性的引导。这是因为小班幼儿的自我控制主要表现为被动控制和约束顺从(董光恒,杨丽珠,2007)。按照霍夫曼(Hoffman)的观点,此时幼儿的控制还是一种“他控”,即幼儿不是出于对规则本身的理解,而是为了避免惩罚或为了获得表扬而做出某种行为。一旦离开了成人的监督,幼儿就失去了做出某种行为的依据(杨丽珠,沈悦,2013)。因此培养的关键是让幼儿做出合乎成人要求和理想的行为(杨丽珠,董光恒,2004),在游戏中的表现就是控制自己的冲动、守规则。

所以，小班幼儿的自我控制游戏应以锻炼幼儿对规则的遵守为主旨，逐渐引导幼儿有意识地控制自己的行为。到了中班，幼儿的控制能力更强了，这个时期也是幼儿自我控制发展最为迅速的时期，各个特质都获得了显著性增长，幼儿对规则有了初步的理解和意识，能够有意识地控制自己的行为，但坚持性还较差，因此，我们应加强对中班幼儿坚持性的训练。到了大班，幼儿的自我控制发展仍在持续增强，这个时候的幼儿主动性更强，在自我控制活动中能产生一种“自我决定感”（杨丽珠，沈悦，2013）。董光恒和杨丽珠在对幼儿自我控制类型的研究中也发现，5 岁幼儿多为自主控制型（董光恒，杨丽珠，2007）。幼儿开始能够独立于成人而表现出合理的行为举动，可以在没有外部信号的帮助下，对自己的行为进行灵活的控制。幼儿变得更加有能力使用规则、策略和计划来指导自己的行为，真正进入自我调节的阶段。所以，对于大班幼儿来说，应引导幼儿逐步自主地控制自己的行为和情感，提高自觉性，并在行为控制中提高自己的坚持性和抵制外界诱惑的能力。

（二）健全人格培养活动方案的筛选与完善

以发展探索创造、自主进取、认真尽责、自我控制、合作交往、自尊自信、诚实礼貌、同情助人、情绪适应 9 个积极人格特质为目标，依据幼儿健全人格发展的关键期和年龄阶段目标，选择最佳教育载体，设计教育方案，确定小班、中班、大班幼儿健全人格教育的实验因子，以用于幼儿健全人格教育实践。前面提到，游戏是健全人格培养的最佳载体，所以我们从沈阳市 3 所公办幼儿园中选择小班、中班、大班幼儿教师各 12 名，共 36 名幼儿教师参与教育游戏方案设计。这 36 名幼儿教师均为工作 5 年以上的骨干教师，能够保证所设计的教育游戏活动适合幼儿身心发展特点。首先，研究者向幼儿教师讲解教育游戏活动设计理念，并提供游戏活动设计样例，要求结合本园教育实际，确定活动名称。每位教师针对 3 个目标项目设计 3 个教育游戏，确保每个人格目标项目 4 个游戏活动，时间为 3 个星期。其次，对所有教师设计的教育游戏进行收集、整理和筛选。筛选标准：由研究者本人、5 名幼教骨干、4 名学前教育研究生共同为幼儿教师所设计的教育游戏打分（满分 10 分），最后计算平均分，从中筛选出分数较高的 2 个游戏，这样 3 个年级，共 54 个教育游戏。再次，由游戏设计者将筛选出来的教育游戏在本班中实施，根据实施情况进行修改，如小班游戏“我能行”中，为了适合小班幼儿的发展特点，对筷子的长度进行了调整，而且为不同发展水平的幼儿准备了不同长短的筷子。这样就形成了相对完善的 54 个小班、中班、大班幼儿健全人格教育游戏方案。最后，为了保证游戏活动对幼儿人格促进的有效性，从而为接下来的教育现场实验研究的顺利开展奠定基础，我们又进行了预实验。预实验结果显示，小班幼儿在人格的5个维度上，中班幼儿在除情绪稳定性维度外的其他4个维度上，大班幼儿在人格的5个维度上，实验前和实验后出现了显著性差异，实验后成绩高于实验前成绩。这说明，我们在关键期内依据幼儿人格发展特点所设计的教育游戏活动是有效果的。

第二节　环境创设是幼儿健全人格培养的催化剂

一、人格的生态环境理论观

美国心理学家布朗芬布伦纳（Bronfenbrenner，1979）提出的人类发展生态系统理论对环境与个体发展的关系进行了系统、深入的阐释，指出了环境对于个体行为、心理发展有着重要的影响。他认为，儿童的发展是一个以自身为主体、与周围环境系统相互作用的过程（申继亮，2009）。这一过程受到个体所生活的不同环境的影响，也受到这些直接环境所在的更大环境的影响。人类发展生态系统是一个由小到大层层扩展的复杂的系统，包括微系统（Microsystem）、中间系统（Mesosystem）、外部系统（Exosystem）、宏系统（Macrosystem）以及时序系统（或时代系统）（Chronosystem）5部分。每个层次的系统都和上下级系统存在相互包含、交互作用的关系。

微系统是个体直接面对和接触的一些活动、角色和人际关系模式，微系统中的每一个因素都会对个体的发展造成积极或消极的影响。对于儿童来说，微系统主要包括家庭、班级、邻里等；中间系统是处于微观系统中的两个事物（如幼儿园与家庭、幼儿园与社区、家庭与社区）之间的关系或联系，中间系统对个体发展的影响取决于微观系统内部因素之间发生相互联系的数量、质量及程度（车广吉等，2007）；外部系统是将中间系统延伸到其他的社会组织，诸如家长的工作单位、朋友等；宏系统是指儿童所处的社会或亚文化中的社会机构的组织或意识形态，可以看作某种文化、亚文化或其他更广阔的社会背景，它们通常是指社会阶层、种族或地区、不同的职业、时代或生活风格等；时序系统（或时代系统）主要是指儿童所生活的时代及其所发生的社会历史事件。这5种环境因素同时存在，并且宏系统的变化会影响外部系统，进而影响到个体的微系统和中间系统。

二、环境对幼儿健全人格发展的意义

如果说遗传生物因素是健全人格形成的基础，那么后天环境因素则是健全人格发展的必要条件。离开了环境因素，人格也无从形成和表现。个体对环境的影响并不是被动接受的，个体也能积极主动地作用于环境，因此，人格的发展是个体与环境不断交互作用的结果，是动态发展的过程。个体出生之后的前六年是健全人格快速发展的重要时期，那么在这个重要时期，哪些关键环境因素会对人格的发展产生影响呢？总结先前的研究发现，家庭和幼儿园是被探讨最多的两个环境因素。

在家庭因素中，家庭结构，家庭的经济、政治地位，父母的受教育水平和教育方式，父母的角色表现，亲子关系，父母本身的人格特征，家庭气氛，子女间的互动等都在直接或间接地影响着儿童人格的发展。如，卡尔夫（Kalffac）等人（2001）采用 CBCL 方法对 5 ~6 岁幼儿进行调查，发现父母的受教育水平及其职业影响幼儿人格的形成、性格的内外向特征。卡尔夫等人（2001）的研究发现，父母的受教育水平和职业还对 5 ~7 岁儿童的问题行为的产生与发展有影响。我国学者公桂兰等人（2006）采用问卷法对 556 名幼儿的母亲进行调查，结果发现母亲的教养方式影响幼儿的焦虑水平，母亲的权威行为与幼儿焦虑之间呈显著负相关，而专制行为与幼儿焦虑之间呈显著正相关。刘闯和杨丽珠（2007）的研究还发现父母教养方式影响 3 ~6 岁幼儿责任心的发展，其中民主型教养方式有利于幼儿责任心的良好发展。

在幼儿园因素中，教师性别、编班形式、班级环境创设、隐性课程、教师教育行为、师生关系、同伴关系等因素与幼儿人格发展有密切关系。王卓和杨宁（2011）探讨了混龄教育对幼儿社会行为发展的影响，研究发现，混龄班幼儿在亲社会行为发展水平上好于同龄班幼儿，但在反社会行为方面，混龄班幼儿与同龄班幼儿差异不显著。李岩（2010）论述了隐性课程对幼儿人格的影响，隐性课程是一种非正式的课程，是较少进行事先安排的课程，与显性课程相比，隐性课程的影响是潜移默化的，它对幼儿的想象力、创造力、责任心及道德品质的形成有着深远的影响。肖凌燕（2014）从积极心理学角度出发，认为教师不良语言模式对学生积极人格的发展有消极影响，其中教师独断式语言影响学生自我决定的形成，消极式语言易使学生形成习得性无助人格，而教师的发泄式语言易造成学生的消极情感体验,如自卑、抑郁等。

三、环境创设的原则与要求

(一)幼儿园环境创设的基本原则

幼儿园环境创设的根本目的,是为幼儿提供良好的生活环境与学习环境,引发幼儿发生符合教育目的与要求的行为,为幼儿身心全面和谐发展创造良好的条件。为了达到这一目的,幼儿园环境创设必须遵循以下基本原则:

1. 目标导向的原则

幼儿园的环境是特殊的教育环境,为了充分发挥环境的教育功能,在创设幼儿园环境时,必须明确环境创设所要达到的教育目的,以教育目标为依据创设幼儿园环境。要把促进幼儿全面发展的教育目标,落实到月计划、周计划、日计划以及每个具体的活动中,而这一切都将在幼儿园所创设的环境中得到体现。

2. 发展适宜性原则

幼儿园的环境是幼儿的生活环境与学习环境,因此,必须反映幼儿身心发展的水平与特点,适宜幼儿的年龄特点与个别差异,使每一个幼儿都尽可能从中获益,在自己原有水平上得到应有的发展。

3. 幼儿参与的原则

幼儿园是教师与幼儿共同生活的地方,幼儿与教师一样,也是幼儿园的主人,他们有权参与和自己学习、生活密切相关的幼儿园环境的创设。幼儿参与幼儿园环境的创设,不仅可以为幼儿提供学习行使自己权利、表现自己能力的机会,而且还可以加强幼儿对幼儿园和自己班级的认同感与归属感,增强班集体的凝聚力,使班级真正成为教师与幼儿共同的"家"。幼儿教师应当根据不同年龄幼儿的实际情况,让幼儿不同程度地参与环境创设的过程当中。

4. 经济性原则

幼儿园环境创设要坚持低费用、高效益的经济性原则,勤俭节约、因地制宜,充分利用社区资源就地取材,在保证清洁卫生的前提下,废物利用,一物多用,不浪费宝贵的资源,不盲目攀比,不追求设备、设施的高档化和园舍装修的宾馆化。

(二)幼儿园环境创设的基本要求

以上述原则为指导,幼儿园环境创设必须达到以下基本要求:

1. 保障幼儿的安全与健康

保障幼儿的安全与健康，是幼儿园的基本责任。幼儿年龄小，缺乏生活经验，自我保护能力差，因此，幼儿园的环境首先必须是安全的，符合国家有关法律法规的规定。幼儿园在选址时应考虑周围环境的影响，避免把幼儿园建于存在环境污染（包括空气污染、噪声污染、水污染、光污染）的地区，以保障幼儿的生命安全与健康。此外，幼儿园环境的安全主要应当通过环境的创设，积极主动地消除环境中各种可能的不安全因素。幼儿园环境要达到安全的要求，不是靠简单地限制幼儿的活动来实现的。简单地限制幼儿的活动，不仅不能满足幼儿活动的需要，而且会束缚幼儿活动与探索的主动性和积极性，对幼儿个性的形成产生消极的影响。

幼儿园环境的安全，不仅指物质环境的安全，还包括心理环境的"安全"。幼儿园环境应当使幼儿产生心理上的安全感。这种安全感的获得主要与教师对待幼儿的态度、幼儿园的常规与纪律要求、幼儿与伙伴之间的关系等因素有关。长期在缺乏安全感的环境中生活，会使幼儿形成胆小、怯懦、缺乏探索精神与自信心等不良的个性，影响幼儿的心理健康。这种在幼儿心理上造成的"伤害"，虽然是隐性的，不易从外部观察到，但是对幼儿发展造成的不利影响，往往比肉体伤害还要严重，而且影响更难消除。所以，幼儿园环境创设不仅要注意物质环境的安全，也应当注意心理环境的安全。

2. 满足幼儿身心发展的基本需要

幼儿年龄虽小，但是他们与成人一样，也有与身心发展有关的各种需要。他们有吃喝、睡眠、排泄等维持生命活动的生存需要，还有身体活动的需要、认识活动的需要以及与人交往的需要和自我实现的需要等。各种基本需要的满足是幼儿身心正常发展的前提与条件。例如，身体活动需要的满足是幼儿身体活动能力发展的基本条件。社会性交往需要的满足是幼儿社会性发展的基本前提。幼儿园是幼儿重要的生活与学习环境，幼儿园环境的创设必须考虑满足幼儿身心发展的基本需要，拥有保证幼儿在园内各种基本需要的设备、设施与条件，如基本的进餐、睡眠、盥洗的条件，户内外游戏的设备、设施与材料，充分的游戏时间，足够的游戏场地，适当的师生比例与班级规模，合理的生活制度与膳食结构等。

3. 适宜于幼儿身心发展的水平与特点

幼儿园的环境是为幼儿创设的，环境创设要反映幼儿身心发展的需要与特点。例如，为小班幼儿创设的环境应当有别于为大班幼儿创设的环境。各年龄班幼儿所用的各种设备与材料应当适合该年龄班幼儿的生理与心理特点，适合他们的活动能力。例如，为小班幼儿提供的游戏材料要注意同样的游戏材料的数量不宜过少，以适应小班幼儿互相模仿、平行游戏的特点。

幼儿园的环境创设还应当考虑幼儿身心发展的个别特点与需要，使每个幼儿都有可能在这个环境中获得应有的发展。这就要求教师观察与了解每个幼儿身心发展的特点、需要与兴趣，根据这些来创设环境，使所创设的物质环境具有多样性，能够包容幼儿的不同需要与兴趣。同时所创设的环境要具有宽松、和谐、自由、安全的特征，要允许幼儿有自由选择的权利。

4. 符合教育目标与要求

符合教育目标与要求的幼儿园环境，首先应当是有利于幼儿学习与发展的环境。幼儿园教育的根本目的是促进幼儿身心各方面健康、全面、和谐的发展。幼儿的发展是在积极主动的活动中实现的，有利于幼儿学习与发展的环境应当是能够引发、支持与促进幼儿积极主动活动的环境，为幼儿提供动口、动手、动脑、自我发现与自由交往的机会与条件。只能让幼儿静坐听讲的环境是不利于幼儿学习与发展的。幼儿的人数应与活动室面积协调，符合国家有关标准，活动室的空间安排与物品放置应有利于幼儿进行积极主动的活动。符合教育目标与要求的幼儿园环境还应当反映本阶段教育的内容与任务，能够向幼儿与家长提供各种丰富的教育信息。因此，环境创设应随教育活动的进程和内容的变化而改变，具有可变性与灵活性，那种一学期从头到尾一成不变的环境布置是不符合要求的，它既不能维持幼儿的学习兴趣，也不能向幼儿和家长提供丰富的教育信息，更不能很好地发挥环境应当具备的教育功能。

5. 适宜于社区文化背景与经济发展条件

幼儿园担负着帮助幼儿认识与了解社区文化背景，适应社会生活，萌发幼儿爱家乡、爱祖国情感的文化传承任务。幼儿园的环境使其成为幼儿认识家乡、了解民族文化传统的场所。社区生活与文化应当成为幼儿园课程与环境的重要资源，在幼儿园环境创设上，应避免生搬硬套、照抄照搬外国或大城市幼儿园的做法。幼儿园环境创设还应当与当地经济发展条件相适应。不顾本地区经济发展水平，人为地营造高档化、贵族化的幼儿园，实际上使幼儿的生活脱离了社会实际，不能帮助幼儿很好地适应社会生活（刘焱，1999）。

第三节 家园共育是幼儿健全人格培养的有力保障

一、家园共育的内涵剖析

家园共育是指家庭与幼儿园共同完成对幼儿的教育。在教育幼儿的过程中，家庭和幼儿园都是对幼儿施以教育影响的主体，两者是幼儿教育的重要合作伙伴，家庭与幼儿园只有相互沟通交流、彼此支持合作、共享教育资源才能有效促进幼儿身心和谐发展。正如著名教育家陈鹤琴先生在《家庭教育》一书中所指出的，“幼稚教育是一种很复杂的事情，不是家庭一方面可以单独胜任的，也不是幼稚园一方面可以单独胜任的，必定要两个方面结合方能取得充分的功效”。

许多教育家都对家园共育提出了自己的见解，美国教授莫里逊（George S. Morrison，1998）认为，“与幼儿家庭建立积极的、富有成效的关系是幼儿教师所必须具备的一项基本功。儿童越是年幼，教师越应如此”。美国学者涅托（Nieto）于1992 年所做的研究表明，在每一个成功儿童的背后都有着“参与的父母”，这些父母非常支持学前教育，公正地评价学前教育，对学前教育抱有极高的期望（Laura，Judith，1995）。

二、家园共育对幼儿健全人格发展的意义

学前阶段是幼儿生理和心理发展最迅速的时期，也是幼儿人格发展的基础阶段。幼儿在这一阶段接触最多的就是家庭和幼儿园。幼儿从出生起最先接触的就是家庭这一社会的最小单位，父母以及建立在婚姻或血缘关系基础之上的其他家庭成员，他们通过言传身教，潜移默化地把一定的社会规范、社会生活技能和价值体系观念施加给幼儿，使其接受影响。家庭是幼儿最早和最直接接触的社会化场所，也是对幼儿人格发展最重要和最具影响力的因素。幼儿园教育是指儿童在幼儿园所接受的教育，内容广泛，带有启蒙性质，充分尊重幼儿在不同年龄阶段的学习特点以及身心发展规律，充分关注幼儿并引导幼儿在生活中主动地进行学习。虽然家长与幼儿教师对幼儿的教育在教育场所、教育内容、教育途径、教育形式等方面存在较大的差异，但两者在教育目标上都有促进幼儿健全人格发展，使幼儿成长为对社会有用的人的任务，因此，双方能够并且有必要合作共育、携手施

教。苏联教育家苏霍姆林斯基说:“没有家庭教育的学校教育和没有学校教育的家庭教育,都不可能完成培养人这一极其细微的任务。”

在幼儿教育中,家庭与幼儿园的目标是否协调,内容是否连贯,方法是否互补,直接影响幼儿教育的成败。家园共育不仅可以更一致地发挥学前教育的整体功能,而且能够促进幼儿全面发展。家庭与幼儿园的合作共育既有理论支撑,又有现实意义。2001年颁布的《幼儿园教育指导纲要(试行)》在总则中提出:“幼儿园应与家庭、社区密切合作,与小学相互衔接,综合利用各种教育资源,共同为幼儿的发展创造良好的条件。”在组织与实施中,《幼儿园教育指导纲要(试行)》指出:“家庭是幼儿园重要的合作伙伴,应本着尊重、平等、合作的原则,争取家长的理解、支持和主动参与,并积极支持、帮助家长提高教育能力。”它强调了幼儿园必须与家庭建立起双向互动的关系。在家园互动中,既要帮助家长了解家庭教育的重要性,更好地应用家庭所蕴藏的教育资源,提高家长的参与意识、角色认识、教育观念以及科学育儿的水平,又要引导家长在理解幼儿园教育的基础上配合、支持班级的教育与管理工作,实现多角度、全方位、深层次的家园互动,提高家园同步教育的有效性,共同促进幼儿的人格发展。

三、家园共育的形式与方法

(一)面谈、电访

面谈和电访是最直接、最方便也是最常用的一种家园沟通方式。面谈是教师利用家长接送幼儿的时间与家长面对面交流,了解幼儿在家的生活、学习、健康状况,并向家长简短汇报幼儿在园的主要情况,及时交换意见。在不方便家访或无法与家长进行面对面交流时,“电访”就成为一种简洁、方便、有效的沟通方式。电话交流方便、及时,家长与老师之间能及时地交流孩子的情况,相互探讨教育方法。幼儿园应将幼儿家中或父母的电话号码进行登记,必要时同家长联系,并将班级分机号码及教师电话向家长公布,鼓励家长通过电话与教师交流。要搞好家园合作,就必须了解家长的需求与希望、家长的性格类型、家长的教育观念和方法以及家长的职业、文化水平等情况。所以,在家园共育中,教师要做到既访家长又访幼儿,两者有效结合,力图对幼儿和家长都有基本的了解。

(二)家园联系册、幼儿成长档案、家长园地

每个幼儿园都应配有家园联系册,教师通过每周填写幼儿在园情况,与家长

进行交流;家长也通过联系册反馈幼儿在家的情况,以达到家园教育同步。幼儿成长档案不仅记录了孩子的成长轨迹,更是家园沟通的桥梁和纽带。幼儿园可每月向家长发放一次幼儿成长档案,及时地向家长反映孩子的进步和发展情况,再通过家长的反馈信息,彼此交流沟通,达成教育的一致性。“家长园地”是家长了解班级动态的窗口,具有信息容量大、便于家长接送孩子时观看等优点。教师可以向家长介绍保教内容、各类育儿知识和经验以及班级情况、通知等。“家长园地”中的内容要简短、丰富,家长在这里可以及时了解、掌握幼儿园的教育信息,了解幼儿在园的一日活动安排,采取适宜的方式与教师共同教育孩子。“家长园地”不仅是家庭教育的宣传阵地,也是家长发表见解的场所。

(三)家长参与教学活动

家长是幼儿园宝贵的教育资源。家长们来自不同的行业,各种不同职业或者不同文化背景的家长可以带给幼儿园丰富的教育内容,并能为幼儿的教育需要提供多种支持和服务。因此,根据幼儿园教育内容所需,教师可以针对家长的职业特点,有选择性地将家长请入幼儿园,为幼儿园提供助教活动,请家长利用自身优势参与幼儿园的教育活动,使教育活动生动有趣,提高幼儿参与活动的兴趣和积极性。家长还可根据自己工作的特点和环境,让幼儿进入一些部门参观,从而丰富教育活动资源。

(四)家长开放日

幼儿园可以在节假日或其他时间定期举行家长开放日活动,对幼儿园感兴趣的父母或者外来参观者经同意可随时进入幼儿园观看幼儿。向家长开放幼儿园的教育教学活动,可以使家长具体、直观地了解到孩子在幼儿园的生活及表现,为家长配合幼儿园教育创造了条件。家长开放日活动要内容丰富、课程平衡,全方位地展示幼儿在园的学习、游戏和生活情况。家长通过观摩不仅能够了解幼儿园的培养目标和活动内容,更重要的是可以了解自己的孩子在园的表现,还可以学到一些教育方法,同时也增强了与教师的相互理解,有利于家园配合。

(五)家长学校、家长会

对家长进行教育指导是幼儿园工作不可或缺的重要内容之一。家长学校可以系统地向家长传授科学育儿的知识,给家长提供咨询家庭教育问题的机会。幼儿园可以开设各种辅导班,长期为幼儿家长办班上课。接受过幼儿园专业技术培训的家长,可担任其他家长的专业技术培训教师。幼儿园可以举办各种专题讲座，进行专题交流、研讨，引导家长交流育儿经验。有条件的幼儿园还可以根据需要印发园报、家长教育指导手册等文字材料，引导家庭教育科学化。家长会有全园性的，也有年级或班级组织召开的，主要是向家长公布幼儿园近期的工作计划及主要活动，听取家长的意见，争取家长的配合。

(六)亲子活动

亲子活动是一种增强教师与家长、家长与幼儿情感交流的集体活动形式，它是幼儿园与家庭十分重要的沟通渠道。丰富多彩的亲子活动让家长和孩子有更多的亲密合作的机会，有利于幼儿良好的个性以及健康心理的培养，强化了家长的认同感和合作意识，从而达到了家园共育的理想境界。

(七)网络沟通

随着幼儿园现代化管理手段的丰富，与家长沟通的方式也越来越多，其中，网络沟通方式快捷、便利、节省时间，成为一种家园合作的新型沟通方式。幼儿园可充分利用网络这一优势，创建幼儿园网站，及时把新的信息在网上公布给家长，如每天的教学内容、近期活动通知、幼儿活动照片、幼儿食谱、身体发展评价等。家长只要一打开计算机，就可以了解到幼儿园每日活动的方方面面(陶金玲，许映建，2014)。

第八章 幼儿健全人格培养的实施与评价

幼儿健全人格的评价是教师收集有关幼儿人格发展状况的信息的过程，是教师对幼儿的人格发展水平进行评判（Janice J. Beaty，2011）。在学前教育工作中，学前儿童的评价是学前教育工作者普遍关注的问题，因为幼儿教师作为专业人员，需要通过观察和开展教育现场实验，检查幼儿各项人格发展情况。因此，在幼儿健全人格教育实践中，选择合理、恰当的实施方案和评价方式是我们有效开展幼儿健全人格教育实践不可或缺的重要举措。

第一节 幼儿健全人格培养的教育现场实验

一、开展健全人格教育实验的意义

（一）有助于检验、修改和发展人格教育理论

目前，我国幼儿健全人格教育理论正处于构建和发展阶段，开展健全人格教育实验有助于检验、修改和发展现有的人格教育理论。因为任何有价值的理论都应该是科学的、可行的，对指导该实验的理论建设提出某些肯定或否定的依据，为进一步修改和发展该教育理论提供依据。

（二）有助于促进幼儿健全人格教育实践

实验研究法对于教育实践的改革与发展的促进作用表现在两方面：一方面，教育实验研究法本身就是一个促进教育实践改革和发展的教育活动。通过实验

研究法,不仅可以检验、修改和发展教育理论,更重要的是可以转变教育者的教育教学观念,更新教育思想,优化教育教学过程,提高教育教学质量。另一方面,根据实验研究法所获得的教育实验结果,可以产生科学的、可行的、有效的、新的教育理论和教育经验,并且进一步推广扩大,从而在更广泛的范围内促进教育实践的改革与发展。因此,开展健全人格的教育实验有助于促进和改善幼儿健全人格教育实践的开展与发展。

(三)有助于发现和揭示幼儿健全人格的特点和规律

幼儿人格发展有一定的规律和关键期,通过教育实验研究不仅有助于我们发现和揭示幼儿健全人格培养过程中的特点与规律,还有利于判定幼儿健全人格发展的关键期,从而更有针对性地确定培养目标。

(四)有助于为新的理论假说应用于幼儿健全人格培养实践寻求操作程序

教育理论的价值最终表现是指导实践。当新的教育理论提出后,只有通过教育实验将理论转化为可操作的方案并付诸实施,才能真正发挥其指导教育实践的价值。没有具体操作程序的教育理论是缺乏可行性的,也是没有实用价值的。实验研究法通过设计、控制研究变量,从而探索出将教育理论应用于教育实践的操作程序,真正发挥教育教学理论指导教育实践的价值。

二、健全人格教育实验的形式与过程

健全人格教育实验可采用准实验设计中的不等组前后测设计,一般无法对被试进行随机取样,往往按现存班级进行实验,能对一部分无关变量进行控制,无法完全控制无关变量。这种设计的基本特点是:(1)有两个组(实验组和控制组),不是随机取样分组,如两组不等,则应尽可能使两组相等;(2)两组都有前后测。实验设计可以分为以下几个步骤:

(一)陈述研究问题并提出研究假设

以简明扼要的文字说明研究的问题及研究假设。

(二)确定实验处理

实验处理就是在教育实验过程中操纵自变量的变化。一个实验至少要有两种以上的不同处理。例如,“在游戏中培养幼儿自我控制能力的实验研究”,自变量是游戏活动,实验组采用的是经过设计的游戏方案,对照组则在同一时间进行自由游戏(但菲,杨丽珠,冯璐,2005)。

（三）列举群体、样本、实验单位、抽样方法及样本大小

群体是指样本的总体。例如，要研究幼儿的自我控制能力，总体就是在园的全体幼儿。实验单位可以是个人、班级，也可以是学校、团体，而且实验单位必须独立接受实验处理并做出反应。

（四）选择因变量及适当的测量手段

选择因变量的要求是：首先，要选择的因变量必须能为研究的问题提供相关信息；其次，要选择适当的测量方法、度量单位以及必要的技术手段对因变量进行测定。另外还要考虑测量数值的准确程度。

（五）控制无关变量

由于无关变量会对实验结果产生影响，因此必须在研究过程中加以控制。这就要求研究者首先要判定实验需要控制的无关变量，同时选择合适的控制方法，设计控制过程并预测控制的程度。例如，比较两种教学方法的优劣，自变量是教学方法，因变量是测验成绩，而被试原有水平、教材内容、教师因素等都是需要控制的无关变量。

（六）选择设计类型，制定实验方案

在对实验中需要操纵、控制和观测的变量及其联系做出透彻的分析后，就要根据实际情况选择实验的设计类型，形成实验方案。实验方案是在实验开始操作之前制定的关于实验内容和实验方法的文字说明，对整个教育实验活动起着引导的作用，主要包括研究什么（教育实验所要研究解决的具体问题）、为什么进行研究（研究的目的和意义，揭示研究的价值）、怎样进行研究（研究的工具、方法）等。具体来说，实验方案包括：课题名称、研究的目的和意义、研究的历史和现状、实验的理论依据和指导思想、实验的对象、采取的实验方法和主要措施、实验时间的安排和进度计划、实验的预期结果、实验的组织与管理等。

（七）整理、分析、讨论实验数据，报告实验结果

实验结果往往以统计图的方式呈现，或用各种总结性表格将统计处理的结果形成报告。在显示统计结果时应注意用简明扼要的文字解释其实际含义，并将统计上的显著意义“翻译”为教育上或儿童发展上的显著意义。

（八）结论

研究结论不但是针对实验假设是否成立的判定，而且要对已有理论或前人结论做出对比或评价的说明。在学前儿童发展与教育领域的研究中,结论往往还用来作为改善教育实施、促进儿童发展的启示,供儿童工作者借鉴与参考。因此,研究结论的阐述应有分寸,应根据实验的实际效果实事求是地提出,任何随意的夸张或歪曲都会对实际工作者或教育实践工作造成危害。

三、健全人格教育实验的注意事项

(一)事先设计好实验方案

设计实验方案是一项非常重要的工作,它关系到实验的成败。实验方案设计得越细致、周密,实验过程就会越顺利,越好操作,越能保证研究计划的如期实施。因此,实验前应深思熟虑,掌握有关领域、有关问题的充分资料,尽量提出成熟的理论假设,并事先考虑好实验设计的模式,做出简单的图示,以便理清思路。详细的实验方案是整个实验研究过程极其关键的部分,应当特别重视。

(二)加强实验人员的培训

实验者能否正确、客观地理解教育实验的意义和作用,以及实验者对实验方法和技术掌握的程度、实验合作者的业务水平、对实验的态度和意愿等因素都会影响实验的顺利进行。这些方面如果达不到实验要求,就不能收到预期的实验效果。因此要根据实验任务和实验内容的需要,加强对实验人员的培训。

(三)符合伦理要求

教育实验作为教育改革的探索性活动,必须在不妨碍受教育者发展的情况下进行。教育是促进人发展的活动,人是教育研究的对象,因此教育实验研究不能以妨碍人的发展为代价。例如,为了证明某种假设,给一部分人创造发展的优越条件,而剥夺了另一些人的发展条件,这样不但违背了教育宗旨,而且不符合教育科学研究的伦理要求。

(四)考虑生态效度问题

实验情境与被试所处的实际情境之间一致的程度越高,那么实验效果就越能说明被试在真实情况下的反应。有时,实验条件或具有高度人工控制的实验场所与幼儿所生活的自然环境有着较大的差别,这样实验研究的生态效度便很差。如果研究者能够充分意识到这一问题,在设计时尽量考虑周全,则可不同程度地弥补这一问题带来的差异,使实验环境尽可能地符合幼儿的真实生活环境,从而提高实验的生态效度。

(五)重视重复实验

能被相似的实验再次验证的结论,具有较强的可推广性。同时,重复某个实验构思,可从不同的角度对同一问题加以验证,这样,可增强原实验的结构效度。可见,重复实验的意义是不容忽视的。为了重复验证实验,就需要了解原实验的方法、过程、工具、评判标准等信息。因此,在实验报告或论文中,实验者应客观、详细地对这些信息加以描述,让不同研究者可以进行重复验证(徐俊华,2014)。

第二节 幼儿健全人格培养中的教育观察

一、观察的意义

观察法是指研究者凭借自身感觉器官和其他辅助工具,在教育活动的自然状态下,对研究对象进行的有目的、有计划的考察和研究的方法(张宝臣,李志军,2007),也是学前教育研究中应用最广泛、最有效的一种研究方法。许多著名的教育家、心理学家都曾用过观察法来研究幼儿的发展。如瑞士平民教育家裴斯泰洛齐(J. H. Pestalozzi)早在18世纪下半叶就开始用观察法记录他3岁半的儿子的发展情况;我国著名教育家、儿童心理学家陈鹤琴对自己的儿子进行了持续808天的观察,以日记的方式对儿子的发展进行记录,并于1925年发表了《儿童心理之研究》一书;瑞士心理学家皮亚杰(J. Piaget)通过详细观察和记录,为我们提供了关于幼儿认知发展规律的大量事实与说明等。由此可见,在对幼儿的教育研究中,观察法具有极其重要的意义,这种意义主要表现在以下4个方面。

(一)采用观察法可弥补幼儿理解能力和反应方式等方面的局限

观察法特别适合对幼儿行为的研究。因为幼儿在多方面的发展,尤其是语言能力的发展方面十分有限,因此,许多与语言文字能力有关的测验和调查只适用于成人或较年长的儿童,对于幼儿并不适用。观察法旨在考察幼儿的实际行为,它并不要求幼儿做出特定的反应,所以可避免在其他测试中有可能发生的诸如不理解指导语,做出反应时喜欢取悦于成人,或以自我为中心的思维方式等现象的干扰,因而保证了观测到的行为现象的真实性(张宝臣,李志军,2007)。

(二)观察法能够较少地受到研究者主观因素的影响

与成人和年龄较大的儿童相比,幼儿更少受到观察过程的影响,他们较少对观察产生敏感,不易受到观察者在场的干扰,也不会刻意掩饰自己的行为,从而使得观察结果更为真实自然。研究者通过观察法能更客观地了解幼儿在自然情景下真实的行为表现,尤其在社会、情感领域的研究方面,使用观察法更为合适。

(三)观察法不仅能考察行为结果,还可以了解行为的过程

由于幼儿正处于身心不断发展变化之中,研究者可以通过观察来捕捉儿童身心发展的各个方面,考察幼儿与周围环境、事物相互作用的过程,注重儿童的个体差异,对儿童的行为做出正确的判断和评价。

(四)观察法有助于深入理解和发展有关儿童教育方面的理论观点

在幼儿教育研究领域中,观察法几乎适用于各方面的课题,如身体发育、口语表达、非言语行为、情绪反应、同伴交往、独立性与自我服务能力、认知发展、人格发展、课堂行为管理等。观察法能够为理论提供事实性资料,对理论进行验证,同时,这些资料还能辅助我们理解理论观点。另外,观察法还可为实验研究提出假设,做事实、经验上的准备,并形成见解、构建理论,或进一步为实验研究奠定必要的基础。因此,从某种角度可以说,实验,就是在严格控制条件下进行观察(张宝臣,李志军,2007)。

另外,由于幼儿通常不会像成人一样把研究看成严肃的事情,他们不是很理解在测试中需要认真做出反应的重要性,而往往像玩游戏一样。他们的行为随意性较强,注意力持续时间较短,自控力较差,容易造成反应的不稳定或不可靠现象。观察法可以避免这种研究结果不稳定、不可靠的缺陷,因为观察法主要考察的是幼儿在自然状态下的行为,不是"最高水平",而是典型行为,因而不需要幼儿有意识地认真做出反应,只是记录其真实、自然的表现。

总之,观察法是相当有用的一种方法,尤其是在幼儿研究领域,比在其他领域占据更重要的地位。另外,观察法还可以与其他方法结合使用,更增加了其应用价值。

二、观察记录的方法

（一）描述记录法

1. 日记描述法

日记描述法又称“儿童传记法”，是一种非正式的观察方法，即对同一个或同一组儿童进行长期跟踪、反复观察，以日记的形式描述性地记录儿童的行为表现。日记描述一般可分为两种类型：一种是综合性日记，用于记录在儿童发展过程中具有里程碑意义的动作或行为现象；另一种是主题日记，主要记录儿童语言、认知、社会情绪等特定方面的进展。

日记描述法是对儿童进行研究的一种最古老的方法，具有方便易行，能反复利用，可与常模对照的优点。通过长时间的日记描述，能了解儿童发展的确切次序和行为的连续性，并且这种描述是在日常生活环境中进行的，如能客观地记录，资料一般较真实可靠。日记描述法常用于个案研究。

日记描述法可以提供非常翔实的细节信息，内容涉及广泛，可以记录在某个特定时间内发生的行为及行为发生的先后顺序。这样，行为不再是一个个孤立的事件，而是在一个不断发展演变的框架内彼此关联，在某种程度上体现了日记描述所具有的追踪观察的特征。追踪观察，即在较长的时间周期内观察和记录，与在相对较短的时间内的观察和记录相比，往往会获得更为可靠的数据。这是因为长时间的观察更易发现观察对象真实或典型的行为或行为模式。

日记描述法的明显不足是大多数观察者很难运用这种方法，它需要观察者与儿童保持持续的亲密接触，因此，日记描述法往往用于对个别（或少数）对象的日常观察，只能说明少数儿童的特点与情况，缺乏代表性，难以做出有意义的概括；同时，日记描述法要求观察者能长期跟进并持之以恒，这样会耗费大量的时间与精力。

2. 轶事记录法

轶事记录法是幼儿教师常用的一种方法，它不仅观察和记录幼儿显著的新行为或言语，还可以记录观察者认为有价值、有意义的任何可表现幼儿个性或某方面发展的行为情景，因此，所观察记录的可以是典型行为，也可以是非典型行为。轶事记录法的运用方便简单，不需专门编码制表，只需在发现值得记录的轶事时随时记录下来即可。在记录时，应尽量做到及时、准确、具体，尽量在事件或行为刚刚发生时便及时记录，要把中心人物的行动、言谈、在场的其他儿童的活动，以及背景、场景等均记录下来。要用准确的词语进行记录，如实反映情况，不要加入主观释义，可以将主观判断、解释与客观的描述在记录本上的左右两边明显地加以区分或注明。记录时还应注意行为发生的顺序性，力求客观、正确、完善。

用轶事记录法进行观察，可以帮助家长、教师分析幼儿的成长和发展，了解幼儿的个性特征，探讨针对不同幼儿发展起作用的因素，以便有针对性地进行干预。这种轶事记录资料可以长期保留下来，传至接任教师继续记录，同时也为接任教师提供了幼儿先前发展情况的信息资料。尽管轶事记录法运用普遍，但记录起来并不容易。有人认为轶事记录容易掺杂个人偏见，影响观察者选择哪些事件来记录，如果记录的措辞不当，则可能会使读者误解幼儿，对幼儿做出消极的价值判断（徐俊华，2014；杨丽珠，1995）。

（二）取样记录法

取样记录法是一种以行为为抽样样本的记录方法。与描述记录相比，取样记录更客观、更有效、更容易控制，既可以获得可靠的观察资料，又节省了人力、物力，减少了记录所需要的时间。取样记录法可以分为时间取样法和事件取样法。

1. 时间取样法

时间取样法即在统一确定的时间内，按一定时间段观察预先确定好的行为，或按预先规定好的分类系统将行为分类。被试的取样，是将在一定范围内抽取的部分对象看作该类对象总体的一个样本；而时间取样法则将被试在每一时间段中的行为，视为其一般的普通行为的一个样本。从理论上可以认为，如果抽取足够多的时段，在这些时段中所观察到的行为便可代表被试的一般行为，即有代表性的行为。其具体做法是：

（1）确定总的观察时间，如在幼儿园持续观察一个月。

（2）确定观察的几个时间段，如每天上午 9 ~ 11 时和下午 15 ~ 16 时分别观察所要研究的幼儿。

（3）列出将要观察的行为的操作性定义，制作观察表格。

（4）实施观察并做记录。

（5）对观察资料进行整理，根据观察时间段出现预定行为的次数和情况去推测观察对象的一般行为表现。

时间取样法的优点是省时、简便、客观，可进行量化分析。不足之处是它仅适用于研究经常发生的行为，如幼儿依赖行为、幼儿教学活动的表现等，不适用于观察幼儿的内心活动等行为。同时这种方法所获得的资料往往是说明行为种种特征（如频率）的资料，一般没有关于环境、背景的资料，因而难以考察行为的关联性，难以揭示因果关系。

2. 事件取样法

事件取样法注重观察某些特定行为或事件发生的完整过程。观察前，应选择所要观察行为或事件的类型，如幼儿的亲社会行为、依赖行为、争吵等。观察时需要等待所选行为或事件发生，再做记录。与时间取样法不同的是，事件取样法不受时间与时段规定的限制，只要事件一出现，便可记录，且可随事件发展持续记录。

美国研究者海伦·大卫（Helen David）首先使用事件取样观察。她选择幼儿每天自由游戏时间观察他们发生争执的情况，在从秋季到冬季共4个月的时间内，对2～5岁的19名女孩和21名男孩进行了58小时的观察，共记录了200例争执事件。每次记录争执从开始发生到结束，按事先拟好的记录表格详细填写，表格中项目如下：

（1）每次争执参加者的姓名、年龄、性别；

（2）争执持续的时间；

（3）争执发生时幼儿在干什么；

（4）他们争什么：争夺所有权或妨碍活动等；

（5）每个参与者的角色：使争吵爆发者、主要侵犯者、报复者、反对者或被动接受者等；

（6）伴随争吵的特殊语言和动作；

（7）结局如何：被迫让步、自愿让步、和解、由旁观的儿童干预解决、由教师干涉解决；

（8）后果：高高兴兴或愤怒不满。

通过对记录的分析整理，研究者获得了有关幼儿争执发生的原因、频率、发生的年龄、性别差异，以及终止争执的有效条件等较全面、较有价值的资料（徐俊华，2014；杨丽珠，1995）。

（三）检核表

检核表是标记某事物是否出现的记录，一张购物清单和一本班级点名册就是简单的检核表。观察幼儿时，可以运用检核表记录特定情境中特定行为的发生情况(徐俊华,2014)。为了更有效地使用检核表,一些研究者更倾向给幼儿做一个连续记录,然后再根据所观察的幼儿行为,在检核表相应的项目中打“√”。此外,还可以在检核表的空白处注明连续记录中体现幼儿行为的具体现象,这样就将两种观察法的优点进行了有机结合,既连续记录所特有的开放式细致描述,又可以通过幼儿发展检核表体现出幼儿的发展顺序(Janice J. Beaty,2011)。比如以下是国外学者对一名3岁幼儿萨伊拉(Sheila)所做的连续记录:

个案

萨伊拉的妈妈把她带到活动室。 萨伊拉紧紧抓住妈妈的手。她开始哭起来。 妈妈说:“萨伊拉,现在你喜欢这里了。乖女儿,再见啦。” 妈妈离开了。萨伊拉站在活动室门口哭着。 当萨伊拉看到老师走过来后,她看着老师,拉着老师的手。 老师把她带到女孩们游戏的玩偶区,并在她耳边耳语了几句。 萨伊拉摇摇头,说“不”。 老师走开时,她跟在老师后面。 老师让萨伊拉坐在一张桌子旁,桌子中间摆了一盒蜡笔,此外,在两张椅子前,还放着几张白纸。 萨伊拉终于拿起了两支蜡笔,开始在白纸上涂颜色。 贝斯(Beth)走了过来,在桌子旁边坐下。 贝斯也从桌子上的蜡笔盒中拿出蜡笔,并在白纸上涂颜色。 开始,两人没有说话。 接下来,贝斯问萨伊拉:“我能借用一下你的橙色蜡笔吗?”橙色蜡笔就放在桌子上。 萨伊拉说:“不行。”然后就用手把蜡笔遮起来。 贝斯一把抓住萨伊拉的手,另一只手则抢过蜡笔,放在自己的嘴里。 萨伊拉说:“这不公平。”然后就叫老师。 老师走了过来。萨伊拉说:“她吃我的蜡笔,搞得我画不成南瓜了。” 老师对贝斯说:“蜡笔是不能吃的。” 老师要照看其他幼儿,走开了。 萨伊拉起身,走到阅读角,拿起一本书。 萨伊拉拿着书在活动室里到处转,她细心地观察别人在做什么,但没有参与其他同伴的活动。 萨伊拉对布莱恩(Brain)小声说:“贝奇(Becky)昨天画画了,她今天还要画。你看!”并用手指着画架。 布莱恩没有反应,萨伊拉哀求老师说:“我想要画画!” 老师说,等贝奇画完了,你就可以画了。

（资料来源：[美]Janice J. Beaty. 幼儿发展的观察与评价[M]. 7 版. 郑福明，费广洪译. 北京：高等教育出版社，2011. 92.）

观察者在上述连续记录的基础上，填写了幼儿自尊发展检核表，如表 8-1 所示。这样观察者在阅读幼儿自尊发展的不同方面时，就可以关注那些没有打“√”的方面。观察者知悉，像这样的 3 岁幼儿，妈妈带她第一次来幼儿园后，在妈妈离开时，这个年龄段的幼儿通常还缺乏安全感。因此，幼儿对母亲的依恋很快会转移到对老师的依恋上来，这与许多 3 岁幼儿刚入园的情况相同，但是萨伊拉没有和同伴做游戏。研究者根据检核表，在一些未达到发展要求的方面，提出一些教育建议，有助于教师帮助幼儿较好地完成从家庭到学校的过渡（Janice J. Beaty，2011）。

表 8-1 萨伊拉自尊检核表

姓名：Sheila　3 岁观察者：Cannie R

幼儿园班级：开端　计划日期：10 月 22 日

指导语：在幼儿表现正常的项目上打“√”，在没有机会观察的项目上写“N”，其他项目留空

项目	依据	日期
自尊		
和主要照料人分离时没有问题	缠着妈妈，哭闹	10/22
__“√”__与教师形成安全依恋	妈妈离开后，依偎着老师	10/22
能成功完成一项任务	开始画画，但 Beth 进来时就停下来	10/22
选择活动时无需教师帮助	老师把她安排在画桌边上	10/22
主动寻找同伴一起玩	没有去找	10/22
在表演游戏中，能自信地扮演角色		10/22
__“√”__能维护自己的权利	试图阻止 Beth 拿她的蜡笔	10/22
自己做事时充满热情	看着别人，但没有参与	10/22

（资料来源：[美]Janice J. Beaty. 幼儿发展的观察与评价[M]. 郑福明，费广洪译. 7 版. 北京：高等教育出版社，2011. 95-96.）

在上述检核表的记录中，由于被观察的幼儿没有相应的行为表现，致使有些项目是空白的，那么，则可能意味着她存在以下某方面的问题（Janice J. Beaty，2011）：

（1）她做不到，因为她还没有达到这个发展水平。

（2）她没有表现出来，因为她对该项目所描述的活动不感兴趣。

(3)活动室环境的布置使得她没有表现出要观察的内容。

需要注意的是,在对连续记录或者检核表信息进行解读时,不要过度推论。在做推断时,必须有详细的连续记录,通过对幼儿的观察,不断提高自己在这方面的技能。我们可以不断充实和丰富连续记录的内容,如表情、姿势、对其他幼儿的反应等。这些都可能是我们对幼儿推断的关键信息。在查看素材时,多问问自己:我所做的推断有依据吗?如果没有,就要避免做出相应的推断。在做结论时,必须仔细研读观察记录的素材,只有细心、客观地观察、记录和解释,才能帮助我们得出更有效的结论。

(四)等级评定量表

在时间取样观察和事件取样观察中,观察者自始至终只涉及某一项目的言行是否出现和出现的频度,而不涉及每个行为发生的程度。如某人的发言被列入对立的项目,那么不管是强烈的对立还是轻微的对立,都只能相等地计算为一个频度,显然这种方式有些粗糙。如果把项目分得更细,虽然能解决这个问题,但会增加观察者的负担,同时有可能使得观察结果的可靠程度降低。为此,人们一般采用等级量表来解决这个问题。表8-2是关于8~12个月婴儿动作发展的等级评定量表(Warren · R · Bentzen,2009)。

表8-2　8~12个月婴儿动作发展的等级评定量表

动作技能	优秀	很好	好	中等	差
用一只手取物体,抓住别人递来的物体					
将物体从一只手转到另一只手,能摆弄物体					
能堆叠物体,或将一个物体放入另一个物体中					
用拇指、食指对捏,捡起小物体或食物					
故意抛或扔物体,但不能自觉地放下物体					
表现出自己站立起来的初步能力					
开始独自站立,依靠家具支持身体,以横跨的方式围着障碍物移动					
靠双手和双膝爬行,爬上或爬下楼梯					

采用等级评定量表进行观察的优点是记录简单,观察者只需在适合的项目上画记号,方便、省时,不需要培训即可使用。其不足在于,观察者在观察的同时需要迅速做出评价,这容易受到观察者主观评价的影响,而且对这些分等的词(如"经常""偶尔"等),不同的观察者在理解和掌握上不容易一致,这也会影响评定

的客观性。所以在信度方面,等级评定量表不如时间取样法和事件取样法高。因此,在实际的研究中,仅凭一个等级评定量表记录不足以让研究者对某个儿童下结论或做判断,需要研究者设计出一个既合理又实用的等级评定量表,并运用该量表重复评定儿童,这样才能做出更加精确的判断。另外,也可在实际研究中,与其他研究方法结合使用,从而提高研究信度(徐俊华,2014;杨丽珠,1995)。

三、观察记录的整理和分析

当资料收集上来以后,研究者需要对观察记录进行整理和分析。整理和分析资料指的是根据研究的目的把所获得的原始资料系统化、条理化,然后用逐步集中和浓缩的方式将资料反映出来,其最终目的是对资料进行意义解释(陈向明,2000)。在对观察记录整理和分析的过程中应注意以下 3 个原则:

(一)观察记录的整理和分析同步进行

在概念上,整理资料和分析资料这两个活动似乎可以分开进行,我们可以分别对其进行辨析,但是在实际操作过程中,它们是一个同步进行的活动,整理必须(也必然)建立在一定的分析基础之上,而任何一个整理行为又都受制于一定的分析(陈向明,2000)。因为整理是建立在对资料有一定分析的基础上才能有效,以便对资料进行归类(李麦浪,2012)。

(二)观察记录的整理和分析要求及时

对资料及时进行整理和分析不仅可以对收集到的资料有一个比较系统的了解和把握,而且可以为下一步的资料收集提供方向和聚焦的依据。因此,整理和分析资料的时机应该越早越好,不应拖到积累了很多资料以后才进行(陈向明,2000)。因为在研究过程中,对自己已掌握的资料能够做到心中有数的话,就能使研究思路清晰、研究方向明确,不至于收集徒劳无功,也不至于浪费精力。

另外,由于时间的关系,一些类型的观察记录通常会做得比较仓促(如轶事记录法、连续记录法、事件取样法等),书写可能不太清楚,细节也可能记录得不够全面,因此必须及时进行整理。如果研究是由一个课题组共同承担,记录必须在成员中分享的话,则更应该对实地笔记及时进行整理。研究者从实地回来以后,应该在记忆消退以前立刻对初级笔记进行整理,补上遗漏信息和必要的内容细节。在开始整理笔记以前,注意不要向别人谈论自己的观察活动。谈话往往会根据双方的关系、心情、时间、地点等因素而对原始资料的内容进行有意无意的筛选,造成记录的失真。在整理实地笔记时不宜同时进行文字上的编辑,因为实地笔记的最大价值在于“原始”,越是能保持其“原汁原味”,日后使用资料时越能凸显当时的“真实”情形(陈向明,2000)。

(三)观察记录整理、分析过程注意分类

在对观察记录进行整理、分析的过程中,需要根据研究的目的以及设计的分析维度进行编码、归类,并建立起有编号的资料库(例如按照资料的类型、事件发生的时间、事件种类进行编号等)。

在具体整理资料之前,我们可以先给每一份资料编号,然后在这个基础上建立一个编号系统。编号系统通常可以包括如下几个方面的信息:(1)资料的类型(如参与式观察、非参与式观察);(2)观察对象的姓名、性别、年龄、职业等;(3)收集资料的时间、地点和情境;(4)资料的排列序号(如对某某人或某某班的第一次观察)等。为方便起见,我们可以给每一项赋予一个标号。例如,有关观察类型,我们可以用 C 表示参与式观察,F 表示非参与式观察;有关观察对象的职业,用 J 表示教师,X 表示学生等。

第三节　幼儿健全人格培养的教育评价

一、开展幼儿健全人格发展评价的意义

幼儿健全人格发展评价是依据幼儿人格发展目标及与此相适应的幼儿教育目标,运用适宜的教育评价理论和方法,对幼儿各项人格发展方面进行价值判断的过程。其本身所具有的导向和教育作用,对促进幼儿人格健全发展具有极其重要的意义,对教师选取和确定人格教育课程也有极其重要的指引作用。因此,开展幼儿健全人格发展评价不仅是学前教育评价的重要组成部分,也是幼儿园课程的重要组成部分。幼儿人格发展评价不是外加的,它既是对课程目标、课程内容、课程实施做出的反应,也是对幼儿自身发展做出的反应,这一双重性质使它具有激励与反馈功能(黄芳,2005)。因此,开展幼儿健全人格发展评价的意义主要体现在以下两个方面。

(一)提高幼儿健全人格教育实践质量的重要手段

开展幼儿健全人格发展评价有利于加强和改善幼儿园健全人格教育实践。

因为对幼儿人格发展的评价,主要是通过幼儿园日常生活中各项活动来进行的,客观上要求教师在日常工作中加强计划性,减少随意性,开展有利于幼儿人格发展的丰富多彩的教育活动,以利于对幼儿各方面人格发展进行全面观察。教师通过对班内幼儿人格发展的了解,可以认识到工作中存在的问题,从而激发改进自身工作的内在积极性。教师改进自身工作的动机是促进其工作质量提高的更直接的动力,从而间接地提高了幼儿健全人格教育实践质量。

(二)提高幼儿教师素质的有效措施

开展幼儿人格发展评价工作有利于转变教师的教育观念,尤其是教师的儿童观。因为通过系统和客观的观察,不仅能使教师对幼儿发展的特点与规律、幼儿发展的个别差异、教育与幼儿人格发展的关系等问题的认识更深刻,还有助于教师更理性地面对和接纳每一个处于不同发展水平的幼儿,特别是那些在人格发展方面存在问题的幼儿,发现每一个幼儿身上的优点和不足,从而改变可能已经形成的对一些幼儿的思维定势。评价工作为每一个幼儿提供了被教师平等了解的机会,因此,有助于教师发现每一位幼儿身上的闪光点,从而建立起对他们发展的信心。

另外,开展幼儿人格发展评价不仅可以提高教师的业务理论水平,还有助于提升教师自身的素质和能力。因为要想做好评价工作,需要教师熟练掌握所选择的评价体系,包括制定评价体系的指导思想、评价指标及评价标准,而在评价过程中,需要教师通过观察、记录、分析,判断幼儿人格发展的情况,潜在地提高了教师分析问题、解决问题的能力,以及开展教育科研的意识和能力。这种特殊的实践活动是提高教师能力、素质的重要途径。

二、幼儿人格发展评价的内容与方法

(一)幼儿人格发展评价的内容

由于幼儿健全人格发展评价是依据幼儿人格发展目标及与此相适应的幼儿教育目标,运用适宜的教育评价理论和方法,对幼儿各项人格发展方面进行价值判断的过程,因此,评价的内容由幼儿人格结构及发展目标决定。已有研究指出,幼儿人格结构由智能特征、意志特征、外倾性、亲社会性、情绪性特征 5 个维度构成,并在 5 个维度上包括 9 个具体人格培养目标,即自主进取、探索创造、认真尽责、自我控制、合作交往、自尊自信、诚实礼貌、同情助人、情绪适应。幼儿健全人格发展 9 个目标与人格 5 个维度的对应关系如表 8-3 所示。

表 8-3　人格培养目标项目的内涵及其与人格结构 5 个维度的对应

人格结构	目标项目	内涵阐释
智能特征	自主进取	反映幼儿能依靠自己的力量做事，不依赖，并力争上游的一种心理倾向
	探索创造	反映幼儿对新事物表现出好奇、积极探求、敢于大胆创造的一种心理倾向
认真自控	认真尽责	反映幼儿对自己及他人负责，力求尽善尽美的心理倾向
	自我控制	反映幼儿能够根据环境调整自己的行为，能战胜困难而不放弃的一种心理倾向
外侵型	合作交往	反映幼儿喜欢群体生活，乐于与他人交流，并能和谐与他人相处的一种心理倾向
	自尊自信	反映幼儿能肯定自己，相信自己的能力并乐于表现，以赢得他人认可的一种心理倾向
亲社会性	诚实礼貌	反映幼儿在与人交往中表现出彬彬有礼的语言、行为，尊重他人不撒谎的一种心理倾向
	同情助人	反映幼儿能对他人的不幸表示关注，并能做到利他表现（分享或援助）的一种心理倾向
情绪稳定性	情绪适应	反映幼儿情绪稳定，有适当的情绪表达及在新环境中能保持良好的情绪状态的一种心理倾向

（资料来源：杨丽珠，金芳，孙岩．终身发展理念下幼儿健全人格的培养目标构建及教育促进实验[J]．学前教育研究，2014(8)：7．）

另外，已有研究发现幼儿健全人格发展目标应根据不同年龄阶段构建目标体系，下面以幼儿自主进取人格为例，如表 8-4 所示。

表 8-4　幼儿健全人格发展的年龄阶段目标（举例）

特质	年级	发展目标
自主进取	小班	喜欢自己的事情自己做，如自己进餐、自己穿脱衣服、自己动手操作 愿意通过自己的努力尝试解决一些简单的生活问题 能够根据自己的兴趣选择游戏
	中班	能主动承担任务，并能独立完成任务，不依赖 能按自己的想法游戏，游戏中表现积极
	大班	能够自己做决定，并坚持自己的正确决定 渴望他人的认可，在各种活动中能够积极表现，争取最佳

（资料来源：杨丽珠，金芳，孙岩．终身发展理念下幼儿健全人格的培养目标构建及教育促进实验[J]．学前教育研究，2014(8)：7．）

（二）幼儿人格发展评价的方法

有关幼儿人格发展评价的方法，主要包括自然观察法、幼儿访谈法和问卷调查法。而根据观察数据取得条件的不同，观察法又可分为自然观察法和情景观察法。

1. 自然观察法

自然观察法是指在日常生活状态下，有目的、有计划地对幼儿的行为进行直接观察、记录，从而获得幼儿发展信息的方法。自然观察法非常适合幼儿发展的研究，因为 3 ~6 岁幼儿的语言能力有限，很难用语言表达更多的信息，其发展变化常常表现在外显行为之中。因此，自然观察法是幼儿发展评价中最基本的搜集评价信息的方法。自然观察法的主要特点是：不对幼儿行为进行人为干预和控制，教师与幼儿都处于自然状态下，因此，能够观察到幼儿在日常生活中最真实、最典型、最一般的行为（白爱宝，1999）。自然观察法适用于幼儿发展的各个领域，在幼儿人格、情感、社会性发展评价中尤其具有重要价值，教师通过自然观察得到的信息不仅真实，而且十分丰富。依据不同的评价目的，教师可以选择不同的观察记录法，常见的方法有时间抽样观察法、事件抽样观察法、行为核查观察法等（详见第二节幼儿健全人格培养中教育观察记录的方法）。

2. 情景观察法

情景观察法是在教育的实际情景下，按照研究目的控制和改变某些条件，将幼儿置于与现实生活场景类似的情景中，评价者观察在该特定情景中幼儿的行为的方法（白爱宝，1999）。例如，教师为幼儿设置选图编故事的游戏，教师事先准备好破旧图书上的图片若干张及白纸、胶水、彩笔、剪刀等物品，然后对幼儿说："请把这些旧书上的图片剪下来，粘在白纸上，可以在粘好的图片上画上其他内容，用粘好的图片组成一个新故事，并讲给老师和其他小朋友听。"在这一情景中，教师不仅可以观察到不同幼儿使用工具的能力、绘画的能力、想象力、创造力、语言表达能力等多方面能力的表现，还能深入了解幼儿自尊自信人格的发展情况。

情景观察法的优点包括 3 个方面：一是可以在一次活动中集中地获得大量信息；二是既可以控制和改变某些条件，保证观察的效果，又可以保持情景的自然和真实性，易于观察到幼儿的自然表现；三是方法简便，完全可以和幼儿园各种教育活动结合起来进行使用。另外，在运用情景观察法搜集、评价信息时应注意以下问题：(1)要围绕观察目的设计情景，所创设的情景要能引发幼儿表现出评价者预观察的行为;(2)设计的观察情景应尽量与幼儿的日常生活情景相似,应是幼儿较感兴趣的,能够使幼儿积极参与并产生真实感的活动;(3)情景观察与日常观察相结合。幼儿在某一特定情景中的行为不一定代表其在日常生活中的所有情况,所以,不能以一次情景观察得到的材料对幼儿进行评价,需要经过多次情景观察并与日常生活中的自然观察相结合,才能使教师对幼儿的评价有客观、充分的事实依据(白爱宝,1999)。

3. 幼儿访谈法

幼儿访谈法是教师与幼儿之间的评价性访谈。幼儿访谈法是指教师通过与幼儿面对面的交谈搜集资料的方法。因为对于读写能力刚处于萌芽阶段的幼儿来说,评价者不可能期望他们能接受纸笔测试,因此,访谈是比较适合这些幼儿评价的方法(Janice J. Beaty著,郑福明,费广洪译,2011)。心理学家皮亚杰(Piaget)就曾用过类似的策略,他采用提问法(Questioning),再根据幼儿的反应,进一步提出更多的问题,以此去理解幼儿的思维过程。幼儿访谈法的优势在于可以弥补自然观察法和情景观察法的不足,能较快地了解幼儿发展中某些难以用行为表现出来的认识方面的问题。这种访谈过程也是教师与幼儿相互作用的过程,有助于教师更深入地了解幼儿。幼儿访谈用于搜集有关幼儿动机、态度、自我认识等方面的信息(白爱宝,1999)。比如,教师为了了解幼儿人格结构中情绪适应的发展水平,可以在交谈时提问:“今天为什么不愿意和其他小朋友一起做游戏呢?”在幼儿回答之后,教师还可继续追问:“那现在你看其他小朋友玩得多开心啊,你想不想加入他们一起开心地玩呢?”通过访谈,教师可以了解幼儿是否能够知道引起某种情绪的原因,以及能否根据需要调整情绪。

在使用幼儿访谈法搜集评价信息时应注意以下问题:(1)要有明确的访谈目的。(2)教师在访谈中应尽可能使用儿童语言或者贴近幼儿生活的语言,使幼儿能够理解,并且提问要尽可能简单。(3)访谈要在自然状态下进行,最好是在自由游戏时以一种非正式的方式进行。例如,教师可以在和幼儿一起玩动物拼图游戏时,对幼儿寻找拼图和完成拼图的技能提出一些自己的看法,这样可以激发幼儿说出自己是怎么做的,他/她觉得拼图完成后会是什么动物。教师应仔细聆听幼儿的回答,再根据这些回答提出新问题,由此得到了解幼儿发展所需的其他相关信息。在这一过程中,教师可以用录音笔记录访谈内容,也可以访谈后及时将访谈内容记录下来。(4)对幼儿的访谈应该简短。对幼儿的访谈以不超过10分钟为宜,并且要给幼儿足够的时间思考和回答老师提出的问题(Janice J. Beaty,

2011)。(5)教师与幼儿访谈时要创造轻松、亲切的气氛,谈话口吻要温和、自然。当幼儿在谈话过程中出现对提问不理解、不做回答及回答错误等现象时,教师应耐心启发或等待,切忌斥责、批评幼儿或表现出急躁的情绪,以避免谈话中断或得不到所需要的事实材料(白爱宝,1999)。

4. 问卷调查法

幼儿人格发展评价中使用问卷调查法的主要目的是向家长了解幼儿在家庭环境中的行为表现。幼儿的行为(特别是社会性行为与习惯)在不同条件和环境中往往有不同的表现,特别是在幼儿园和家庭之间,其行为可能会有很大的差异。为了客观、全面、真实地了解幼儿的发展情况,必须向家长了解幼儿在家庭环境中的行为表现。

问卷调查法的优点是可以在短时间内获得大量的评价信息,但有时通过这种方法得到的信息可能会不够准确和真实。造成这种现象的原因有很多,但主要是以下两点:一是家长未能真正理解评价工作的意义和调查的意图,顾虑较多,怕反映真实情况会引起教师对幼儿的偏见;二是调查题目的表达方式设计可能存在一定的缺陷,从而影响家长的理解。因此,在使用问卷调查时应注意以下几个方面:(1)注意做好对家长的宣传和解释工作,让家长了解问卷调查的意图,使其建立对教师的信任,消除顾虑;(2)问卷的语言应明确、易懂,便于家长正确理解问题的内容;(3)问卷设计应涵盖所需了解的全部内容,但回答方式应尽量简便,题目数量适中,在不增加家长负担的情况下得到较丰富的信息。同时,简便的回答方式还有助于得到明确的回答,便于日后进行统计、分析(白爱宝,1999)。

三、幼儿人格发展评价的注意事项

(一)树立正确的评价观

在对幼儿人格发展进行评价时,首先需要树立正确的评价观。对幼儿人格发展评价的最终目的是促进幼儿人格健全的发展,因此,在评价中应当树立以幼儿为本的评价观。因为幼儿的发展存在着一个生长和变化的普遍的、可以预知的顺序,也就是具有一定的阶段性。但是在每一个发展阶段,不同的幼儿在身体、情感、社会以及认知方向又都有其相似性和独特性(殷杰,杨晓萍,2004)。所以,幼儿人格发展评价要根据幼儿年龄阶段的特点来进行,同时也必须考虑幼儿之间的个体差异,必须认识到幼儿是共性和个性的结合体,只有运用系统、持续的幼儿发展评价,只有符合幼儿自己的人格发展特点,才能体现其价值,才能促进幼儿人格真正的发展。

对幼儿人格发展进行评价,还应关注过程并重在发展。一般来说,幼儿发展评价的目的主要有两种:一种是以区分评价对象——幼儿的优良程度为目的,重视对幼儿进行分等鉴定;另一种则是以诊断和改进幼儿教育,促进幼儿在原有基础上得到发展为目的(刘霞,2008)。传统的幼儿发展评价以前者居多,评价的发展功能未能很好地实现(冯晓霞,2003)。近年来,“通过评价创设适宜每个幼儿的教育”等观念得到了广大幼教工作者的认同,幼儿发展评价的目的从侧重鉴定逐渐走向侧重发展(刘霞,2008)。特别是在 2001 年,教育部颁布的《幼儿园教育指导纲要(试行)》中明确提出:“教育评价是幼儿园教育工作的重要组成部分,是了解教育的适宜性、有效性,调整和改进工作,促进每一个幼儿发展,提高教育质量的必要手段”“明确评价的目的是了解幼儿的发展需要,以便提供更加适宜的帮助和指导”。因此,评价的根本目的在于为幼儿发展服务,支持幼儿发展,促进幼儿发展。

(二)与日常教育工作相结合

幼儿人格发展评价应与日常教育工作相结合。幼儿人格发展评价是幼儿园工作的重要组成部分,是完善教育过程的重要环节,是进一步提高幼儿教育质量的重要途径之一。将评价融入日常工作,是评价观念的重大变化,它表明评价必须为提高日常教育工作的目的性和针对性提供依据,为改善和调整教育计划服务(白爱宝,1999)。为此,必须在教育过程的各个阶段,有目的、有计划地根据幼儿人格发展评价工作的总目标对幼儿人格的发展情况进行观察,及时发现儿童人格发展中的问题,并据此分析幼儿健全人格培养过程中的不适宜之处并加以改进,从而促进幼儿园日常教育工作质量的提高。

将幼儿人格发展评价与日常工作相结合也是保证评价信息真实可靠的重要举措。集中进行的一次观察或测查,看到的只是幼儿在某一特定情景下的行为,但不一定是一般的和典型的行为,如果仅仅以此为依据对幼儿人格的发展进行判断,往往会导致评价结果的片面性(白爱宝,1999),因此,需要将幼儿人格发展评价与日常工作相结合,为制订、完善幼儿健全人格培养计划提供可靠的依据。

另外,在评价方法方面,必须力求简易。比如评价标准中所定的等级不应过多,每个等级评定的标准必须具体,要有据可查,有事实可凭,即看得见、摸得着、抓得住,便于操作;计量时方法也不宜太烦琐、太复杂,要便于掌握和理解,便于计算结果(霍力岩,2000)。

(三)评价信息要全面、客观

在开展幼儿人格发展评价的过程中,评价的项目信息要全面,不能片面强调评价指标中的某一项目,更不能偏听偏信。只有遵循全面性原则,才能保证评价标准的全面性和在评价过程中收集信息的全面性,从而保障评价工作的科学性和准确性。幼儿期是人格开始形成的时期,是自信心、同情心、责任心、创造性、坚持性、秩序感等重要人格特质发展的关键时期,幼儿健全人格培养要依据幼儿人格结构促进各项人格的全面发展。在幼儿人格教育评价中运用全面性原则,一定要抓住幼儿人格评价标准的全面性,充分反映幼儿阶段人格的教育目标,反对过分强调某一人格发展而忽视其他方面人格发展。

(四)充分合理运用评估结果

学前教育评价人员应当做到充分、合理地运用评估结果。如果相关评价人员不具有这种自觉意识,那么无论得到多少幼儿人格发展的信息,都将是一堆数据,没有任何实际价值(白爱宝,1999)。对评价结果的运用,需要注意以下3个方面:

首先,分析和把握本班幼儿人格发展的总体水平,包括在某一具体人格发展方面及其指标上全班幼儿表现出的几种现实的发展水平,并以此作为制订班级计划的依据。教师只有在充分了解本班幼儿人格发展情况的基础上,所制订的教育计划才可能既符合幼儿人格发展的基本规律和一般年龄特点,又适应本班幼儿人格总体发展水平。

其次,要分析每个幼儿人格发展的个别特点,为因人施教提供依据。幼儿人格发展评价的最终目的是使教师(包括家长等)了解每个幼儿的人格发展水平,创造益于幼儿健全人格发展的教育,根据不同幼儿的发展特点、独特性,提出不同要求,采取不同的教育方法等。这就要求教师通过自然观察、情景观察等手段获得儿童人格发展的丰富信息后,对照评价标准,确定每个儿童在各项人格发展领域的发展状况,特别是对存在明显问题的方面,制订个别指导计划,有针对性地加强对不同幼儿的指导。

再次,要全面、客观地分析影响幼儿人格发展的因素,为改善幼儿园和家庭教育提供依据。教师不仅要通过评价了解幼儿人格发展情况,还要进一步分析影响幼儿人格发展存在问题的原因或导致进步的因素,并且这种分析不应局限于幼儿园教育这一个方面,还应考虑家庭及社会环境对幼儿发展的影响。此外,教师还应将评价结果以及对影响因素的分析以恰当的方式及时向家长进行反馈，帮助家长正确认识幼儿人格发展的情况以及家庭因素对幼儿人格发展的影响，以提高其家庭教育的自觉性。

（五）正确处理幼儿人格发展评价与教师评价之间的关系

幼儿教师是幼儿人格发展评价的实施者，也是评价结果的使用者，教师以何种态度、动机进行这项工作，决定了评价结果的真实性与客观性，而评价结果是否真实、客观又决定了评价目标能否实现。教师在进行幼儿发展评价工作时的态度不仅与评价观有关，还与幼儿园管理工作和教师工作的评价制度有关（白爱宝，1999）。如果幼儿园将教师对本班幼儿进行评价得到的结果与年终（或学期末）对教师的评价相联系，就容易导致教师在进行幼儿人格发展评价时不能完全将关注的重点放在了解幼儿上，而是较多地为自身利益考虑，从而可能使幼儿人格发展评价工作偏离正确的方向。另外，简单地将幼儿发展评价与教师工作质量评价相联系，实际上是不符合发展心理学理论中的幼儿发展基本规律的。虽然教师是影响幼儿发展的因素，但绝非唯一因素，幼儿人格发展是多种因素相互作用的结果，因此无论是幼儿人格发展较好还是存在较大问题，都不能完全说明教师工作质量的高低，同时，将教育因素作用到幼儿身上，再转化为可以观察的行为，也不是短时间内可以实现的。因此，在开展幼儿人格发展评价过程中正确地处理幼儿人格发展评价与教师评价之间的关系尤为重要。

在将幼儿人格发展评价与教师评价建立关系时，需要将工作重点放在以下几个方面：一是看教师在开展幼儿人格发展评价时，态度是否认真严肃，能否通过多种途径了解幼儿的人格发展，获得的评价信息是否真实有效等；二是看教师能否认真分析影响幼儿人格发展的因素以及对工作中的问题进行分析和反思，并根据幼儿的人格发展情况制订和调整工作计划，完善教育过程，有针对性地对幼儿进行引导；三是能否及时地向家长反馈评价信息，与家长共同分析影响幼儿人格发展的因素（白爱宝，1999）。

第四篇 幼儿健全人格核心特质的培养

第九章 自主进取的培养

自主进取是一个重要的非智力因素，它是个体在充分认识自己的基础上，通过积极主动地与环境相互作用，不断超越自己，进而争取更大进步的一种心理倾向，它对个体智力因素的发展有着积极的促进作用。自主性和进取精神是儿童成长的强大内驱力。蒙台梭利认为，儿童有一种自发向上的力量，他们通过这种力量学会了爬、走、跑等；通过这种力量，儿童不断地吸收着外界的一切，儿童是靠着自己的力量逐渐发展起来的。因此，儿童期自主进取能力的激发与培养有助于帮助儿童形成健康的自我意识，发展儿童的潜能，使儿童更好地适应社会。本章主要探讨自主进取的价值和目标，并为培养幼儿自主进取能力设计一系列的游戏活动案例,在此基础上从教师和家长两个角度对幼儿自主进取能力的培养提供相应的教育建议。

第一节　自主进取的培养价值及目标

一、幼儿自主进取培养的价值

自主性作为创造性人才的重要人格特征而日益受到人们的广泛关注,但目前我国相当一部分独生子女明显存在自主性差的特点。幼儿期是儿童人格的初步形成期,因此对幼儿自主性进行培养具有十分重要的现实意义。

(一)有助于提高抗挫折能力和意志力

培养幼儿的自主性意味着要求幼儿独立处理问题,不依赖他人。一旦幼儿能独立地、积极主动地解决问题,就能体验到自己的力量,增强自信心,从而逐步领会到在困难和挫折面前不退缩、不动摇的精神,而且相信凭借自己的力量可以战胜困难,充分发展抗挫折能力和意志力。

(二)有利于增强自我管理能力

培养幼儿的自主性意味着让幼儿"自己做主",可以提高幼儿的自我管理能力,有利于培养幼儿的责任感和主人翁精神。

(三)有利于促进交往能力和发展创造力

培养幼儿的自主性也意味着幼儿拥有更多的自主权,自由活动的机会增多,因此,交往范围扩大,交往机会增多,交往能力就会得到锻炼。同时,在各种自由活动中,幼儿的创造力和动手能力也能得到充分的发展,从而有利于创造性的培养。

(四)能促进学习动机和学习能力的发展

培养幼儿的自主性,让他们意识到自己是学习的主人,是学习活动的主体,并对自己的学习采取负责的态度,这样,幼儿学习的主动性、积极性就会得到发展,在主动积极参与学习的过程中独立学习能力就会明显提高,从而对幼儿入学后的学业发展产生积极影响。

二、幼儿自主进取培养目标的解析

幼儿自主进取培养的年龄阶段目标如表9-1所示。

表9-1 幼儿自主进取培养的年龄阶段目标

小班培养目标	中班培养目标	大班培养目标
1. 喜欢自己的事情自己做，如自己进餐、自己穿脱衣物、自己动手操作 2. 愿意通过自己的努力尝试解决一些简单的生活问题 3. 能根据自己的兴趣选择游戏	1. 能主动承担任务，并能独立完成任务，不依赖 2. 能按自己的想法游戏，游戏中表现积极	1. 能够自己做决定，并坚持自己的正确决定 2. 渴望得到他人的认可，在各种活动中能够积极表现，争取最佳

2岁左右是人生的第一个反抗期，从反抗期开始，幼儿的自我意识开始快速发展，幼儿感到自我的存在，意识到自身的力量，产生了强烈的自主需要，什么事情都想尝试一下，幼儿的自主性随之发展起来。邹晓燕（2004）指出，3～5岁是幼儿独立性发展的关键期，其间独立性逐渐由不稳定向稳定发展，5岁幼儿的独立性已经相当稳定，且在不同情境下的表现非常一致。黑丽君（2008）研究发现，幼儿自主性的发展具有一定的年龄差异性，呈现逐渐上升的趋势。另外，幼儿自主性在认知、情感和行为三个层面的表现也有一定的差异。其中，幼儿的认知自主在整个3～5岁阶段都呈迅速发展的趋势；情感自主水平在4～5岁阶段快速提高；行为自主在3～4岁阶段发展迅速，4岁以后发展速度放慢。依据幼儿自主性的发展特点，在小班阶段，应特别强调行为自主的培养，鼓励幼儿自己的事情自己做，如自己进餐、自己穿脱衣物、自己动手操作；引导幼儿通过自己的努力尝试解决一些简单的生活问题；可以根据自己的兴趣选择游戏，知道自己喜欢做什么。到了中班，儿童的自主性发展水平好于小班，并且情感自主水平发展迅速，所以中班幼儿自主性培养的目标在于培养幼儿能主动承担任务，并能独立完成任务，不依赖别人的能力；能按自己的想法游戏，游戏中表现积极。中班到大班阶段，幼儿自主性的稳定性越来越好，应该培养大班幼儿自己做决定并坚持自己的正确决定的能力，在各种活动中能够积极表现，争取最佳，如表9-1所示。

第二节　自主进取培养的游戏活动方案

一、小班幼儿自主进取培养的游戏案例

(一)游戏一

活动名称:我自己。

活动目标:

1. 认识自己和同伴,并愿意与集体中其他同伴进行交流。

2. 愿意编歌曲,能积极投入地编自己喜欢的歌曲。

活动准备:

1. 活动室或盥洗室里有大镜子,或幼儿每人一面小镜子。

2. 摄像机一部,能播放的电视机一台。

活动过程:

1. 教师引导幼儿照镜子,认识自己。

(1)幼儿照镜子,观察自己的小脸。

——"你觉得自己脸上哪些地方长得最有趣?"

(2)让幼儿对镜子做各种可爱、滑稽的表情。

——"有的小朋友的眼睛大大的,有的小朋友的鼻子高高的,你能让它们动一动,做一些有趣的怪脸吗?"

(3)幼儿做各种怪脸时,教师在一旁将表情及时地拍摄下来。

2. 教师引导幼儿看录像,认识同伴。

(1)教师在电视上逐一播放幼儿的脸,并将画面定格,让幼儿对此进行讨论:"这是谁? 他叫什么名字? 他的眼睛长得怎么样? 鼻子长得怎么样?"

请幼儿本人也说说自己的小脸。

(2)教师根据幼儿自己的介绍及大家的讨论情况,即兴编唱歌曲。"这是我的嘴巴,小小的;这是我的眼睛,圆圆的;这是我的头发,长长的;这就是我呀! 我叫×××。"

(3)根据录像中不同幼儿的脸部特征,师生共同讨论和编唱歌曲,同时也熟悉同伴的名字。

3. 编唱歌曲

(1)在音乐的伴奏下,幼儿根据从镜子中看到的自己的小脸,编唱《我自己》的歌曲。

"我们每个小朋友都有一张可爱的小脸,每张小脸都有和别人不一样的地方,请你把自己长得与别人不一样的地方改编进歌里唱一唱。"

(2)教师示范。

(3)在愉悦的音乐氛围中,幼儿将自编的《我自己》的歌曲唱给好朋友听。

4. 活动结束,教师总结。

(二)游戏二

活动名称:猴子摘桃。

活动目标:

1. 不寻求成人的帮助,能独立解决问题。

2. 敢于尝试,不怕失败。

活动准备:

1. 硬纸板和小树枝制成的桃树 5 棵,树的高度高于幼儿直立时手臂伸高的高度。

2. 塑封的纸质桃子若干,将它们挂在桃树上。

3. 篮子 10 个,高低不等的木箱子 4 个,细长棍 5 根,细短棍 7 根,皮球 5 个。

活动过程:

1. 教师将幼儿带到户外,户外的场地上已经摆上长满桃子的 5 棵桃树,在树的周围随意放置一些木箱子、细长棍、细短棍、皮球、篮子等。

2. 教师对幼儿宣布:猴奶奶就要过生日了,要召开一个生日宴会,我们要为这个生日宴会准备一些桃子。你们看,桃树上有好多又甜又大的桃子,下面我们就去摘桃子。但是,桃树太高,小朋友们用手摘不到,你们必须得想点办法,才能摘到桃子,而且尽量保证摘到的桃子不要掉到地上,否则它们会摔坏的。看看哪组小朋友最愿意想办法,摘到最多的桃子。

3. 把幼儿分成5 组,每组5 ~6 人,开始合作摘桃子。教师在旁边观察幼儿,看幼儿的反应(如果幼儿没有出现尝试用棍子、皮球打桃子并用篮子接桃子,踩木箱摘桃子等行为,教师可以做一些语言上的提示)。

4. 教师和幼儿一起数摘下来的桃子,对表现最好的幼儿和摘到最多桃子的小组进行表扬。

5. 教师总结并请幼儿示范摘到桃子的方法，同时鼓励幼儿平时在生活中遇到问题时要自己想办法解决。

二、中班幼儿自主进取培养的游戏案例

（一）游戏一

活动名称：我是棒小孩。

活动目标：

1. 活动中能积极地完成任务，并能用清楚的语言描述好朋友的外貌。

2. 愿意参加活动，在活动中体验与伙伴合作的快乐。

活动准备：油画棒、白纸若干（和幼儿人数相对应）。

活动过程：

1. 请一名幼儿来当警察，另一名幼儿来当和好朋友走散并寻求警察帮助的人，剩下的小朋友来当路人。

2. 小朋友因为和好朋友走散了，所以请警察来帮忙，寻求帮助的小朋友要向警察清楚地描述自己好朋友的外貌特点，然后请警察从路人当中找到要找的人（寻找过程和描述过程要小朋友独立完成）。

3. 找到之后再换其他小朋友，依次进行，最后都找到之后，请每位小朋友把今天自己找到的好朋友画下来，体验成功的喜悦。

（二）游戏二

活动名称：救救小动物。

活动目标：

1. 能够独立完成任务，并主动承担任务，不依赖他人或老师。

2. 在活动中能够表现积极，争取最佳。

3. 锻炼跳、爬、平衡等能力。

活动准备：毛绒动物若干挂在树上，攀登架，独木桥，山洞。

活动过程：

1. 讲述活动任务，请小朋友帮助小动物，它们被困在树上，需要将它们救下来。教师示范如何救小动物：(1)穿过山洞；(2)走过独木桥；(3)爬过攀登架；(4)想办法救出小动物。

2. 分两组同时进行，看哪组救的小动物多（活动中个别提醒游戏路线，并适时

帮助,注意安全)。

3. 幼儿讲述游戏中遇到的困难和怎样解决困难的。

4. 第二次游戏。

5. 每组自愿报名,计时比赛,选出救小动物最快的"小勇士"。

三、大班幼儿自主进取培养的游戏案例

(一)游戏一

活动名称:勇敢的小马。

活动目标:

1. 懂得要有主见,能够自己做决定并且坚持自己的正确决定。

2. 初步了解深与浅的相对性。

活动准备:

1. 小马过河的挂图或视频。

2. 安静融洽的教室环境。

活动过程:

1. 教师为幼儿讲述"小马过河"的故事,并提问:"你从小马身上学到了什么?"(引导幼儿要有自己的主见,遇到困难要积极地想办法来解决,勇敢地去尝试,不怕失败,并且相信自己的决定和选择)。

2. 教师引导幼儿通过故事当中老牛和松鼠对河水的说法,来初步理解深与浅的相对性。

3. 教师与幼儿共同展开想象,感受小马通过自己做决定成功过河的快乐。通过展开分享活动"小鬼当家——由我做主的一件事"获得对自己有主见的正确认识,感受自主选择和决定的满足与快乐,从而促进幼儿自主性的发展。

(二)游戏二

活动名称:我来报道。

活动目标:

1. 能主动思考并提出问题,有自己的主见。

2. 能专心倾听别人讲话,尝试对他人的讲话进行概括总结。

3. 能大胆讲述,语言表达流畅。

活动准备:

1. 手工制成的麦克风(幼儿人手一个),记者胸牌(幼儿人手一个)。

2. 和幼儿园的所有工作人员打好招呼,配合幼儿的采访活动。

3. 事先录制好的新闻节目视频。

活动过程:

1. 活动前的动员:为幼儿播放新闻节目视频,然后宣布“我们班要开办一个午间新闻节目,每个人都可以当节目主持人,但主持人每天播报的新闻必须是自己采访获得的信息,下面给每位小朋友一个胸牌、一个麦克风,你们自己想一个话题,如‘我们是怎样长高的’‘你认为怎样才能成为一个受欢迎的孩子’,到幼儿园的各个部门去采访,把你采访到的信息总结一下,中午新闻节目时间给大家播报,看看哪位小朋友播报的新闻最吸引人”。

2. 幼儿采访环节:教师带领幼儿到人员集中的几个部门采访,鼓励胆小的孩子主动思考话题并帮助他们完成采访。

3. 采访结束,教师引导幼儿彼此交流一下自己的采访经历,弄清自己要播报的内容。

4. 午间新闻节目播报:请主动要求播报的幼儿到新闻播报间播报新闻,其他幼儿倾听,为幼儿拍照留念。不断鼓励其他幼儿主动到前面来播报新闻。

5. 活动延伸:请没有完成播报的幼儿活动结束后在自由活动期间到阅读区继续播报。

第三节　自主进取的培养建议

一、给教师的教育建议

(一)创设一种轻松、愉悦的环境,促进幼儿自主性的发展

环境除了物质环境以外,更重要的是精神环境,它直接影响着幼儿自主性的发展,而精神环境与教师作风有极其密切的关系。专制型教师在班级里完全决定一切并严格控制幼儿行为,监督幼儿活动,这必然会造成课堂气氛沉闷,幼儿严肃呆板、谨小慎微、依赖性强;而民主型教师尊重幼儿人格,和幼儿互商互助、协调行动,能够创设一种轻松、愉快的氛围,可以激发幼儿的兴趣和创造力。

（二）给幼儿提供足够的自主空间和时间，减少对幼儿的控制

幼儿园不仅要有教师组织的集体教学和集体活动，而且要有自主活动的时间和空间，让幼儿也有机会来决定自己做什么、什么时候做以及怎么做等，这样可以培养幼儿的自主意识和自主行为。

（三）充分利用幼儿园一日生活的各个环节，培养幼儿自主性

生活中随时随处可以进行自主性的培养。在集体教学活动中，确定教学内容时，要重视幼儿的兴趣、需要和经验，引导幼儿发表自己的意见；指导教育活动时，要尊重幼儿的选择和参与权，尊重幼儿迈向独立的尝试性探索；评价活动效果时，克服教师“一锤定音”的习惯，积极引导幼儿参与评价过程，从而使其更加自觉地管理自己的学习（杨春燕，张庆林，1997）。区域活动的教育形式给幼儿提供了极大的活动空间，他们能根据自身的喜好和能力进行活动选择，这使得幼儿的活动不再局限于教师的安排，大大提高了幼儿进行自主活动的兴致。既可以培养幼儿进行自主探索的能力，提高幼儿独立面对问题、思考问题以及解决问题的能力，也可以培养幼儿进行主动合作的能力，让幼儿自发进行合作，提高与其他幼儿交流、合作的能力，培养幼儿更好地解决问题，提高解决问题的自主性的能力。

（四）运用游戏培养幼儿的自主性

幼儿游戏是儿童对周围现实环境的一种积极主动的表现，幼儿游戏是培养幼儿独立性的良好途径之一。幼儿教师可以为幼儿创设丰富的游戏环境，为幼儿准备各种他们感兴趣的玩具和一些废旧物品，引导幼儿自己动手操作。如利用幼儿以前穿过的小衣裤，让他们练习给娃娃穿衣服、拿穿线板练习系鞋带等。这些游戏不仅锻炼了幼儿的独立动手能力，而且培养了他们独立思考的能力。

（五）要引导幼儿主动探索和思考

教师对幼儿的能力要有信心，鼓励幼儿通过自身的活动来主动学习。教师对幼儿的探索活动不直接进行指导，幼儿在活动中碰到困难时不急于帮助和代替，让幼儿自己去寻找解决办法。幼儿在主动探索的活动中，难免会出现错误，教师切勿对此急于纠正或代幼儿去做，应该为幼儿留下探究和思考的空间。

二、给家长的教育建议

(一)转变教育观念,重视幼儿自主性的培养

首先,家长应转变传统教育观念,重视幼儿自主性的培养。“做个听话的乖孩子”是家长经常挂在嘴边的一句话。但是,在要求幼儿做个乖孩子的过程中,幼儿自主进取的愿望被忽视,幼儿的自主性和创造性受到严重压抑。

其次,不仅要认识到幼儿自主性培养的必要性,而且要认识其可能性。幼儿在 2 岁左右进入人生的第一个反抗期,独立意识增强,什么都想“我自己来干”。这一时期是自主性萌芽的时期,是加强自主性培养的第一个关键时期,错过这一关键时期,在幼儿良好人格的培养上就会造成难以弥补的损失。

(二)家长要学会“放心”“放手”

所谓“放心”,是说家长要相信幼儿有自我发展的可能性,不要总是无谓地担忧,害怕孩子做不好、害怕孩子年龄小,等等。殊不知,家长的焦虑会无形地传染给孩子,在家长的害怕之下,孩子也会越来越胆小、越来越依赖。

所谓“放手”,是说家长在“放心”的基础上,放开手脚,让幼儿为自己的生活负责。例如,幼儿在 2 岁多的时候,有一个阶段特别想自己拿勺子吃饭,很多家长怕幼儿自己吃不好,弄得身上、地上到处都是,就不让幼儿自己吃,而是由家长喂着吃。结果,错过了幼儿想自己吃饭的关键时期,到了三四岁,家长觉得幼儿应该自己吃饭的时候,幼儿反倒不自己吃饭了。所以,“放手”的家长才能培养出“能干”的孩子。家长要本着“大人放手,孩子动手”的原则,让幼儿做一些力所能及的事情。在家里,家长可以根据孩子的兴趣和能力因势利导,通过具体、细致的示范,从身边的小事做起,由易到难,教给幼儿一些自我服务的技能,如学习自己擦嘴、擦鼻涕、洗手、刷牙、洗脸、穿衣服、整理床铺等。这些看上去虽是很小的事,但实际上给幼儿创造了很好的锻炼机会,无形中培养了幼儿独立生活的能力。

(三)家长要积极配合幼儿园,共同培养幼儿的自主性

在实际生活中经常会发现,很多幼儿在幼儿园可以自己完成的事情,回到家之后就不做了,例如穿衣服和吃饭。因此,家长应该积极与幼儿园保持一致,随时了解幼儿入园后的生活常规和在园一日的生活活动,在家中遵循幼儿园的一日常规制度对孩子进行训练。

第十章 探索创造的培养

探索创造是对个体智能的一种反映,与人的思维活动紧密联系,是人类思维活动的最高表现,而"创新是一个民族进步的灵魂"。探索创造既是个体的一种心理过程,也是一种人格品质。在这里,我们将幼儿的探索创造界定为幼儿对新事物的好奇,积极探求,敢于大胆创造的一种心理倾向。幼儿时期,儿童还不能像成人那样进行探索与创造,即制造复杂而新颖的产品,但幼儿已经具有了创造性的萌芽,突出表现在幼儿的好奇心和创造性想象的发展上。在艺术、制作和游戏活动中,幼儿通过自己独特的方式将想象力渗透到他们的活动中,逐渐发展他们的探索性和创造性,使其成为推动个体认识客观世界的强大动力。因此,幼儿园阶段,我们应通过多种途径和形式,保持幼儿的好奇心,激发其探索欲,并鼓励幼儿想象和创造,为培养创新人才打下坚实的基础。

第一节 探索创造的培养价值及目标

一、幼儿探索创造的培养价值

(一)探索创造是个体发展的一种潜在心理素质

心理学家认为,每个人生来就有两种矛盾的趋势,其一为保守的趋势,由自我保护、自我积累等本能组成,这种趋势只需外界少量的鼓励或支持就可以维持和发展;其二是扩张的趋势,由好奇、探索和冒险的本能组成。也就是说,好奇、探索是人与生俱来的品质,这种品质也是个体的原生素质。婴儿一生下来就表现出对周围世界的好奇,比如探究反射,虽然探究反射作为无条件反射是本能性的,但随着婴儿的身心不断发展,探究反射本身也在不断向前发展,好奇心在很大程度上都可视为探究反射在个体知识经验和心理水平达到一定程度之后的具体表现和深化(刘云艳,2004)。

原生素质作为素质的一种,它表现为潜在素质或者潜能。这种潜在素质,一方面是个体内部蕴藏的由亿万年生命演化形成的极为丰富的肉体与精神力量;另一方面包括了人类千百万年的社会实践和文化成果在人的身心结构的历史积淀和结晶。它既是自然进化的结晶,也是社会文化的积淀。马克思将其称为"人自身在自然中的沉睡的潜能"。这种潜能如果不能在发展的最初时期得到开发,就会逐渐萎缩乃至泯灭;如果得到开发与外化,就表现出个体特有的心理素质。而探索创造正是这样一种既具有先天性又具有后天习得性的心理素质。

(二)探索创造是个体学习的内在动力

好奇心是人类的天性。幼儿一旦面临新奇的、神秘的、自相矛盾的事物,就会产生3种形式的探究行为:感官探究、动作探究、言语探究。正是通过这些探究行为,幼儿有选择性地了解周围事物,并积累大量生活经验。法国教育家卢梭指出:"好奇心只要有很好的引导,就能成为孩子寻求知识的动力。"(刘云艳,2006)好奇心作为一种内在动机,它既具有认知性特征,能够引发幼儿的探索行为,又具有情感性特征,可以使幼儿从探索中获得愉快的体验。幼儿在其好奇心的驱使下表现出来的观察、提问、操作、选择性坚持、积极情绪等有助于幼儿的学习活动。儿童的发展是在各种各样的解决新颖独特的任务的探究活动中实现的。儿童的尝试动作越是五花八门,探究活动越是新颖灵活,那么,他们也就越有可能得到异乎寻常的结果。

(三)探索创造是创造性人才的重要特征

爱因斯坦认为他之所以能取得成功,原因在于他具有狂热的好奇心。美国学者希克森特米哈伊在谈到创造性人才的因素——好奇心的重要性时,也明确提出,"通往创造性的第一步就是好奇心和兴趣的培养"。他认为,好奇心是需要保护的,也许所有的孩子都有好奇心,但好奇心能否保持到成年,在很大程度上依赖于早期生活受到的鼓励。幼儿好奇心很强,这也许与他们知识、经验的贫乏有关。在他们看来,周围环境中的许多事物都是新奇的,很多都出乎他们的预期。他们想要观察、探索、询问、操作或摆弄这些事物,这些都是好奇心的外在行为表现。

如果这些行为能得到更多的鼓励与支持，就会逐渐内化为幼儿的人格特征；相反，如果缺少环境的鼓励与支持，这些行为会逐渐消退，表现为对新奇事物的冷漠、回避等心理倾向，从而不利于创造性人格特征的形成。

二、幼儿探索创造培养目标的解析

幼儿探索创造培养的阶段目标，如表10-1所示。

表10-1 幼儿探索创造培养的年龄阶段目标

小班培养目标	中班培养目标	大班培养目标
1. 对新异事物感兴趣，喜欢摆弄或操作 2. 喜欢提问 3. 游戏中能进行模仿和想象活动	1. 对自己感兴趣的事物和现象进行探究，并乐在其中 2. 经常问各种各样的问题以满足自己的需要 3. 能探索游戏的不同玩法或进行简单创作	1. 喜欢接触新事物，并大胆地尝试或探索 2. 喜欢刨根问底，并愿意动手探索解决疑问 3. 在感兴趣的活动中，能进行有意想象和大胆创造，有一定新颖性

幼儿的探索创造有多种表现，如探究、好问和想象力等。探究能力是幼儿健全人格发展的重要方面。人的许多心理感受是必须亲历的，比如成功感、满足感、愉快感，等等。这些我们在教育中所提倡的正向的、积极的感受不是教会的，而是需要以具体事件为依托才能获得的。幼儿在克服困难的探究中，最终取得了成功，那份欣喜是我们无数个“你行”“你真棒”等口头赞许所不及的，且这种欣喜还会不断地产生良性的探究循环，进而热爱探究活动，这对提升幼儿的创新意识也是非常有价值的。在幼儿探究的过程中，我们常常可以看到忙碌的、不知疲倦的、兴致勃勃的孩子，他们不以成喜、不以败悲，不为追求探究的结果而惴惴不安，而是以亲历探究的过程为快乐，视相互之间的交流、合作为可贵，在过程中获得知识、培养能力、体验感受。好奇心强的幼儿常常自发地进行各种探索活动，他们对周围的各种物品，如动物、植物、实验材料、玩具、图片等不断地摸一摸、看一看、闻一闻、听一听，以发现事物的特点和变化，有的幼儿甚至会有“破坏”的行为，如：班里新种下的植物经常被好奇心较强的幼儿从土里拔出来，目的是看看底下是什么样子。小班幼儿能对新异事物表现出敏感和好奇，能够主动探究，但缺乏探索的持久性，且主要对事物的表面属性感到好奇，不能对事物的深层属性感到好奇。因此在引导小班幼儿探究行为发展方面，只要求他们能对新异事物感兴趣，喜欢

摆弄或操作。到了中班,幼儿探究的主动性、好奇体验和对新异事物的反应性有所下降,但探索的持久性有一定的提高,开始对事物的深层属性表现出好奇。因此在引导中班幼儿探究行为发展方面,我们提出对自己感兴趣的事物和现象进行探究,并乐在其中。大班幼儿的好奇体验继续下降,但探究的主动性和对新异事物的敏感性再次获得发展,探索的持久性得到明显提高,能够对事物的深层属性进行探索,是幼儿好奇心发展最快、变化最大的时期。在培养大班幼儿探究能力的发展时,我们将目标定位为"喜欢接触新事物,并大胆地尝试或探索"。

好问也是幼儿探索创造的一种表现。幼儿心理发展中十分明显的特点就是好奇好问,幼儿日常生活中经常会遇到许多未知的事物,他们对周围自然和社会环境中的很多事物都感到新奇,由于受认识能力的限制,他们无法自己解决这些疑问,因此,向成人提出各种各样的问题,是他们了解周围世界的主要途径。他们的提问很广泛,涉及天文、地理、物理、化学、生物等各个方面。幼儿对世界的一切,特别是对他周围生活中的一切,产生了一种惊奇和探究的欲望。问题成了幼儿表达喜怒哀乐的媒介,成了幼儿表达思想的形式,成为幼儿表达认识兴趣的形式。尽管他们在好奇地提出问题时,并不真正完全理解自己能提问题的含义,但经过成人的一系列的回答、解释,幼儿一般能得到认识上的一定满足。小班幼儿在提出各种问题时,他们并不是真的想弄清楚问题,只是以问问题为乐。而中班幼儿能出于疑问而发问,有了洞察问题真相的欲望和想法。到了大班,幼儿不仅能够发现问题,还尝试着自己去解决问题,并在这个过程中获得一种满足感。因此,我们将小班的培养目标定位为"喜欢提问",中班为"经常问各种各样的问题以满足自己的需要",大班为"喜欢刨根问底,并愿意动手探索解决疑问"。

幼儿的世界是想象的世界,在想象的世界与现实的世界中,幼儿自由地穿行,没有一丁点的张力感,幼儿生活在自己想象的世界里,想象成了幼儿的一种生活需要,成了幼儿的一种本真的生活状态。在幼儿的世界里,猫儿狗儿、桌子椅子统统都站出来说话,幼儿对现实的生活充满了想象的激情。沉浸在想象中,幼儿可以纵横驰骋,体验飞一般的美妙感觉,感悟快乐、兴奋、悲伤、恐惧的百味人生。幼儿正是在想象中、在多彩的体验中慢慢建构起成长感的。已有研究指出,小班幼儿主要以自己最熟悉的食品和日用品为主进行自由想象,创造性成分较低。而且往往是指向一个事物的笼统的整体,体现出其认知的不精确和泛化的特征,发散思维水平较低,创造只是一种无意想象的结果,但随着年龄的发展,创造力得到了快速发展。中班幼儿在小班的基础上有了一定的进步,由于语言、概括能力的提高,其想象中的创造性成分增多,在想象中有了自己的内容。中班幼儿的创造性思维发展达到了一个高潮,是幼儿创造性人格发展的关键期,而这一时期,幼儿主要通过游戏玩耍来表现他们的创造性。大班幼儿思维的流畅性有了显著的提高,思维的变通性也有了极大的发展。他们不再局限于食品和身边的日用品等,而是将思维的触角伸向了社会生活的诸多方面。思维的灵活性也有了明显的发展,基本的创造技法"加一加""减一减"已清晰可见。大班幼儿创造性想象有了很大的发展,他们能根据自己已有的知识,对某个特定的主题做出自己的想象。5 岁左右是幼儿发散思维发展的转折期,幼儿进入学前班后,发散性思维水平出现了"高原期",即发展速度骤然减缓。对此,我们将小班、中班、大班幼儿想象创造的引导目标分别定为,小班"游戏中能进行模仿和想象活动",中班"能探索游戏的不同玩法或进行简单创作",大班"在感兴趣的活动中,能进行有意想象和大胆创造,有一定新颖性",如表 10-1 所示。

第二节　探索创造培养的游戏活动方案

一、小班幼儿探索创造培养的游戏案例

(一)游戏一

活动名称:寻宝。

活动目标:

1. 喜欢观察探究,在探究中感受快乐。

2. 发展注意稳定性,掌握一定的观察方法。

活动准备:

1. 挂图,挂图上画有茂密的森林和隐藏在森林里的鸟宝宝(不超过 5 个)。

2. 纸质的鱼宝宝若干,并塑封(多于幼儿人数)。

3. 小桶一个。

活动过程:

1. 教师出示挂图,告诉幼儿:"这是一片森林,森林里最近飞来了一群小鸟,它们将在这个森林里度过春天、夏天和秋天,然后就离开这里了。我们要保护它们在这片森林里安全地度过每一天。现在要找出这片森林里的小鸟一共有多少,让

我们一起来找一找吧。”

2. 教师和幼儿一起找小鸟，将找到的小鸟用笑脸粘贴标识。观察过程中，教师要引导幼儿按照一定的方向顺序寻找。

3. 教师事先将制作好的鱼宝宝藏在娃娃家、建构区、美工区的不同角落里，并对幼儿宣布：“除了要保护好小鸟，现在又有了新的任务。原来待在养殖区的鱼宝宝们被大雨冲走了，它们现在被冲到了娃娃家、建构区和美工区了，如果不及时找到的话，它们就会因为不能呼吸而死亡，现在让我们一起去寻找鱼宝宝，赶快把它们送回家吧！看看哪位小朋友找到的最多。”

4. 幼儿寻找鱼宝宝，把找到的鱼宝宝放到教师拿的小桶里。

5. 教师总结：小朋友们，你们真善于观察，平时应多注意观察，你会发现很多有趣的事物，现在让我们到户外去看看喷泉池里的小鱼吧。

（二）游戏二

活动名称：建造城市家园。

活动目标：

1. 喜欢操作摆弄，能进行有意识的拼插和搭建活动。

2. 喜欢想象，能进行简单的模仿活动。

活动准备：

1. 各种拼插玩具、大小积木块若干。

2. 装饰物、玩具车、植物等若干。

3. 沈阳城市风光视频。

4. 图画纸若干，彩色画笔若干。

活动过程：

1. 教师导入：2008 年，四川的一些地方发生了大地震，好多城市都被毁坏了，变成了废墟，小孩和他们的父母都无家可归了，国家组织了好多工程队去四川为孩子们盖房子去了。现在我们也动起手来为那里的人们建立一个家园，想象一下，你所生活的城市是什么样的？都有些什么？（教师帮助幼儿一起说出，城市里有商店、住宅、医院、公园、马路，马路上还有车辆，等等）

2. 教师播放沈阳城市风光视频资料，让幼儿在头脑中产生关于城市建筑的表象。

3. 教师将幼儿分成几个小组，分别让他们在指定的区域搭建住宅、商店、医院、公园和马路（教师适当进行指导，并让幼儿想象怎样让这个城市更漂亮，幼儿们可扩充搭建的内容,同时提供适当的帮助,如补充各种材料)。

4. 教师带领幼儿们一起欣赏自己建造的城市家园,并拍照留念。

5. 活动延伸:准备画纸和画笔,让幼儿将自己建造的城市家园画下来,并将孩子的图画作品和教师拍摄的照片贴在墙上展览。

(三)游戏三

活动名称:漂亮的小拖鞋。

活动目标:

1. 学习用点、线、形状等装饰鞋面。

2. 发挥想象,动手粘贴制作一双小拖鞋。

3. 乐于介绍自己的作品,体验创作的喜悦。

活动准备:

1. "小拖鞋"材料包:鞋底、鞋面。

2. 彩纸、笔、剪刀、胶水。

3. 布置小拖鞋展台。

活动过程:

1. 观察欣赏

教师以游戏的口吻引导幼儿参观"拖鞋"展览台。

教师:今天有许多小拖鞋要和我们交朋友,我们一起去看看小拖鞋都有哪些漂亮的样式,上面有什么图案。

教师提出问题,引导幼儿观察,让幼儿在回答问题的过程中增强对小拖鞋的感性认识。

教师:拖鞋是由哪儿部分组成的?引导幼儿了解拖鞋由鞋面和鞋底组成。

2. 探索方法

请幼儿先观察后思考:制作拖鞋应该先做什么,再做什么?

教师总结制作方法:先设计拖鞋图案,再剪裁鞋底,最后粘贴。

3. 设计图案

请幼儿自由想象。

教师:你准备设计一双什么样式、花纹的小拖鞋呢?启发幼儿互相说说自己的设计想法。向幼儿介绍几种装饰的方法。

教师随意在长方形鞋面上画出自己喜欢的图案;给长方形鞋面涂上好看的颜色;用线条、圆点、圆形装饰长方形的鞋面。

引导幼儿使用小拖鞋操作纸,练习制作小拖鞋。

4. 动手制作

教师边演示边指导幼儿按照制作方法动手操作:取出小拖鞋材料包中的鞋底;取下两个长方形鞋面,在上面画出自己喜欢的装饰图案,提醒幼儿两个鞋面的图案要一样;将鞋面的两个短边抹上胶水,粘到鞋底上。幼儿制作,教师巡回指导,提醒幼儿遇到困难时要互相帮助。

5. 展示环节

把制作好的小拖鞋摆放到展台上,引导幼儿互相欣赏。请幼儿介绍自己的作品,互相说一说,体验创作的乐趣。

(资料来源:罗英智. 幼儿园探究式活动(小班下)[M]. 大连:辽宁师范大学出版社,2012. 19-20.)

二、中班幼儿探索创造培养的游戏案例

(一)游戏一

活动名称:多变的声音。

活动目标:

1. 对新事物有兴趣,喜欢探索。

2. 能进行有意想象,在原型的基础上能进行简单的创作。

3. 在活动中能够准确分辨声音的大小。

活动准备:

1. 沙子、大米、黄豆若干瓶。

2. 口香糖瓶子、废旧瓶子若干。

3. 几种乐器。

活动过程:

1. 听声音。出示乐器,让幼儿感受声音的变化并模仿。

2. 集体实验:分别用沙子、大米、黄豆制作乐器。分辨声音大小。分组实验:用沙子、大米、黄豆各做两个乐器。一个装得满,另一个装得少。感受声音的变化。

3 小结。相同数量的一粒沙、一粒米、一粒黄豆,最重的发出的声音最大。相同的瓶子中,东西放得适中声音最大,放得太多或太少声音都小。

4. 分组制作你喜欢的乐器(用沙子、大米、黄豆)。

（二）游戏二

活动名称：颜色变变变。

活动目标：

1. 对颜色的变化感兴趣，喜欢探索。

2. 在原有颜色的基础上，能够进行其他颜色的创造。

活动准备：矿泉水瓶若干、水粉颜料、小玻璃杯若干。

活动过程：

1. 拿出3个装有清水的矿泉水瓶（在瓶盖的里面分别涂上粉色、黄色、蓝色），然后教师说今天带来了神奇的药水，可以将水变出漂亮的颜色，之后教师上下晃动瓶子，使瓶子里的水碰到瓶盖上的粉色颜料，这样使整个瓶子都变成粉色（同样把其他两瓶水变成黄色和蓝色）。

2. 请小朋友猜猜这三瓶彩色的水还会不会变成其他的颜色？小朋友回答完后教师进行演示，教师将粉色的水和黄色的水倒在玻璃杯里，最后的变化请小朋友来说（变成红色）。然后再做黄色的水和蓝色的水的变化（变成绿色）。

3. 小朋友们想不想创造出更多的颜色呢？教师给每一组小朋友发几个纸杯，请小朋友们自己做实验，将成功的颜色拿给老师看，最后老师把孩子们调出的颜色展示给其他小朋友们欣赏。

（三）游戏三

活动名称：好玩的彩球。

活动目标：

1. 运用滚、踢、抛等多种玩球方法，发展跳跃、挥臂（向上或向前）、上肢抛接等的运动机能和动作速度及身体协调性。

2. 培养想象力和创造性游戏能力。

活动准备：报纸做的彩球若干、大篮子若干、一段音乐。

活动过程：

1. 教师带幼儿进入活动场地，幼儿手持彩球，随音乐沿场地四周进行走、跑交替练习。

2. 一物多玩游戏。

讨论：想想手里的彩球可以怎么玩？

（1）幼儿按自己的意愿进行自主游戏。

(2)集体交流:你是怎么玩彩球的?

(3)幼儿再次进行游戏,鼓励幼儿进行合作游戏。

3. 小组接力竞争游戏:运果子。

教师提出运果子的要求,不能用手,可以自由结组,看哪组运的果子最多。

4. 结束。

集合做放松、整理活动,引导幼儿进行舒缓活动以稳定幼儿激动的情绪。

活动延伸:继续探索彩球的多种玩法。

(资料来源:幼教网 http://www.youjiao.com/e/20090625/4b8bcbc09ba01.shtml)

三、大班幼儿探索创造培养的游戏案例

(一)游戏一

活动名称:圆点变变变。

活动目标:

1. 能大胆地创作,富有想象力。

2. 对创造活动感兴趣,并能与他人分享自己的创造过程。

活动准备:

1. 每人一张图画纸,画纸中间有一个空心的圆,直径为 1 厘米。

2. 每人一盒画笔。

3. 遮光窗帘,一个手电筒。

活动过程:

环节一

1. 教师为每个幼儿发放画有圆的图画纸,并引导幼儿大胆创作:你们认为这个圆点是什么?你能在这个圆的基础上创作出一幅生动的图画吗?鼓励幼儿大胆想象。

2. 幼儿创作,教师适当指导。

3. 分享创作过程:两个幼儿一组,互相讲述自己的图画内容,圆点在整幅图画中扮演什么形象。

环节二

1. 教师将遮光窗帘拉上,让教室变黑,用手电在教室内形成一面影子墙。在墙上投射一个圆,让小朋友想办法以圆为基础创作一个影子图案来。看看哪个小朋友创作出来的影子图案最漂亮。

2. 幼儿尝试创作影子图案。

（二）游戏二

活动名称：绳子游戏。

活动目标：

1. 能创编出不同绳子的不同玩法，并感受成功的快乐。

2. 发展全身动作的灵敏性、协调性和控制能力。

3. 感受与同伴合作游戏的喜悦。

活动准备：各种不同材质的绳子。

活动内容：

1. 教师引导幼儿了解各种绳子的材质、特性和用途。

2. 引导幼儿自由分组，选择不同的绳子，自由谈论并创编出绳子游戏及规则。

3. 小组竞赛：

（1）将各组幼儿的绳子游戏展示一遍。

（2）比一比哪一组的绳子游戏最有趣。

4. 幼儿交流经验、互换玩法。

（1）幼儿互换玩法后，相互交流自己的经验。

（2）引导每个幼儿把每种绳子游戏都玩一遍。

5. 小结：师生共同进行，评价自己、他人。

（三）游戏三

活动名称：扇贝蝴蝶。

活动目标：

1. 了解蝴蝶的外形特征，感知生活中蝴蝶的美。

2. 尝试运用对称的方法进行彩绘装饰，表现出扇贝蝴蝶的色彩美和纹样美。

3. 在操作活动中体验创意美术的乐趣。

活动准备：

1. 多媒体课件《扇贝蝴蝶》。

2. 贝壳、各种毛根、托盘等幼儿人手一份；各种颜料、画笔、抹布若干。

活动过程：

1. 观看视频短片，观察蝴蝶的翅膀大小、颜色、花纹是左右对称的，发现生活中蝴蝶的美。

2. 探索并运用对称的方法彩绘装饰扇贝蝴蝶。

(1)观察材料,引出课题——彩绘装饰扇贝蝴蝶。

(2)借助电子白板直观演示,探索并发现扇贝蝴蝶的装饰方法。

(3)教师总结:先拼一拼,摆成蝴蝶的样子,然后用你喜欢的颜色和图案来装饰蝴蝶的翅膀,记住要用对称的方法装饰蝴蝶的翅膀。装饰好蝴蝶的翅膀后可以取一根毛根制作蝴蝶的身体和触角。

3. 幼儿操作,教师巡回观察与指导。

4. 展示幼儿的作品,互相欣赏、评价。

(资料来源:天跃图书工作室. 幼儿园大班活动设计[M]. 福州:福建教育出版社,2014. 51-52)

第三节　探索创造的培养建议

一、给教师的教育建议

(一)创设富含多样性的环境空间,以此激发幼儿的探索创造兴趣

幼儿生活在一定的环境中,环境的支持将有助于诱发和促进幼儿探索创造的发展。首先,应创设具有新奇性、变化性与神秘性的物质环境,这种新奇包括了幼儿少见的、由物质材料之间相互作用所产生的变化带来的新奇性,它容易引起幼儿情感与认知的倾向性。教师应及时观察幼儿行为变化,并及时提供支持性材料以提高幼儿的好奇心水平。其次,应创设积极的心理环境,提供积极的情感支持。心理氛围是一种情感活动状态,这种情绪状态在教育活动过程中主要有两种:好奇与焦虑。这两种情绪在性质与过程上是相反的,但它们相互作用,可以共同激发幼儿的探索或回避行为。教学中应该创设积极的心理氛围,包括自由、民主、积极的情感互动,如教师热情洋溢的讲述、回答、鼓励性评价等言语行为和微笑、点头、凝视、倾听等非言语行为都会对幼儿的探索活动产生积极影响。幼儿可能会由此产生惊讶、兴趣、微笑、专注、适当的焦虑等情感呼应行为。在这样的情绪互动中,幼儿大脑皮层处于兴奋状态,会更多体会到安全、宽容、接纳、信心与勇气,更能产生好奇心与探索行为。

（二）带领幼儿开展多样性的科学活动

幼儿园科学活动的内容非常丰富。从动物到植物、从天文到地理、从物理到化学……都是充满神秘和乐趣的领域。不同年龄班幼儿的好奇心可以通过开展不同的科学活动进行培养，教师可以根据不同年龄班幼儿的特点设计相应的科学活动。如，小班可采用科学观察，让幼儿发现身边有趣的现象及变化，激发其好奇心；中班可采用科学小制作的方式，让幼儿亲自制作科学玩具，并在玩的过程中发现其中所含的科学道理，培养其好奇心和求知欲；大班可采用科学小实验，让幼儿进行实验操作，并在操作中激发幼儿的强烈探索精神和求知欲望。比如“颜色”实验，小朋友将白醋、漂白剂、无色的酚酞溶液以及水进行不同程度的混合，会出现不同颜色的反应现象。他们通过反复制造神秘颜色液体的过程，不但可以体验到探究带来的意外惊喜，而且也通过活动了解到酸、碱的特性。幼儿园的科学活动应具有较强的探索性，幼儿通过主动探索，不仅能从活动中获得愉快的体验，而且能激发进一步探索的欲望，这样才有利于探索创造的培养。

（三）重视和引导幼儿提问，培养幼儿探究的主动性

提问是幼儿好奇心的重要表现形式，是幼儿探究主动性的体现。幼儿的提问内容非常广泛，涉及周围生活的方方面面，并且他们往往会追根究底地问个没完，这时一定要耐心地解答他们的疑问。如果幼儿经常无法从成人那里得到令自己信服、满意的答案，甚至因为自己问过多的问题而遭到漠视和粗暴的斥责，幼儿就会失去提问的兴趣，探究主动性也就会受到抑制。所以，在教育过程中，教师对幼儿提问的重视和予以回答，本身就是对幼儿提问行为的一种鼓励，这不仅有利于培养幼儿的好奇心和求知欲，而且也有助于幼儿建立自信。

除了要对幼儿的提问行为进行鼓励以外，教师还应积极为幼儿创设一种轻松的提问氛围并树立起好问的行为榜样，以提高他们提问的积极性。在教学活动中，教师要根据幼儿提问的特点经常举一些典型的问题模式，诸如：“天空为什么是蓝色的?”“为什么那条狗只有三条腿?”“蜡笔是怎么做成的?”等等，久而久之，幼儿即可学会如何提问，并养成积极提问的习惯。

二、给家长的教育建议

(一)营造有利于幼儿探索创造发展的环境氛围

1. 为幼儿提供一定的玩具和生活空间

幼儿是通过自己的操作探索来认识客观世界的,玩具融合传承了人类改造自然和创造自然的成果与经验。幼儿通过使用玩具可以丰富自己对世界的认识,还能够创造性地反映生活。我们成人应多给孩子提供一些操作性强和低结构的玩具,让孩子自由发挥,灵活运用这些玩具。另外,扩大孩子的生活范围和空间对幼儿探索创造的发展也是非常有好处的,带孩子多出去走走看看,如看电影、参观博物馆、阅读、旅游等,以此丰富孩子的生活经验。

2. 营造民主、和谐的家庭生活气氛

民主的家庭生活的突出表现就是家长要尊重幼儿,其一,尊重孩子的权利。应给孩子独处的权利、独处的时间、独处的环境,给幼儿表达自己观点的权利。其二,不搞强迫教育。父母不应指示和强迫孩子去做什么,而是千方百计地引导孩子愿意去做,从中发现和培养孩子的兴趣。其三,尊重孩子的自尊,尊重其独创性,鼓励他们大胆尝试。只有这样,幼儿才会具有创造的勇气和信心。

3. 营造良好的家庭文化氛围

钻研、探索、专注等都是探索创造的具体表现。在家庭中,父母形成专注地做某事、喜欢探讨问题以及看书的好习惯,会对幼儿有潜移默化的影响。幼儿会模仿成人认真、专注地做某事,喜欢思考和探究问题。另外家长经常陪伴孩子进行游戏、阅读、操作探索活动,也会使孩子逐渐形成思考和探索的兴趣,这对幼儿创造力的发展是非常重要的。

(二)开展创造性艺术活动,培养幼儿的创造想象

1. 文学活动与幼儿创造想象的培养

听故事、讲故事是幼儿非常喜欢的活动。父母应坚持每天为孩子讲故事,在孩子有了一定经验的基础上,向孩子提供一些故事图片,要求孩子根据图画编故事或创编故事结尾,编得越多、越离奇越好。父母还可为幼儿选择结构较短小的、多重复的诗歌,引导孩子进行仿编讨论,如讨论“摇篮”:“蓝天是摇篮,摇着星宝宝,白云轻轻地飘,星宝宝睡着了。大海是摇篮,摇着鱼宝宝,浪花轻轻地翻,鱼宝

宝睡着了……”请孩子照此进行仿编。

2. 音乐活动与幼儿创造想象的培养

音乐具有陶冶情操、愉悦身心、提高记忆力和想象力的作用。开展相应的音乐活动对提高幼儿的创造力具有良好的效果。家庭里随意播放中外名曲或幼儿歌曲，让孩子想象乐曲中所表达的意境，并随音乐舞蹈。日常生活中也可鼓励孩子自编歌曲。

3. 美术活动与幼儿创造想象的培养

在幼儿的房门上挂一个黑板或画架，提供各色画笔让他们自由创作，捕捉灵感。还可以给幼儿各类几何图形，请他添上几笔使之成为一些形象。让幼儿听音乐绘画，如听《喜洋洋》和《伏尔加河船夫曲》，画《快乐与悲伤》的画。有个 6 岁男孩，听《伏尔加河船夫曲》后画的画凄凉悲伤：几座新坟上竖着十字架，旁边还有枯藤老树，整幅画均是用凝重的咖啡色画成。另外鼓励孩子在送礼物给人家时，自己动手做，如自制各式幼儿玩具、绘画等。

4. 角色游戏与幼儿创造想象的培养

角色游戏是幼儿通过模仿和想象扮演角色，创造性地反映现实生活的一种游戏。这种游戏可以巩固幼儿的生活经验，丰富幼儿的认知，促进幼儿创造力和想象力的发展。如家庭中妈妈和孩子一起玩设宴招待客人的游戏，孩子可以扮演客人也可以扮演主人，在游戏中体验不同角色的身份以及这个身份所带来的感受，并进行沟通和表达。

第十一章 认真尽责的培养

认真尽责是一个社会成员必须具备的一种心理品质，它反映了一个人对有关事物认真的态度倾向，是衡量一个人品德优劣的基本尺度。责任心强的个体更愿意与人合作，更能推进集体的利益的实现（David De Cremer & Paul A. M. Van Lange，2001）。而责任心缺乏的个体容易造成工作中的各种失误和错误，从而失去他人的信任。责任心是个体在后天生活中逐渐发展起来的，在儿童心理发展中具有重要的地位，影响着儿童的学习与智能开发。马卡连柯曾经指出，"许多教育问题解决的手段之一是培养一种认真的责任心"。幼儿时期的责任心已经有了初步的表现，并且获得了快速发展，如幼儿能够认真完成老师布置的整理任务。对于幼儿来说，培养其对自己负责、对他人尽责、对集体关心是责任心培养的重要内容。责任心的培养应从小开始，注重从小事入手，逐渐养成负责任的行为习惯，这对其未来的学习责任心、工作责任心和社会责任心的养成有着积极的奠基作用。

第一节 认真尽责的培养价值及目标

一、幼儿认真尽责的培养价值

人的认真尽责不是先天的、与生俱来的，而是社会和他人的客观需求在个体身上引起的主观认识和内心体验，是个人对现实生活中各种责任关系的反映。人生活在社会中，对国家、社会、集体、他人甚至自己都负有一定的责任，构成了各种各样的责任关系。马克思说，"作为确定的人、现实的人，你就有规定，就有使命，就有任务”,也就是说具有责任。人在生活实践中逐渐认识到自己的责任,并产生了相应的内心体验,做出了责任行为,这样便产生了人的责任心。

认真尽责在儿童心理发展中具有重要地位,它是儿童人格、社会性品质的重要组成部分。它不仅作为一种极其重要的非智力因素影响着儿童的学习与智力开发,而且,它本身就是一种在儿童发展过程中重要的、不可缺少的人格品质。幼儿期是认真尽责产生和初步形成的重要时期,在这一时期,幼儿处在一种最积极的准备和接受状态,如果给予必要的刺激和帮助,某种行为能力就会迅速发展起来,并产生长久的影响。由于 3 ~6 岁儿童大部分时间是在幼儿园里度过,所以在幼儿园中进行认真尽责的培养就显得格外重要。

二、幼儿认真尽责培养目标的解析

幼儿认真尽责培养的年龄阶段目标如表 11-1 所示。

表 11-1　幼儿认真尽责培养的年龄阶段目标

小班培养目标	中班培养目标	大班培养目标
1. 应鼓励他们成为问题的解决者,表扬幼儿的责任行为 2. 有初步的责任意识,能对自己和他人负责	有较强的责任意识,能对自己承担的事情负责,守信用,有一定的集体责任心	1. 允许他们从错误中学习,为幼儿布置工作任务,并通过故事等教育幼儿学会负责 2. 责任意识、情感和行为协调一致,对自己的事情认真负责,守信,有较强的过失责任心和集体荣誉感

(一)小班幼儿认真尽责的教育目标

小班幼儿的责任心发展处在依从阶段,他们对责任的意义并不理解,只是根据成人的外在要求和标准做出相应的责任行为,在这里成人的要求及其对此做出的相应反应对幼儿的影响最大。也就是说,培养幼儿的责任行为习惯才是促使小班幼儿责任心快速发展的便捷途径。因此,对小班幼儿责任心的培养应强化榜样的作用,加强对幼儿责任行为的训练。

突出责任行为的训练与小班幼儿爱模仿这一发展特点也是密切相关的。实际上,模仿是幼儿典型的行为特征,但在小班幼儿身上表现得尤为突出。这是由于小班幼儿的独立性差,对事物的判断能力低,心理、行为易受暗示。因此,他们爱模仿别人,看见别人做什么就想做什么。模仿对小班幼儿的学习、认识活动具有重要意义。如听见别的小朋友背诵儿歌或做其他活动时,小班幼儿往往是看或听,然后可能即时模仿,也可能出现延迟模仿。小班幼儿在游戏中也有类似的表现,如一个玩具,他平时很少玩,但看到另一个小朋友玩,他马上也要玩这个玩具。因此,我们可以充分利用小班幼儿这一爱模仿的特点,用榜样的力量来培养幼儿的责任心。

小班幼儿认真尽责的教育目标具体表现在:上课时,保持注意力集中,专注做事情;能对自己的生活、学习和游戏负责,如自己的物品摆放整齐、玩完玩具后收拾放好;喜欢承担一些小任务,对自己的任务负责,如做值日生工作,能认真服务。

(二)中班幼儿认真尽责的教育目标

中班幼儿的责任心发展处在认同阶段,这时他们对责任有了一定的认识,但这种认识还不深刻,还没有成为自身的一种信念。认同是以个体对社会规范的必要性认识和一定的积极情感体验为基础而产生的一种自觉的规范行为意向。个体能消除意义障碍和情感障碍,建立与规范相一致的认识及其积极情感是形成认同的关键,因此认同主要取决于规范学习过程中主客体交互作用中的认知因素。由于幼儿思维整体发展具有具体、形象的特点,所以我们在活动中主要通过观察学习、幼儿的讨论和亲身实践以及教师的引导等多种方法相结合对幼儿进行培养,并且强化幼儿对责任的理解与认识,通过各种活动全方位地发展中班幼儿的责任心。

中班幼儿认真尽责的教育目标具体表现在:保持注意力集中,能专注做事情;知道要对自己承担的任务负责并尽力完成任务,如按成人要求去做,做值日生工作积极负责;对自己生活、学习、游戏负责,如用完物品后能摆放整齐;初步产生集体责任心,能积极参加集体活动,喜欢自己所在的班级。

(三)大班幼儿认真尽责的教育目标

大班幼儿的责任心发展处在信奉阶段,这时儿童的责任心已内化为自身的价值标准,基本摆脱了对成人权威的畏惧,不易受外界因素的干扰,不仅估计到不负责任的后果,而且还考虑到它的间接、长远的影响,但还缺少情感力量做支持。因此增强幼儿的情感体验对幼儿责任心的发展有着重要的影响。情感是人在社会活动中对客观事物所持态度的体验,丰富而健康的情感是人们精神生活得以高度发展的必要条件。它就好像是催化剂,推动责任行为的出现,并促使责任认识上升为价值信念。应提高大班幼儿对责任的情感体验,做到知、情、行协调一致,促进大班幼儿责任心水平的提高。

对于大班幼儿来说,承认自己所犯的错误并给予道歉和赔偿的道理已被他们理解和掌握。在很多情况下，幼儿犯了错误后即使没有被老师指点，他们也会意识到是自己的原因造成了事情的发生。若幼儿犯了错误后，没能充分体验到内疚和羞愧的情感，则教师可运用移情的方法激起幼儿内心的情感体验，并将这种情感体验与生活实际相结合，一定会促进幼儿过失责任心的提高。

大班幼儿认真尽责的教育目标具体表现在：保持注意力集中，能专注做事情；能主动承担任务，并认真地完成任务；讲信用，能对自己的过失自责，愿意承担自己的过失；愿意为集体贡献自己的一份力量，有较强的集体荣誉感。

第二节　认真尽责培养的游戏活动方案

一、小班幼儿认真尽责培养的游戏案例

（一）游戏一

活动名称：把玩具娃娃送回家。

活动目标：

1. 仔细观察玩具特征，按类型收拾整理。

2. 感受杂乱的活动室给活动带来的不便，知道玩完玩具应及时收放整齐。

活动准备：杂乱的玩具（插塑类）、音乐《波罗乃兹》（或其他欢快的音乐）、小红花若干朵。

活动过程：

1. 幼儿律动进入活动室。准备跳舞时，发现活动室的地面上堆放着杂乱的玩具，教师提问："现在的场地能跳舞吗？杂乱的玩具影响到我们的活动怎么办？"

2. 分组整理玩具。

引导：

（1）这些玩具不知被谁乱丢在地板上，它们自己又回不了家，谁愿意把玩具送回它们的家呢？

（2）请认真仔细观察这些玩具是哪个活动区的，应该放在哪个玩具架上，不要送错家。我们比一比，看谁能把玩具又对又快地送回家（教师适时做指导）。

3. 教师总结：

（1）你送了哪个活动区的玩具回家？你们看到玩具回到家高兴吗？每个人都

有自己的家,小朋友晚上要回自己的家,小玩具陪你做完游戏,你也应该把它送回家。只有这样,下次别人要和小玩具做游戏时才能马上在它的家里找到它。刚才小朋友把玩具都送回了家,说明你们都是认真负责的棒小孩,老师要送你们每人一朵美丽的小红花。

(2)提问:现在的活动室能不能跳舞呢?

4. 舞蹈中结束活动。

(二)游戏二

活动名称:做蛋宝宝妈妈的一天。

活动目标:

1. 初步养成对他人和任务的责任心。

2. 喜欢参与并体验活动的快乐。

活动准备:

1. 每人一个鸡蛋和装鸡蛋的小盒子(棉质的或其他材质的)。

2. 彩纸、蜡笔若干。

活动过程:

1. 今天我们就来做鸡蛋宝宝的妈妈,看看我们班哪个小朋友把自己的蛋宝宝照顾得最好,我们一起来比一比吧!看看谁的蛋宝宝不会被打碎(一日活动环节都要照顾蛋宝宝)。

2. 既然我们都有蛋宝宝了!就给蛋宝宝打扮一下吧。用彩纸和蜡笔装饰蛋宝宝,幼儿自主装饰。把装饰完的蛋宝宝放在自带的小盒里来进行一天的活动。教育活动中幼儿进行情景表演:把蛋宝宝当成孩子,吃饭的时候会喂蛋宝宝,午睡的时候会和蛋宝宝一起睡觉,还会给蛋宝宝盖被子等。

3. 一日活动后,教师统计有多少个幼儿打破了鸡蛋,有多少个幼儿没有打破鸡蛋。并给予幼儿表扬和鼓励。

活动延伸:用打破的蛋的蛋皮来制作粘贴画,没打破的鸡蛋做装饰摆设。

(三)游戏三

活动名称:小小值日生。

活动目标:

1. 通过帮助教师整理房间,使幼儿在实践中学习整理物品的技能。

2. 通过值日活动,培养幼儿的任务责任心。

活动准备:室内自由活动后的场面。

活动过程:

1. 室内自由活动之后,教师告诉幼儿该收拾玩具了。

2. 教师提出要求:今天当值日生的小朋友负责将所有的玩具收拾好并放回原处,让其他幼儿观察监督,使幼儿在群体压力下完成任务,以此培养幼儿的任务责任心(其间教师可以提示幼儿但不可以包办代替)。

3. 值日生收拾完毕,教师请幼儿看看玩具是否被放回到原来的位置,请幼儿说说玩具是否被放回到原处。如果放错了请其他幼儿指出来,值日生重新放好,在群体压力下激发幼儿认真完成任务的责任心。

4. 教师总结:今天的值日生都能把玩具放回到原处,小朋友们真能干,大家为他们鼓掌,给他们戴上小红花(以此激发幼儿认真完成任务的责任心)。教师希望每天的值日生都能像他们那样快速地把玩具放回到原处。做其他的事情时也要这样,当你负责为大家服务的时候必须认真负责,这样才是一个好孩子,才会受到老师和其他小朋友的喜欢,教师也会为你戴上小红花。

活动延伸:鼓励幼儿在家里也要做力所能及的事情,独自完成家务劳动。

(四)游戏四

活动名称:危险的物品我不碰。

活动目标:

1. 培养幼儿的安全意识,让幼儿懂得有关安全的常识。

2. 让幼儿懂得爱惜自己的生命,初步培养幼儿的自我责任心。

活动准备:要展示的图片或者物品。

活动过程:

1. 教师向幼儿讲授安全常识,并出示有关图片和物品,让幼儿记住这些物品可能会给自己带来危险,要小心使用。

2. 让幼儿仔细观察教室里哪些物品可能有危险,让幼儿说一说这些物品是什么,为什么要小心使用。

3. 让幼儿想象一下,家中有哪些物品是安全的,哪些物品是不安全的,并说一说,然后讲给其他幼儿,让他们也注意使用。

4. 教师总结:

(1)要求幼儿一定要爱惜自己,不碰危险的物品,并让幼儿互相监督,提醒那些不爱护自己、乱碰东西的小朋友,在群体的压力下激发幼儿爱护自己的责任心。

(2)教育幼儿不要碰可能给自己带来危险的物品,爱惜自己的生命,对自己负责。凡是这样做的幼儿就奖励他一朵小红花,看哪一个小朋友得的小红花最多,以培养幼儿爱护自己的责任心。

活动延伸:幼儿在户外活动中,要远离危险品,培养幼儿安全意识。

二、中班幼儿认真尽责培养的游戏案例

(一)游戏一

活动名称:为蛋宝宝穿花衣。

活动目标:

1. 保持注意力集中,专注做事情。

2. 有责任意识,能对自己及自己承担的任务负责。

活动准备:

1. 装有水的脸盆若干个。

2. 彩笔若干盒。

3. 幼儿每人从家里带来的生鸡蛋和用来装鸡蛋的小房子。

活动过程:

1. 教师导入:鸡蛋宝宝睡醒了,我们要为它们洗澡。请幼儿将自己的蛋宝宝从小房子里请出来,4人一组,在装有水的脸盆里为蛋宝宝洗澡。提醒幼儿小心,不要将蛋宝宝弄碎了。

2. 将洗好的蛋宝宝擦干。请幼儿们为蛋宝宝设计花衣打扮蛋宝宝。幼儿在蛋宝宝身上作画,设计花衣。

3. 所有的幼儿将自己的蛋宝宝向其他幼儿展示,并要夸奖对方的蛋宝宝。

4. 教师请幼儿们将自己的蛋宝宝全都放在一起,教师给予混淆后,请幼儿们到前面来认领自己的蛋宝宝。

5. 教师与幼儿们一起分享刚才的过程,对中间出现的蛋宝宝摔坏、不能认领蛋宝宝的幼儿要进行安慰,并启发幼儿要做个有责任的父母,才不会让蛋宝宝难过。

(二)游戏二

活动名称:爱护水宝宝,人人有责。

活动目标:

1. 激发保护水资源的意识,能自觉节约用水。

2. 了解水的用途，懂得保护水资源的重要性。

活动准备：

1. 一盆干枯的花。

2. 课件一（由图片组成，图片内容为生活中缺水的悲惨景象，如因干旱而裂开的地面、拿着碗接水的小孩等）。

3. 课件二（由图片组成，图片内容为生活中浪费水的现象，如开着的水龙头、把水龙头开得很大等）。

活动过程：

1. 教师导入。

（1）教师呈现一盆干枯的花。

（2）教师提问："花怎么了？""花变成这样，是什么原因呢？"继续提问："我们身上穿的衣服脏了怎么处理？"引出水的话题。

2. 引导幼儿讨论：水的用途（幼儿说出各种关于水的用途，如做饭、浇花、洗澡，等等）。

3. 引导幼儿讨论：如果地球上没有水了会怎么样？教师总结。

4. 教师呈现课件一，让幼儿观看地球上因为缺水而出现的悲惨景象，感受水对我们生活的重要性。

5. 教师呈现课件二，让幼儿观看生活中浪费水资源的现象，激发幼儿产生保护水资源的意识。

6. 引导幼儿讨论：怎样才能保护水资源？幼儿说出具体可操作的方法，教师总结。

7. 帮助幼儿总结在幼儿园里保护水资源的守则，制成海报张贴在教室的生活角里。

活动延伸：请家长观察幼儿在家保护水资源的情况。

（三）游戏三

活动名称：强强为什么没有朋友？

活动目标：让幼儿懂得损坏别人的物品应赔偿的道理，从而培养幼儿的过失责任心。

活动准备：故事《强强为什么没有朋友？》情景表演排练。

活动过程：

1. 教师导入："今天老师给小朋友讲一个故事，故事的名字是'强强为什么没有朋友?',大家认真听,在听的过程中,想一想强强为什么没有朋友。"

2. 教师让幼儿讨论发言,引导幼儿得出损坏别人的物品应道歉并给予赔偿的观点。

3. 观看情景表演:

表演一:两幼儿做作业,一人出去,另一人拿他的铅笔写字,不小心弄断,很沮丧。那人回来,他向其道歉,并提出给他削铅笔。那人原谅了他,说没关系,自己做就可以了。

表演二:两幼儿一起游戏,强强不小心将另一个人的玩具弄坏(且另一人不知道),强强假装没发生任何事,借口不玩了。后来另一个小朋友发现玩具坏了,很生气,决定不再和强强玩了。

4. 教师请幼儿就这个表演讨论发言,引导幼儿得出有错就改仍是一个好孩子的结论,号召大家向第一个幼儿学习,把他作为自己学习的榜样。

5. 教师总结,并教育幼儿一个人应该懂得做人的道理,学会尊重别人,只有这样才会有更多的人愿意与你交朋友,你才会快乐,没有朋友的人是孤独的、不幸的。

活动延伸:结合故事中的内容,幼儿在学习和生活中要与同伴互相关爱,互相帮助,分享玩具,团结合作,不要像故事中的强强那样没有朋友。

(四)游戏四

活动名称:我是小小天气预报员。

活动目标:

1. 通过让幼儿担任天气预报员,提高幼儿对天气变化的理解。

2. 通过让幼儿播报天气情况,提高幼儿的言语表达能力。

3. 通过让幼儿完成对当日天气情况的播报,培养幼儿的任务责任心。

活动准备:温度计一个,若干图片,胶棒一支,情景表演练习。

活动过程:

1. 观看情景表演(护士给病人看病)。

2. 教师引导幼儿讨论"护士对病人好不好?""好在哪?""病人会怎样想?""护士自身会有什么感受?""如果你是护士,你应该怎么做?",从而让幼儿通过观察和讨论懂得做事要认真负责的道理。

3. 教师将温度计和有关天气的挂图展示给所有的幼儿,教幼儿如何识别温度计、如何播报天气,认识并牢记表示某种天气的图标。

4. 教师和幼儿一起商量,选出室内一角,并把它布置成天气播报站。

5. 教师下达任务，每天让一名幼儿为大家播报天气情况，并教育幼儿要认真完成播报任务。

6. 指派每日的天气播报员并做好顺序记录，以便让幼儿能够提前准备。

7. 对每日的天气播报情况给予小结，选取特别认真负责的幼儿作为典型对幼儿进行教育，号召大家向他们学习，对工作认真负责，都争取做一名优秀的天气播报员。

活动延伸：利用晚上的时间看《天气预报》，了解本市或者全国各地的气温差异，初步了解气温差异的原因。

三、大班幼儿认真尽责培养的游戏案例

（一）游戏一

活动名称：做个守信用的好孩子。

活动目标：

1. 明白在生活中答应别人的事情要做到，要诚实、守信用。

2. 理解守信用的重要性。

3. 体验守信用给别人和自己带来的愉悦心情。

活动准备：《宋庆龄的故事》。

活动过程：

1. 欣赏故事

（1）幼儿欣赏故事。

（2）深入理解故事内容。教师问："为什么宋庆龄没有去伯伯家却又感到很快乐呢？"

2. 集体讨论

教师："为什么答应别人的事一定要做到呢？"为什么我们都要守信用呢？鼓励幼儿大胆发表自己的看法，使幼儿明白守信用的重要性。

3. 情景判断

（1）佳佳和妈妈约定，每天晚上只看一个动画片，看完动画片后就练习写字。今天佳佳看完动画片后就让妈妈关掉电视，在妈妈的指导下开始练字。你认可佳佳的做法吗？为什么？

（2）亮亮出去玩之前答应妈妈会把自己的玩具分享给邻居家的小弟弟玩，可是到了外面后，小弟弟要玩他的玩具，他就是不给小弟弟玩，你认可亮亮的做法

吗？为什么？

(3)教师总结:佳佳能够说到做到,是个守信用的孩子;而亮亮说了但却没做,不守信用。我们应该向佳佳学习。

4. 经验分享

(1)教师:在你的生活中谁是守信用的人？他们是怎么做的？

(2)教师:在幼儿园或在家里,你守信用了吗？

(3)教师总结:我们每个人都要做一个守信用的人,答应别人的事情应该及时做到。

活动延伸:

1. 在语言活动或日常生活中可以给幼儿讲《守信用的小金鱼》的故事,也可以把有关守信用的图书投放在阅读区,供幼儿自主阅读。

2. 在平日里,教师和家长随时提醒幼儿做个守信用的孩子。

(二)游戏二

活动名称:做事要用心。

活动目标:

1. 懂得专心做事才能把事做好,如果三心二意就会一事无成。

2. 养成专心做事的行为习惯和良好品质。

活动准备:

1. 故事《小猫钓鱼》的幻灯片或图片。

2. 各种比较复杂的拼图,用来涂色的黑白线条图画,两张相似的人物或动物情景图片(其中有 12 ~ 15 处不同)。

活动过程:

1. 看幻灯,听《小猫钓鱼》故事。

2. 引导幼儿讨论:

(1)猫弟弟钓到鱼了吗？为什么他钓不到鱼？

(2)猫妈妈钓到鱼了吗？为什么她能钓到鱼？

(3)猫弟弟后来钓到鱼了吗？他是怎么钓到鱼的？

(4)应该怎么做才能把事情做好？

(5)当你画画的时候,小朋友来叫你出去玩,你会怎么做？

3. 分组活动,看看谁做事最专心。

(1)按幼儿意愿分成拼图组、涂色组、观察比较图片组(找相同和不同)。

(2)观察幼儿是否专心做好自己选定的活动，对东跑西跑、三心二意的幼儿及时引导。

4. 请幼儿说说本组小朋友谁能专心做事，并对这些专心做事的幼儿给予表扬。

活动延伸：增加幼儿活动内容，如串项链、做拉花、钓鱼等，在活动中培养幼儿专心做事的习惯。

(三)游戏三

活动名称：花儿好看我不摘。

活动目标：

1. 通过对幼儿的移情训练，让幼儿懂得自己做出的承诺就要去兑现，从而培养幼儿的承诺责任心。

2. 让幼儿懂得要爱护花草树木，培养幼儿的公德意识和同情心。

活动准备：照相机

活动过程：

1. 给幼儿讲故事，对幼儿进行移情训练。

故事一：小红要过生日了，爸爸答应给她买一个玩具熊，可是生日那天，爸爸却忘了，小红感到很伤心，觉得爸爸不好。问幼儿："如果你是小红，会有什么感受?""小红的爸爸这样做对不对?""为什么不对?""应该怎么做?"

故事二：小明想让妈妈带他去花园玩，妈妈要求他保证不摘花园里的花就带他去，小明同意了，可是小明到了花园后，看到花太漂亮了，就摘了一朵。妈妈很生气，决定再也不带他去花园了。问幼儿："如果你是小明的妈妈，你会有什么感受，为什么会有这样的感受?""如果你是小明，你会怎么做?"

2. 引导幼儿讨论，从而使幼儿懂得答应别人的事就要努力去做，不做是不负责任的，会使别人不高兴，使别人不再相信你，我们都应该做一个说话算话的好孩子。

3. 教师宣布活动内容，动员幼儿保证看到好看的花不摘，让所有的幼儿都做出不摘花的承诺。

4. 带领幼儿外出活动，让幼儿遵守秩序、注意安全。

5. 教师观察幼儿的表现，给幼儿照相。

6. 教师总结。先做出整体评价，然后出示照片(幼儿摘花的图片和幼儿看花的图片)，让幼儿比较。让摘花的幼儿谈谈自己的感受，让其他幼儿讨论发言，以产生感情上的共鸣。教育大家做出承诺就要遵守，只有这样才是说话算话的好孩子,才会受到别人的喜欢。

活动延伸:平时到户外活动时,不要践踏小草,要爱护植物。

(四)游戏四

活动名称:帮助妈妈做家务。

活动目标:

1. 通过帮助妈妈做家务,培养幼儿对待他人的责任心。

2. 通过帮助妈妈做家务,培养幼儿的劳动习惯。

活动准备:和家长事先沟通好。

活动过程:

1. 教师引导幼儿讨论,使幼儿了解妈妈工作的辛苦,让幼儿产生主动帮助妈妈做家务的意识。

2. 教师调动所有幼儿的积极性,让幼儿充分讨论在家里我们可以做哪些事,这些事如何做,为幼儿回家做家务做好思想和方法上的准备。

3. 幼儿回家做家务,让家长回家观察并做好记录(不让孩子知道)。

4. 教师综合家长的记录进行询问,幼儿自述,调查幼儿回家做家务的情况,并让幼儿互相交流分享经验。

5. 教师根据幼儿的交流情况进行小结,教育幼儿自己是家庭中的一个成员,要对自己的家庭负责,为父母分忧,尽量帮助家长做自己能做的事,知道关心父母、关心他人。

活动延伸:除了帮妈妈做家务外,还可以为妈妈洗脚,表达对妈妈的爱意。

第三节　认真尽责的培养建议

一、给教师的教育建议

(一)安排值日任务,引导幼儿形成责任意识

幼儿在园的游戏、学习、生活等环节都是培养幼儿认真尽责的重要途径,教师要有意识地巧妙运用,帮助幼儿树立认真尽责意识。值日生工作是在小班阶段孩子乐意帮助班级和同伴做事的基础上开展的,到了中班开始帮助和指导幼儿如何

做好值日生，明确任务和职责，要求幼儿在做值日生期间努力做好自己分内的事。此时，教师的鼓励、引导和督促对于增强孩子的责任感是必不可少的。通过谈话的方式让幼儿意识到值日生工作是一件为班级和同伴做的好事，而做好这件事的确也不容易，比如别人在玩的时候，当值日生的孩子却要做事，而且一个星期做同样的事确实有点烦……但可以在孩子之间进行比较，为什么有的孩子坚持下来了，而且做得很认真？为什么有的孩子却坚持不下来？让他们自己找原因，从而让孩子明白承担责任就意味着要牺牲自己的一些爱好，要有一点耐心和吃苦精神，谁承担得起，谁就是一个有责任心的好孩子。长此以往，不仅养成孩子的良好习惯，而且能使孩子对自己的事情负责。同时，要加强幼儿日常行为的养成教育，让幼儿明确哪些行为是对的，哪些行为是错的，强化行为的动机冲突，反复训练日常行为，通过日常活动使幼儿的良好行为得以巩固，并形成强烈的责任意识。

（二）在一日生活和游戏中强化幼儿的责任行为

游戏是幼儿期的主要活动形式，是幼儿最感兴趣的活动，因此游戏是培养幼儿责任心的最好方法之一。无论是象征游戏还是角色游戏，无论是联合游戏还是合作游戏，因游戏中幼儿要进行交往，要相互配合，要为别人考虑，要承担一定的任务，所以都能够促进幼儿责任心的发展。当然，如果教师能有意识地编排好培养责任心的角色游戏、合作游戏，组织幼儿参加，并提供解释和指导，效果会更好。幼儿园一日活动有很多环节，只要教师稍加留意，幼儿园的任何日常活动都可成为培养幼儿责任心的有效途径。比如，游戏结束后，认真收拾玩具，放回原处；户外活动结束时，记得把自己拿出去的玩具带回活动室；画画结束后，收拾自己用过的桌子，将废物放入纸篓，将剪刀、糨糊、画等物品收好，交给老师；轻拿轻放桌椅；看到掉在地上的玩具主动拾起来，看到玩具、用品损坏时主动告诉家长和老师，等等。

（三）以身作则，实施榜样教育

美国心理学家班杜拉（Bandura）提出的社会学习理论认为，儿童的社会性行为大多是通过示范形成的，也就是通过对榜样的观察和模仿而学会的。教师在培养幼儿责任心的过程中，应重视榜样的示范作用。很多时候成人的身教比言教对幼儿的影响更大、更有效，就如同孔子所说的“其身正，不令而行；其身不正，虽令不从”。在幼儿园，教师是幼儿的模仿对象，如果工作中教师做事虎头蛇尾、丢三落四、不守诺言、推卸责任，幼儿会“看在眼里，记在心上”，所以教师应注意言行一致,时时处处表现出自己是一个有强烈责任心的人,给幼儿树立好的榜样。平时带孩子们散步,只要发现校园内有纸屑,老师都会不由自主地过去拾起,这时总会有小朋友抢着帮老师把纸屑扔到垃圾筒里去,更多的小朋友会用眼睛扫视周围,他们会自言自语"是谁把纸屑扔在这里,真不讲卫生",小小的举动使孩子们懂得幼儿园环境的整洁离不开大家的爱护和珍惜。

二、给家长的教育建议

(一)创造机会让幼儿学会对自己的事情负责

随着孩子一天天长大,他们也渴望能像大人一样自己吃饭、自己做事,但当大人看到孩子一次次操作失败后狼狈不堪的模样,家长们心软了,于是善意地剥夺了孩子一次次自我服务的锻炼机会,渐渐地家长成了孩子的"拐杖"。家长要大胆放手,给孩子充分的锻炼机会,有意识地交给孩子一些任务,锻炼孩子独立做事的能力。家长要明确地让孩子知道这是他自己的事,不能依赖大人,不会可以学,这是对自己负责。让孩子学会自己叠被子、穿衣服、系鞋带等,在自我服务中学习承担责任,提高责任意识。如果孩子完成任务的效果不好,那么家长不要一味批评,要多和孩子交流,找出问题,让孩子有兴趣完成任务。

(二)注意榜样的作用,在潜移默化中激发幼儿的责任心

幼儿的模仿能力非常强,这是幼儿的主要学习方式。他们往往通过不自觉的模仿掌握成人的经验,但由于受到生活环境和各方面能力的限制,模仿的对象较为有限,主要局限于家庭中的父母;而且,孩子主要模仿一些表面的现象,对现象的本质缺乏客观的是非判断。成人所没有觉察到的一些行为小节,都可能成为孩子刻意模仿的对象而逐渐成为孩子的不良习惯。因此,孩子的爸爸妈妈应从自身做起,为孩子创造一个认真、专注的心理环境,通过环境的熏陶对孩子的认真尽责特质进行潜移默化的培养。

第十二章　自我控制的培养

自我控制是个体对自身心理与行为的主动掌握，是个体自觉地选择目标，在无外界监督的情况下，抑制冲动、抵制诱惑、延迟满足，控制、调节自己的行为，从而保证目标实现的一种综合系统（杨丽珠，2000）。自我控制是幼儿完成各种任务、协调与他人关系、成功适应社会的核心和基础。儿童早期善于自我控制的个体，成年以后在很多方面的表现都更佳，如能更好地抵抗挫折和诱惑，更好地应对人生中的各种危机（Sethi, Mischel & Aber, et al. ,2000）。杨丽珠和王江洋等人的研究（2007）表明，儿童 4 岁时的自我延迟满足能力水平可以预期其 9 岁时的学校社会交往能力水平。尽管如此，在我国的家庭和幼儿园中仍然存在着成人对儿童的高控制、儿童对成人的高依赖现象。3 ~6 岁是自我控制发展的关键期，因此，对幼儿自我控制进行培养对其人格和社会性的发展极为重要。幼儿自我控制能力受神经系统发育状况的影响较大，因此对幼儿自我控制能力的培养要依幼儿的年龄特点来进行。

第一节　自我控制的培养价值及目标

一、幼儿自我控制的培养价值

幼儿阶段是人生最重要的启蒙阶段，是为后续学习和终身发展奠定坚实基础的重要阶段。教育部 2012 年颁发的《3 ~6 岁儿童学习与发展指南》指出教育要为幼儿的后续学习和终身发展奠定基础，从健康、语言、社会、科学和艺术五个领域描述了幼儿的学习与发展，自我控制作为幼儿完成各种任务、协调与他人关系、成功适应社会的核心和基础，对幼儿未来的发展具有重要的作用，尤其对于学前儿童五大领域的发展有重要影响；其让个体拥有良好的健康状态，促进幼儿语言的发展，有效地预测儿童的社会适应水平及社会交往能力。对于学习成绩来说，自我控制的预测作用要比智力的预测作用还要大，并且自我控制可以提高个体的认知灵活性，从而使个体具有高水平的创造性。

幼儿阶段的自我控制水平可以有效地预测儿童日后的学习表现、社会适应及社会交往能力，幼儿自我控制水平与成年后的健康状况、成瘾性、财务状况及犯罪率密切相关。在人的一生中，幼儿阶段发展最快、可塑性最强，对个体未来的发展影响很大。国外心理学权威米歇尔（Michele）的系列研究发现，4 岁左右是儿童自我调节发展的关键期，我们的研究也证实了中国儿童具有类似的年龄特征。

目前我国幼儿的自我控制水平不高，幼儿自我控制各方面水平有待加强。中国众多学前研究机构的百余名儿童专家通过临床研究，从学前儿童常见的 34 种问题行为中，筛选出影响学前儿童身心发育最常见的十大问题行为，其中“注意力差，易分心，难以完成任务，在幼儿园坐不住、来回走动”居此十大问题行为之首。研究者通过跨文化研究也发现我国儿童自我控制水平较低。这种现象与中国的文化和教育有关，目前我国幼儿教育虽然有很大的改观，但我国家庭和幼儿园中仍然存在着成人对儿童的高控制、儿童对成人的高依赖现象。目前我国对于学前教育高度重视，主要问题就是如何教育幼儿，如何改善幼儿身心发展中的问题行为。因此，了解幼儿自我控制的机制有助于培养幼儿的自我控制能力，具有重要的现实意义。

二、幼儿自我控制培养目标的解析

幼儿自我控制培养的年龄阶段目标如表 12-1 所示。

表 12-1　幼儿自我控制培养的年龄阶段目标

小班培养目标	中班培养目标	大班培养目标
1. 在外界要求下能遵守规则 2. 在成人的鼓励下，能持续专注于某事	1. 有规则意识，基本上能自觉遵守规则 2. 能自觉克服困难，坚持完成自己正在做的事 3. 对诱惑有一定的抵制力，能克制自己的冲动	1. 能自我约束，在各种活动中能遵守规则 2. 不易受外界诱惑干扰，能主动地控制自己的情感和行动，能长久专注于某项活动

沈悦、杨丽珠、方乐乐(2015)研究采用自编的“3 ~6 岁儿童自我控制教师评定问卷”,以“半年”为年龄单位对3 ~6 岁儿童自我控制进行测量,考察3 ~6 岁儿童自我控制发展的敏感期和自我控制各维度之间在不同年龄和性别群体内的发展差异。结果表明,3 ~6 岁儿童自我控制的发展随着年龄的增长而提高,3.5 ~4.5岁为自我控制发展的敏感期。3 ~3.5 岁发展缓慢,没有显著差异;3.5 ~4.5岁,幼儿处于约束性顺从阶段;4.5 岁以后,幼儿从约束性顺从阶段过渡到自主控制阶段。

小班幼儿年龄小,刚踏入幼儿园时一切都要依附于老师,如果得到老师的精心照料和爱护,他们就会感到安全,就会相信周围的一切,信心十足地做自己的事情。如果幼儿一开始就受到冷遇,就会产生恐惧、不安全感,他就会不相信自己、不相信周围的一切。所以,成人的鼓励对于小班幼儿的行为有重要的帮助作用。在自我控制能力上也是一样,只有在成人的鼓励下,小班幼儿才能持续专注于某事。

此外,小班幼儿由于思维能力的特点是主要依靠行动,太多的言语规则说教会使他们降低对游戏的兴趣及参与的积极性。正如蒙台梭利(Maria Montessori)所说,纪律是在活动中养成的,再多的说教和规则限制都不能使幼儿形成真正的纪律意识。但是小班的幼儿却需要教师的悉心指导和说教,特别是对于适应能力较差的幼儿,从家庭到幼儿园的生活过渡,很多方面需要转变和适应。自我控制能力所涉及的自觉性、坚持性、自制力和自我延迟满足,是他们应掌握的重要能力,也是在社会化发展过程中,再认识和行动的基础。教师应善于利用和发挥幼儿园的一日生活及各种教育活动中的教育契机,将自控力的培养与幼儿在园的日常生活相融合,在不知不觉中积累教育力量。因此,在小班阶段应该着重培养幼儿在外界要求下能遵守规则的能力。

中班幼儿处在“他人控制向自我控制过渡”阶段,即约束性顺从阶段。哈特(Harter) 认为幼儿自我控制的形成必须具备价值内化和技能获得两个条件。价值内化表现为幼儿能够认识规则并根据规则的要求主动地控制自己的行为和情感,在这一过程中幼儿的行为是主动的“自觉性”行为,不需要外界的指导和督促,它在幼儿所表现的自我控制过程中起着监督和提醒的作用,是幼儿自我控制能力的高级形态。因此,中班正是幼儿自我控制发展的重要时期,此时应着重培养幼儿的规则意识,使其基本能自觉遵守规则。由于幼儿此时自我控制能力虽已经有所发展,但水平仍不是很高,根据维果斯基(Vogotsgy)最近发展区理论,可以适当增加任务难度,以达到锻炼的目的,使得幼儿可以自觉地克服困难,坚持完成自己正在做的事情。当然,作为教育者应考虑到任务的难度对幼儿抑制控制能力有非常大的影响,所以应该充分考虑认知活动的难度对抑制控制的要求,并要考虑活动的持续时间,保证幼儿在一定的时间内能够有效地把注意力集中在当前的认知活动上来。此外,除了任务的自觉坚持性,幼儿抵抗外界诱惑也是自我控制能力的一个重要指标。在幼儿中班阶段,根据自我控制的发展,应让幼儿对诱惑有一定的抵制力,能克制自己的冲动。

大班幼儿已经具有一定的任务意识,对新事物的探究性强,求知欲望也高。因此,学习已经成为大班幼儿一项很重要的任务。但因其尚处于学龄前期,他们的学习活动不同于小学生,学习内容和方式上的趣味性要求更高一些。我们考虑到学习活动内容本身具有趣味性和规则性,是培养幼儿自我控制能力的重要因素,因此应慎重选取幼儿学习活动的内容,使之具有较高的趣味性和恰当的规则性。学期初,教师应当选取符合幼儿生活经验、他们感兴趣的主题活动作为主要课程内容;另外,还可适当增加益智类的游戏活动,如拼图、迷宫、计算等游戏。教师还应当帮助幼儿树立符合他们原有水平的活动目标,尝试抵制外来诱惑,来增强他们的自控能力,使之感受成功的快乐。首先帮助幼儿确立一般目标。一般目标是指完成学习活动要求每个幼儿达到的目标,即注意力集中的目标。教师要求每个幼儿在进行学习活动时,能够学着排除干扰,抵制诱惑,努力做到“四到”:眼到、手到、口到、心到。为了达到这个目标,安排每周 2 次的行为训练,训练的内容主要有:挑挑拣拣练功夫,拼拼搭搭长本事,加加减减学本领。其次确立个体目标。个体目标是指根据幼儿个体不同的能力水平,结合学习要求所制定的目标。教师认真分析每个幼儿的个性特点、能力水平,重点对语言领域中的看图说话、科学领域中的数学运算、健康领域中的跳绳运动,进行个体目标的制定,并对幼儿的学习过程实施过程跟踪、观察记录。确立强、中、弱三类水平的幼儿个体学习目标。此时大班幼儿在各种活动中能自我约束并遵守规则,而且不易受外界诱惑干扰,能主动地控制自己的情感和行动,能长久专注于某项活动。

第二节 自我控制培养的游戏活动方案

一、小班幼儿自我控制培养的游戏案例

(一)游戏一

活动名称:按我说的做。

活动目标:能听从指令做动作,遵守游戏规则。

活动准备:不同的小动物(如大老虎、小猴子,等等)头饰若干。

活动过程:

1. 给每个幼儿分发动物头饰,并请幼儿学学自己所扮演的动物是怎么行动的。

2. 教师扮老虎大王,用老虎大王的语气交代游戏玩法:老虎快叫某种小动物的名字,小动物就用自己的动作方式快快到虎大王这边来,慢叫小动物的名字,小动物就慢慢到虎大王这边来,然后用类似的指令再请幼儿回到自己的座位上。

3. 教师发指令,幼儿行动,保证每个幼儿都能做两遍。

(二)游戏二

活动名称:神秘的礼物。

活动目标:

1. 在外界要求下能抑制自己的冲动。

2. 懂得遵守游戏规则的重要性。

活动准备:

1. 包装好的精美礼盒若干(与幼儿人数相等),包装纸一张,未包装的礼盒一个。

2. 制作成各种小动物样子的饼干一盒。

3. 羊村村长头饰一个,小羊头饰若干(与幼儿人数相等)。

活动过程:

1. 教师事先将一些玩具散放在活动室内。

2. 教师将幼儿引进活动室,戴上村长头饰,并给每位幼儿戴上小羊头饰。然

后“村长”郑重地对“小羊”们宣布：“今天，交给你们一个任务，将活动室内的玩具归位，完成任务好的小羊可得到村长的奖励。”

3.“小羊”们整理玩具。

4.“村长”再次集合“小羊”们，并宣布：“活动中发现××‘小羊’表现最好，我现场为他包装一个大礼物，其他幼儿一会儿奖励一个小礼物。但是要求在包装礼物的过程中，‘小羊’们都必须转过身体不能偷看，如果有‘小羊’偷看，就不能得到那个小礼物了。”

5.“小羊”们背过身体，“村长”开始包装礼物，包装的过程中，故意弄出很大的声音，并观察“小羊”们的表现，包装过程持续 2 分钟。

6. 包装礼物结束，然后发礼物，不给偷看的“小羊”们发礼物，但可以有个弥补的机会——让他们负责看管这些礼物，其他“小羊”们到户外散步，回来后可以打开礼盒享受自己的礼物。他们看管礼物的过程中不能偷看盒里的礼物，如果做到的话，补发他们每个人同样一个礼物。

7.“村长”带领“小羊们”离开活动室，偷看包装礼物的“小羊”们留守，10 分钟后回来。

8. 幼儿们分享礼物，教师总结。

（三）游戏三

活动名称：小蚂蚁搬家。

活动目标：

1. 初步培养幼儿听信号手膝协调爬行。

2. 在游戏中锻炼幼儿的耐力，学会坚持。

3. 在音乐情境中体验游戏的乐趣。

活动准备：

1. 泡沫垫，布置场地。

2. 沙包、塑料筐。

3. 录音机、磁带。

活动过程：

1. 扮演角色，活动身体。教师扮演蚂蚁妈妈，幼儿扮演小蚂蚁，一起听音乐活动身体。（附儿歌：今天天气真正好，蚂蚁蚂蚁起得早，穿上漂亮花花衣，跟着妈妈做游戏。点点头，转转手，踢踢腿，蹦蹦跳。发现一粒大豆豆，嗨哟嗨哟搬回家。摇摇身体转个圈，我是聪明小宝宝。）

2. 教师:“冬天到了,蚂蚁们准备过冬的粮食,今天我们的任务就是到远处搬豆子回家。”

3. 介绍游戏玩法:认识场地,介绍豆子和筐的位置。请小朋友扮演蚂蚁爬过去,将粮食拿回来,放在筐里,随着音乐的节奏快慢,变换速度爬行。“鼓声快,爬得快;鼓声慢,爬得慢。”(提醒幼儿不拥挤,遵守游戏规则秩序。)

二、中班幼儿自我控制培养的游戏案例

(一)游戏一

活动名称:不倒的纸杯。

活动目标:

1. 能对自己的行为进行调控。

2. 能克服困难坚持做完一件事。

活动准备:宽敞的教室,入场音乐,纸杯若干(幼儿人手一个)。

活动过程:

1. 教师导入:今天要和纸杯做个游戏。

2. 教师交代游戏的规则:教师为每个小朋友准备一个纸杯,小朋友们站好不动,身体放松,保持重心稳定,轻松地呼吸。

(1)教师请幼儿将纸杯放到头顶上,尽量保持较长的时间不让纸杯掉下来,如果掉下来则不要紧张,不要发出声音,以免影响其他小朋友,捡起来继续顶杯子,看看哪个小朋友做得最好,纸杯掉下来的次数最少。

(2)请幼儿用手背或以其他各种方式托着纸杯走到老师身边,走的时候要慢慢的以保持纸杯不掉下来。

(3)请幼儿到对面取一个纸杯,用自己喜欢的方式将其运回来,可以用胳膊肘托着,也可以头顶着,直到将其运回到出发地,中间掉下来也不要停止,捡起来放好继续前进。

(二)游戏二

活动名称:有趣的音乐。

活动目标:

1. 从游戏中体验自我控制的重要与快乐。

2. 形成规则意识,并能够遵守游戏规则。

活动准备：欢快的音乐，明亮宽敞的教室。

活动过程：

1. 让幼儿倾听音乐、熟悉音乐。

2. 教师讲述游戏规则：音乐响起的时候幼儿模仿老师做动作，当音乐停止的时候，孩子要单脚站好，不许碰别的小朋友，也不许靠在物体上，看谁能控制住自己的身体，直到音乐再次响起，再次做动作，反复这样几次。控制得好的小朋友继续游戏，控制不住的停止游戏，最后坚持住的几位小朋友可以得到糖果的奖励，但是要强调这个糖果回家才可以吃，如果小朋友控制不住自己，则糖果会收回，让孩子们进一步体会自我控制的重要性。

3. 游戏结束后教师引导孩子进行讨论：你是怎么控制你自己的？讨论后教师将自我控制意识落实到小朋友的习惯和做事情上。

（三）游戏三

活动名称：尽职的小哨兵。

活动目标：

1. 提高幼儿控制自己的能力。

2. 通过学习同伴的延迟满足行为，学会选择长远的目标。

活动准备：解放军叔叔站岗的图片，蛋糕。

活动过程：

1. 教师给幼儿观看解放军叔叔站岗的图片，让幼儿了解站岗的时候要一动不动地坚守岗位，绝对不能擅离职守。

2. 教师请3名幼儿扮演蛋糕师傅，负责给小朋友们切蛋糕。再请3名幼儿（选择控制能力强的幼儿）扮演小哨兵，负责保护蛋糕房的安全，以免小猫、小狗来偷吃。

三、大班幼儿自我控制培养的游戏案例

（一）游戏一

活动名称：树不倒。

活动目标：能自我约束，学会坚持，并遵守游戏的规则。

活动准备：一根长长的竹竿做大树。

活动过程：教师让幼儿围成一个大圆圈，教师站在圆圈中间，手扶大树。幼儿

齐唱儿歌:“大树,大树,风吹不倒,雨淋不倒,雪压不倒,地震不倒,手松也不倒。”当儿歌的最后一个字唱出来后,教师快速说出一个幼儿的名字,然后松开大树,跑向该名幼儿,这名幼儿也要快速离开队伍,跑向大树,迅速接住要倒下的大树。如果接住,游戏继续,重复上面的内容。如果没接住,幼儿退出游戏,等到下一个幼儿退出来才能回到队伍中继续游戏。

(二)游戏二

活动名称:学做稻草人。

活动目标:

1. 遵守游戏规则,能自我约束,学会坚持。

2. 学习单腿站立,增强对腿部肌肉的控制能力。

活动准备:小鸡头饰(幼儿人数的一半)。

活动过程:

1. 热身活动:口令游戏。听教师口令,幼儿做相应动作,如摸头、摸肩、高个子、矮个子。听教师口令,幼儿做相反动作,如高个子、矮个子。

2. 学做稻草人和小鸡。幼儿模仿教师学做稻草人的动作(双手平举,单腿站立)和小鸡的动作。

3. 教师交代游戏玩法:两人一组,一人扮演小鸡,一人扮演稻草人。稻草人单腿站立不动,小鸡蹲在稻草人旁,小鸡要注意观察稻草人,一旦发现稻草人的腿落地,就迅速将自己胸前贴的小鸡胸贴摘下来贴在稻草人身上。看看哪位小朋友学做的稻草人站立时间最久。

4. 幼儿自由分成两组,一组扮演小鸡,另一组扮演稻草人,直到最后一个稻草人脚着地,然后互换角色,重新游戏。

5. 教师总结:请坚持最久的稻草人小朋友说说自己的经验,怎么做到的?(要坚持,要尽量保持平衡)扮演小鸡的小朋友需要注意些什么?(要注意力集中,观察稻草人的反应)

第三节　自我控制的培养建议

一、给教师的教育建议

社会学家和生态学家认为男女的差异取决于社会文化因素，是由于社会规范对不同性别个体的要求不同，塑造了两性不同的行为特征。研究也发现，教师作为幼儿最重要的社会性规范教育者，对男女孩的期望有显著性差异。教师更期望女孩遵守日常行为规范，形成一个好的行为习惯，对于男孩的期望就稍低一些，这符合社会上对于男女行为差异的普遍看法：女性要表现文静，遵守规范；而男性要更有"闯劲"，勇于探索。但是该研究同时也发现，实际上对于男孩来说，教师的期望对自我控制的影响比女孩更大，而不是女孩受外界影响更敏感。可惜的是，教师并没有给予男孩日常行为方面更高的期望，这也就提醒幼儿教师对于男孩日常行为要给予更高的期望和重视，帮助男孩提高自我控制水平。这说明如果教师对于男孩心理品质，如人际交往、道德品质等方面期望高，即使男孩的社会抑制性较低，同样可以帮助幼儿促进其自我控制水平的提高。

相关研究表明，同伴接纳对自我控制影响的同时也受到气质情绪性的调节，在考虑性别因素后，男孩如果情绪性水平高，则同伴接纳将不会对自我控制产生影响，只有气质情绪性水平低的男孩，同伴接纳才会对自我控制产生影响。究其原因，可能是情绪性水平高的男孩容易暴躁，其他幼儿很难接近，这时同伴接纳水平已经很低了，不会对其自我控制的发展产生影响。已有研究表明，情绪性高的幼儿自我控制水平低，而这种交互作用的影响只产生在男孩组，女孩同伴接纳对自我控制的影响一直存在，不随气质情绪性水平的高低而变化，这就提醒教师对于气质情绪性高的男孩要特别注意。情绪性是幼儿最明显的特征，但当男孩情绪性高时，可能表现出一些对于同伴交往负面的影响，如攻击同伴、不愿意和同伴分享等行为，使得气质情绪性高的男孩同伴接纳水平降低，甚至已经对自我控制的发展不起作用，这就极大影响了自我控制水平的提高。教师要密切关注气质情绪性高的男孩，给予更高的期望和教育，多沟通，多进行情感交流，改善男孩情绪性的水平，教会此类男孩的同伴交往技能，改善同伴接纳水平，提高自我控制水平。

教育者可以依据不同年龄阶段幼儿自我控制的发展特点进行有针对性的教

育:(1)3~3.5岁阶段。在这一阶段,大多数幼儿还处于“被动控制阶段”,他们对教师的指令虽然能情境性顺从,但其冲动性强,当教师不在场时,多数会违反规则。幼儿在集体教学活动中,注意力往往不集中;经常在走廊大声喧哗;在遇到困难任务时,大多数幼儿都不能够坚持完成;幼儿之间也极易发生冲突,如争抢玩具、抢占地盘等,同时也缺少有效的延迟满足策略。作为教育者,我们首先应该在思想上给予幼儿充分的信心,相信幼儿的这种冲动性行为是暂时的,随着年龄的增长,其自我控制水平会逐渐改善,同时也要采取一些教育措施、强化手段和行为训练等,以促进幼儿自我控制行为的发展。比如,可以采用“礼物延迟”的手段进行训练,即教育者可以展示一种对幼儿有吸引力的奖励物,但是只有幼儿按照要求完成了任务后才能得到奖励,观察并训练儿童在等待过程中的行为。教育者在训练时还要特别注意要讲清任务的规则,让儿童学会按照成人的要求行事。(2)3~4.5岁阶段(敏感期)。3岁左右时,大多数幼儿处于“他人控制向自我控制过渡阶段”,即约束性顺从阶段。苏联著名神经心理学家鲁利亚(Luria)研究指出,额叶面积的增长速度在3.5~4岁明显加快,第三机能系统,即“行为调节系统”,水平逐渐提高,个体逐渐可以成熟地控制自身的动作。此时幼儿能够遵守规则,自我控制水平迅速发展,注意力水平也得到显著发展。幼儿已经能在行动中逐渐有意识地控制自己,与前一阶段相比,具有质的飞跃。因为此时幼儿开始有意识地控制自己的行为,顺从社会的规范,这是真正意义上幼儿自我控制的开始,但自我控制水平尚未达到成熟,内化外在规则的能力很有限。在集中教学活动时,幼儿能够将注意力集中在教师组织的教学活动中,在楼道中刚开始可能大声喧哗,但是经过提醒能马上恢复安静,说明此时大部分幼儿尚不能时刻控制自己的行为,但如果有人提醒,马上就可以控制自己。此阶段,教育者应该加强幼儿对行为规则的认识与理解能力,外在指导的同时也要引导幼儿通过自身的体验,如进行角色扮演游戏等,把外在规则转化为主体需要。通过不断的鼓励和强化,促使其自我控制意识和行为一致性的养成。(3)4岁半以后。幼儿从约束性顺从阶段过渡到了“自主控制阶段”,对于认知和行为等方面的控制真正是“自我”进行的。此时虽然自我控制发展速率下降,但自我控制水平相对成熟,这个时期的幼儿不但可以自己抑制冲动行为,而且可以阻止其他幼儿的违规行为,说明他们已经内化了外部规则。此时幼儿可以将自己的注意力集中在集体教学活动中,并能够自觉地进餐、睡觉、摆放生活用品;幼儿也肯花较长时间去做较难的任务,并且有一种不做完不罢休的劲头,还有相当一些幼儿可以抵制外在诱惑而对一个任务反复操练;幼儿之间发生冲突的次数相对减少,一些儿童还能主动地去解决其他人之间的冲突,在受到批评或者任务失败时也不会有过激的情绪反应;幼儿不但能充分理解延迟满足的含义,也可以有效地采取分心策略等。对此阶段幼儿的教育,关键是对其自我控制的意识和行为的维持与强化,培养幼儿主动自我控制能力;培养儿童不但自己不违反规则,还能纠正其他人的行为;加强自我延迟满足行为维持的内在因素培养,比如加强幼儿注意集中能力的培养等;还要培养幼儿语言对于行为的控制能力,让幼儿理解自我言语强化对行为的影响。

二、给家长的教育建议

父母因素对儿童自我控制能力发展有着极为重要的影响。父母控制模式是其中之一。父母控制模式可概括为5种基本形式:严厉控制、限制控制、要求控制、干涉控制和专断控制,不同的父母控制模式形成了儿童不同的自我控制特征。严厉控制下的儿童有情绪压抑、盲目顺从等过度自控的特征;限制控制下的儿童多有退缩和攻击性行为;父母要求少或要求低的儿童有高攻击性特征,而父母要求高的儿童有较好的自我控制;专断控制下的儿童攻击和反社会行为显著。父母因素除了父母控制模式外,父母管教态度与父母教育观念也影响着儿童自我控制能力的发展。父母管教态度在多方面对儿童自我控制的发展有着显著影响,而且父亲母亲影响相当一致。在教育观念上,父母对子女自控的期望水平对儿童的自控发展有显著影响。此外,家庭婚姻质量也能够预测儿童延迟性自我控制的行为,尤其是母亲体验到家庭和谐程度越高,儿童的延迟自我控制的行为越多。

父母教养方式在儿童的自我控制方面起着重要作用。父母对儿童的高要求可以提高儿童的自控能力,但要求过高也会产生负面情绪。另外大多数研究证明,体罚在鼓励儿童自我控制的内化方面是一种无效的方法,所以父母在教养方式上要严与爱相结合。父母对孩子既要提出明确和严格的要求,使孩子知道自己应该做什么、不该做什么,学会控制自己的行为,同时父母也要让孩子感到爱和关怀,从而培养儿童稳定而乐观的情绪。

言语指导在儿童自我控制能力发展中有着至关重要的影响。言语指导包括两个方面:儿童自我言语指导和成人言语指导。儿童经常在游戏或从事一项活动时自言自语,自我言语可以帮助儿童监督和控制自己的思想和行为,以便最大限度地达到目标。鲁利亚研究发现,3岁以下幼儿还不能对他们自己的自我言语指导做出恰当的反应,直到5岁,儿童才能像成人那样对自己的言语做出恰当的反应。成人的言语指导能够影响儿童自我控制能力，父母如给儿童有效的言语指导，可以增强儿童的自我控制能力。许政援的研究表明，成人给予幼儿明确的言语指导对3岁幼儿的自控能力不起什么作用，对于4岁以上的幼儿才逐渐起作用。这与维果斯基和鲁利亚所得到的研究结果是一致的。

此外，家长的文化程度对儿童的自我控制具有一定的影响作用，虽然这种影响并不具有决定性，但总体趋势是家长的文化程度与儿童的自我控制能力呈正相关。家长为初中文化的儿童的自我调控能力明显低于家长文化程度更高的儿童，这种差异在认知调控、社会行为、注意集中方面尤为明显。这说明，良好的文化背景对儿童自我调控发展有积极影响。父亲的文化程度对儿童自我调控影响的差异主要表现在注意集中和认知调控方面，母亲的文化程度对儿童自我调控影响的差异主要表现在注意集中和抑制性控制，以及自我调控发展总水平上。

第十三章 合作交往的培养

合作交往指的是幼儿喜欢群体生活，乐于与他人交流，并能和谐地与他人相处的一种心理倾向，可反映幼儿人格外倾性维度的发展水平。幼儿阶段是个体社会性发展的关键时期，而合作交往是个体社会化的重要内容。《幼儿园教育指导纲要（试行）》在幼儿人格发展目标中提到幼儿要“乐意与人交往，学习互助、合作和分享”。《3～6岁儿童学习与发展指南》指出了不同年龄阶段幼儿的学习与发展目标，如“喜欢交往，能与同伴友好相处”。良好的合作交往能力对幼儿身心健康发展以及知识、能力和智慧水平的发挥均具有重要影响。幼儿在与同伴进行合作交往时，不仅能学习如何与人友好合作，提高自身的合作能力，也能在合作行为中学会与人友好相处，提高自身的交往能力，学会看待自己与他人，促进自身外倾性水平的发展，从而不断提高适应社会生活的能力。现代中国社会的家庭多数是独生子女，孩子自然就是家中的“小皇帝”“小公主”，所以很多孩子形成了以自我为中心、任性、叛逆、自私等性格特征，遇到问题不能很好地解决，更不会想到要与他人合作完成。目前幼儿园大班、中班、小班幼儿的合作现象确实存在一些问题，为了保证我们的下一代具有良好的素质，需要着重培养幼儿的合作交往。

第一节 合作交往的培养价值及目标

一、幼儿合作交往的培养价值

合作交往的能力是人生活在社会中所应具备的最基本的能力。人在日常生活中，不可避免地要与他人接触，进行各种合作行为和交往活动，合作交往也在维持个体与他人和社会的关系中发挥着极为重要的作用。如果幼儿缺乏必要的交往行为，容易形成封闭的心理，变得孤僻、冷漠、自私。学会交往本身是21世纪教育的四大支柱之一，而幼儿时期是个体社会交往态度与技能形成的重要时期。通过交往活动，个体获得对社会的适应和身心的健康成长；通过交往活动，社会得以正常运转和发展。幼儿的社会交往对个性、情绪情感、认知等方面的发展都具有十分重要的作用，交往状况不良的幼儿更容易出现心理问题，其学习能力也受到影响。随着生活环境、生活内容、师生关系、教学方法等方面的变化，幼儿在社会适应性方面的能力亟待加强和提高。我国幼儿大多为独生子女，越来越狭小的现代生活空间，使得幼儿与他人尤其是同龄人的交往逐渐减少，幼儿交往技能不足，不善于合作，变得越来越自我中心化。社会的发展越来越需要人们具备善于与人合作的品质。21世纪的成功者将是全面发展的人、富有开拓精神的人、善于与他人合作共处的人。幼儿如何有效地合作交往以及怎样提高幼儿合作交往的能力是幼儿教育十分关注的话题。因此，开展相应的教育活动，引导幼儿的交往合作行为就显得极为迫切了。

二、幼儿合作交往培养目标的解析

幼儿合作交往培养的年龄阶段目标如表13-1所示。

表13-1　幼儿合作交往培养的年龄阶段目标

小班培养目标	中班培养目标	大班培养目标
1. 喜欢和伙伴在一起，愿意和伙伴一起游戏 2. 与伙伴发生冲突后愿意听从劝解，与伙伴继续游戏	1. 喜欢和同伴一起游戏，有比较固定的玩伴 2. 会运用轮流、交换等简单技巧加入同伴游戏和维持与同伴的关系 3. 在他人帮助下，能协调与同伴间的关系，解决冲突	1. 有自己的好朋友，愿意结交新朋友 2. 能正确运用人际交往技巧发起游戏，喜欢与伙伴合作游戏，游戏中能分工合作 3. 能独立解决与同伴的矛盾和纠纷

小班幼儿的合作现象主要体现在生活活动中。多数小班幼儿不能较好地进行合作，合作认知和合作行为的水平都很低。活动中不能主动与他人进行协调，需要成人的提示和指导才能勉强进行协商与分工。小班幼儿很少主动与人合作，

合作意图不明显,合作目标也不明确。据此,将小班幼儿合作交往的培养目标确定为:喜欢和伙伴在一起,愿意和伙伴一起游戏。与伙伴发生冲突后愿意听从劝解,与伙伴继续游戏。

中班幼儿的合作现象日益集中在游戏活动中。与小班幼儿相比,多数中班幼儿能较好地进行合作,开始主动与人合作,合作意图增强,合作目标也逐渐明确,但整个合作进程自由松散,合作处于一种自发性协同状态。幼儿之间虽有语言交流和动作协调,但在具体行动上难以按照统一的合作意图来商定共同的合作目标和一致的行动计划。该年龄段的幼儿对合作技能、技巧掌握得还不够,也使得他们很少能够完成合作任务,取得成功的结果。据此,将中班幼儿合作交往的培养目标确定为:喜欢和同伴一起游戏,有比较固定的玩伴;会运用轮流、交换等简单技巧加入同伴游戏和维持与同伴的关系;在他人帮助下,能协调与同伴间的关系,解决冲突。

大班幼儿在游戏活动中产生了明确的合作意图,具有统一的合作目标,双方具有适应性的相互反应,行动具有序列性。在合作活动中,大部分幼儿能够相互配合,围绕目标行动,直至完成合作意图。但是,这种合作行为虽有明确的目标和计划,但双方行动尚未组织化,完全依靠幼儿自觉的相互适应来维持合作,合作进程缺少内在制约性,因而这种合作方式不稳定,也难以持久。据此,将大班幼儿合作交往的培养目标确定为:有自己的好朋友,愿意结交新朋友;能正确运用人际交往发起游戏,喜欢与伙伴合作游戏,游戏中能分工合作;能独立解决与同伴的矛盾和纠纷。

第二节　合作交往培养的游戏活动方案

一、小班幼儿合作交往培养的游戏案例

(一)游戏一

活动名称:小猴一起运桃子。

活动目标:喜欢和同伴在一起做游戏,体验合作的快乐。

活动准备:

1. 小猴头饰若干、小皮球若干(用来充当桃子)。

2. 地上画出宽50厘米的两条平行线当作桥。

3. 大筐两个。

活动过程:

1. 请幼儿戴好小猴头饰,并提问:"小猴最爱吃什么?"

2. 老师扮演猴妈妈,请小朋友扮演小猴子站在"桥"上把"桃子"运回家。要手递手地传"桃子",不能有间隔或抛掷,不能从"桥"上掉下来。

3. "猴妈妈"带"小猴子"回家品尝美味的"桃子",分享成功的喜悦。

(二)游戏二

活动名称:摘瓜。

活动目标:

1. 能与伙伴合作完成摘瓜的任务。

2. 感受合作带来的成就感,并以交往舞来表达自己的喜悦之情。

活动准备:

1. 球若干,托盘两个,场地中间画一条线,音乐《波罗乃兹》。

2. 掌握基本的交往舞。

活动过程:

1. 出示手偶小猪。小猪:我的瓜地里的瓜都熟了,可是太多了,我一个人摘不完,请小朋友帮帮我好吗?我来告诉小朋友摘瓜的方法,三个人一组,一个人负责摘瓜,另外两个人负责用筐(托盘)运瓜。一定小心不要让瓜掉到地上,瓜一旦摔坏就不能吃了。谢谢大家,帮我把这些瓜运回家吧。

2. 合作运瓜。

(1)教师:小朋友自己找伙伴,三个人拉好手,商量一下谁负责摘瓜、谁负责运瓜。摘瓜的小朋友站在瓜地旁,运瓜的小朋友抬着筐站在线上,运瓜的时候要小心瓜不能掉到地上。

(2)交换角色再运一次。

3. 教师总结:运瓜的时候谁的瓜掉到地上了?怎样运瓜才能不掉呢?(两个人要把托盘端平)只有三个人互相配合才能把瓜完整地运到小猪家。

4. 双人交往舞(类似运瓜)。教师:运瓜任务完成了,让我们跳起舞来庆祝一下吧!

舞蹈说明:幼儿面对面坐成两排,从排头开始,两个人一组起身拍手走到一起,拉手侧跳到排尾再返回,拍手退回到座位,依次进行(培养幼儿合作交往的意识),如图 13-1 所示。

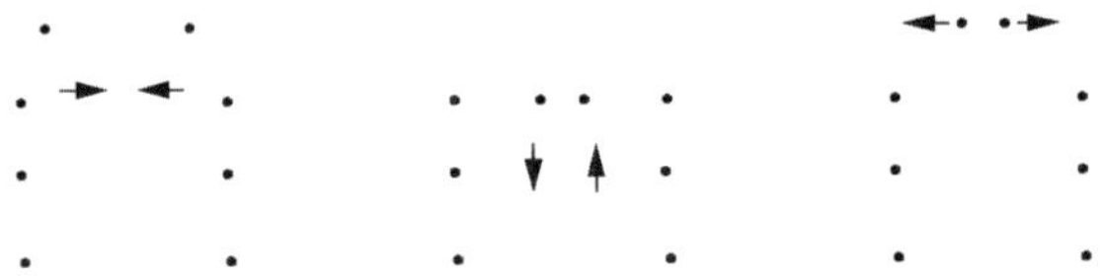

图 13-1　舞蹈说明

二、中班幼儿合作交往培养的游戏案例

(一)游戏一

活动名称:我们做朋友。

活动目标:

1. 体验被他人接纳的愉快心情,懂得有好朋友的重要性。

2. 掌握几种交朋友的方法。

活动准备:

1. 与另一中班教师打招呼,在淘气堡让幼儿一起游戏。

2. 音乐播放器和音乐磁带。

活动过程:

1. 教师导入:所有的小朋友随意站在场地上绕圈走动,教师播放音乐,当音乐停止时,小朋友们要两两抱在一起,没有找到伴的小朋友就和教师组成一对。

2. 教师请刚才结成对的幼儿们聊天,谈谈各自的爱好、父母的工作、自己最爱吃的食物,等等。

3. 谈话活动结束,教师请出几名幼儿介绍自己的朋友。

4. 教师讲故事《猴子交朋友》:猴子到外边找朋友玩,路上碰到了小肥猪,就对小肥猪说:“大耳朵,圆肚皮,又丑又笨的小肥猪,你愿意和我做朋友一起玩吗?”小肥猪听了很生气,没理他就走了。猴子很纳闷,继续向前走,又碰到了小乌龟,就对小乌龟说:“你走起路来慢吞吞,你能和我一起玩一会儿吗?”小乌龟瞪了他一眼,头也不回地走了。小猴子很沮丧,一个人回到了家里,心想:“我为什么交不到朋友呢? 谁来告诉我?”

5. 教师引导幼儿讨论:小猴子为什么交不到朋友? 怎样才能交到好朋友呢?

6. 体验交朋友：教师将孩子们带到淘气堡（淘气堡里另一个中班的幼儿正在里面玩），教师告诉幼儿，你们在这里要想办法交到新朋友，并和新朋友一起做游戏，看看哪位小朋友表现得最好。教师观察并拍照。

7. 教师将幼儿带回教室，将照片导出播放，让孩子们看看自己是如何交朋友的，请几名做得好的幼儿谈谈自己交朋友的过程并与大家分享。

8. 教师播放音乐，请好朋友两两手拉手一起跳舞，感受有朋友的快乐。

（二）游戏二

活动名称：投球游戏。

活动目标：

1. 体验与伙伴合作游戏的快乐。

2. 掌握合作的基本技巧。

活动准备：

1. 在平坦的地面上画上两条长线，两条线之间宽度为 1 米。

2. 手工制成的圆球若干，球的大小、重量要一样，放在一个大筐里。

3. 能装东西的篮子 10 个。

4. 手工制成的笑脸若干（和幼儿人数相等，要求笑脸成对出现，便于分组）。

活动过程：

1. 教师首先带领幼儿进行热身活动，伸伸胳膊、弯弯腰、压压腿。

2. 教师让每位幼儿领取一个笑脸图案，并将图案贴在自己的手背上。然后幼儿之间互相寻找和自己贴一样笑脸图案的小朋友，找到后两两组成一组。

3. 每组幼儿，一个负责投球，一个负责用篮子接球。游戏时，负责投球的幼儿站在一条直线的外侧，负责接球的幼儿站在另一条直线的外侧。投球的幼儿尽可能将球投向另一个幼儿拿的篮子里，接球的幼儿可以调整位置努力接住前者投过来的球，看看哪组小朋友接到的球最多，时间为 3 分钟。然后清点自己接到的球的个数，对表现最佳的小组给予鼓励和表扬。

4. 双方交换位置，刚才投球的幼儿改为接球，而刚才负责接球的幼儿改为投球，进行第二次游戏。

5. 游戏结束，教师带领幼儿进行小结：和小伙伴一起游戏有什么感受？两个人合作游戏的时候需要注意什么？将好的经验和大家分享。

三、大班幼儿合作交往培养的游戏案例

（一）游戏一

活动名称：二人三足。

活动目标：

1. 能与朋友互相合作，成功完成任务。

2. 掌握游戏中的窍门，并能与小朋友分享。

活动准备：

1. 纱巾若干。

2. 标签 A、B（幼儿数各一半）。

活动过程：

1. 谈话活动：今天老师带幼儿玩一个“二人三足”游戏。

2. 教师向幼儿介绍游戏玩法（两人一组，同向并肩而立，然后把相邻的双腿用纱巾绑上。两人合作跑向终点。分 A、B 组进行比赛，先到为赢）。

3. 请幼儿讲解在游戏中应遵守哪些规则。

4. 教师让幼儿自由讨论 5 分钟，在玩这个游戏时有哪些好的办法。

5. 幼儿自由组合，绑好纱巾，练习 2 分钟，然后分 A、B 两组进行比赛。

6. 教师总结：

（1）请小朋友说一说在比赛前和比赛后有哪些不同（因为在比赛前没有真正体验，而在比赛后感觉就不一样了）。

（2）请赢的小朋友说说自己的经验，你们是怎么做到协调一致的？（首先要把心平静下来，两人商量好数 1 迈左脚，数 2 迈右脚，走的时候两人一起喊口号。）

（二）游戏二

活动名称：闯关游戏。

活动目标：

1. 初步感受秩序的重要性，学会互相协商解决问题。

2. 有较强的规则意识，学会轮流和等待，做事有顺序。

3. 具有团队意识和集体荣誉感。

活动准备：

1. 套娃、窄口瓶、平衡木、邮箱（与分好的幼儿组数相同），拴有长线的稍窄于

瓶口的球、信件(与幼儿数相同)。

2. 发令的哨子。

活动过程:

1. 出示操作材料,引起幼儿兴趣。

2. 幼儿自行分组游戏。

(1)第一关:瓶中取球

操作方法:每组一个细口瓶,里面装有与幼儿数量相等的球。每名幼儿拉住一根绳子,当听到口令时将球拉出瓶子,最先完成的一组为胜。要求用最佳方法进行比赛。

(2)第二关:套娃接力

操作方法:每组分有一组套娃,幼儿以接力的形式依次将套娃打开,再重新组装好,以先完成的一组为胜。

(3)第三关:送信

操作方法:幼儿听到指令后,一同去取信件,然后走过独木桥将信送到对岸的邮箱,先完成的一组为胜。

幼儿介绍、讨论、分享经验,教师进行小结。

第三节 合作交往的培养建议

未来的社会是一个注重合作的社会,要想在未来的社会生存就必须学会与人交往合作。幼儿时期正是人的各种合作品质形成的关键时期。提高幼儿的合作交往能力,不是一朝一夕就能完成的,也不是光凭说教就能达到目的的。成人要做一个有心人,让幼儿逐步掌握与他人协商合作的技能和解决问题的能力,为将来进入社会,成为被社会接纳和欢迎的高素质公民打下良好的基础。

一、给教师的教育建议

(一)培养幼儿合作交往的兴趣

教育家乌申斯基(Ushinsky)说:“没有兴趣的强制性学习将会扼杀幼儿探求真理的欲望。”我们深深地知道“兴趣是学生最好的老师”。因此,要想有效地培养幼儿合作交往的能力,首先要培养他们与人交往的兴趣,激发他们与人交往的欲望,让他们在交往中体会到乐趣。如每次玩游戏,教师可让幼儿根据自己的兴趣,自主地选择喜欢的游戏。他们选择了自己喜欢的游戏,自然就会主动扮演游戏中的角色并积极地参与到游戏中去。在游戏交往中,幼儿得到了快乐,自然就会提升交往的兴趣。

(二)正确对待自己的角色

教师应是幼儿学习活动的引导者、支持者、合作者,只有当教师放下架子,拉近自己和幼儿的距离,真诚地和他们交流,幼儿合作交往的欲望才会被激发。特别是教师要尊重幼儿的想法、个性,维护幼儿的尊严,才能够使他们敢于交往、乐于合作。这样一来教师的角色就发生了质的变化,由高高在上的管理者变成了幼儿眼中的朋友,学习、生活道路上的引导者,这样幼儿内心处于一种轻松愉快的状态,这就为合作交往奠定了基础。教师的这种积极态度能使幼儿受到极大的鼓舞,因而进一步强化合作的行为,愿意更多地、自觉地与他人合作交往。

(三)提供有利于幼儿合作交往的空间

幼儿园的空间、设施、活动材料应有利于引发、支持幼儿游戏和各种探索活动,有利于引发、支持幼儿与环境之间进行积极的相互作用。物质环境是幼儿进行合作的媒介。环境能美化、装饰幼儿的生活空间,更重要的是发挥出教育功能,对幼儿形成潜移默化的影响。因此,教师应有目的地营造适合幼儿合作的环境,使幼儿身处其中,受其感染,感受到合作是一种有趣味的行为习惯。根据幼儿的实际情况,结合合作能力培养的目的,可为幼儿开设“小舞台”“小商店”“游戏乐园”等活动区域,并及时更换活动区域材料,充分地为幼儿营造交往、合作的环境,如:在“小商店”里让幼儿扮演售货员和顾客的角色,让他们在买卖商品的游戏中培养交往合作的能力。

(四)抓住随机教育的机会

要有效培养合作能力,关键是要利用各种机会,在幼儿园的各种教育教学活动中培养幼儿的合作意识。由于幼儿年龄小、能力低,因此在日常生活中有许多事情需要帮助。在进行合作教育前,幼儿碰到困难时往往求助于教师。为了提高幼儿的合作意识与能力,可利用日常生活的各种机会,引导幼儿互相帮助、互相关心,可以从你帮我擦汗、我帮你换衣服或者互换玩具等小事做起。

(五)榜样行为的引领

教师在幼儿心目中是崇高的,教师的言行对幼儿的影响如影随形。幼儿喜欢模仿,教师很容易就成为幼儿模仿的对象,教师的一举一动、一言一行都会被幼儿看在眼中、记在心里。所以根据幼儿这一特点,在日常生活中,教师要抓住一切机会默契配合,有意识地引导幼儿产生合作行为,如主动帮助保育教师发碗、分饭,饭后帮忙打扫卫生等。教师的积极合作天长日久也为幼儿树立了积极的行为榜样。同时,同伴也是幼儿观察、学习的榜样,教师对有合作行为的幼儿的积极评价和鼓励,会激发其他幼儿向其学习的动机,在合作游戏时,幼儿也经常通过观察、模仿学习其他幼儿的合作行为。因此,教师有意识地引导合作能力强的幼儿与合作意识差、合作能力弱的幼儿一起游戏,不失为一种树立榜样的好方法。

(六)及时鼓励和肯定

幼儿如果在交往过程中逐步学会了合作,并感受到合作的快乐,那么就会让他们产生继续合作的愿望,并有效巩固合作交往的能力。为了让幼儿体会到合作成功的愉快情绪,教师可以把幼儿合作的过程用手机拍摄下来,等活动结束后进行回放,让孩子们亲眼看到成功合作的全过程,既给其他孩子做一个榜样,提升合作意识,又让拍到的幼儿增强自信心;把幼儿在区域活动中比较好的合作作品进行展示,然后让幼儿介绍他们的成果或合作的过程,让孩子体验成功的喜悦;对于合作顺利的幼儿要及时给予表扬,教师的肯定和赞赏对孩子来说是最好的催化剂。对于合作不顺利、发生冲突的幼儿,同样要及时给予引导和鼓励,以免产生消极情绪,影响下一次合作。

二、给家长的教育建议

(一)培养幼儿良好的品德

如果家长过于宠爱、娇纵幼儿,幼儿则易养成自私、任性、较多攻击性行为等不良习惯,处处以我为大,以自我为中心,这些幼儿是很难与他人合作的。所以,家长要及时了解孩子的性格特点,并进行必要的沟通和指导。例如,通过给幼儿讲故事《迷路的小鸭子》等教育幼儿和小朋友相处时要互相关心、互相帮助,遇到困难的事情大家可以协商,让幼儿体会到"众人同心,其利断金"。幼儿只有具备了关爱他人、宽容、友善等良好品德,才能在与人合作时感到身心愉悦。

(二)提供自由轻松的心理氛围

家长要改变传统观念,发扬学前儿童的小主人翁精神,在家长的监护下大胆地让孩子走出家门或把别家的孩子请到家中做客。多带孩子到公共场合走一走,带幼儿到户外与其他小朋友一起做游戏、搭积木、表演故事等，抓住时机鼓励孩子和别人交往。

（三）引导幼儿合作交往

家长在家可以给幼儿讲一些因合作而成功的故事，观看一些此类的光盘、动画片等。家长还可以和幼儿共同进行择菜、包饺子、种花、打扫卫生等活动，不仅可以增强幼儿的合作意识，也培养了幼儿的动手操作能力，同时大大加深了亲子关系，增进了家长与孩子之间的感情。家长还可以与孩子一起观察蚂蚁搬家、燕子成群飞等，并进行随机教育，使幼儿感到连小动物们都是善于合作的。

第十四章 自尊自信的培养

自尊自信是对自我的一种肯定,是由积极自我评价引起的,并期望受到他人肯定的一种积极的心理倾向,是衡量个体心理健康的重要标准和形成健康人格的关键。自尊和自信是密不可分的,自尊感是否得到满足,决定了幼儿是否充满自信。良好的自尊心和自信心有助于幼儿经常保持愉悦的情绪体验,激发幼儿的探索行为,提高幼儿乐于交往与表现的能力。因此,在幼儿期为幼儿播下自尊自信的种子,对他们形成健全人格是十分必要的。本章在解读幼儿自尊自信的培养目标的基础上,提出幼儿自尊自信培养的游戏方案,并为教师和家长培养幼儿的自尊自信提供建议和参考。

第一节 自尊自信的培养价值及目标

一、幼儿自尊自信的培养价值

自尊和自信是个体关于自我价值和自身行为能力的两个重要的、积极的情感成分,是最有积极意义的自我意识,是衡量健康人格的重要标准。自尊和自信是密不可分的,自尊能够引发个体的自信心和追求成功的行为,自信心能够进一步提高自尊感。

首先,自尊心(Self-esteem)是指个体在社会比较过程中所获得的有关自我价值的评价或体验。在婴幼儿时期形成积极的自尊,有利于幼儿在成长过程中对自己和周围事物持有正确的态度,容易建立良好的人际关系,保持对学习的兴趣,情绪稳定。如果形成消极的自尊，幼儿就会对自己没有信心，对世界缺乏兴趣，从而导致消极情绪增多，影响他们各方面的发展。研究表明，低自尊的幼儿表现出两种障碍：注意力缺乏症（其特点是冲动、过于活泼、注意力不集中）和回避症（一种严重的社会焦虑）。

其次，自信心（Self-confidence）是指个体对自身行为能力与价值的客观认识和充分评估的一种体验，是一种健康向上的心理品质。自信心是个体强大的内在动力，能激励人在对事物和现状具有一定认识的基础上，坚持不懈地运用自己的智慧完成任务，追求既定目标，实现自己的理想。自信心对于幼儿心理健康和认识能力都具有十分重要的意义。自信的幼儿通常对各种活动都具有积极主动参与的愿望，大胆探索，主动提问，乐于与周围人交往，经常保持愉快的情绪。他们在获得更多知识和技能的同时，也能逐渐发展乐观、勇敢、独立性等良好的性格特征。缺乏自信心的幼儿稍遇到困难就退缩，不敢自由地表达自己的爱好和愿望，怯于与周围人交往，参加活动的积极性、主动性差，不能充分发挥自己的能力去认识和探索事物，形成胆小、懦弱、依赖性强、优柔寡断等不良的性格。

很多国家都把增强幼儿的自信心和自尊心作为学前教育的重要目标，我国《幼儿园教育指导纲要（试行）》明确指出："为每个幼儿提供表现自己长处和获得成功的机会，增强其自尊心和自信心。"《3～6岁儿童学习与发展指南》在社会领域中的"人际交往"子领域也提出了让幼儿"具有自尊、自信、自主的表现"的目标。《幼儿园工作规程》（2016）也把培养幼儿诚实、自信等作为主要培养目标。因此，培养幼儿自尊自信不仅有利于幼儿自身健康成长，也符合国家对现代化人才的需求。

二、幼儿自尊自信的培养目标解析

（一）幼儿自尊自信的结构及表现形式

明确幼儿自尊自信培养目标首先要了解幼儿自尊自信包括哪些方面以及典型的表现形式。杨丽珠、张丽华（2005）的研究表明，幼儿自尊结构由重要感、自我胜任感和外表感构成。

重要感。重要感是指幼儿在心理上渴望得到他人的注意、接纳或接受、支持、喜欢，并希望通过语言、身体姿态、面部表情等方式来展示自己，从而获得他人肯定的情感体验。重要感是自尊结构中最早发展起来的一个成分，也是幼儿形成积极自我评价的重要源泉，其表现包括要求独立活动，有自己的主张，对成人的限制感到不满，受到夸赞时感到高兴等。

自我胜任感。自我胜任感是指幼儿对自己是否能够做出有效的判断，即表现为儿童对自己能力的确信程度。当幼儿对某一行为或某种任务的自我胜任感较高时，就会情绪饱满、充满自信地去接受并完成这种行为和任务；相反，幼儿则会回避这种行为和任务。儿童的自尊心、自信心越强，其个人自我胜任的期望也越强，行为活动就越努力，越能多花气力去应付困难情境。其主要表现为愿意在各种活动中表现自己的能力，渴望胜利和得到成人肯定的评价。

外表感。外表感是指幼儿从身体外表方面获得的一种自我价值体验。现代社会人们更加注重外表和身体形象，并将此观点内化于对孩子的日常教育过程中，导致儿童过分关注自己的身体形象与外表，从而形成了一种社会偏见。虽然一个人的容貌或身体形象与其内在的价值或品格并无必然的联系，身体外表也不会对自尊产生直接的影响，但个体对其身体外表的感受则会影响他们的自尊。其主要表现在他人对自己服饰、相貌的评价。

王娥蕊，杨丽珠(2006)的研究表明，幼儿自信心结构包括成就感、自我效能感和自我表现。

成就感，即成功体验。幼儿做完一件事情或者做一件事情时，为自己所做的事情感到愉快或成功的情感体验就属于在就感。幼儿在游戏、学习、交往等活动中，通过表现出成功的行为和能力，获得他人对其学习、身体等方面能力的赞许，以获得积极的、自豪的情感体验，这是发展幼儿自信心的动力因素。

自我表现，是指个体内在的感觉、信念、态度等的表露，即儿童在个人行为、能力、智慧和思想方面的自我表达情况。每个幼儿都能在各自不同的水平上接受不同的活动内容，在各自不同的水平上发挥自我表现能力，经过适度努力不断地有新的提高并获得成就感。幼儿只有在各种活动中充分地发挥自我表现能力，才能有机会获得成就感，增强自我效能感，树立自信心。

自我效能感，是指儿童在比较正确的自我评价基础上，对自己是否有能力做出有效的判断。幼儿在自我表现中获得了愉快的成就感，这种成就感能使幼儿逐步地对自己做出正确的评估，形成良好的自我效能感，形成自信心。自我效能感是幼儿自信心发展的核心因素。

(二)幼儿自尊自信发展趋势

幼儿自尊自信培养目标的确立还应考虑到幼儿自尊自信的年龄发展特点，寻找自尊自信培养的最佳时期。对于自尊的研究表明，幼儿在 3 岁左右产生自尊感的萌芽,如犯了错误感到羞愧、怕别人讥笑、不愿被人当众训斥等。随着幼儿身体、智力、社会技能和自我评价能力的发展,幼儿的自尊也得到发展,3 ~4 岁是幼儿自尊的快速发展时期。同样对自信的研究表明,幼儿期是自信发展的关键时期,3 ~4 岁是幼儿自信发展最迅速的时期。综上,我们认为,3 ~4 是幼儿自尊自信快速发展时期,而 4 岁是幼儿自信心和自尊心发展的关键年龄(张丽华,杨丽珠,2005;王娥蕊,杨丽珠,2006)。

(三)幼儿自尊自信目标的确立

根据健全人格发展的总目标,通过对以往关于自尊自信文献的检索,分析自尊自信的表现形式及发展特点,提出幼儿自尊自信发展的阶段性目标,如表 14-1 所示。

表 14-1　幼儿自尊自信培养的年龄阶段目标

小班培养目标	中班培养目标	大班培养目标
愿意表现自己的能力,能体验到成功的快乐	能初步认识自己的能力,并相信自己的能力	敢于尝试有挑战性的活动,获得成功后有满足感

小班幼儿处于对幼儿园生活的适应阶段,也是幼儿获得自尊自信的关键期。把安抚幼儿情绪、培养自理能力与培养自尊自信结合起来,是一种双赢的策略。教师应创造条件,激发幼儿表现能力的愿望,使幼儿在获得能力的同时体验到成功的快乐。

中班幼儿已经对幼儿园生活非常熟悉,中班阶段是各种能力迅速提升时期。此时自尊自信的培养是让幼儿获得对自身能力的积极认识。教师在活动中应促进幼儿不断地认识自己的能力,通过完成不同的任务获得自信,从而对自己有一个积极的评价。

大班幼儿已经不能从简单的任务中获得满足感,教师可以组织一些具有挑战性的活动,让幼儿了解到通过努力能够获得成功,而且成功后还能获得老师和同伴的赞美。在这样的氛围中幼儿的满足感油然而生,有利于更高水平的自尊自信的获得。

第二节 自尊自信培养的游戏活动方案

在培养幼儿自尊自信的教育实践活动中,我们着重强调在发展幼儿能力的同时,让幼儿能够体验胜任感和成就感,逐步认识到"我能行",体验"成功了,真快乐"。依据幼儿自尊自信培养的年龄阶段目标和年龄特征,针对小班、中班、大班幼儿自尊自信的培养,以下各列举了两个游戏活动供教师和家长参考。

一、小班幼儿自尊自信培养的游戏案例

(一)游戏一

活动名称:我会做。

活动目标:

1. 通过尝试操作,初步体验成功的快乐。

2. 正确分辨颜色,增强动手操作能力。

活动准备:

1. 快餐盘若干、筷子若干。

2. 可喂食的纸偶宝宝(山羊、猫、老虎)若干。

3. 用皱纹纸揉成团做的"食物"若干:红色的是肉丸子、绿色的是蔬菜丸子、黄色的是鱼丸子。

活动过程:

1. 教师导入。

2. 教师教授幼儿如何正确地使用筷子。

3. 分食物。将幼儿分成4人一组,每组的桌上放有3个纸偶宝宝,还有一大盘丸子。请幼儿分别用筷子把丸子夹到对应的纸偶宝宝的肚子里。

教师导入语:今天山羊、猫和老虎要到咱们家来做客,妈妈给他们准备了很多好吃的食物。妈妈要请宝宝们帮忙把这些食物分别夹给这三个小动物,注意夹的时候食物不要掉下来,不要用手拿,也不要送错了。

4. 教师总结:幼儿在自己动手的过程中,不断体会成功的乐趣,从中获得自信,觉得自己很棒、很优秀!

(二)游戏二

活动名称:我的小脚真能干。

活动目标:

1. 学习用脚撕纸,锻炼脚部肌肉的力量。

2. 通过亲身体验感受成功带给自己的快乐。

活动准备:

1. 轻松欢快的音乐录音一段。

2. 小编筐若干、报纸若干(与幼儿人数相对应)。

活动过程:

1. 导入活动,激发兴趣。

教师:天气很热,让我们的小脚丫凉快凉快吧!(引导幼儿脱去鞋袜,整齐地放在椅子的下面。)

2. 幼儿听音乐做运动。

走走、跳跳、蹦蹦,活动小脚丫。

3. 游戏:能干的小脚丫。

(1)分发材料:每人取一只筐和一张报纸。

(2)讲解游戏规则:只能用脚撕报纸,并将撕碎的报纸用脚夹进筐里。

(3)放音乐,幼儿做游戏。

教师巡回指导,帮助个别胆怯、不愿尝试的幼儿,鼓励他们和老师一起试试,帮助他们体验成功的快乐。

4. 总结、分享。请撕得多的幼儿介绍经验并讨论怎样才能撕得又快又好。鼓励幼儿不要气馁,只要有耐心、不怕困难,就能将事情做成。

二、中班幼儿自尊自信培养的游戏案例

(一)游戏一

活动名称:选图编故事。

活动目标:

1. 能够用比较完整、清楚、连贯的语言讲述自己所编的故事。

2. 具有大胆地表达自己想法的勇气和欲望。

3. 能够用手工、绘画等形式表现出自己所编故事的主要情节。

活动准备：

1. 各种小动物的磁性教具若干、磁性黑板两块。

2. 图画纸、彩笔、小动物图片、胶棒若干；小筐每组一个。

3. 录音机一台、音乐磁带一盒。

活动过程：

1. 教师交代活动内容，引起幼儿兴趣。出示图片引导幼儿："今天老师给小朋友准备了许多图片，请小朋友从这些图片中选出你最喜欢的，编一个有趣的故事。"

2. 教师示范选图编故事。

(1)先选出自己最喜欢的图片。

(2)教师示范编故事。

(3)提问幼儿："故事发生在什么时候？故事发生在什么地方？故事里都有谁？讲了一件什么事？"

(4)教师总结。告诉幼儿老师编的故事里有故事发生的时间、地点、人物和发生的事件。

3. 幼儿自愿选图编故事。

(1)强调要求：①编故事时要有故事发生的时间、发生的地方、都有谁、发生了什么事。②尽量使用以前学过的优美语言。③自己画故事里的环境。④保持画面整洁。

(2)幼儿自己选择最喜欢的图片，贴在纸上组成一幅画，练习编故事。

(3)教师巡回指导，重点指导能力弱的幼儿编情节简单的故事。

4. 请幼儿把自己编的故事讲给同组的小朋友听。教师巡回听幼儿编故事，指导幼儿语言表达要完整、连贯。

5. 请个别幼儿到前面讲自己编的故事。对能运用优美语言的幼儿及时给予表扬。

6. 互讲故事。给幼儿充足的时间，让幼儿互相讲述自己编的故事。

活动延伸：

1. 将图片投放到"语言角""美工角"里，让幼儿自由操作练习。

2. 利用餐前或其他安静的活动时间，让幼儿轮流讲述自己编的故事，使每个幼儿都有表现的机会。

（二）游戏二

活动名称：认识小手。

活动目标：

1. 能用比较完整的语言说出自己能做的事情。

2. 对自己的成功表现有满足感。

活动准备：

1. 儿歌挂图五幅，“手”字卡片一张（一面是“手”字，一面是一只手）。

2. 拍手律动曲。

活动过程：

1. 全体幼儿边听音乐边做拍手律动进入活动室。

2. 教师导入：

请幼儿观察手，知道手有手心、手背、手腕、拇指、食指、中指、无名指、小指，两只手有10根手指，它们合作起来能做许多事情。

3. 出示儿歌《能干的小手》的图片：

（1）教师示范朗读一遍，边朗读边逐一出示图片。

（2）幼儿跟读一遍。

（3）师生共同边看图片边做动作，说一遍儿歌。

4. 引导幼儿自由交谈：

（1）请幼儿自结谈话伙伴，边摆弄手边说自己的手能做什么事情，如“我的小手能绘画”“我的小手能跳舞”，看谁说得多。

（2）教师参与幼儿谈话，并给予适当的提示，引导幼儿说出自己的小手能为班上的小朋友或班级做些什么，能为爸爸、妈妈或其他家人做些什么。

（3）鼓励幼儿想象长大了用这双手干什么，如“长大了用这双手造一个机器人”。

5. 组织幼儿玩游戏：

（1）看谁说得又快又对。

玩法是教师做动作，幼儿快速说出做的是什么动作。如，教师做扫地的动作，幼儿就快速地说出“扫地”；教师做系扣动作，幼儿快速地说出“系扣”。

（2）看谁做得又对又快。

玩法是教师说出词语或短句子，幼儿快速做出动作。如：教师说“拍球”，幼儿快速做出拍球动作。

注意:凡是教师所做的动作和教师所说的词语或短句都是与手的动作有关的。

三、大班幼儿自尊自信培养的游戏案例

(一)游戏一

活动名称:我能行。

活动目标:

1. 体验包饺子的全过程,初步掌握各个步骤的制作方法、技巧。

2. 体验成功的喜悦,感受与伙伴合作做事的快乐。

活动准备:

1. 各种样式饺子的图片、制作流程图片。

2. 制作食材:(1)白面两斤;(2)韭菜一斤。

3. 制作用具:(1)和馅、包馅用的汤匙若干;(2)煮饺子用的电磁炉具一套;(3)擀面杖 3~5 根;(4)面板若干;(5)菜盆 3~5 个;(6)西餐刀若干;(7)豆油、精盐、酱油适量。

活动过程:

第一阶段

1. 教师引语:小朋友们,我们中国具有悠久的历史和传统文化,其中饮食文化流传得最广泛。教师提问:“谁知道中国的传统食物有哪些?”(元宵、饺子、包子、月饼等)

2. 教师提问:“那么什么食物在节日中应用得最广泛呢?”(饺子)

3. 教师提问:“饺子是什么样子的?”

4. 教师提问:“你的家人中谁会包饺子? 包饺子时是什么样的场景?”(大家围坐在一起,有说有笑,其乐融融)

5. 教师提问:“你想不想也为家里人出份力呢?”

6. 我们今天就亲自来试一试包饺子,有信心包好的请举手(此时教师用鼓励的语言激励没举手的幼儿)。

7. 请对自己说:“我是最棒的! 我能行!”

第二阶段

1. 出示制作流程图片,对每一个步骤进行讲解,重点讲解擀皮和包馅的技巧。

2. 幼儿按意愿分组:(1)和馅组;(2)和面组。

3. 幼儿再次分组：和面的小朋友擀皮，和馅的小朋友包馅。

4. 教师协助幼儿煮饺子，最后分享美食。

第三阶段

1. 请小朋友谈一谈活动后的感受。

2. 教师总结：包饺子在我们平时看来是多么复杂啊！但是小朋友们经过练习，也能包出美味的饺子来，真的不可思议。这就说明，无论什么时候都要相信自己能行，这样才会有战胜困难的勇气。让我们一起对自己说："我是最棒的！我能行！"

（二）游戏二

活动名称：小羊向前冲。

活动目标：

1. 能自主进行游戏并尝试独立解决问题，最终完成任务。

2. 体验户外体育活动的快乐，提高积极参加体育活动的兴趣。

活动准备：信封1个、地势图、地图2张、青草包若干（与幼儿数量相等）、攀登架、圈（5个）、荡桥、球网、轮胎2个、拱形门2个、"地雷"若干、垫子若干。"勇敢之星"奖章若干（与幼儿数量相等）、热身音乐及放松音乐。

活动过程：

第一阶段

1. 以热身操《大家一起喜洋洋》导入主题。

2. 教师扮演"村长"带领着幼儿伴随主题曲出场。幼儿跟随着教师做弯腰、转腰、蹦蹦跳跳的动作，直到音乐停止。

第二阶段

1. 情境导入，教师交代游戏规则与玩法。

首先通过与山羊村送信小羊的对话，引出游戏的目的——送青草；然后引出活动的地势图，共同看地势图，将各个关卡的游戏规则交代给幼儿；最后分组进行并选出各队队长，让幼儿共同看本组地图，分析路线并提出活动要求。

2. 幼儿分组依照路线图进行游戏。

（1）翻越大山

锻炼幼儿的攀登能力、身体协调能力及相互协作的能力。

规则：幼儿依次攀登，每次只能一起通过两名幼儿。

(2)羊肠小道

锻炼幼儿钻及快速绕障碍跑的能力。

规则:幼儿排成一队快速跑,不要碰到“地雷”。

(3)过小河

锻炼幼儿双脚向前跳的能力。

规则:幼儿双脚向前跳进圈里过“小河”,并能够保护青草包。

(4)过小桥

锻炼幼儿的平衡能力及与同伴合作的能力。

规则:幼儿依次过荡桥,保持身体平衡并共同解决大青草包如何过桥的问题。

(5)爬电网

锻炼幼儿四肢着地向前爬的能力、与同伴合作的能力、遇到问题解决问题的能力及动作的协调性。

规则:幼儿四肢着地向前爬,并且要保护青草包,相互合作尽快地爬过去。

(6)钻山洞

锻炼幼儿钻的能力、与同伴共同合作的能力以及身体灵活性。

规则:同组幼儿一起将轮胎抬过来、搭好并相互帮助,不要让轮胎倒下,所有幼儿低头钻过轮胎并共同想办法尽快地钻过去。

第三阶段

1. 颁发“勇敢之星”奖章:通过颁发奖章,使幼儿体验成功带来的喜悦。

2. 经验的分享:幼儿表述自己在做游戏过程中,遇到了什么问题并怎样解决了问题,相互分享经验。

3. 放松活动:以《别看我只是一只羊》为音乐,带领幼儿进行放松活动。幼儿与教师一起做甩臂、抖腿等放松动作,直到音乐结束。

第三节　自尊自信的培养建议

自尊自信是人格中较稳定的特质,同样的行为一经形成,在很长的时间内是难以消除的,因此培养自尊自信不是一朝一夕能做到的。《3 ~6 岁儿童学习与发展指南》中提出了一些关于培养幼儿自尊自信的建议,例如,关注幼儿的感受、鼓励幼儿自主决定等。我们在此基础上,结合日常生活实际给教师和家长提供一些培养幼儿自尊自信的理念和建议。

一、给教师的教育建议

(一) 平等对待,体现尊重

在幼儿园中,平等对待孩子可不是一件容易的事。虽然我们总是说要关爱每一个孩子,但是幼儿各有不同:有的孩子活泼、聪明,能够认真安静地倾听,同时积极思考,大胆表达自己的看法;有的孩子则比较害羞、腼腆,不敢表达自己的想法,也不会主动与教师亲近;还有的孩子冲动、自控力差,总是"麻烦制造者"……教师在面对不同的幼儿时很难"一碗水端平",就会不自觉地表现出不同的喜欢程度,比如给喜欢的幼儿更多的表现机会,让他们先去做游戏等。这样可能会使一些敏感的孩子感到自卑,影响孩子的自尊自信发展。因此,教师要时刻反省自己的言行,给幼儿平等的机会,特别是不要忽视那些敏感、胆小又默默无闻的孩子。

(二) 让幼儿看到活动的结果

现在的教育理念中常会提到"要注重活动过程,不要过分强调活动结果"。观点没有错,这里要提醒教师的是,注重活动的过程并不是对结果视而不见,而是活动结果不仅仅是幼儿知识技能的增加,实际上这只是结果的一个方面,真正的活动结果应是幼儿所获得的全面发展。因此教师应帮助幼儿看到自己活动的积极结果,有时,一个小小的进步或通过自己的努力获得的一个小小体验都会让人产生胜任感和成就感。在幼儿的教育中,我们要学会从孩子的生活细节中发掘他们的闪光点,给予鼓励和表扬,让他们感受到成功的喜悦,从而培养他们自尊自信的品质。

(三) 多进行自选活动和创造性活动

教师要照顾全班幼儿,常常不能顾及所有幼儿的感受,那些能力较强的幼儿常常能获得成功的积极体验,很少产生过分沮丧和自卑;而那些能力平平或发展稍落后的幼儿获得成功的体验较少,容易被成人或同伴忽视,自尊自信容易受到挫伤。自选活动和创造性活动常常不拘于特定的表现形式和目标,可以使幼儿发挥自身的优势,积极、大胆地表现自己独特的、创造性的想法,使他们处于主动活动中,体验自己的能力和享受成功的喜悦,而能力感及成功感是提高自尊自信的法宝。因此,教师要注意结合幼儿的特点,采取灵活多样的形式开展活动,使所有的幼儿都能获得动手、动脑、动口的机会,特别是要注意给那些能力较弱的幼儿提供表现自己的机会,使他们也能享受胜利的欢乐和成功的乐趣。

(四)更关注小班幼儿自尊自信的形成

小班幼儿刚进入幼儿园,由于生活环境和教育条件发生改变,这个时期是其心理发展的转折期。此时既是培养良好的自尊自信品质的最佳时期,也是容易造成幼儿自卑、胆小懦弱的时期,因此教师更应该关注小班幼儿自尊自信的培养。小班幼儿刚离开父母的陪伴,心理上容易失去安全感,行为上受到诸多的限制和挑战,因而容易产生自卑的心理,此时教师需要更多的耐心和信心,适时适地地进行自尊自信的教育和体验,帮助幼儿度过适应期,如在生活自理活动中,不仅要教会幼儿自我服务,同时还要让其感受到自己很棒,体验成功。

二、给家长的教育建议

(一)减少孩子的依赖性

家长过分宠爱,衣食住行样样都由他们包办,孩子容易形成过度依赖的坏习惯,常常会因此产生自我否定的倾向,表现为对许多事无热情、行动消极、被动、退缩、不敢当众发言等,这对幼儿自尊自信的培养是非常有害的。因此家长要注意平时培养幼儿的独立性和自主性。现在大多数家长都知道要让孩子做一些力所能及的小事,但是刚超出这一范围,家长又开始大包大揽,如替孩子决定是否参加兴趣班,替孩子完成幼儿园布置的各种任务,当孩子哭闹时立刻什么都依着他(她)等。所以我们看到有些孩子在家里“大摇大摆”,到了幼儿园仍然胆小怕事,原因之一就是家长不恰当的宠爱引起的依赖心理。所以减少孩子的依赖性不是三天打鱼两天晒网地让孩子自己做一些事情,而是要有原则、长期一致地让孩子拥有“我可以自己做事情”的自信心。

(二)积极的评价

表扬、鼓励在培养幼儿的自我价值感方面的作用尤为突出,因为幼儿需要积极评价的态度。多赞许、少责备有助于提高孩子的自尊心。这里需要家长注意的是,不同年龄段表扬孩子的方式也应有变化,3 岁的孩子可能对于几个字的表扬就已经很满足了,但年龄越大,表扬应越具体,且不要什么都表扬,要多表扬孩子为完成任务所付出的努力,适当地给一些物质奖励。另外,鼓励也是提升幼儿自尊自信的有效手段,孩子任务失败或情绪低落时,常常伴随着自尊自信心的下降,此时家长恰当的鼓励不仅能让孩子减少失落感,还有利于恢复孩子的自尊自信。家长在鼓励孩子时要注意和孩子一起分析失败的原因,寻找克服困难的方法,这样孩子才不至于质疑自己的能力,产生“我就是做不好”的想法。

(三)丰富幼儿知识,培养能力

能力强的孩子往往比较自信,在成人和小伙伴面前敢说敢做,获得的夸赞也多;相比之下,能力差的孩子就容易受到成人的批评或者是小伙伴的歧视而产生自卑心理。因此,培养幼儿的自尊自信应与培养幼儿的多种能力结合起来,使幼儿的自尊心、自信心建立在实实在在的基础上。这就需要家长多观察幼儿的行为表现,了解幼儿的优势和不足,利用各种机会帮助幼儿获得他们那个年龄能够掌握的能力,包括认知能力、动手能力、运动能力、交往能力等。当幼儿需要表现这些能力时,他们能够感到“我能行”,尤其是与其他同伴一起活动时,不至于因为同伴之间的比较而产生自卑心理。

(四)创设良好的家庭氛围

良好的家庭氛围主要以家庭成员之间互助互敬的人际关系为前提,这其中主要包括和睦的夫妻关系和良好的亲子关系。和睦的家庭能带给孩子安全感,孩子置身其中时会感到愉快使孩子能感觉到“这是我的家”,能感受到被爱和被尊重,也能学习到怎样爱他人并尊重他人,从而增强自尊和自信。另外,温馨的家庭能使孩子获得支持感,当孩子犹豫、彷徨,或遇到困难、挫折而灰心气馁时,可以从家庭的关怀中吸取力量,重建自信。

第十五章 诚实礼貌的培养

诚实礼貌是幼儿人格结构中亲社会性的重要内容,幼儿在社会交往过程中,需要学习如何处理好与长辈和同伴之间的关系。亲社会性的形成,特别是诚实礼貌的养成能够帮助幼儿建立良好的人际关系,促进社会化,为健全人格的形成和发展奠定基础。因此家庭、幼儿园和社会应共同努力,让幼儿在良好的教养及文化的熏陶中学会诚实礼貌待人。

第一节 诚实礼貌的培养价值及目标

一、幼儿诚实礼貌的培养价值

诚实礼貌表现在与人交往中言行举止彬彬有礼,尊重他人,不撒谎。这一特质的形成对幼儿今后的发展具有重要意义。主要体现在以下几个方面:

(一)培养幼儿诚实礼貌是国家发展幼儿园教育的需要

《幼儿园教育指导纲要(试行)》中明确指出幼儿园的教育应是体、智、德、美诸方面全面发展的教育,我们应全面了解幼儿的发展状况,防止片面性,尤其要避免只重知识和技能,忽略情感、社会性和实际能力的倾向。在幼儿的社会性方面,教育应达到的目标之一就是使幼儿乐意与人交往,礼貌、大方,对人友好。同时我国2012年颁布的《3~6岁儿童学习与发展指南》在人际交往和社会适应方面也提出诚实礼貌是幼儿社会性发展的重要内容。

(二)培养幼儿诚实礼貌是当前社会对国民素质发展的一种要求

诚实礼貌是幼儿道德体系中的重要内容,当今的“四二一”家庭模式使幼儿成为“掌中宝”,被家长百般呵护,有时忽视了道德品质的培养,社会的道德冲突也使幼儿出现了更多的不尊重他人、缺乏诚实守信等行为。诚实礼貌作为个体被他人认知和评价的核心内容之一,是每个人应有的品质,也是社会对幼儿发展的一种要求。

(三)培养幼儿诚实礼貌是个体自身发展的需要

诚实礼貌是一种美德,也是人生立足之本,是中华民族优良传统美德的重要组成部分,是人生早期就应塑造的良好行为习惯,是个体亲社会性的重要体现。幼儿时期是诚实礼貌品质形成的重要时期,由于幼儿善模仿,容易出现“近朱者赤近墨者黑”的情况,所以幼儿时期如果不注意诚实礼貌行为的养成,就会影响到其日后良好社会行为的建立,健全人格就不容易形成。因此,我们应把诚实礼貌作为幼儿健全人格教育的重要内容加以培养。

二、幼儿诚实礼貌培养目标的解析

调查发现,大多数孩子的说谎和其他不诚实行为主要是从幼儿时期开始的。3 岁的幼儿就已经有了说谎的经验,但说谎的水平较低,处于行为主义的欺骗阶段,不具有隐藏信息或意图这样的欺骗能力,只是想通过说谎来影响他人的行为,还不会考虑别人会想什么。3 岁时还不能很好地对说谎进行理解与道德评价,且受行为的干扰。中班幼儿说谎的人数显著地高于 3 岁幼儿。4 岁开始能够进行策略性的说谎,幼儿在违规之后,会用更合理的解释来“圆”自己的谎言。大部分 4 岁幼儿已经很明显地想通过语言或动作给他人制造错误信念,以便相信其所说的话。他们能明确理解说谎概念,且对说谎做出消极的道德评价。大班幼儿隐藏意图的欺骗能力处于平稳发展时期,对说谎/说真话的判断与道德评价已经基本达到成熟水平,很少受外界因素的干扰,且对外界诱惑具备了一定的自控力,据此最终确定了幼儿健全人格培养的年龄阶段目标,结果如表 15-1 所示。

表 15-1 幼儿诚实礼貌培养的年龄阶段目标

小班培养目标	中班培养目标	大班培养目标
1. 能在成人的提醒下使用常用的礼貌用语 2. 不随便拿别人的东西,知道借完东西要归还	1. 能主动使用礼貌用语对待他人,如言谢、主动问好、表达歉意等 2. 知道说谎不好,不故意说谎	1. 恰当使用礼貌用语,尊重他人,不故意打扰他人 2. 基本不说谎,能主动承认自己的过错

我们制定的年龄阶段目标反映了幼儿诚实礼貌的发展阶段性,在满足幼儿接受水平的同时,也考虑到要为他们未来的发展提供必要的准备。我们制定的年龄阶段目标具有一定的可操作性,目标表述通俗易懂,便于理解和实施。因此我们提出的年龄阶段目标可以为幼儿园诚实礼貌教育实践提供依据。

第二节 诚实礼貌培养的游戏活动方案

一、小班幼儿诚实礼貌培养的游戏案例

(一)游戏一

活动名称:我来招待客人。

活动目标:

1. 引导幼儿使用礼貌用语。

2. 使幼儿初步了解招待客人的基本礼节。

活动准备:

1. 到小朋友家做客的经验。

2. 玩具电话若干,将活动区角布置成家的环境。

活动过程:

1. 电话邀请客人。

(1)教师引导幼儿说说:如何邀请?邀请时说些什么?

(2)幼儿电话邀请。通话过程中引导幼儿大胆交流。

2. 招待客人的角色扮演游戏

(1)教师将幼儿分成 4 组,并帮助每组幼儿分配角色。

(2)各组幼儿进行招待客人的角色扮演游戏,时间为15分钟。

(3)各组幼儿交换角色进行第二次扮演游戏,时间为10分钟。

(4)教师引导幼儿讨论:你是怎样招待客人的,对客人都说了什么、做了什么?客人都有什么感受?怎样做才能让客人更高兴?通过讨论,让幼儿加深对待客基本礼节的掌握。

(二)游戏二

活动名称:“芝麻”开门。

活动目标:

1. 知道使用礼貌用语的重要性。

2. 学会说“早上好”“再见”“请”等礼貌用语。

活动准备:

1. 情景表演道具:爸爸妈妈头饰各1个,教师头饰2个。

2. 硬纸板制作的可开关的门2个,上面分别画着小区大门图案和幼儿园大门图案。

活动过程:

1. 教师宣布要表演一个情景剧,内容是“我上幼儿园”,将制作好的两个大门放在指定位置上,2个门间隔一段距离,并告诉幼儿:“早上从家出来去上幼儿园,离开家的时候要经过一个大门才能从家出来,到幼儿园了也要经过一个大门才能进入幼儿园。大门是关着的,它们只有听到正确的、有礼貌的指令才能自动打开。你们想想看,需要说什么话才能让大门打开呢?”然后让幼儿回忆一下自己每天上幼儿园的经历。

2. 教师请5名幼儿上来表演,其中2名幼儿扮演爸爸妈妈,2名幼儿扮演教师,一个扮演幼儿。“爸爸妈妈”和幼儿站在家的大门前,2名“教师”站在幼儿园的大门后,幼儿开始表演。当幼儿分别正确地说出“爸爸妈妈,再见”“老师,早上好”等类似语言的时候(其他小朋友可提醒),教师用绳子将门拽开表示大门自动打开。

3. 教师再请出5名幼儿,让他们扮演晚上离园的情景:妈妈来接宝宝,幼儿怎么说才能离开幼儿园。回到家的时候,爸爸在家,怎么说才能进入屋内。当幼儿说出“老师,再见”“爸爸,请开门”等类似语言的时候,教师用上面同样的方法让大门自动打开。

4. 教师总结:你们还与谁打过招呼,使用的是什么礼貌用语,请幼儿们积极发言。鼓励幼儿主动使用礼貌用语,做一个受人欢迎的好孩子。

二、中班幼儿诚实礼貌培养的游戏案例

（一）游戏一

活动名称：夸夸我的好朋友。

活动目标：

1. 能用绘画的形式展现自己好朋友的形象，并用好听的词语来描述好朋友的优点。

2. 体会尊重他人的快乐。

活动准备：

白色小卡纸每人一张，彩笔若干，贴纸若干，音乐《请你和我跳个舞》。

活动过程：

1. 游戏“猜猜我的好朋友”，请幼儿说出自己好朋友的特征，但不能说出其名字，请其他幼儿猜猜他是谁。

2. 给好朋友画像。

3. 引导幼儿向大家介绍自己的好朋友的优点。

4. 为自己的好朋友送贴纸，并且要对好朋友说一句话，如：×××，我喜欢和你做好朋友，因为……

5. 与好朋友一起跳舞。随音乐邀请你的好朋友一起跳舞。

6. 教师总结：引导幼儿发现谁的好朋友多，为什么大家都喜欢他。

（二）游戏二

活动名称：文明做客。

活动目标：

1. 懂得做客时的基本礼仪规范。

2. 能正确表达谢意和歉意，会说祝福的话。

活动准备：

1. 用于角色扮演的相关道具：水果盘、水果、玩具车、玩具娃娃等。

2. 教师讲故事用的辅助图片。

活动过程：

1. 教师出示图片并给幼儿讲故事：春节期间，爸爸妈妈带明明到他们的好朋友家去做客。爸爸还买了一个玩具作为礼物要送给朋友家的孩子依依。到了朋

友家后,爸爸妈妈和朋友们互相问好,爸爸让明明给叔叔阿姨问好,可是明明很害羞,躲在爸爸背后一句话也没说就进屋了。进屋后,爸爸把新买的玩具送给了依依,依依非常开心,大声说:“谢谢叔叔阿姨,我很喜欢这个玩具。”然后爸爸妈妈和叔叔阿姨一起聊天,爸爸让明明和依依一起玩玩具,可是明明不愿意,坐在妈妈怀里不动,依依看到明明这样只好自己玩玩具。过了一会儿,明明对环境有点熟悉了,就开始和依依玩了起来,依依带明明参观自己的玩具屋,里面有好多漂亮的玩具。明明看到了一个飞机模型,于是拿在手里把玩,可是一不小心没拿住,飞机模型掉在地上,一个螺旋桨摔掉了。依依看到后非常心疼地哭了起来,明明也很难过,不知道怎么办好,就跑到了爸爸的怀里躲了起来。爸爸赶紧安慰依依,并对她说:“对不起,依依。叔叔哪天再给你买一个。”依依停止了哭泣:“谢谢叔叔。”可是明明说什么也不和依依一起玩了,直到离开朋友家,他也没离开爸爸的身边。爸爸非常尴尬,回家后对明明说:“以后不带你出去做客了。”明明也很难过。

2. 教师引导幼儿一起讨论故事:去别人家做客的时候,我们应该怎样做?怎样向别人问好?节日的时候如何表达祝福?父母在聊天的时候,孩子应该怎样做?明明摔坏了东西,他应该说些什么、做些什么?

3. 教师请几名幼儿到前面来表演情景剧《文明做客》,教师帮助幼儿分配好角色,表演开始,其他幼儿观看。

4. 教师请扮演角色的幼儿对自己的表现进行评价,也请其他幼儿说说他们的表现。

5. 教师引导幼儿一起总结做客的基本礼仪规范,并辅助幼儿将这些规范画下来并贴在墙上进行展示。

6. 教师将用于角色扮演的道具投放到角色游戏区,鼓励幼儿玩做客的角色游戏。

三、大班幼儿诚实礼貌培养的游戏案例

(一)游戏一

活动名称:都夸白兔有礼貌。

活动目标:

1. 懂得与人交往时要礼让、尊重长者。

2. 感受儿歌的韵律,并能根据儿歌内容进行创编。

活动准备:

1. 儿歌《都夸白兔有礼貌》的挂图4幅[按照故事发展的步骤:(1)小兔上桥;(2)山羊公公上桥;(3)小兔往回跑;(4)小兔被夸奖]。

2. 小兔子手偶一个。

活动过程:

1. 教师出示小兔子手偶,引出将要发生的故事,激发孩子们的兴趣。

2. 教师出示4幅挂图,打乱顺序,请小朋友来尝试排序,并根据自己排出的顺序讲述故事。

3. 教师将小朋友的排序结果在黑板上做好记录,请小朋友们选出最合适的故事发展顺序。

4. 教师自然地说出儿歌《都夸白兔有礼貌》。

(1)教师提问:"小白兔为什么上了桥后又往回跑呢?"

(2)教师提问:"我们要向小白兔学习什么?"

5. 用不同的方式为儿歌打节奏,例如:拍手,交替拍手拍腿,拍手跺脚,拍手捻指等。

6. 儿歌熟悉后尝试创编。

(1)教师提问:"谁看见过身边的人在什么时候很讲文明礼貌呢?他们是怎样做的?"

(2)教师提问:"如果由你们来创编,你们会创编出什么样的儿歌呢?"

活动延伸:

幼儿尝试将儿歌改编成故事,进行情景表演。

(二)游戏二

活动名称:学做诚实的孩子。

活动目标:

1. 懂得诚实的重要性。

2. 生活中犯错能主动承认错误。

活动准备:

1. 情景表演,排练《列宁打碎花瓶的故事》。

2.《狼来了》故事图片或视频。

活动过程:

1. 教师导入。

2. 教师讲故事

(1)教师讲述故事《狼来了》。

(2)教师引导幼儿讨论故事:放羊娃为什么没有得到农夫们的帮助?

3.情景表演

(1)幼儿分组进行情景表演《列宁打碎花瓶的故事》。

(2)教师引导幼儿分析:肯于承认错误的孩子仍然是好孩子。

4.教师带领幼儿进行小结:如何做一个诚实的好孩子。

第三节　诚实礼貌的培养建议

对幼儿来说,家庭和幼儿园是其最直接接触到的两大环境。作为幼儿的教育者,家长和教师的教育直接关系到儿童的发展,良好的教育方式能够有效地促进幼儿诚实礼貌品质的形成。以下我们分别针对教师和家长提出教育建议。

一、给教师的教育建议

(一)通过适合的教育形式,使幼儿懂得做人应该诚实

利用相关的图书、故事,结合幼儿的交往经验,和他们讨论什么样的行为受大家欢迎,想要得到别人的接纳应该怎样做;当幼儿出现不礼貌和撒谎等行为时要耐心引导,讲解为什么做人要诚实、待人要礼貌,同时不应进行体罚;当幼儿与同伴发生矛盾或冲突时,指导他尝试用协商、交换、轮流、合作等方式解决冲突。

(二)及时强化幼儿诚实礼貌的行为

幼儿的学习和活动都需要强化,幼儿的诚实礼貌行为也一样,教师和家长对幼儿诚实礼貌的行为要及时肯定。当幼儿由于诚实礼貌受到表扬和鼓励后,他们会逐渐发展起一种相应的内在的自我奖励倾向,如"我主动向老师问好,我是个好孩子"。当他们在与人诚实交往、对人彬彬有礼时,会认为自己这样做是好的,这会使他们更持久地表现出类似的行为。

(三)教师要正确认识和对待幼儿的说谎行为

低龄幼儿经常分不清想象和现实,我们要对其进行分辨,不要误认为他是在说谎。要允许幼儿犯错误,告诉他改了就好,不要打骂幼儿,以免幼儿因害怕惩罚而说谎。当发现幼儿说谎时,要反思是否是因自己对幼儿的要求过高、过严造成

的;如果是,要及时调整自己的行为,同时要严肃地告诉幼儿说谎是不对的。

(四)在游戏中促进幼儿诚实礼貌品质的发展

游戏是幼儿的主导活动,传授诚实礼貌知识、提高对诚实礼貌的认识和培养诚实礼貌的行为可在幼儿游戏中进行。在日常的教育活动中,教师可带领幼儿进行一些以诚实礼貌为主题的游戏,让幼儿在快乐的体验中逐渐内化游戏内容,养成诚实礼貌的优良品格。

二、给家长的教育建议

(一)成人应以身作则,为幼儿树立良好的榜样

幼儿的社会性主要是在日常生活和游戏中通过观察和模仿潜移默化地发展起来的。家长应以身作则,以尊重、关心的态度对待自己的父母、长辈和其他人,如:经常问候父母,主动做家务,礼貌对待老年人,坐车时主动为老人让座。看到别人有困难能主动关心并给予一定的帮助。

(二)引导幼儿诚实礼貌待人,尊重他人劳动及成果

家长提醒幼儿对他人要有礼貌,说话要诚实。如幼儿见到长辈和同龄人时忘记打招呼,妈妈要及时纠正,“你怎么没跟李爷爷打招呼呢,现在向李爷爷问个好吧”;借助故事、图书等给幼儿讲讲其他人诚实礼貌对待人的经历,让幼儿理解和体会诚实礼貌的好处,认识到自己应该这么做;利用生活机会和角色游戏,帮助幼儿了解与自己关系密切的社会服务机构及其工作,如商场、邮局、医院等,体会这些机构给大家提供的便利和服务,懂得尊重工作人员的劳动,珍惜劳动成果。

(三)家长要和教师协调配合,对幼儿进行诚实礼貌的教育

父母是孩子的第一任老师,幼儿良好行为习惯的形成在很大程度上取决于家庭教育。家庭教育与幼儿园教育只有相互配合、相互补充,才能取得最佳的教育效果。所以,家长要和教师及时沟通和了解幼儿在幼儿园的行为,如果幼儿出现一些说谎等行为,家长则能配合教师及时进行引导和教育。同时幼儿园可以利用家长会等机会向家长传达家教知识,互相探讨教育方法,协同合作,发挥各自的优势,争取幼儿在幼儿园和家庭中都能有良好的表现。

总之,幼儿良好人格品质的养成是长期、反复、不断提高的结果,家长和教师要坚持积极的教育和引导,把幼儿诚实礼貌的教育贯穿于幼儿日常生活中,共同努力塑造幼儿健全人格。

第十六章 同情助人的培养

同情助人也是个体亲社会性的重要组成部分，是对他人的不幸产生共鸣，进而表现出关心、支持和帮助的心理倾向。它是一切道德的基础，是我们这个社会所崇尚和注重培养的重要人格品质。幼儿时期，儿童已能对他人的不幸有应答反应。富有同情心的儿童往往有较好的社会适应性，更受同辈群体和长辈的欢迎；反之，缺乏同情心的儿童易引发攻击性行为，出现社会交往状况不良。当前，由于子女人数的减少，家长对孩子往往过于溺爱，孩子一味地接收他人的爱，却不知道如何去爱，儿童往往自私、冷漠。这样成长起来的孩子是不能适应时代发展的要求的，现在"学会关心"已成为国际社会教育的重要目标，我们唯有从小引导幼儿发展同情心、乐于助人的品质，幼儿才有可能成长为具有健全人格的人。本章围绕健全人格培养中关于同情助人的表述来制定幼儿阶段同情助人的培养目标，并以此设计活动方案，为教师和家长培养幼儿同情助人提供建议和参考。

第一节　同情助人的培养价值及目标

一、幼儿同情助人的培养价值

（一）对幼儿进行同情助人的培养可以帮助幼儿形成良好的同伴关系

幼儿的大部分时间是在幼儿园中与小伙伴们一起度过的。如果幼儿具有良好的同情助人品质，其在与同伴交往中就能够较好地理解对方的情感与处境，能够及时地给予别人关怀和帮助。这样的幼儿心地善良、比较受同伴的欢迎，容易形成良好的同伴关系，也有助于他们在后续发展中学会与他人建立良好的人际关系。

（二）对幼儿进行同情助人的培养有助于促进幼儿健全人格的形成

幼儿期是个体人格开始萌生的时期，也是各种人格特质发展的关键期，此时接受的各种培养和教育将为孩子一生的发展奠定基础。同情助人作为人格的主要特质，在幼儿期得到有效的培养，不仅可以提高幼儿同情助人的水平，也可对培养幼儿健全人格有积极的促进作用。

二、幼儿同情助人培养目标的解析

幼儿的同情助人主要是通过助人、分享和对他人的同情心表现的。其中幼儿的助人主要体现为助人观念和助人行为两个方面。已有研究发现，幼儿的助人观念和助人行为发展并不一致，助人观念的发展好于助人行为，幼儿的助人观念随着年龄的发展而发展，而助人行为的发展则呈波浪形。具体来说，小班幼儿主要关注他人在生活自理方面的问题，对人际交往和身体问题的关注也较多；对于他人的困难情境，小班幼儿往往把自己对情境的体验投射到他人，有很强的自我中心性；在助人行为方面，能采用物质援助、体力援助或不援助。中班幼儿仍对他人的生活自理方面的问题较为关注，除关注人际交往方面外，开始对物品匮乏有较多的关注。对于他人的困难情境，他们更倾向于根据已有的社会知识做出刻板的推测，所以在助人行为方面的表现好于小班和大班幼儿。相对于物质援助与体力援助，中班幼儿开始能够进行心理援助，比例逐渐增加。大班幼儿对学习问题的关注超过了对生活自理以外的其他方面。对于他人的困难情境，大班幼儿能根据特定对象的行为信息进行比较灵活的推测，所以在助人行为方面变得更为灵活。采用心理援助和求助他人的幼儿越来越多，但体力援助与物质援助仍占有一定的比例。

分享是指通过与他人共同享用某种资源而使他人获益。小班幼儿具有一定的分享观念，但动机水平比较低，主要来自诱发、互惠、权威等外部力量；以被动分享为主，随着年龄的增长，主动分享的人次有所增加。吝啬现象较为明显，公平分享开始出现。中班幼儿的分享观念和分享行为比小班幼儿有了较明显的提高，开始能够主动分享，但分享主要以互惠为原则；公平分享的比例很高，吝啬倾向减弱，慷慨倾向逐渐发展。大班幼儿的分享观念更加成熟和公正，分享行为的利他性显著提高，慷慨倾向出现飞跃，但存在分享观念和分享行为不一致的情况。

关于同情心的研究表明，幼儿阶段，无论同情理解还是同情行为都呈逐渐增长趋势，4～5 岁是幼儿同情心发展的重要时期。根据以上分析，我们提出了幼儿同情助人发展的阶段性目标，如表 16-1 所示。

表 16-1　幼儿同情助人培养的年龄阶段目标

小班培养目标	中班培养目标	大班培养目标
1. 在成人的引导下，对他人的不幸与困难有同情体验和行为 2. 在成人的要求下，愿意与他人分享	1. 能认识和体验到他人的不幸与困难，并有关心、体贴的表现 2. 对大家都喜欢的东西能主动分享	1. 能对他人的不幸表示同情，并给予力所能及的帮助 2. 能主动分享自己喜欢的东西

小班幼儿自我中心性较强，这一阶段的培养目标是建立幼儿对他人不幸的同情意识和情感，具体来说就是引导幼儿对他人的不幸与困难有同情的体验和行为，在教师的要求下愿意与他人分享。

中班幼儿已经逐渐适应幼儿园的生活，这一阶段的培养目标是让他们能认识和体验到他人的不幸与困难，并有关心、体贴的表现，对大家都喜欢的东西能主动分享。

大班幼儿的培养目标是在认识和体验他人不幸的基础上，学会对他人的不幸表示同情，并给予力所能及的帮助，能主动分享自己喜欢的东西。

第二节　同情助人培养的游戏活动方案

我们以游戏活动为教育载体，以发展幼儿的同情助人品质为培养目标，以幼儿同情助人培养的年龄阶段目标为设计依据，为小班、中班、大班幼儿设计教育游戏活动。对小班、中班、大班的同情助人培养，我们各列举了两个教育游戏活动，供教师和家长参考。

一、小班幼儿同情助人培养的游戏案例

（一）游戏一

活动名称：我来帮帮你。

活动目标：初步建立别人有困难时要关心帮助他人的意识和情感。

活动准备：投影仪、PPT或图片［内容：（1）3只蝴蝶飞在雨中，大灰狼敲小兔家的门，狐狸要吃青蛙；（2）小朋友摔倒哭鼻子，小朋友够不到水杯，小朋友生病躺在床上，等等］。

活动过程：

1. 依次播放PPT（1），提问：图中都有谁？发生了什么事？发生这样的事你的心情怎么样？（引导幼儿说出心里感受）它（们）需要什么？谁能帮帮它（们）？你怎样帮助它（们）？（请幼儿发表不同看法）

PPT（2）提问：你在图中看见了谁？给他起个名字吧。猜猜看，他怎么了？看到他这样，你有什么样的感受？我们怎样帮帮他？（请幼儿发表不同看法）

2. 自由讨论：（1）生活中你遇到了哪些困难？你需要什么帮助？当别人遇到这样的困难时，他需要的帮助和你一样，我们要努力去帮助他。（2）你帮助过谁？又是怎样帮助的？

3. 教师总结：老师给小朋友们讲过一位解放军叔叔的故事，他特别愿意帮助别人，你们记得他的名字吗？让我们都像雷锋叔叔一样关心和帮助身边的人吧！

（二）游戏二

活动名称：帮助有困难的人。

活动目标：

1. 在成人引导下，对他人的不幸与困难有同情体验。

2. 能够用语言和行为表示对他人的同情。

活动准备：图片3张。

活动过程：

1. 教师导入：今天，老师给小朋友们带来了几张图片，我们看看图片中的人都发生了什么事，有什么需要我们帮助的。

2. 出示第一张图片（图片内容：医生在给一个小朋友打针，小朋友在哭）。

提问：

(1)图中都有谁？小朋友为什么哭？

(2)你们打针时感到疼吗？想哭吗？

(3)我们应该对她说什么？能为她做些什么？

请 3 名幼儿进行情景扮演，表演如何安慰哭泣的小朋友。

3. 出示第二张图片(图片内容：一个小朋友摔倒了，腿摔破了，正坐在地上哭)

提问：

(1)图中的小朋友发生了什么事？他为什么哭？

(2)如果你在他身边，那么你想为他做些什么？

请 2 名幼儿进行情景扮演，表演如何帮助摔倒的小朋友。

4. 出示第三张图片(图片内容：妈妈生病了，躺在床上休息)。

提问：

(1)图中是谁？她怎么了？

(2)当你生病时，爸爸妈妈怎么照顾你？

(3)爸爸妈妈生病了，我们小朋友能为他们做些什么、说些什么？

请 2 名幼儿进行情景扮演，表演如何照顾生病的“妈妈”。

5. 教师总结：我们有困难时需要别人的帮助和安慰，别人有困难时我们也应帮助他们、安慰他们。

二、中班幼儿同情助人培养的游戏案例

(一)游戏一

活动名称：我来帮助你。

活动目标：

1. 能感受到别人的痛苦，懂得有困难的人需要别人的关心和帮助。

2. 练习如何关心他人，能给他人提供基本的帮助。

活动准备：故事《小鸟和牵牛花》的视频。

活动过程：

1. 教师导入：教师为幼儿们讲述故事《小鸟和牵牛花》，并提问：“小鸟遇到了什么事情？最后谁帮助了它？听了故事后，你们有什么感受？你生病的时候希望别人怎样？

2. 真情表达：(1)小一班的王老师今天感冒了，她现在非常难受，但还要坚持

来上班，我们能想点办法让王老师开心一些吗？幼儿讨论具体做法。（2）每位小朋友对王老师说一句安慰的话，教师帮助录下来。

3.角色扮演游戏：照顾生病的王老师。将幼儿分成若干小组，请每组中的一位小朋友扮演王老师，其他幼儿扮演王老师的亲人或朋友，在班级进行角色游戏。游戏结束后，请幼儿谈谈自己是怎样照顾生病的"王老师"的，被照顾的"王老师"心里有什么感受。

4.将录像放给王老师看，请王老师说几句感谢的话送给孩子们，并回到班级播放给幼儿。

5.教师总结：我们都会生病，也都会遇到困难，这个时候特别希望得到别人的帮助，同时你帮助别人也会获得快乐。当爸爸妈妈生病时，我们要懂得关心他们，知道如何表达自己的关心，并做一些力所能及的事，以减轻爸爸妈妈的负担。

（二）游戏二

活动名称：不一样的体验。

活动目标：

1.体验他人的痛苦，能够同情、理解他人。

2.愿意帮助有困难的人，并主动表达关心。

活动准备：美工区提供用来制作的各种材料和包装盒。

活动过程：

1.体验环节

（1）单腿站立，拿着装有一点水的纸杯从教室的一端跳到另一端。

（2）将一名幼儿的双眼蒙住，由另一名幼儿拉着他的手在教室里走一圈。

（3）用一只小手叠手绢。

2.教师带领幼儿交流刚才的体验过程：身体的不健全会给生活带来很多麻烦和困难。

3.教师启发引导幼儿：幼儿园里有位小朋友受伤了，他现在很难过，也不能像大家那样自由活动了，我们要想办法让他高兴起来，每人送给他一个小礼物来表达对他的关心。

4.幼儿动手制作礼物，教师协助。

5.收集幼儿的礼物放在一个大的包装盒里，由教师将礼物送给受伤的小朋友。

三、大班幼儿同情助人培养的游戏案例

(一)游戏一

活动名称:爱心墙。

活动目标:

1. 懂得同情有困难的人,能主动帮助他人。

2. 能与他人分享自己的体会,学会珍惜自己的幸福生活。

活动准备:PPT 图片、心形卡纸、彩笔幼儿每人一份。

活动过程:

1. 欣赏故事《卖火柴的小女孩》。

提问:“小女孩为什么不能回家?”“小女孩点着火柴时,想到了哪些愿望?”“可怜的小女孩最后怎样了,为什么?”

2. 观看 PPT 图片。(贫困地区、自然灾害及战争中不幸儿童的图片)

(1)提问:“图片里的孩子们过着什么样的生活?”“小朋友的日常生活是什么样子的?”

(2)组织幼儿对两种不同的生活展开讨论。

3. 创建爱心墙。

(1)幼儿在心形卡纸上画出自己对需要帮助儿童的美好祝愿,以及帮助他们的方法。

(2)教师将幼儿作品粘贴到背景墙上,共同布置爱心墙。

4. 爱心行动。

(1)提问:“我们除了送给他们美好的祝福以外,尽自己的所能还能怎样帮助他们?”(献出自己的书籍、玩具、衣物、零用钱等,呼吁更多的人关注、关爱他们)

(2)教师总结:小朋友应该珍惜现在的幸福生活,懂得同情有困难的人们,乐于帮助有需要的人们,尽自己所能就会给他人带来很大的帮助。

5. 活动延伸:教师可以与儿童福利院联系互动,进行捐献等爱心行动。

(二)游戏二

活动名称:喂动物宝宝。

活动目标:

1. 懂得分享的意义,愿意分享。

2. 能对他人的不幸产生同情。

活动准备:

1. 各种小动物布偶(幼儿人手一个)。

2. 手工制成的食物袋,每个食物袋只装一半的食物,食物与小动物要匹配(如有小羊吃的青草、兔子吃的萝卜、小猫吃的鱼,等等)。

活动过程:

1. 每名幼儿到动物领养园领养一个自己喜欢的小动物。这些小动物都失去了父母,而且不能独立寻找食物,幼儿负责喂饱领养的小动物,让小动物瘪瘪的肚子变圆,小动物才能活下去。

2. 每名幼儿到食物领取处领取两袋食物,两个食物袋都没有装满,一个食物袋里装的是小动物能吃的东西,另一个袋里装的是小动物不能吃的东西。如幼儿领养的是小花猫,他领取到的一袋食物是骨头,另一袋是小鱼。猫能吃鱼,不能吃骨头,但骨头可以被另一个幼儿领养的小狗吃。

3. 幼儿交换分享食物:由于食物袋里只装了一半的食物,小动物的肚子不能被喂圆。幼儿为了让小动物活下去,必须与其他的幼儿分享彼此领取的食物。观察幼儿的分享和交换过程,教师进行适当引导。

4. 交换、分享完食物后,幼儿为小动物喂食,然后将喂饱的小动物抱到动物游乐场一起游玩。

5. 教师带领幼儿进行小结:我们要学会分享,10 个人中每一个人都有一个好玩的东西,如果 10 个人都能把好玩的东西拿出来分享的话,我们就可以同时拥有 10 个好玩的东西。不仅要公平分享,你分享一个,我分享一个,有的时候还要慷慨分享,不求回报地赠予,如为遇到困难的人捐款、捐物。

活动延伸:为班级里的某位小朋友过生日,大家一起分享生日蛋糕;每人带一个自己喜欢的玩具到幼儿园与其他小朋友互相交换玩具玩。

第三节 同情助人的培养建议

同情助人是对他人的不幸产生共鸣,进而表现出关心、支持和帮助的心理倾向,是构成健全人格、良好品德的要素之一。在幼儿同情助人品质的培养中,学校教育和家庭教育扮演着最为重要的角色。教师采用正规而系统化的教育手段,将同情助人的培养目标渗透到专门辅导活动、游戏活动以及日常生活活动中，父母对幼儿同情助人的培养则体现在照顾幼儿日常生活的点滴之中。下面给教师和家长提供一些在教学和家庭生活中培养幼儿同情助人的建议。

一、给教师的教育建议

（一）激发幼儿同情的体验，引导其做出助人行为

在幼儿园中，教师可以通过童话故事的讲述培养幼儿同情助人的品质。通过呈现童话故事图片与教师语言讲解以及启发性提问相结合，可以让幼儿体会到童话主人公的悲伤与痛苦，学会关心和理解别人的情感，并引导幼儿去思考该如何对待那些弱小的、值得同情的人。如《小鸟和牵牛花》的故事中，教师利用图片生动地讲述故事，幼儿通过图片和教师的启发性的提问，感受到了小鸟因为生病不能出去玩的悲伤，通过推测故事中小鸟的情感变化，也感受到了牵牛花给予的同情和热情帮助对小鸟产生的影响，进而教育幼儿在别人生病的时候要像牵牛花那样热心地帮助别人。再比如《卖火柴的小女孩》的故事，幼儿在这个故事里感受到了小女孩的悲伤，然后通过教师提问启发幼儿理解小女孩的贫穷困苦，对她的处境感到同情，进而教育幼儿主动帮助他人。此外，也可以组织幼儿观看图片或报道中的悲惨处境或者救助行为来激发幼儿的同情体验，并引导幼儿在类似的情境中主动做出助人行为。

（二）多鼓励幼儿参加同情助人的角色扮演游戏

在幼儿园中，教师对幼儿的同情助人品质的培养大多为说教模式，教育孩子应该懂得同情他人、关心他人等，这种教育属于规则式的说教，并不能很好地使儿童有意识地产生帮助他人的想法。而利用角色扮演游戏来促进儿童同情助人情感，可以使儿童亲身体验到同情助人的重要性。角色扮演是一种引导幼儿担当别人角色的教育方法。在角色扮演游戏中，幼儿可以在短时间内接触多种角色，扮演假想的社会角色，体验不同人物的内心世界，相当于站在他人的立场上去体验他人的处境。例如：可以给幼儿戴上眼罩，让他们体验到失明的无助感以及无奈，然后通过其他幼儿的帮助，到达指定的地点；或者扮演救助者的角色，如有个小朋友摔倒了，你正好路过，应该怎么做。幼儿在亲身参与这个游戏之后，可以从中体会到他人的不便与痛苦以及对帮助的需求，进而产生帮助他们的动机。面对类似的情境时，幼儿能很快地体验到他人的负面情绪状态，进而产生助人行为。以往

的研究发现,角色扮演能力发展良好的幼儿通常会表现出更多的助人行为和同情心,这主要是因为他们能更好地推断同伴对帮助或安慰的需求。因此,要多鼓励幼儿参与同情助人的角色扮演游戏。此外,教师应该注意选择那些与幼儿自身生活密切相关的情境作为角色扮演的主题,便于幼儿真正地理解与接受。

(三)给幼儿树立合适的同伴榜样

幼儿善于模仿,因此教师利用榜样对其教育,无疑是培养幼儿同情助人的有效途径。同伴是影响幼儿成长的一个重要因素,他们有着相似的年龄和认知水平,有着共同的情感需要,在幼儿园中他们交往密切,同伴带给幼儿的影响非常大,在生活中做出与同伴一致行为的可能性比较大。因此,相比故事里的榜样影响,同伴榜样更容易引起幼儿的注意。而相比故事里的同情助人行为,同伴的同情助人行为与幼儿的实际生活情境息息相关,容易被幼儿理解模仿并做出类似的同情助人行为。教师要在班级中树立同伴榜样,对有同情助人行为的幼儿进行鼓励、表扬,号召其他幼儿向其学习。这样能使幼儿注意到榜样的行为,引起他们情感上的波动,期待也能做出这样的行为从而得到老师的表扬。为幼儿提供合适的榜样,能提高幼儿对同情助人的理解与认识,并促进其同情助人行为的产生。

(四)注意从班级的点滴生活中进行教育

在幼儿园教育中,首先教师根据幼儿同情助人品质的培养目标展开专门的教育活动,当幼儿面对需要帮助的情境时,能够正确理解他人情绪并及时提供帮助。其次,教师还应该从幼儿园中发生的一些平常的小事入手,随时准备对幼儿进行同情助人的教育,把对幼儿同情助人品质的培养渗透到幼儿园生活中的各个方面,而不只是局限于课堂之上,日积月累,幼儿这种正确理解他人情绪做出帮助行为的能力将内化为其稳定的品质,从而达到培养的目的。以后幼儿在面对需要帮助别人的情境时,能够自觉地产生同情助人行为。这需要教师注重平时生活学习的一点一滴,从课堂到生活,抓住每一个时机对幼儿进行培养与教育。

二、给家长的教育建议

(一)让幼儿学会关心父母

我们总是强调要给予孩子充分的爱,然而一味地给予爱而不教其如何去爱自己的父母、长辈及同伴,反而会使孩子变得自我甚至自私,不懂得同情他人、关心他人,不利于幼儿同情助人品质的发展。我们在培养幼儿良好品质的时候,首先要让孩子学会关心父母，在此基础上关心长辈或者同伴，教会孩子给予爱。在生活中，如果父母生病了应该告诉孩子自己很难受，让孩子体会到父母同样需要关怀与照顾。对于亲近的人的痛楚孩子可能更容易感知，让他们学着心疼父母，或者会想着怎样才能让父母感觉好受点。如在生病的时候父母让孩子端水、拿药等，或者让他陪你说说话，使他明白你需要他的帮助。有的孩子一直觉得父母帮自己做事是理所应当的，一部分原因是他们不理解父母的真实感受，不能切身地为他人的处境着想；另一部分原因是他们认为父母的处境是大人的事情，作为小孩是无法解决的。父母把自己的想法与孩子进行沟通之后，孩子会理解父母，跟自己一样需要别人的帮助，这样孩子在理解父母的同时关心父母，并做出照顾父母的行为之后，有利于将其同情助人行为迁移到父母之外的其他人，从而激发幼儿同情助人行为。

（二）做幼儿的榜样

父母是孩子生活中最亲近、最信赖的人，其言行举止可能对幼儿起到潜移默化的作用。因此，我们要注重父母言传身教的作用，父母要以身作则做好孩子的榜样，注意在生活细节中培养幼儿的同情助人品质。如，亲人或朋友有了病痛，家长主动关怀照顾病人；在公交车上，家长主动为老年人让座；与周围的邻居或朋友互相关心、互相帮助；在街上对乞讨的人表示同情；当他人遭遇不幸时，家长不仅表示同情，同时还尽力给予帮助。此外，父母还可带孩子一起参加公益活动，如鼓励孩子将自己的零花钱或卡通书捐给有需要的人，跟孩子一起整理捐献给贫困地区孩子的衣物。在父母榜样的教育下，幼儿感受并学习这种优良的品质，从这些生活细节中体验到对他人的同情与关怀，发展良好的同情助人品质。

（三）对幼儿的同情助人行为及时给予表扬

人们常说，孩子好的行为是“夸出来”的。这句话有着一定的道理，对于幼儿来说，他们年龄较小，对自己的行为究竟是好是坏并没有明确的标准，通常这种判断依赖于父母对其行为的评价。如果父母对幼儿的同情助人行为及时给予表扬，这对幼儿来说就是一种及时的强化。这会让幼儿将自己的行为与表扬结合起来，知道了自己是因为什么行为受到了表扬，从而了解自己的行为是受父母接受、赞同的，以后面对类似的情境时，幼儿会再次做出这样的同情助人行为。父母需要注意在对孩子进行表扬时要具体一些，给孩子讲明白哪些是好的行为。例如：孩子安慰因摔倒而哭泣的小朋友，并把小朋友扶起来。父母对孩子的这一行为要及时给予表扬，称赞其这一安慰和帮助的具体行为做得非常好，而不是只称赞其太棒了之类的话。这会使孩子知道这种行为是被父母赞同的，进而在以后的类似情境中，使同情助人行为得到强化，经过多次强化之后。这种同情助人行为会逐渐内化，成为稳定的行为。

（四）对幼儿伤害行为要做出正确的反应

大多数父母都希望自己的孩子具有同情助人的良好品质，在生活中能够做到真正地关心他人并愿意付诸行动。然而，并不是所有的幼儿都会按照父母所想的那样能具有较为稳定的同情助人品质，可能也会出现一些伤害行为，而父母对儿童伤害行为做出的反应在幼儿同情助人品质发展的过程中起着重要的作用。当幼儿做出伤害行为时，父母对幼儿采取惩罚、简单粗暴的方式进行处理反而并不明智。因为惩罚只是教会人不该做什么，而不是教人该怎么做，它只能抑制某些伤害行为的发生而不是从根源上消除伤害行为，如果惩罚不当，反而会使幼儿产生逆反心理，不利于幼儿同情助人品质的培养。正确的做法应该是采用非惩罚性的、充满情感的方式去缓缓引导幼儿知道对自己的破坏行为承担责任，使其意识到自己的行为对他人造成了伤害，同时引导幼儿对受害者做出一些直接的安慰或帮助。这样一种非惩罚性的、充满情感的方式，不仅可以促进其从伤害行为到同情助人行为的转变，而且也能在这种转变过程中加深对他人痛苦体验的理解，从而在以后的生活中避免伤害行为。

我们以社会发展的需要为参考，根据幼儿同情助人培养的年龄阶段目标，为小班、中班、大班幼儿设计教育游戏活动，以促进幼儿同情助人品质的发展。在幼儿阶段开展同情助人品质的培养，顺应幼儿心理发展的需要，符合幼儿发展的关键期理论。此外，我们以游戏活动为教育载体，可以使幼儿较少地受到约束，能够最大限度地发挥其独立性、自主性，使培养起到事半功倍的作用。对幼儿同情助人的培养，单靠教育游戏活动的培养是不够的，还应该将培养目标渗透到点滴生活之中。因此，教师和家长应在各种活动和情境中注重对幼儿同情助人的培养，为健全人格的最终形成奠定良好的基础。

第十七章 情绪适应的培养

情绪适应是涉及情绪理解与情绪调控两个层面的一种心理倾向,对个体的认知、社会性交往、心理健康等方面均有着重要影响。如一个遇到情绪问题不能进行积极调控的人可能表现出更多问题行为(潘苗苗,苏彦捷,2007)。个体早期情绪体验对日后情绪的发展影响也较大,甚至影响成年后身心发展的各个方面。幼儿阶段,幼儿离开家庭进入幼儿园,面临着人生中的第一次分离,幼儿往往会出现分离焦虑等情绪障碍。另外,受神经生理发展水平的制约,整个幼儿期儿童的情绪还带有较大的情境性,情绪容易波动,不善于情绪调控。因此,引导幼儿理解和调控情绪,帮助幼儿做自己情绪的主人,是幼儿健全人格教育的重要发展目标。而培养幼儿的情绪适应能力必须掌握恰当的方式方法,家园配合,才能达到目的。

第一节 情绪适应的培养价值及目标

一、幼儿情绪适应的培养价值

良好的情绪情感会产生巨大的能动性,推动人们更好地完成伟大的事业。列宁曾经指出:“没有人的情感,就从来没有,也不可能有人对真理的追求。”情绪情感的良好发展是幼儿健康成长的重要指标之一,良好的情绪适应能力能够促进幼儿身心的健康发展。情绪适应能力低的幼儿在面对挑战时往往很难控制自身的不良情绪,进而影响到人格和认知能力的发展,甚至会导致无法与同伴和教师进行有效的互动。目前许多幼儿家长、教师往往只重视幼儿的生理发育和智力开发,而忽视幼儿情绪适应能力的培养,甚至根本不懂得如何培养。现代社会要求孩子不仅要有高智商,还要有高情商,因此培养幼儿具有良好的情绪适应能力对其形成良好的人格特征具有至关重要的作用。

二、幼儿情绪适应培养目标的解析

幼儿阶段的情绪适应主要体现在对环境变化的适应性和情绪的稳定性(即控制自己的不良情绪,保持情绪稳定)两方面。一方面,小班幼儿由于刚从家庭进入幼儿园,生活环境发生了巨大的变化,加上与亲人的分离,缺乏安全感,从而导致分离焦虑的产生。所以,对于小班幼儿来说,帮助他们缓解或消除分离焦虑,保持情绪的相对稳定并逐渐适应幼儿园的生活是我们的一个重要教育目标。到了中班,幼儿虽然已经基本适应了幼儿园的生活,但仍然会面临各种各样的环境改变,如教师的更换等,幼儿能否让自己适应这种改变并保持情绪的稳定是教育的重点。而大班幼儿即将步入小学,所处的环境也将发生全面的变化,他们能否顺利地融入新的人际环境中,适应小学的生活是幼儿需要发展的重要内容。因此,在情绪适应的培养上,小班幼儿的发展目标是在帮助下能逐渐适应变化了的环境,情绪能较快稳定;中班幼儿的发展目标是能较快适应变化了的环境,保持情绪平稳;大班幼儿的发展目标是能很快适应变化了的环境,经常保持愉快的情绪。

另一方面,由于幼儿对自身的控制能力较差,所以当遇到挫折或困难时,往往会出现不良情绪表现。对此,我们根据幼儿年龄发展特点,提出小班幼儿有比较强烈的情绪反应时,会寻求安慰,不会哭闹不止。中班幼儿有不良情绪时,在提醒下能控制住自己的不良情绪并较快平复。大班幼儿有不良情绪时能适度表达,知道引起某种情绪的原因,能根据需要调整情绪。这样提出来的年龄阶段目标由于对应了幼儿人格发展的特点,符合幼儿心理发展的需要,因此可以为幼儿园人格教育实践所借鉴。表 17-1 总结概括了小班、中班、大班幼儿情绪适应培养的具体阶段目标。

表17-1　幼儿情绪适应培养的年龄阶段目标

小班培养目标	中班培养目标	大班培养目标
1. 认识几种常见的情绪，在帮助下能逐渐适应变化了的环境，情绪能较快稳定 2. 有比较强烈的情绪反应时，会寻求安慰，不会哭闹不止	1. 能较快适应变化了的环境，保持情绪平稳 2. 有不良情绪时，在提醒下能控制自己的不良情绪并较快平复	1. 能很快适应变化了的环境，经常保持愉快的情绪 2. 知道引起某种情绪的原因，能根据需要调整情绪 3. 有不良情绪时能适度表达

第二节　情绪适应培养的游戏活动方案

一、小班幼儿情绪适应培养的游戏案例

（一）游戏一

活动名称：做个笑娃娃。

活动目标：

1. 能分辨笑和哭的表情。

2. 懂得要高高兴兴上幼儿园。

活动准备：

1. 小镜子若干（和幼儿人数相等），小红花若干朵。

2. 录音机，录有幼儿笑声和哭声的磁带。

3. 哭脸图片和笑脸图片各一个，贴有幼儿照片的夹子若干（和幼儿人数相等）。

活动过程：

1. 教师导入：今天早上，我看到隔壁班级的洋洋小朋友进园的时候哭了，你们有没有哭泣的时候？是什么事情让你哭泣的？幼儿交流讨论。

2. 给每名幼儿发一面小镜子，让幼儿对着镜子做出哭泣的表情，并让幼儿说说：哭泣时是什么样的，你喜欢这样的表情吗？

3. 给幼儿播放录有哭声的磁带，让幼儿听听哭泣的声音，并让幼儿说说：哭泣

的声音好听吗？你喜欢这样的声音吗？听到哭泣的声音后你有什么感受？

4. 给幼儿播放录有笑声的磁带，并让幼儿说说：这个声音好听吗？听到这个声音后，你有什么感受？

5. 让每名幼儿摆出笑脸模样，并将他们的笑脸模样拍摄下来。然后将其导出，在多媒体上播放，让幼儿观看，并谈谈看到这些笑脸模样的感受。为其中笑得最灿烂的幼儿发一朵小红花。

6. 教师总结：哭泣的声音很刺耳，让人很不舒服，而笑声能让人感到轻松。爱笑的宝宝才会受到别人的喜欢，大家每天都要开开心心地上幼儿园，努力做个笑娃娃。

活动延伸：教师将笑娃娃和哭娃娃的图片挂在墙上，将高兴入园的小朋友的图像夹子夹在笑娃娃图片上，将哭着入园的小朋友的图像夹子夹在哭娃娃图片上，并统计一周中哭得最少和哭得最多的宝宝，奖励给哭得最少的宝宝一朵小红花。

（二）游戏二

活动名称：我不怕。

活动目标：

1. 体验角色身份给自己带来的紧张感，尝试缓解焦虑情绪。

2. 懂得保持愉快情绪的好处，能保持情绪的相对稳定。

活动准备：

1. 用来扮演角色的相关道具：成年男女的包，医生的白大褂、针管、听诊器等。

2. 请 4 名大班幼儿排练情景表演（1）、（2）、（3）、（4）。

活动过程：

1. 教师请幼儿观看情景表演（1）：“爸爸妈妈送我上幼儿园”，表演内容为：爸爸妈妈要送宝宝上幼儿园，宝宝大哭，说什么也不离开家门。爸爸妈妈非常着急又无可奈何，结果爸爸和妈妈上班都迟到了，被扣了工资。然后观看情景表演（2）：宝宝生病了，爸爸妈妈带宝宝去看医生，医生说要给孩子输液，宝宝又哭又闹，还不小心弄洒了药瓶。因为没及时治疗，宝宝当天晚上就发烧了，妈妈都急哭了。

2. 教师引导幼儿讨论：宝宝为什么会这样做？他这样做给别人带来了什么影响？宝宝应该怎样做才不会让爸爸妈妈为难？

3. 教师请幼儿继续观看情景表演（3）：在幼儿园门口，宝宝高兴地亲吻爸爸妈妈,并和爸爸妈妈告别,然后高兴地拉着老师的手一起做游戏。情景表演(4):护士要给宝宝打针,宝宝很紧张,护士用好听的语言对宝宝说别害怕,阿姨会轻轻地扎。宝宝把头转向一边,嘴里唱着歌。结果宝宝一点儿也没感到疼,病也很快好了。

4. 教师总结:当离开家人和遇到紧张的事情时,一定不要哭闹,要想开心的事情,相信大人们,这样就不会让自己焦虑了,你就会每天都高高兴兴了。

5. 教师将幼儿分成几个小组,分别玩娃娃家和医院游戏,亲身感受角色的情感。

二、中班幼儿情绪适应培养的游戏案例

(一)游戏一

活动名称:有色彩的情绪。

活动目标:

1. 懂得情绪愉快有利于身体健康。

2. 初步学习用正确的方式排解不愉快的情绪。

活动准备:

1. 图片6张。(图片1:一个小朋友当上值日生之后露出甜甜的笑容。图片2:一个小朋友带到幼儿园的玩具被另一个小朋友摔坏了,他很生气。图片3:一个小朋友看到鱼缸里的小金鱼死了,露出伤心的表情。图片4:一个小朋友因为系不上鞋带很发愁。图片5:斑马先生和小狮子抢皮球,脸上被小狮子扔皮球时给砸伤了。图片6:小花猪已经有很多玩具了,还要妈妈给它买玩具,妈妈不肯,它就生气了)

2. 色彩娃娃若干。

活动过程:

1. 教师分别呈现图片1~4让幼儿观看,然后教师分别提问:“图上的小朋友怎么啦?为什么会这样?你也会这样吗?为什么要这样?”教师与幼儿共同讨论后分别得出图片上的四种感受:开心、生气、伤心、发愁,并告诉幼儿这四种感受被称为喜怒哀愁,都是我们的情绪。

2. 给好心情和坏心情涂上颜色。

(1)让幼儿说说生活中哪些事情会让自己心情变好,哪些事情会让自己心情变坏。幼儿回答,教师记录。

(2)给好心情和坏心情上颜色。当心情不好的时候(发愁、生气、伤心等),你会选什么颜色表示呢?(幼儿举起自己手中的色彩娃娃);当心情好的时候(高兴),你会选什么颜色表示呢?(幼儿举起自己手中的色彩娃娃)

(3)根据幼儿的回答情况,教师总结:好心情时我们会用鲜艳的颜色来表现,坏心情时我们会用深暗的颜色来表现。好心情会让我们吃得好、睡得香、玩得顺利;而坏心情让我们吃不好,睡不好,不愿意做游戏。所以大家应该让自己多一些开心,少一些生气。

3. 心情调节法

(1)好心情会给我们带来快乐,可是有几只小动物不开心了(出示图片 5 和图片 6),看看它们怎么了?

(2)让幼儿帮助两个小动物想想办法,让他们开心起来。

(3)把幼儿回答的好方法记录下来,制成“开心宝典”,贴在墙上,让幼儿每天提醒自己做个开心的娃娃。

(二)游戏二

活动名称:生气的小猪。

活动目标:

1. 知道生气不利于身心健康,学习用适当的方式舒解自己的情绪。

2. 知道每个人都有情绪,初步了解几个基本情绪。

活动准备:《生气猪上天》故事教学图片,喜、怒、哀、惧 4 种情绪的图片。

活动过程:

1. 出示教学图片,交代故事题目,教师讲述故事。

2. 观察教学图片,提出问题并引导幼儿进一步理解故事内容。

(1)提问:生气虫为什么生气了?

(2)提问:生气虫生气之后做了什么?

(3)提问:小猪为什么飞到天上去了?

(4)提问:小伙伴们是怎样从天上下来的?生气虫最后怎样了?

3. 请出 5 名幼儿表演《生气猪上天》。

4. 启发讨论

(1)出示情绪图片并讲解图片,让幼儿初步了解 4 种基本情绪:喜、怒、哀、惧。

(2)生活中你们都出现过哪些情绪?

(3)如果生气了,你怎样发泄怒气后让自己高兴起来?

(4)听音乐,和伙伴一起唱歌跳舞找快乐。

三、大班幼儿情绪适应培养的游戏案例

(一)游戏一

活动名称:告别坏心情。

活动目标:知道坏心情会带来不好的影响,能有意识地调节坏心情,让自己高兴起来。

活动准备:

1. 各色气球若干,彩笔若干。

2. 用皱纹纸板做成一个长长的圆筒作为情绪排泄管。

活动过程:

1. 教师带领幼儿说一说、议一议:你们有过坏心情吗? 遇到过哪些不开心的事? 你是怎么处理的?

2. 教师总结:坏心情会影响我们的生活,但有的时候坏心情不可避免,遇到不开心的事情时应想办法解决,让自己尽快高兴起来。

3. 教师带领幼儿一起告别坏心情:每个人取一个气球,将气球吹起来,教师帮助幼儿将他们的坏心情写在气球上,然后对着气球大声说:“我不要你在我身边,我们再见吧。”然后,放飞气球,随着气球的升起,教师和幼儿一起欢呼。

4. 在教室较为隐蔽的一角,设置一个情绪排泄管,幼儿心情不好的时候,可以对着情绪排泄管倾诉,或者对着排泄管大喊,将一切不好的心情宣泄出去。

(二)游戏二

活动名称:心情调适剂。

活动目标:学会控制和调节自己的情绪、情感。

活动准备:

1. 幼儿活动时喜、怒、哀、乐的表情录像或图片。

2. 欢乐的乐曲和色调明朗的图画。

3. 心情调适记录卡。

活动过程:

1. 看录像

(1)教师分别播放几种常见情绪的片段,如快乐、害怕、生气、难过等。教师提

问:“在刚才播放的录像里,小朋友都有什么样的心情?”

(2)回放刚才的录像,在典型的表情处定格,请幼儿讲一讲这时候小朋友的心情是什么样的?

2. 结合幼儿平时的生活,组织进行幼儿讨论。

教师:你最伤心的事情是什么?当你伤心、难过时,你最想告诉谁?你用什么方法让自己变得快乐起来?小朋友们应该怎样做才能让大家都高兴起来?

3. 请幼儿欣赏欢快的乐曲和色调明朗的画面,体验快乐。

4. 游戏:用什么方法让他高兴起来。

将幼儿分成两组,一组为哭脸组,一组为笑脸组。哭脸组的小朋友做出不同的生气或不高兴的表情,笑脸组的小朋友用不同的方法使他们都快乐起来。

5. 记录

教师出示“心情调适记录卡”,指导幼儿用高兴、大笑、发怒、哭 4 种表情记录一周的心情,见表 17-2。

表 17-2　心情调适记录卡

表情	周一	周二	周三	周四	周五
高兴					
大笑					
发怒					
哭					

第三节　情绪适应的培养建议

一、给教师的教育建议

(一)善于借助面部表情帮助幼儿识别情绪

教师培养幼儿识别表情的能力,可以借助情绪卡片等引导幼儿识别喜怒哀惧等情绪。教师要注意多引导幼儿仔细观察画面尤其是故事人物的脸部表情,例如,高兴时嘴角是上扬的,难过时眉毛是往下耷拉的,生气时会皱眉头、瞪眼睛,害怕时会睁大眼睛、张大嘴巴等。除此之外,教师可以引导幼儿关注自己和同伴的情绪,通过自身动笔画画来表达情绪。

(二)提高自身观察、判断和调控幼儿情绪的能力

培养幼儿良好的情绪适应能力涉及很多方面,教师需要具备善于观察、判断和调控幼儿情绪状态的能力。幼儿的情绪具有外显性、易变性、差异性等特点,幼儿教师首先必须善于观察、判断幼儿的情绪状态,这是培养幼儿积极情感的前提。其次,要不断提高调节幼儿各种情绪状态的能力,这是通过大量控制、调节幼儿情绪的实践活动而获得的一种能力。例如,当幼儿生气时,教师可以指导幼儿深呼吸,并且让幼儿想象自己心中的那个大火球逐渐变小,最终消失了。

(三)创造良好的机会,让幼儿体验各种情绪

教师要经常引导幼儿去完成力所能及的任务,使其体验成功的愉快情绪。不要让幼儿仅仅在满足吃穿需要时才产生愉快喜悦情绪,应同时让幼儿在完成学习、劳动任务过程中,或在游戏活动中体验到成功的快乐,尤其对于年龄较大的幼儿,更要注意这一方面的培养。增加幼儿为大家服务的机会,例如协助老师给其他小朋友分发餐具,使其生活得到充实,并在完成各种任务的过程中获得满足感和愉悦感。教师要给幼儿探索世界的自由,不过分限制幼儿的活动,一个行动自由的孩子,内心才能做到平静,当面对一些困惑和失望时,也能够平和地接受。"玩"是幼儿的天性,发自内心的快乐能够舒缓幼儿的紧张情绪,教幼儿一些喜欢的且容易接受的歌曲、诗歌、故事、舞蹈,既可以激发幼儿的求知欲,又可以利用这些游戏活动转移幼儿的不良情绪,让幼儿在宽松、自由的氛围中愉快地生活、学习。由于幼儿还不具备完整的认知和表达能力,所以通过转移注意力,开展游戏活动来疏导、缓解幼儿的消极情绪是有积极作用的。

(四)真正平等的关爱、尊重每一个孩子

"我们要尊重孩子,平等地对待他,即使不允许他做的事情,也要以平和、商量的口气给他讲道理,任何反抗都来自于地位的不平等,来自于卑微感,我们尊重孩子,孩子就会自尊、自信,相信自己能够克服生活中小小的不如意。"(小巫,2007)首先,根据教师与幼儿之间关系的融洽程度将教师的行为分为严厉型、温和型及民主型三种类型。融洽的师幼关系是调节、控制、转化幼儿情绪的重要因素。严厉型的行为有利于教学活动有序、有效的展开,但不利于形成很融洽的师幼关系;温和型的行为有利于形成良好的师幼关系,但难以开展有效的教学活动;只有民主型的行为,既有利于教学活动有序、有效的展开,也有利于形成良好的师幼关

系，从而有利于幼儿情绪的发展。其次，根据对待幼儿是否公平可将教师的行为划分为公平型和偏爱型。尽管平等地对待每一个幼儿是大多数幼儿教师都懂的道理，但是在实际的教学活动和与幼儿的各种交往中，却或多或少地存在些许不公平的现象。而偏爱型教师比较容易导致幼儿消极情绪的产生，不利于幼儿情绪的健康发展（李浩泉，2007）。

二、给家长的教育建议

（一）创造愉悦的家庭氛围

父母是孩子成长过程中最有影响力的因素之一，他们的教养态度和方式时刻影响着孩子健全人格的形成。因此，要培养幼儿良好的情绪适应能力，必须家园配合，才能达到目的。情绪是可以相互感染影响的，幼儿家长需要重视家庭氛围的营造。一般来说，情绪敏感焦虑、暴躁易怒的幼儿大多是受父母不良情绪表达方式的影响而形成的。父母之间的关系是儿童成长的模板，“和谐的婚姻关系是父母能给予孩子的最大的爱”。在家庭生活中，家长需要互敬互爱，适度表达自己愉悦幸福的感受，有意识地以乐观开朗、积极向上的情绪感染孩子，让幼儿获得爱和尊重的情感体验，保持心情的愉悦；当家长有消极情绪时，应该选择正确的宣泄方法和调节策略，不要采用大喊大叫、摔打东西这种无益于解决问题的方式，应当为幼儿处理消极情绪提供学习的榜样，通过生活中的潜移默化帮助幼儿体会情绪、调控情绪。家庭生活内容的丰富与否也会影响幼儿情绪的正常发展，单调乏味、严肃刻板的家庭生活容易使孩子产生消极情绪，丰富多彩的家庭生活内容能使幼儿生活得快乐、满足。保持良好的情绪状态，有利于初步的情绪调控力的培养。

（二）接纳与倾听，帮助孩子宣泄负面情绪

幼儿情绪具有不稳定性，家长应该学会欣赏幼儿情绪表达的多面性，过于理性和冷静的态度较难引发孩子对他人感受的觉察。家长应当以一种平和、包容的态度接纳孩子，令其身心放松，帮助他们自由地、开放地进入成人和同伴的情感世界，认识、理解、表达自己的情绪感受，做到不过分压抑自己的情绪情感。当孩子出现情绪波动时，家长要给予关注、鼓励、支持和帮助。例如，当孩子完成一件作品时，家长可以适度鼓励，培养他们的自信心，形成良好的情绪氛围。如果在游戏中失败了，幼儿难免会产生消极情绪，家长需要及时地陪伴和适时地“共情”，听孩

子倾诉自己内心的真实情感，教育幼儿不要害怕失败，帮助其正确看待得失，培养幼儿良好的心理承受能力。家长需要注意的是，倾听是一门艺术，美国幼儿教育专家帕蒂·惠芙乐（Patty Wipfler）在《倾听孩子》一书中对倾听的技巧进行了专门、系统的阐述，"倾听孩子既不意味着你认可他的情绪，也不意味着你纵容他，你只是在帮助他摆脱不良情绪"。因此，首先要"靠近孩子，轻轻地搂住他，让你们的目光相接"之后，"和蔼地请孩子把烦恼告诉你"，这期间"孩子可能只是大哭不止，好久也说不出一个字来"，他"先是宣泄悲伤，然后在能够消化那些必要的信息之后，再谈谈那些让他悲伤的事。哭在前，谈在后，然后是新的认知——这就是一般的规律"。（帕蒂·惠芙乐，2007）家长切莫用命令式的语气训诫、恐吓孩子，"这点事情都做不好，你还能干点什么""你如果再做不好，我就不要你了"之类的话会加重幼儿的情绪负担，长此以往会使幼儿压抑、逃避自己的情绪感受。

（三）接触拥抱，分散注意力

拥抱是安抚情绪的有效方式。社会学家发现，接触在许多情境下能够产生好的效果，教师轻轻拍学生的后背，学生在课堂上的表现就会更积极；运动员相互之间击掌、拥抱越多，比赛中表现就越好；医生轻触病人的胳膊也会让病人感到安慰，产生信任。研究者还发现触摸时人体会分泌一种有助于放松的激素，从而缓解紧张情绪。当幼儿情绪非常激烈时，家长可首先拥抱、抚摸他，即使什么话也不说，只是双臂的拥抱、轻柔的抚摸也可以在短时间里降低幼儿情绪的激烈程度。只有情绪缓和下来，沟通才可以顺利进行。

除了拥抱安抚外，当幼儿出现某种消极情绪时，分散、转移他的注意力也值得一试。家长可以先带幼儿离开诱发消极情绪的情境；然后，利用周围环境中一些有趣的事物吸引他的注意或者带他做一些感兴趣的活动，让情绪的焦点不再停留于矛盾冲突上，从而使情绪慢慢稳定下来；最后，再针对具体事件和幼儿交流沟通。需要注意的是，分散、转移注意力的方法可以较快缓解幼儿的消极情绪，对于小班幼儿来说是非常有效的方法。但是随着年龄的增长，家长需要幼儿直面自己的情绪问题，正面地解决矛盾，以此提高其调控自己情绪的能力。因此，对中班和大班幼儿来说，分散、转移注意力的方法应适当采用。

第五篇

幼儿健全人格培养中的问题与教育对策

第十八章 幼儿健全人格培养中的教育困惑及应对措施

第一节 幼儿自主进取培养中的教育困惑及应对措施

德国著名教育家第斯多惠(Diesterweg)曾经说过,人的固有本质就是人的主动性。教育的最高目标或最终目的是激发学生的主动性,培养独立性,使人达到自我完善。当前随着幼教改革的深化,我国幼儿教育越来越重视幼儿主体性的发展,"以幼儿为本"的教育理念逐渐深入人心。尊重幼儿发展的内在规律,尊重幼儿的自主性和参与性，尊重幼儿的个体差异，让幼儿获得充分的自主、自由和自尊。但与此同时，我们发现，现实生活中很多幼儿缺乏自主性，很多成人不能恰当地理解什么才是幼儿自主性的发展，导致在幼儿自主性的培养中出现了很多教育困惑。

一、孩子太"任性"了怎么办

（一）案例描述

韬韬，18个月，一个聪明而淘气的小男孩，父母反映他在家很任性。比如，家里有一个药箱，父母不让他玩，他就在地上打滚"示威"。幼儿园开办了双休日亲子班，他第一天去就表现得不同寻常，对新环境丝毫没有陌生感。老师示范的时候，他能听一会儿，而当亲子共同搭房子、认图形和颜色的时候，他就不听大人的指示了，总是按照自己的愿望随意玩，把自己的积木推倒，还破坏其他小朋友玩积木。父母一再抱怨，不晓得自己的孩子怎么会那样任性。

（案例来源：百度文库：宝宝真的任性吗？http://wenku.baidu.com/view/76dd784efe4733687e21aac1.html?from=related&hasrec=1）

（二）教育解析

"任性"，是父母们最经常给孩子贴的标签，只要孩子的行为违背了家长的意愿，他们就会用这个词表达自己对孩子的不满。其实，父母眼中的这些任性行为是儿童成长过程中必然会出现的一种正常行为，标志着儿童正逐渐成为一个具有自主性和独立精神的个体。而对于18个月的韬韬而言，他的"任性"表现是他正处于第一反抗期的主要行为特征。人的心理发展过程中存在两个反抗期，第一反抗期出现在1.5~3岁，第二反抗期也就是我们通常所了解的青春期。在第一反抗期期间，随着儿童自我意识萌芽的出现，儿童开始变得什么事都想自己做，经常用"不"来反抗成人对自己的约束。面对这种情况，成人首先要把心态放平和，把幼儿的"任性"行为看作他对周围环境的一种积极探索。其次，当幼儿玩不适合的玩具或游戏时，不要直接制止，而是用其他的玩具或游戏来替代，如玩药箱会有误食药物的危险，成人就可以收集一些卫生、安全的瓶子让幼儿玩。再有，成人应耐心地和幼儿一起玩，在游戏中通过自身的积极引导，让幼儿与玩具发生相互作用，从而使幼儿获得相应的知识或提高游戏兴趣。

二、让孩子做自己想做的任何事，就是在培养幼儿的自主性

（一）案例描述

老师跟榛榛的妈妈说：“孩子上幼儿园以后，情绪适应得很好，但不喜欢配合老师活动。例如户外活动的时候，榛榛满院子跑，很危险，不跟老师和其他小朋友一起做游戏；粘贴画画也是一样，自己想怎样做就怎样做，不愿意听从老师的指导。老师希望妈妈能够教育宝贝热爱集体活动。”可是妈妈说：“孩子在家里就是随便玩，条条框框会限制宝宝的个性发展，应该让孩子自由随便，不要管那么严。”

（案例来源：晏红. 培养个性不等于让孩子放任自流[J]. 家教指南，2006，8：16.）

（二）教育解析

有的人认为让幼儿不受成人的影响，干自己想干的事，即为所欲为也是培养幼儿的自主性，其实这会导致幼儿过分的自我膨胀，形成“以我至上”的心理。如有的老师在孩子吃饭时，放任幼儿随便讲话，想吃多少就吃多少，吃饭时间也不加控制；孩子睡觉时，他喜欢怎样睡就怎样睡，只要孩子能睡着。这不仅不能发挥幼儿的自主性，反而会因为活动的随意性太大，缺乏教师有效指导，使幼儿养成不守规矩的坏习惯。

尊重孩子的自由是培养自主性和创造意识的前提，但是这里的“自由”是有规则的“自由”，而不是随心所欲的“自由”。当一个人的自由影响了别人的自由时，别人就会反对你的自由，从而变得不自由或带来其他一些不良影响。所以片面强调自由而忽视规则的教育对孩子的健康成长是不利的。

三、孩子的主动能力是有限的，我们提供给他们的才是最好的

（一）案例描述

一次音乐活动中，教师引导幼儿学唱歌曲《不要麻烦妈妈了》，教师先把歌曲示范唱了一遍，然后提问小朋友，刚才这首歌里唱了什么。一个幼儿回答说：“自己的事情自己做。”这么精辟、闪烁孩子智慧和独立思考能力的答案却被老师马上否定了，因为老师心中的答案是让幼儿把歌词一句句复述出来。在语言区，老师指导一个幼儿看图讲述一幅画面，幼儿把画面中发生的事件、人物清晰流畅地讲了出来，只是由于用“帮助”一词而没有用教师期望的动词“搀扶”就又被简单否定了。

（案例来源：赵艳．幼儿自主性能力培养的误区[J]．学前教育研究，2001，5：28）。

（二）教育解析

案例中教师的做法是典型的成人将自己的观念强加给幼儿的一种表现，在他们看来，任何事情都有一个最佳的答案，符合这种最佳答案的行为才是值得鼓励的。长久下去，幼儿的探索和创新意识变得薄弱。但大家看到下面的案例后一定会产生不同的感受。在美国内华达州发生了这样一场官司：有一天，一位叫依迪丝的 3 岁小女孩告诉妈妈，她知道了"OPEN"的第一个字母是"O"，这位妈妈非常吃惊，问她是怎么认识的。依迪丝说幼儿园老师教的，于是这位母亲就一纸诉状把孩子所在的劳拉三世幼儿园告上了法庭，理由是该幼儿园剥夺了女儿的想象力，因为她的女儿在认识"O"之前，能把"O"说成苹果、太阳、足球、鸟蛋之类的圆形东西，然而自从幼儿园教会她认识了 26 个字母后，女儿便失去了这种能力。事情发生后，很多人都无法理解这位母亲，认为她太小题大做了，但更让人惊讶的是法院最终判定幼儿园败诉。这个事件让我们反思，真正自主性的培养应是对幼儿天性的一种尊重，而不是对成人权威的一种顺从，凡是无视幼儿的独立思考、主动建构的教育都是对幼儿自主性发展的最大打击和阻碍。

第二节　幼儿探索创造培养中的教育困惑及应对措施

爱因斯坦（Einstein）说过："想象力比知识更重要。因为知识是有限的，而想象力概括着世界上的一切，推动着进步，并且是知识进步的源泉。"由此可见培养幼儿想象力的重要性。可是现在的幼儿普遍缺少探索创造的能力，人们错误地认为创意能力是从"无"中创造出"有"的能力，事实上，它是从"有"到"有"的能力，就是"再构造能力"。在脑海中积累的知识、经验、信息再结合产生新的构想的能力就是幼儿的创造能力，就像是万花筒中放入剪碎的彩色纸片越多，能看到的变化就会越多。在日常生活中不难发现，很多家长不懂得怎样培养幼儿的探索创造能力，在教育方法上也存在一些误区，总找不到有效的解决办法。

一、每一个"破坏大王"都有成为天才的可能

（一）案例描述

朵朵妈在幼儿园门口等着接孩子时和几个家长聊天。一位妈妈说："我儿子

特爱搞破坏,什么玩具到他手里几下就变成零件了!”另一位奶奶说:“唉,我孙子也是,家里的表啊、收音机啊全被他拆了。”“要教他爱惜东西呀!”第三位家长说。“没用!骂也骂了,打也打了,过不了几天还那样。”那位奶奶回答。“我倒觉得这种孩子聪明。”朵朵妈笑着说。“嗯!”那位妈妈又说,“后来我就专门给他买些能拆的玩具,让他拆去。”“反正只要他不是故意破坏东西,拆就拆吧。”朵朵妈说。

(案例来源:洪宝瑟.中国儿童心理百科[M].华夏出版社,2012.)

(二)教育解析

每个喜欢拆玩具的宝宝都有强烈的探索欲望,他想要了解周围的一切,除了玩具外,电器和机械产品也能勾起他的好奇心:为什么钟表会滴答滴答地走?拆开来看看!为什么玩具车会跑?拆开来看看!他打开这些东西就是想对它们的内部结构一探究竟,如果禁止他们这么做,就是在压制幼儿的探索创造能力。

“拆”是玩的一种方式,但拆并不等于搞破坏,拆了还可以重新装,虽然装的过程并没有那么容易。重新组装的过程不但锻炼了幼儿的记忆力,还锻炼了幼儿的动手和动脑能力,有利于幼儿的智力发育,是一个“做中学”的过程。在拆玩具的过程中家长一定要注意一个前提,就是让幼儿先自己进行探索,鼓励幼儿勇于尝试,在幼儿困惑时给予一点提示,在幼儿失败时给予一点鼓励。但如果幼儿是故意损坏玩具或者其他物品,就要适时提醒幼儿这样做是错误的,并解释说明原因。

不要因为幼儿喜欢拆东西就否定他,可以准备一些既便宜又可以拆装的玩具,为幼儿的兴趣提供一种可能,鼓励幼儿去探索创造,尽量为幼儿创造动手动脑的条件。

二、当幼儿专注于做某事时,就是探索创造的过程,不应该被打扰

(一)案例描述

洛洛今年5岁了,动手能力非常强,所以妈妈给洛洛买了很多的模型玩具,最近洛洛非常迷恋这些模型,整天拆了装、装了拆。今天妈妈看见洛洛又玩了一个早上,怕他饿,所以就叫他:“洛洛,快过来吃点水果。”可是洛洛就像没有听到一样。于是妈妈又叫了一遍:“洛洛,过来吃点水果再玩。”可是洛洛还是没有任何反应,妈妈没有办法,只好到洛洛身边和他说:“妈妈和你说吃点水果再玩,你没有听见吗?”没想到洛洛居然生气了,把模型一摔和妈妈说:“妈妈你烦死了,看不到我正在做模型吗?干嘛总是叫我?”妈妈想不明白,为什么叫洛洛吃水果,他反而会

生气呢?

(案例来源:田艾米.儿童心理问题全攻略[M].北京:电子工业出版社,2013.)

(二)教育解析

宝宝拥有与生俱来的好奇心,当他玩模型或者玩具时,由于对外界新鲜事物感兴趣,所以开始集中注意力,关注并投入玩耍过程中,既动手又动脑,培养手眼协调能力,同时也积累经验,有助于智力和动手能力的双重开发。

很多家长经常出现这样的问题,太宠溺孩子,经常担心幼儿是不是没有吃饱,或者是不是没喝水,或者喝多少,什么时间喝的,恨不得帮助幼儿把所有的事情都做了,导致幼儿自理能力发展不好,在幼儿园出现行动慢或者不会做等情况。所以这时候家长就应该扮演一个"懒妈妈"的角色,给幼儿多一些机会学习创造。

从案例中可以看出,孩子总是被打扰,就可能使孩子在日后做事时没有耐心,脾气急躁。让幼儿专心做事,不要打扰孩子的思路,鼓励幼儿探索发现新事物,给幼儿尝试自己做事的机会。幼儿乐于探索和认识新事物,他们的成长得益于每一次专注的学习过程,所以家长在培养幼儿探索创造的过程中,要记得给幼儿一个自由的发挥空间。

三、不要将幼儿的创造性扼杀在"摇篮"里

(一)案例描述

一节美术课上,老师让孩子们画"好吃的水果",很多孩子都在画自己喜欢的水果,但有个幼儿画的东西不太像哪一种水果,而是一个方方正正的东西,所以老师便问他:"宝贝,你画的是什么啊?"宝贝说:"我画的是苹果。"老师又耐心询问幼儿:"苹果是圆形的,你为什么画成方形的呢?"幼儿回答说:"我在家看见爸爸把苹果放到桌上,不小心苹果就滚到地上摔坏了。我想苹果如果是方形的,那该多好呀!"老师也没有批评幼儿,只是鼓励他说:"希望你长大了,能早日培育出方苹果。"

(案例来源:妈咪爱婴网.http://www.baby611.com/jiaoan/yjzl/fansi/2012/07/90532.html)

(二)教育解析

把苹果画成方的虽然脱离了实际,但是幼儿已经有了自己的想法和想象力。作为老师不应该去批评幼儿,而是应该鼓励幼儿的这种独特想法。《幼儿园教育指导纲要(试行)》中明确指出:让幼儿喜欢艺术活动,能用自己喜欢的方式大胆地

表现自己的感受与体验；艺术是幼儿的另一种表达认识和情感的“语言”。幼儿艺术教育应引导幼儿接触生活中的各种美好事物与现象，丰富幼儿的感性经验和情感体验。在此过程中，教师或家长也可以在教学或生活实践中，使用具体的实物让幼儿进行观察，如苹果有很多种类型，在颜色上有红色、绿色、黄色等，在外形上有圆形、椭圆形等。教师和家长可以与幼儿一起探索发现，并鼓励和引导幼儿进行深入思考。

家长在平时也要多观察孩子的行为，发觉孩子的兴趣所在。兴趣是最好的老师，孩子在做自己感兴趣的事情的时候总会很投入。所有的孩子都会经历对外部世界充满好奇心的一个阶段，他们想要摸、抓一切东西，这时家长会非常紧张地盯着自己的孩子，以免造成安全事故。但是父母同样也要给幼儿一个尝试的机会，让幼儿尝试一下拿到不危险的东西，满足幼儿的好奇心。家长和教师在幼儿进行探索创造的过程中要起到引导者的作用，经常与幼儿一起探索新的事物，鼓励幼儿多动手动脑，给幼儿更多的空间和机会。

第三节　幼儿认真尽责培养中的教育困惑及应对措施

责任心，或称责任感，是指个体在社会生活中对自身的社会角色以及角色所应承担的责任的认知、产生的情感体验和做出的相应行为。责任心在儿童心理发展中具有重要地位，它是儿童个性、社会性品质的重要组成部分，也是儿童心理健康的基本要素。列宁曾经指出，培养青少年对社会的责任感，是共产主义道德教育的核心内容之一。苏联著名教育家马卡连柯（Makarenko）根据自己的教育实践经验明确指出：“培养一种认真的责任心是解决许多问题的教育手段。”幼儿期是责任心产生和初步形成的重要时期，在这一时期，幼儿处在一种最积极的准备和接受状态，如果给予必要的刺激和帮助，幼儿的责任行为能力就会迅速发展起来，并产生长久的影响；反之，如果处理不当，幼儿就容易成长为一个不负责任的个体，阻碍其良好个性和社会性的发展。

一、在浓浓的亲情中培养幼儿对自我的责任感

（一）案例描述

小班里来了一个小朋友叫任立平，他们家是四世同堂，家中有6个大人疼爱，真是“含在嘴里怕化了，捧在手心怕摔了”，集万千宠爱于一身，对孩子是事事包办。于是，问题来了，她几乎每天都被小朋友告状，不是今天抢人家的玩具，就是明天把人家的衣服画花；自己调皮不说，还要事事让老师帮忙，自己从来不动手，更别说让她为集体服务。特别是入厕问题更是弄得老师团团转。那天我带班，活动结束后带小朋友去厕所大小便，由于又来了个新的小朋友，我正在关心她，结果等我到厕所，就发现任立平很不高兴地站在那里，我一闻就知道了，她把大便拉在裤子上了。我问她，你为什么不脱裤子呢？她却凶巴巴地说：“我叫你了，是你没有给我脱。”

我意识到问题的严重性，她真是一点责任感都没有，还学会埋怨大人。等到下午做活动的时候，我组织活动的时候特意讲了《小花猫负责任》的故事，小花猫虽然小，但是却能够对自己的行为负责任，能够帮助爸爸妈妈分担生活上的事情，是个认真负责任的好宝宝。我看见任立平小朋友深深地低下了头。后来了解到任立平小朋友的爸爸妈妈工作非常忙碌，陪伴在她身边的时间很少，所以她对父母的依赖感很强，久而久之就形成了对自己所做的事情极度不负责任的表现。

（案例来源：百度文库《为什么孩子对自己的事情不负责》.）

（二）教育解析

幼儿期是一个人一生中责任心形成的关键时期，家长和老师应抓住幼儿期这一关键时期，对幼儿的责任心进行循序渐进的培养，在日常生活的各个环节中进行渗透，在潜移默化中培养他们的责任意识。亲子关系是社会责任感的源泉，它始于幼儿对母亲要求的服从，当幼儿遵照母亲的安排并实际执行时，这是社会责任感内化的一个早期标志。此时安全依恋比不安全依恋的幼儿更有同情心，同情心的社会化（即模仿）能够使幼儿更好地获得“做好事”的泛化期待或工作模式，为家庭、集体和社会“做更多的好事”，从而提高幼儿家庭、团体和社会责任的发展水平。父母与幼儿的关系越亲密，父母对幼儿责任行为的要求就越容易实现，幼儿在其经常生活、学习的家庭和幼儿园中也会更多地模仿父母的责任行为，从而促使幼儿对自己、家庭和团体的责任得到发展。我们必须清楚地认识到，在孩子的

成长过程中是需要父母的陪伴的,每个人的成长路上都需要父母所给予的积极的关爱,这是我们成长路上的爱的动力,也是孩子一路走过的爱的源泉。

二、懂得责任的意义和重要性才能自觉地承担责任

(一)案例描述

有一位母亲要求孩子每天睡觉前将尿盆放进卧室,结果孩子在坚持几天之后忘记了。那天晚上,母亲没有提醒也没有帮助他。半夜里孩子起床撒尿只好上厕所。第二天这位母亲就这件事向孩子讲述了责任心的问题,告诉孩子要明白,正是因为自己没有尽到责任才影响了正常的生活。从此,这孩子行动的自觉性提高了。

(案例来源:张莉. 幼儿责任心培养的目标和内容. 教育导刊(幼儿教育版),1999,3:7.)

(二)教育解析

责任心是个体对人或事明确自己的责任并努力尽责的一种心理品质,它由责任认知、责任情感、责任意志与责任行为4个因素构成。其中,责任认知是构成责任心的基础因素,让幼儿获得一定的对自己应负责任的内容以及对负责任意义的认识,是培养责任心的前提。道德认识是道德行为的前提,幼儿如果懂得了什么是责任、为什么人需要负责任、自己应担负哪些责任等道理,便会对所做行为的目的和意义有所明确,幼儿行为的自觉性和主动性便会有所提高。案例中母亲要求孩子自己的事情自己负责,也就是每天自己拿尿盆,这是非常好的培养孩子责任心的机会,但幼儿难免有忘记的时候,这种情况下,家长无论替代孩子拿了还是提醒孩子自己拿,都会让孩子养成依赖性,他们会认为即使自己没拿也不用担心,爸爸妈妈会帮自己拿或提醒自己拿,久而久之,他们的责任心就无法顺利地建立起来,他们可能会推卸责任或对人对事持不负责任的态度。只有孩子自己意识到由于自己的疏忽而需要承担不必要的麻烦后,他们才懂得尽责的重要性,那么日后他们必然牢记心中的责任,自觉主动地去承担责任,最终养成负责任的好习惯。

三、孩子的责任感不是在简单的说教中发展起来的

(一)案例描述

“咚咚咚”一阵突然急促的敲门声,把正在午睡的我惊醒!我急忙打开门,站在眼前的是5岁的儿子和一群满脸怒气的小伙伴。问明了来历,才知道儿子把小

伙伴王宗成的四驱车弄坏了，人家这是找上门索赔来了！我没有作声，转头静静地看着站在一旁满脸沮丧与惊恐的儿子。一阵沉默后问儿子："你自己肯定有想法，说出来好吗?"我尽量用平和的语气。

儿子低声说："说好弄坏了要赔的。"

我的声音也很低："弄坏了别人的东西理应赔，可问题是你拿什么赔?"

儿子开始掉眼泪，且着急了："妈，您就给我钱吧，以后我不跟您要好吃的了还不行吗!"

"不要好吃的是小事，王宗成这个四驱车是他姨妈从外地买的，咱这儿有钱也买不到这样的。"

儿子的脑子倒转得快，急忙转头问宗成："给你钱你自己买行吗?"对方点点头。

我觉得这不是问题的关键："给人家弄坏了东西，你觉着光给钱就没事了?"

"对不起，宗成!"儿子终于不情愿地说了句道歉的话。

孩子们接过钱，你看看我，我看看你，默默地离去了。儿子一反常态，没有跟随其后，而是低头走进自己的房间，把自己反关在了屋里。事情表面上结束了，可我的心里很不好受，双方孩子的做法令我非常尴尬，如果被弄坏玩具的是我的孩子，我是绝对不允许他索赔钱的，而且是那么轻易地就接受了。我知道这是一个跟孩子交流一些简单做人道理的好机会。等孩子冷静下来，我走进了孩子的房间……

（案例来源：幼儿家庭案例：为自己的行为负责. http://www. docin. com/p-625768613. html）

（二）教育解析

案例中的母亲坚持让自己的孩子对自己的错误负责，虽然最后孩子比较难过，但相信从这之后，这个孩子会树立起对自己的行为负责的信念，并最终成为一个负责任的人。责任心是儿童早期形成和发展起来的一种人格品质，有研究显示，幼儿的责任心表现在 6 个方面：自我责任心、任务责任心、他人责任心、集体责任心、承诺责任心、过失责任心。本案例中表现的就是过失责任心，幼儿为自己的过失负责，也就是为自己的过失行为付出代价、承受压力，经历痛苦和无奈的过程。只有这样才能强化他们的责任意识，增强责任感。在平时生活中，家长能够有意识地去引导幼儿对自己、对任务和对自己的承诺尽责，但往往会忽略对他人、对集体和对自己的过失尽责，这不利于幼儿责任心的全面发展。在引导幼儿责任心发展的过程中，我们不仅要让幼儿在认知上，更要从情感层面加强幼儿对责任的内化。责任心的形成是一个动态的、建构的过程,责任理解是形成责任认知的前提。幼儿在他们的早期既不是道德的也不是不道德的,他们对于正确和错误的辨别力还没有开始发展,如果一味地采取道德说教,条条框框地讲大道理,知识与幼儿之间就会拉开一道屏障,不能与幼儿相互作用,而是形成"距离感",不能被幼儿接受。正确的做法是幼儿在与他人互动中,通过自身的情绪体验去感受相关道德内容对自己的积极意义和价值,进而认同这种道德的必要性,从而自觉自愿地选择这种道德并实践这种道德。

第四节　幼儿自我控制培养中的教育困惑及应对措施

自我控制是人格建构理论中的核心概念,是个人对自身心理与行为的主动掌握。自我控制在个体社会生活中对于人成功地适应社会相当重要,它是一个人良好个性形成和发展的必要条件和基本保证。因此,自我控制在个体社会生活中起重要作用。而幼儿期又是自我控制的形成时期,它会影响幼儿未来的社会生活,所以这一时期要注重培养幼儿的自我控制能力。然而,我们发现中国绝大部分家长和幼儿园对幼儿的控制度较高,幼儿过度依赖成人反而不利于他们自我控制的培养。成人不能理解幼儿自我控制培养的重要性,导致在幼儿自我控制培养中出现许多教育困惑。

一、我来帮你约束自己为什么行不通

(一)案例描述

小志上课小动作太多,不认真听讲,不是乱动书本就是用笔在纸上乱画,再不就是乱掷纸团打同学。妈妈想,小志正处在学知识的阶段,如果不管他现在在课堂上的表现,会让他学习的自觉性和自制力更差。于是,妈妈对小志说:"小志,老师希望你上课注意力能集中一些,不要影响其他同学。这样吧,从今天起,你每天在家里当 40 分钟的机器人。"

小志虽然不愿意,但妈妈的话不敢不听。小志坐在椅子上,没有 5 分钟,就开始动来动去,妈妈看到小志又坐不住,只好用惩罚的方法,小志动一下,妈妈就拿小棍敲一下,可不管妈妈怎么敲打,小志就是坐不住。妈妈警告小志道:"上课时除非老师叫你回答问题,否则双手和双脚都不许动,要不,看妈妈怎么训你!"

虽然妈妈一直提醒小志上课要注意力集中，不要搞小动作，但小志就是无法管住自己。

（案例来源：新浪博客：孩子自我控制能力差怎么办？http://blog.sina.com.cn/s/blog_62c771070100gww8.html）

（二）教育解析

相对成人来说，幼儿的自我控制能力是差的，他们很难长时间地专注于某件事，让他们安静地待一会儿更是不敢想象。所以成人想尽各种办法来约束和管制孩子，但往往收效甚微，就如同案例中的妈妈一样，打也打了，说也说了，但小志依然如故。其实在培养幼儿自我控制能力的过程中，我们需要正确地看待幼儿自控差的表现，不能一概而论，更不能用简单粗暴的方法去应付幼儿。首先，幼儿好动，不能很好地约束自己是由于其神经系统发育还不够成熟，兴奋过程强于抑制过程造成的，并不是幼儿的有意为之，所以我们应保持一颗平常之心，不要成天盯着孩子并苛刻地去要求他。其次，幼儿并不是任何时候都缺乏自制力的，他们往往对自己感兴趣的事情有较高的约束力，可以相对长时间地专注于这些事情。所以成人想要帮助幼儿养成良好的自我控制能力，应根据幼儿的实际需要采用适合他们的方法来进行，如案例中的妈妈可以和小志一起做游戏，游戏中让小志扮演警察站岗，可能小志就会表现得更好一些。随着年龄的增长，幼儿就能逐渐摆脱他人的提醒而实现自我约束了。再有，幼儿的自制力表现是有限的，即使再感兴趣的事情，幼儿也会有厌烦的时候。具体来说，小班幼儿集中注意力的时间是5分钟，中班、大班幼儿可以坚持10～15分钟。所以不要长时间强迫幼儿做一件事情，案例中妈妈要求小志安静地待上40分钟是不恰当的，当然也就收效甚微了。

二、告诉孩子做什么事都是有规矩的，就是在培养幼儿的自我控制能力

（一）案例描述

陈新是个机灵的小男孩，他活泼聪明，记忆力强，但经常有攻击性行为，自控能力很差，回答问题时没有一点儿耐心，举手后不请他回答，他就会闹情绪，大吵大闹，为此，小朋友们都不喜欢他，他在集体中也显得很孤独。

有一天，幼儿在玩音乐游戏“猜面具”时，我让孩子们轮流戴面具，他也想玩，举着手不停地乱喊乱叫，当我请别的小朋友先来的时候，陈新说：“老师你怎么还不请我啊？”我说等你管得住自己的时候就会请你的。话刚说完，他就坐在地上号啕大哭了，然后去推其他的小朋友，还把一个小朋友的脸都给抓破了，我把他带到

教室的角落里,请他休息一会儿,想想自己做得对不对。过了一会儿,我去请他加入游戏,他却怎么也不肯去玩了。

(案例来源:中国幼儿教育网:遇到自控能力差的孩子怎么办? http://child.cersp.com/zw-px/yjcj/200710/1731.html)

(二)教育解析

案例中陈新所表现的闹情绪、吵闹等均是自我控制能力差的表现,这时候老师可以和孩子划定“可、否”的范围,和他约法三章,做个小小的约定:问题可以回答,但不是每个问题都要请你回答,如果实在忍不住一定要回答这个问题,请你举左手,老师看到了一定请你回答;如果没有请你就抢着回答,就算违反了规定,不能得到小贴画;如果再乱喊乱叫,影响别人,那就要去享受一会儿“一个人”的时光。奖惩的方法可以锻炼他的耐心,使之渐渐地改掉坏习惯,慢慢地养成自我控制的能力。

三、让孩子舍弃即时的满足,探索未来更多的可能

(一)案例描述

四岁多的豆豆妈妈跟我讲了这样一件事情。一个周末,母女俩一起去商场购物,快到中午的时候,妈妈准备带女儿回家吃午饭,女儿却盯着商场一层的麦当劳不肯迈步。妈妈见此情景就说:“我们不是说好了回家吃午饭的吗?”女儿说:“可我想吃一点点麦当劳的东西不行吗?”妈妈看到女儿迫切的眼神,接着说:“如果你今天不吃麦当劳的话,我会在下个星期带你来吃麦当劳的儿童套餐,还能得到小玩具呢。”结果女儿站在门口哭着说:“我现在又看不到玩具,我还是要吃麦当劳。”

(案例来源:豆丁网:妈妈我想要——幼儿自我延迟满足能力的个案分析. http://www.docin.com/p-630513513.html)

(二)教育解析

案例中豆豆的行为是典型的自我延迟满足能力缺失的表现,自我延迟满足能力是一种甘愿为更有价值的长远结果而放弃即时满足的抉择取向,以及在等待过程中展示的自我控制能力。自我延迟满足作为自我控制的一个方面,不仅是幼儿自我控制的核心成分和重要技能,也是社会化和情绪调节的重要成分,更是伴随人终生的一种基本的积极人格变量。幼儿阶段,儿童的自我意识发展尚不完善,他们对很多事物的认知还不够成熟,他们不愿舍弃即时的满足,只看到眼前对自

己有益的，所以相对缺乏等待的心理机制和等待策略。幼儿无法等待的这种现象也与家长对孩子的过度宠溺有关，使幼儿丧失了选择等待的机会。对家长而言，要理解孩子无法抵制诱惑的行为，要做到不去惩罚而要鼓励孩子抵制诱惑，更不能因承受不住孩子的哭闹而最终做出妥协；其次，家长要努力成为孩子的榜样示范，生活中应对某些事情时采用延迟选择和使用延迟策略的方法，使孩子在无形之中渐渐地接受这种做法；再次，成人要多一点耐心，给孩子等待的机会和时间，并采用一些有效的方法帮助孩子学习等待，如语言的提示，等等。

第五节　幼儿合作交往培养中的教育困惑及应对措施

合作交往是人类生存、发展的要求，也是21世纪人才的必备素质。美国哈佛大学心理学教授乔治·赫华斯博士把“与同事真诚合作”列为成功的九大要素之一，而把“言行孤僻，不善与人合作”列为失败的九大要素之首。一个具有良好的身心发展和较强的合作交往能力的人往往能较好地适应社会生活，并取得较高的成就。对于幼儿来说，合作交往的能力就是幼儿在游戏、学习、生活中能主动配合、分工合作，协商解决问题、协调关系的能力，包括学会分享与共享、合作与交流、等待与轮流、关爱与抚慰等（沈筱梅，2005）。目前，我国幼儿的交往合作能力普遍比较薄弱，而这主要与不当的教育方法有关，如对孩子的过度溺爱，缺少对幼儿合作交往能力的指导和培养等。

一、教师在语言表达时产生失误，使幼儿混淆了合作与竞争

（一）案例描述

在小班的建构游戏活动结束时，老师说：“现在小朋友把玩具收拾起来，看哪个小朋友收拾得最快、最好！”正在做游戏的幼儿都停下来，站起来去拿装玩具的木盒。由于盒子数量不多，幼儿之间发生了争抢。裴汉业和小宝每人都抓住一个木盒不撒手，最后力气大点的裴汉业抢到了木盒，小宝噘着嘴坐在凳子上生闷气。手里有木盒的幼儿开始把玩具往盒子里放，但是明明等幼儿只想自己收拾，不让周围的同伴插手。幼儿之间产生了冲突，教室里有点混乱了。教师不得不出来制止冲突：“小朋友要友好、合作收拾玩具，不要抢！明明，你为什么不让小雨跟你一起收拾呀？”最后，幼儿陆续把收拾好的木盒放回玩具架上。裴汉业、明明、欣雨三

个小朋友依次把收拾好的木盒捧到老师面前说:“老师,看,我收拾好了。”老师说:“好的,真棒,放回去吧!”

(案例来源:范玲丽. 幼儿合作学习活动的指导策略研究[D]. 东北师范大学,2008.)

(二)教育解析

通过上面的案例我们可以发现,正是由于教师提出“看哪个小朋友收拾得最快最好”的要求,使得幼儿之间本来的合作关系变成了竞争关系。如果教师事先提醒幼儿可以一起合作来收拾玩具,让幼儿两两结合,两人一组一个木盒,然后看看哪个组收拾得最快、最好,用小集体的荣誉感调动幼儿积极性,促进幼儿同伴合作,幼儿之间的冲突或许就可以避免。在幼儿园里,教师为了培养幼儿的合作交往能力,应要求每一组的所有小朋友合作收玩具,幼儿的集体荣誉感会很强烈,会看到惊人的效果。此外,也可以每一桌设立一个值日生负责收玩具,这样就避免了竞争和冲突的发生。

二、幼儿的协商合作能力需要成人的正确引导

(一)案例描述

在中班进行的音乐活动“小蝌蚪找妈妈”中,教师决定采用将幼儿分组以角色扮演的方式复习音乐“小蝌蚪找妈妈”。教师将幼儿分为蝌蚪组、青蛙妈妈组、鱼阿姨组、乌龟组。由于儿歌内容比较简单,教师便提议让幼儿小组内部商量如何来演本组的角色。教师一发出商量的要求,幼儿小组就开始“商量”,教室很快就淹没在一片争吵声中。蝌蚪组幼儿根本不知道与同伴商量时应该面向同伴,他们不断举手向教师报告自己的想法,对教师说:“老师,我要……”乌龟组幼儿一直围绕“小蝌蚪找来的时候乌龟在干什么”的问题而僵持不下,赵谦益小朋友认为此时乌龟应该在吃饭,陆春小朋友认为乌龟应该在睡觉,滕俊小朋友认为乌龟应该坐在那里等小蝌蚪的到来,而孙燕小朋友则没有说话的机会。直到教师宣布节目开始,该组都没有一个统一的结果。

(案例来源:范玲丽. 幼儿合作学习活动的指导策略研究[D]. 长春:东北师范大学,2008.)

(二)教育解析

从案例中我们可以看到,幼儿倾听同伴意见的能力和意识很差,都只顾表达自己的意见,商量的过程中语言表达能力强、个性强的幼儿占了上风,活动在幼儿的争吵声中不能有效开展。另外,蝌蚪组幼儿在与同伴协商时,他们只会面向教

师举手报告自己的想法和观点,这反映出幼儿只习惯于师幼之间的交流,而根本不知道商量是要面对同伴的,是要征求同伴意见的。对于中班幼儿来说,出现上述问题,一方面与教师平时缺少对幼儿的正确引导有关,如在发现幼儿与同伴冲突时,教师只会介入进行协调,替幼儿做决定,而不会巧妙地提醒幼儿自己协商解决。幼儿没有协商的经验,当然也就不会运用协商来解决问题了。另一方面可能与幼儿缺乏一定的协商技能有关。幼儿同伴协商行为是指幼儿与同伴之间彼此交流信息,相互协调观点、意图和需要,试图达成一致意见的行为过程。协商合作能力是幼儿未来发展、适应社会、立足社会不可缺少的重要素质。《3 ~6 岁儿童学习与发展指南》强调"要在具体情境中,指导幼儿学习交往的基本规则和技能,幼儿园需要多为幼儿设计大家齐心协力才能完成的活动,让幼儿在具体活动中体会协商合作的重要性,学习分工合作"。因此,幼儿园有必要把"协商"作为一项重要的合作交往技能对幼儿进行培养,在幼儿园一日生活的各个环节中,教师都应尽量提供给幼儿进行同伴交往和协商的机会。由于 73.8% 的同伴协商行为发生在游戏活动中,因此,教师应关注游戏活动中的同伴协商行为,加强对幼儿协商行为的观察、指导和评价,尤其要加强幼儿"观点采择"能力与策略意识及策略能力的培养(陈飞燕,2015)。

三、孩子明明想要交往,为什么见到小朋友时却又躲开了呢

(一)案例描述

菲菲是个文静害羞的女孩。以前妈妈工作忙,周末都要加班,菲菲一直都是由姥姥带着。姥姥腿脚不是很好,上下楼不方便,因此很少带她出去玩。白天的时候,菲菲一般是和姥姥待在家里。最近妈妈换了工作,开始有更多的时间陪菲菲。周末的时候,妈妈要领她到小区里和别的小朋友玩,菲菲特别高兴,穿上了自己最漂亮的衣服。可是到了那里,看到很多小朋友的时候,菲菲却变得退缩起来,靠在妈妈身边,一步也不肯离开,无论怎样鼓励、表扬或者威胁都不管用。妈妈很纳闷:"刚才还兴高采烈地要出来玩,怎么一见到小朋友就不敢说话了?"

(案例来源:杨丽珠. 现代家庭教育智慧丛书[M]. 北京:法律出版社,2011.)

(二)教育解析

案例中的菲菲内心渴望与他人交往,但却不敢与人交往,这可能是由于菲菲一直以来都是由姥姥带,姥姥因为身体不便很少带菲菲出去玩,导致菲菲长期缺

少与同伴交往的机会，与人交往经验不足，交往技能欠缺，也就是不知道如何与小朋友交往，所以见到小朋友后只好躲起来，表现得胆小、不合群。对于幼儿来说，同伴之间积极友好的交往和互动有利于其获得积极的情感体验和扩展视野，而缺乏同伴交往则会导致幼儿出现孤独感和孤僻行为，成年后也会出现人际适应方面的困难。

对于不敢交往的幼儿，家长首先要做到的是不强制性地要求他去和小朋友们玩，更不能当着孩子和别人的面说他害羞、胆小等，这样只会让孩子感觉不舒服，使得以后的交往变得更加困难。作为家长，面对孩子的社交退缩，应该在日常生活中有意识地引导孩子与人交往，并且以身作则，如经常邀请朋友来家里做客，幼儿耳濡目染，不仅学会了交往的技巧，还会慢慢觉得与人交往是一件愉快的事情。相反，如果父母自身就不爱与人交往，既不邀请客人来家里，也不让孩子参与其中，孩子自然就觉得交往是件难事。此外，家长还应该积极地为幼儿创设与同伴交往的条件，鼓励幼儿多与伙伴交往，并教给幼儿一些必要的交往技能，如介绍自己、主动打招呼、拿自己最喜欢的玩具给别的小朋友玩、申请加入游戏、邀请小朋友一起玩，等等。另外，在孩子与同伴发生冲突时，家长尽量不要参与其中，更不能替孩子解决冲突，而是让幼儿自己去解决问题，家长只帮助其分析原因、提供建议，以此提高幼儿的同伴交往能力（陈莉，2003）。

第六节　幼儿自尊自信培养中的教育困惑及应对措施

苏格拉底（Socrates）曾说：“一个人能否有成就，只有看他是否具有自尊心和自信心两个条件。”自尊与自信是相生相伴的，自尊和自信是获得成功的前提，是心理健康的标准之一，是健全人格发展的重要因素。幼儿期是幼儿自我意识开始形成的时期，也是幼儿自尊心与自信心的萌芽时期。《幼儿园教育指导纲要（试行）》中明确指出：“要为每一位幼儿提供表现自己长处和获得成功的机会，增强其自尊心和自信心。”尊重幼儿的个体差异，尊重幼儿作为学习主体的不同学习方式，鼓励与支持幼儿自信地进行各种学习活动，保护幼儿的自尊心，增强幼儿的自信心，使幼儿成为一名有担当、有勇气、有能力的终身学习者。但现实生活中经常会出现片面地评价幼儿、随意给幼儿贴标签等影响幼儿自尊和自信健康发展的教育误区。

一、天生内向的幼儿更需要成人的鼓励与支持

（一）案例描述

一次英语活动中，老师正带领幼儿们练习“elephant”这一个英文单词的发音，老师走到每位小朋友身边时小朋友就要说出这一单词并与老师击掌。当老师走到妞妞面前时，妞妞低下头不说话，老师不断地鼓励说：“妞妞，跟老师一起说一遍。”可妞妞还是低头不语，这时旁边带班老师无奈地说：“这孩子太内向，不爱说话，也从不发言，你再问下去她会哭的，跳过她问别人吧。”在选择活动区时，老师认为妞妞没有主见，每次都是为她安排好到某一活动区活动。

（二）教育解析

幼儿自信心的发展水平往往受其气质的活动性、反应性和专注性的影响，但自信心的形成并非由气质决定的，后天的环境因素对幼儿自信心的发展更具有决定性的作用（刘文，2007）。案例中的老师对幼儿缺乏自信的行为表现不但没有及时干预，反而放任不管，甚至用言语否定幼儿，给她贴上“内向”“胆小”的标签。这种随意给幼儿贴上“坏孩子”“笨孩子”“胆小”的标签的现象在现实生活中很常见，这种语言暴力给幼儿带来的伤害很大，甚至会对其一生产生负面影响。处于幼儿期的孩子自我意识开始萌芽，自我意识的形成往往依赖身边具有权威的成人的评价，教师的否定性评价很容易对幼儿形成暗示性影响，久而久之，幼儿会低估自己的能力，对自己失去信心。根据罗森塔尔效应，成人对幼儿的期望以及因此所采取的教育方式会影响幼儿的心理。因此，面对比较内向、不善表现的幼儿，成人更应该给予鼓励性和支持性的话语和教育对策，引导幼儿主动参与集体活动，大胆表现自己，让他们体验成功的乐趣，增加成就感，提升自信心。例如，在美术活动中，表扬幼儿在创作过程中表现出的想象力和出现的创意点；在教学活动中，以集体游戏形式带动幼儿参与活动，体验活动带来的乐趣等。

二、拿自己的孩子和别人的孩子做比较会伤害幼儿的自尊心

（一）案例描述

三岁半的蕾蕾因为活泼聪明而加倍受到称赞。有一次，蕾蕾的妈妈带着她到雯雯家去玩。雯雯一会儿展示自己的绘画作品，一会儿背诵诗歌，而蕾蕾只会跟着雯雯玩闹一番。回家后，妈妈说：“你看，人家多能干，你只会玩。”从此以后，蕾

蕾再也不肯到雯雯家玩，甚至家人只要一提雯雯，她就发脾气。

（案例来源：吕晓丽．幼儿自尊与自信的培养[J]．新课程（上），2014，01：37．）

（二）教育解析

每个人都有追求被人认可和避免被人否定的需要，对于孩子来说，他们的自尊心更加脆弱，若受到他人的嘲讽，特别是最信任的人的否定，就容易伤到自尊心，降低自信心。拿自己孩子与别人孩子做比较其实是没有太大的教育意义的，当父母拿自己的孩子与别人的孩子做比较时，会使孩子产生一种被否定的感觉，从而打击了孩子的自尊心。这时孩子要么会破罐子破摔，产生逆反心理，要么就是迎合家长，做家长喜欢的样子，长此以往孩子会失去主见，对自我的意识不清。因此，家长应树立正确的教育观，每个孩子都有自己的长处与短处，不要拿孩子的短处与他人的长处做比较。在不伤害孩子自尊心的前提下，家长要采取适当的方式引导幼儿发挥长处，弥补短处，少做横向比较，多做纵向比较。家长应尊重孩子，当发现孩子有做得不对的事情时，先对孩子好的行为做出肯定与表扬，然后间接地与孩子商量对这件事情的看法，家长先了解孩子的想法，再逐步引导孩子认清自己的不足，从心理上接受家长的建议并做出行动上的努力。只有成人真正接纳不完美的孩子时，孩子才会接纳不完美的自己；只有让孩子充分感受到被尊重和理解时，让孩子感受到自己有价值感、存在感，孩子才会形成一个清晰的自我意识，自信地对待任何事情。

三、只要经常夸赞孩子，孩子的自信心就会提高

（一）案例描述

看到宁宁的画，妈妈脱口而出："宁宁画得真好！我家宁宁最棒了！"听了妈妈的夸奖，5 岁的宁宁不但没有高兴，反而不屑地说："你就会说'最棒'了，还有没有新鲜点的。"宁宁妈非常认可赏识教育的观念，所以时常把"你真棒！"挂在嘴边。在儿子 3 岁前，自己的"赏识"似乎还能激发起儿子的热情，可是，随着儿子年龄不断增长，他对妈妈的夸奖越来越不屑了。

（案例来源：赏识教育网：赏识教育常见误区和提醒．http://www.ssjyw.com/shangshianli/shangshiwuqu.html）

（二）教育解析

赏识教育就是认识到他人的才能或价值而予以重视和表扬。家长经常不根

据客观事实而采取同一种方式夸赞孩子,当这种评价与孩子心里的想法不同时,使自己与他人的评价之间形成反差,孩子就会对成人失去信任,同时对自己的能力也表示怀疑,渐渐地失去自信。同样,过分夸赞和不公平的物质奖励等不恰当的夸奖方式也会导致孩子过分注重结果,不能客观地评价自己,在面对挫折和失败时出现不良的心态。错误的赏识教育不仅不会提升孩子的自信心,反而会使其误入歧途。对此,家长在运用赏识教育时要掌握分寸,懂得技巧。首先,从事实出发,不能为了赏识而赏识。家长应根据实际情况,针对孩子的具体进步事件而进行表扬,强化孩子的良好行为,要让孩子清楚自己为什么受到表扬,而不是简单地敷衍孩子。其次,赏识教育不应排斥适当的批评。成人进行赏识教育的同时,也应坚持原则。对孩子的错误应以孩子容易接受的方式及时进行引导和适当的批评。再次,重视个体间差异,奖励方式个性化。成人应看到孩子间的差异,善于发现孩子的闪光点,对不同孩子采取不同的奖励方式。同时,多给予孩子精神上的奖励,少一些物质奖励,成人一个肯定的眼神、一个赞赏的微笑、一个鼓励的动作都会使孩子精神上得到很大的鼓舞,使孩子更加自信。

四、孩子好胜心太强该如何调整

(一)案例描述

一位妈妈的陈述:女儿4岁了,她很聪明好学,也很懂事,在幼儿园里经常受到老师的表扬,但是她的个性太敏感好强了,什么都想表现得最好。校车来了她要第一个上;如果老师表扬了别人,没表扬她,她就会记得特别牢,非要下次争个表扬;还有做游戏、参加活动等,她都要抢在前面……虽然有好胜心很好,可以让孩子学会竞争,但是往往她得不到第一时,就会不高兴,甚至会哭闹。

(案例来源:网易亲子:孩子过于争强好胜家长怎么教育? http://baby.163.com/16/0406/05/BJUQR2K60036409M.html)

(二)教育解析

案例中的孩子并不是真正的自信,而是虚荣心在作怪。幼儿好胜心太强会破坏同伴之间的关系,削弱幼儿的合作能力,使得成败左右孩子的情绪,甚至使其成为一个功利主义者。幼年的任务不是向外延展,而是向内积累。只有内心强大,拥有真正的自尊自信,才能把控好自己,也才能处理好各种关系。

幼儿强烈的好胜心的形成是有一定原因的。家长是孩子重要的影响者,是幼儿模仿的主要对象,父母的一言一行都潜移默化地影响着幼儿的价值观。家长对孩子的过高要求也是孩子好胜心强的原因，家长对孩子的成败进行不恰当的处理，对孩子的成功予以物质奖励，而对失败置之不理，幼儿对挫折的处理能力差，从而导致孩子难以接受挫折的打击。面对好胜心较强的孩子，家长先从自身找原因，尽量避免把工作中的压力“倾诉”给孩子。家长应给幼儿提供一个自由的空间，允许幼儿犯错误，重视幼儿活动过程中是否积极参与、乐于表现、善于交往、体验活动带来的乐趣和成就感等，而不是重视活动的结果。家长要引导幼儿进行正确的归因，把成败多归因于努力程度，而不是能力的大小，还应使幼儿意识到每个人都有自己的长处和短处，要正确认识自己，失败不是对一个人的否定，童年的快乐才是最重要的。

第七节　幼儿诚实礼貌培养中的教育困惑及应对措施

诚实礼貌的重要性我们不言而喻，对于幼儿来说，培养他诚实不说谎，与人交往有礼貌的修养，不但有品德教育的意义，还有利于促进他的智力发展。因此，无论幼儿在家庭生活中还是幼儿园生活中，都应该注重其诚实礼貌的培养。当然对于幼儿来说，其诚实礼貌的发展有着一个特殊的年龄发展特点，他们是一个尚未发展成熟的人，幼儿有时会说谎，会骂人，会与成人作对，不喜欢讲礼貌，等等。很多人不理解这些事情背后的原因，于是总是“误解”孩子，导致在幼儿诚实礼貌的培养中出现很多教育困惑。

一、如果孩子诚实，会不会吃“大亏”

（一）案例描述

广东省妇联2012年发布的广东家庭教育家长十大困惑调查结果，调查期间，访问页面的网民人数达20多万人次，总投票数超过25万。在调查中，超过半数的家长对“诚实的孩子会不会吃亏”这个问题感到困惑。

（案例来源：人民网 http://edu.people.com.cn/GB/1053/17920820.html）

（二）教育解析

常言道，“诚信是为人之本，人无信不立”。然而现如今仍有大部分家长对之有困惑。诚实的孩子到底会不会吃亏？答案是肯定的，诚实的孩子肯定会或多或少地吃点亏。例如,有一个妈妈带一个小孩去火车站买火车票,她对售票员说:"我家孩子还小,不到一米一,只买一张成人票就行啦。"这时小孩突然说:"妈妈不对,我在幼儿园体检的时候都一米一五啦。"妈妈赶紧说:"啊,对对对。"虽然他吃了点亏,买了儿童票,但是他遵从了自己内心真实的想法,培养了良好的品德。他所收获的远比他失去的多得多。这种"吃亏"仅仅只是小亏而已,而诚实带给他的是走向未来和成功的通行证。一句话,诚实的人是吃小亏占大便宜,不诚实的人是占小便宜吃大亏。我们不要怕吃亏,而要怕不吃亏。

二、孩子的"否认式"谎言,我们该怎么办

(一)案例描述

3岁的男孩小宝总是习惯性地撒谎说"不是我弄的,不是我弄的"。例如,他在客厅跑动时不小心把桌子上的水杯打碎了,妈妈回来后问:"这是怎么回事?"他急忙说:"不是我弄的,不是我弄的。"再如,他玩玩具时把玩具扔得到处都是,家人问他:"这是谁弄的?"他马上说:"不是我弄的,不是我弄的。"家人明知他在说谎,更是气不打一处来,朝他的小屁股狠狠地揍了几下。结果,下次再有类似的事情发生,他仍选择撒谎。

(二)教育解析

案例中小宝的这种说谎行为带有明显的欺骗目的,原因就是为了避免受到家人的惩罚。面对这类谎言,我们不用过分担心幼儿的不诚实表现,他们只是为了逃避惩罚而已,他认为,只要他说不是自己做的,家人就不会惩罚自己。其实幼儿这种说谎行为往往与严厉的家庭教养方式有直接关系。面对这种情况,我们应改变这种严厉的家庭教养方式。我们都知道,幼儿的身心发展特点就注定了幼儿不能像我们成人一样,有成熟的大脑、成熟的思维、成熟的身体。他们常常会说错话、做错事。在这个时候,如果成人严厉地批评他、惩罚他,他以后就会更怕犯错误,然而因为幼儿认识水平不高的特点,犯错误常常是在所难免的。为了掩饰错误、避免惩罚,他便说谎,于是便陷入了一个死循环。我们应正确对待幼儿,把他们当作孩子。很多时候,成人在看待孩子时会不自觉地站在成人的角度思考问题,而不是从孩子的角度看待问题。因此,当幼儿犯错误时,我们要平静地告诉幼儿,他做错了,并告诉他正确的方法,不要让他对错误有恐惧和内疚,认为错的就是坏的,做了错事就是坏孩子,以至于他们不敢承认错误。

三、孩子在家里说的话和在幼儿园说的话不一样

(一)案例描述

小美每天中午都会被妈妈从幼儿园接回家。今天刚到家,小美就说:“妈妈,我头疼。”于是妈妈摸了摸小美的头,发现有个大包,还出血了,急忙问:“这是谁打的?”小美说:“是小宇。”“老师知道吗?”“知道。”“他是故意打你的吗?”小美想了想说,“他是故意打我的”。于是妈妈急忙给幼儿园老师打电话。老师听后一头雾水,因为小美在幼儿园根本就没说过小宇打她的事,也没说她头疼。于是老师立即调查此事。老师问小宇:“你打小美了吗?”小宇说:“打了。”老师又问:“你怎么打的?”小宇说:“我拿木棍走时,碰到了她。”等小美及其家长到幼儿园时,再次询问小美,小美又说小宇不是故意打她的,老师也不知道这事。

(二)教育解析

案例中,小美妈妈的询问暗示性特别强,她的暗示性问题“是故意的吗?老师知道吗?”孩子常常会根据成人的暗示线索东倒西歪,于是便会回答“是故意的,老师知道”。成人这种暗示性问题问得越多,孩子说话的“水分”越多,戏剧性越强,最后离真相也越远。孩子具有特殊的身心发育特点,遇到事情的时候,我们成人不能用这种暗示性极强的语句询问孩子,而是问孩子:“发生了什么事情?这是怎么回事?”让幼儿自己说话,而不是诱导幼儿说话。当然我们也不能全信幼儿,因为幼儿特殊的身心发育特点,没有分辨事情的能力,我们也应多与幼儿老师沟通交流,做好家园共育,共同促进幼儿的发展。

四、孩子处于叛逆期,让他讲礼貌,他偏和你作对

(一)案例描述

我家宝宝5周岁了,一是吃饭菜老爱用手抓;二是老爱骂人、抓人,晚上上床以后就平静了。和他讲道理,说这样做不对,他都表示明白,可是白天就不行,平时教导他的话他就用来反驳大人,如他说脏话了,教导他不可以说脏话,那大人不管说什么话,他都说你在说脏话,这可怎么办?

(案例来源:孩子总和大人作对怎么办? http://ask.yaolan.com/question/20130511172140238000.html,2013-05-11)

(二)教育解析

案例中的幼儿处于叛逆期,他之所以常常与成人作对有以下几点原因:幼儿

有时为了引起成人的注意,吸引成人的目光,想让成人更多地关注自己;成人经常性地否定幼儿,例如:你这样不对,这样不行,你不可以这样,你不能这样,等等,长期处于压制中的幼儿也会因此反抗,表现出的就是与成人作对,成人让他不要用手抓饭,他偏偏用手抓饭,成人让他不要骂人,他偏偏骂人;成人对幼儿太过严厉,用高标准、高规格来要求幼儿,对幼儿期望过高等,这些都有可能使幼儿常常与成人作对。我们成人应多和孩子沟通,多听听孩子意见,不能总是自作主张,把自己当作孩子的代言人。我们在教导幼儿时,不应该多用禁止的语气,而更应该告诉他该干什么。比如,告诉他用筷子吃饭才是对的,而不是告诉他用手抓菜不对。这样做不对,那如何做是对的呢?孩子不一定知道。另外,如果经常和孩子讲道理,会逐渐导致孩子的狡辩行为。所以,讲道理太多对孩子反而有不良影响。

五、孩子讲礼貌得看心情

(一)案例描述

小毅的妈妈为孩子不懂礼貌的问题头疼不已。她说,这才是最让她感到头疼的问题,因为他们家非常重视孩子的礼貌,希望孩子能自如大方地跟所遇到的大人和孩子打招呼。而小毅只有在心情很好的时候才会主动打招呼问候,这种情况并不多见。甚至别人跟他打招呼,他都径直走过去不予理睬。有一次,妈妈说:"我们家住得离市中心比较远,每次在市区办完事回去,有的时候在地铁上有座位,我就要求孩子给老弱病残孕让座,坐到我的腿上。"孩子一直都很不情愿。后来就学会跪在凳子上看窗外。再后来妈妈就跟他约定,有老人上来了就让座,孩子勉强答应了。但是有一次,上来了一位老人,妈妈强行把孩子拉到自己腿上并把座位让给老人,但是孩子一直在哭。

(案例来源:责怪孩子没礼貌. http://www. kidseq. net/Article/37. html,2008-08-15)

(二)教育解析

案例中的妈妈一心想要小毅懂礼貌,但显然她自己就没有做到,又怎么能要求小毅做到呢!她只想小毅为老人让座,怎么就不直接自己为老人让座呢!身教重于言教,这句话我们都知道,但是在实际教育孩子的时候,成人往往只是站在高处俯视孩子,而不是和孩子站在平等的位置。自己做不到的,偏偏要求孩子必须做到。如何能使孩子更好地讲礼貌,我们成人的作用就显得尤其重要。我们要做到讲礼貌,与人主动打招呼,碰到老人主动让座,不说脏话等,总之,我们要为孩子树立榜样。他们很多时候是通过观察学习的，在成人潜移默化的影响中，他们会成长得更快、更好。

第八节 幼儿同情助人培养中的教育困惑及应对措施

同情是一种对他人的不幸遭遇产生共鸣及对其行动的关心、赞成、支持的情感。在个体心理发展中，同情心不仅可以抑制攻击行为，而且被看成是亲社会行为最主要的动机源。诸多研究表明，同情心能促使幼儿设身处地地理解他人的愿望和需要，进而在行动上给予相应的关心、支持和帮助，增加儿童在社会交往中的谦让、帮助、合作和分享等亲社会行为，特别是基于他人利益的利他行为。但由于现在幼儿大多是独生子女，他们心中只有自己，缺乏同情心，不合群，不会关心别人，这固然与这个时代的大背景有关系，但成人对幼儿同情心发展的错误认知和教育方法也是导致幼儿同情心缺乏的重要原因。

一、孩子重感情，有同情心，我是该开心呢还是该担心呢

（一）案例描述

一次和同事聊天，她谈起了她的女儿。她的女儿只有 3 岁，有一次她给女儿讲安徒生的童话故事《卖火柴的小女孩》，等她讲完看向自己的女儿时，发现女儿早已泪流满面，小嘴委屈地撇着，但没有哭出声，然后将头埋在妈妈的臂弯里好长时间也不出来。同事看到这种情况，赶忙安慰她，说：“这是一个童话故事，并不是真的。”但女儿还是伤心了很久。不仅如此，女儿看到受伤的小狗也会心疼得要命。同事说：“孩子这么小，情感就那么深刻，这样岂不是很容易受伤?”

（二）教育解析

在西方古典的基督教学说和东方传统的儒家学说中，同情心一直被视为规范人们道德行为的第一准则，是人性最基本的问题。同情作为崇高的德性能激起他人的倾慕和向往之情，能直接参与对方的存在之中，它有力量、有尊严、宽宏地存在着，使人深受其赐。华盛顿勇救落水女童；林肯送醉人回家；加里波第无意折断蟋蟀一腿，痛哭不止；达尔文从不把鸟巢中的鸟卵取完，恐伤鸟心；孔子食于有丧者之侧，未尝饱也；孟子闻禽兽之声而不忍食其肉；周宣王以羊易牛，韩愈为鼠留

饭、怜蛾熄灯,先哲有言,“昆虫未蛰,不得以火烧田”,这都是同情心的表现(胡金生,2004)。陈鹤琴曾经说过:“同情行为在家庭里、在社会里是一种非常重要的美德。”一个没有同情心的人是不会去关心帮助别人的。案例中的小女孩为卖火柴的小女孩哭泣,为受伤的小狗难过,都是其具有同情心的表现,是其在社会化过程中形成和发展起来的一种优秀的人格特质,作为孩子的母亲应对此感到安慰,并在以后的生活中逐渐引导其同情行为的发展,如孩子一旦有良好行为显现,表现出他们的爱心、同情时,应抓住机会适时给予赞美与鼓励,儿童便会更乐于表现这种行为。

二、孩子爱心的缺乏由谁来负责

(一)案例描述

1996年在北京朝阳区某幼儿园里,幼教专家对学前儿童进行了一次心理测试,其中有两道题是检验同情心和善良程度的,第一题是:“如果你在路边见到一只要死的小猫,怎么办?”孩子们兴奋地抢答道:“踢死它”“拿砖头砸死它”,孩子们尽量数着置小猫于死地的办法,兴致勃勃,只有个别孩子主张救活它。专家们接着提出了第二个题目:“一个小妹妹发烧了,她冷得直哆嗦,你愿意借给她外套穿吗?”结果孩子们半天都不回答。当老师点名时,第一个孩子说:“病了要传染的,她穿了我的衣服,那我也该生病了,我妈妈还得花钱。”第二个孩子则说:“我妈妈不让,我妈妈会打我的。”第三个孩子说:“给我弄脏了怎么办?”第四个孩子说:“怕弄丢了。”结果半数以上的孩子都找出种种理由,表示不愿意借衣服给生病的小妹妹。

(案例来源:孙静.将同情心植入幼儿的心灵.江苏省教育学会2006年年会论文集(综合一专辑).2006:1.)

(二)教育解析

案例中面对幼儿们的回答我们不禁感到震惊,孩子们如此缺乏同情心、缺乏爱心,甚至对人有些残酷,让我们很难想象这些回答是出自这些天真烂漫的孩子之口。联合国教科文组织于1989年11月在北京召开的面向21世纪国际教育研讨会上提出了题为“学会关心”的报告,从而实现了国际社会教育目标从“学会生存”向“学会关心”的转变。可以说,这种教育目标的转变是社会发展的必然,反映了时代对人才的新需要。然而在我国实行独生子女的政策下,有些家长对唯一的孩子百般宠爱,致使一些幼儿成了家庭中的小皇帝、小公主,随之产生了诸如自我中心、自私、冷漠等不良品质，这些幼儿只有被爱的体验，而没有爱人的体验。

有些成人认为，等孩子大一点懂事了就知道关心他人了，但事实上孩子的爱心不是靠强行灌输而在一夜之间培养出来的，更不是用没有原则的、失去理智的溺爱换来的。它是通过自然而然的模仿、潜移默化的渗透而逐渐形成的。同情的发展可能会经历4个阶段：(1)普遍的同情，0～1岁婴儿处于此阶段，此时婴儿还不能区分自己的痛苦和他人的痛苦，同情带有无意识的特征；(2)自我中心的同情，1～2岁幼儿处于此阶段，此时幼儿获得他人永久性概念，幼儿的同情体验开始分化为自我中心的个人悲伤和指向他人的移情担心；(3)对他人情感的同情，2岁以后的儿童处于此阶段，此时儿童已能区分他人的不同情绪状态，对他人的痛苦能采取更为有效的反应方式；(4)对他人生活状况的同情，5～8岁儿童处于此阶段，儿童已经能够认识到他人是有着较安定的生活史的存在，对他人的同情已经能够结合他人的整个人生历程，着眼于他人的人生幸福。所以，我们应从1岁以后就要有意识地去引导幼儿同情心的发展。有关儿童的研究证据表明，父母的教育方式、教师的指导策略、同伴的影响都可以使儿童的同情心得到抑制或加强。许多研究还发现，家庭环境氛围对儿童同情心的发展会产生影响，诸如：父母树立儿童模仿同情心的榜样；鼓励儿童体验和表达情绪，满足孩子自己的情感需要，阻止他们过分的自我中心性；给孩子提供观察和参与别人情绪的敏感性和反应性的机会（辛晓莲，2005）。总之，成人应经常运用强化、诱导、角色扮演、情景故事对儿童的同情行为予以干预，逐渐将同情之火渗透到孩子的内心，如同春雨“随风潜入夜，润物细无声”，才能培养出具有同情、怜悯和助人之心的孩子。

第九节　幼儿情绪适应培养中的教育困惑及应对措施

情绪是儿童早期适应生存、适应社会生活的重要心理工具，对儿童的心理和行为具有重要的组织作用。从现实中幼儿成长的状况来看，情绪适应的培养是困扰幼儿及其家庭的主要问题之一。从幼儿情绪适应的角度出发，造成幼儿情绪暴躁、恐惧和抑郁的原因，大多与父母的教养方式有关。围绕幼儿情绪适应培养中的教育困惑，对其进行教育解析，从而帮助父母解答心中的疑惑。

一、幼儿的不良情绪需要成人的积极引导

(一)案例描述

区角活动时,超超、成成和雯雯都选择玩拼图,成成和雯雯拼得很快,拼好后,跑来看超超,雯雯问:“你拼的是什么?”超超低头没有理会。雯雯接着说:“你拼的和我们拼的不一样。”超超仍低头不语。成成便用手动了动拼图,拼图因此挪动了位置。超超马上一脸不高兴,把拼图重重扔在地上,一边踢脚蹬腿,一边高声哭喊着:“都是你动……动坏了,你动的……”

(案例来源:王烨芳.学前儿童行为观察与分析[M].南京:江苏教育出版社,2012.)

(二)教育解析

从情绪适应的角度分析,案例中的超超属于典型的不能合理调节自己情绪的幼儿。情绪调节能力被视为一种十分重要的社会情绪能力,它是儿童期社会情绪发展的核心成分,而情绪调节策略的发展和成熟则是幼儿情绪调节能力发展的重要标志。案例中,超超由于自己的拼图被小伙伴移动了位置有了情绪,这也是正常的反应,但他并没有采用恰当的情绪调节策略来缓解自己的不良情绪,而是采用大哭大闹的消极方式来表达自己的不愉快,所以不利于其心理的健康发展,也在一定程度上影响了他的同伴关系。因此,成人应帮助幼儿学习以恰当的方式表达自己的情绪。首先,成人应教育幼儿认识各种情绪及其特征与后果,特别是要使幼儿对一些过激情绪有初步的了解。在认识情绪的基础上再教给幼儿一些情绪表达的方式和方法,如倾诉的表达方式,每当情绪不稳定时,应向自己的父母和老师“倾诉”自己的感受,不要憋在心里,如,可以说自己生气了、“我害怕”,等等,在这方面,成人可以示范给幼儿,并经常地与幼儿一起讨论彼此的情绪感受。此外,成人也可以通过转移其注意力的方法帮助幼儿调节情绪,如在幼儿产生不良情绪时,通过让幼儿看电视、做游戏、玩玩具或说一些笑话等使幼儿变得高兴起来,慢慢地,幼儿就逐渐学会主动地转移注意力。对那些自我控制能力稍强的幼儿,成人也可以教会幼儿在其发怒时采用默数“1,2,3,4……”或默念“我不发火,我能管住自己”等自我意会控制法来控制自己的不良情绪。

二、孩子不听话，采用吓唬这一招真有效果吗

（一）案例描述

5岁的宏宏从前是一个玩具迷，总是很喜欢各种人物造型的玩具。有一次和妈妈逛商场，他非要妈妈给他买变形金刚玩具，无论是大哭大喊还是站着不走，都没有成功地让妈妈买玩具。他对妈妈说了一些不尊敬的话，妈妈非常生气，立刻威胁他说："家里有那么多玩具，怎么还买，再无理取闹，妈妈不要你了，给你送别人家去。"他听到妈妈说的话，吓得立刻停止了哭泣，跟着妈妈离开了商场。只要他求着妈妈买一些好玩的玩具，当妈妈不想给他买时，都会采用吓唬的手段来阻止孩子的无理取闹。后来，宏宏在商场只要看到玩具，他都非常害怕，情绪非常低落，闷闷不乐，生怕妈妈抛弃他，使他成为没有人要的小孩。

（二）教育解析

案例中母亲面对自己的孩子在公共场合的无理取闹，采用大声训斥、恐吓的方式，虽然暂时控制了幼儿的不良行为，却使幼儿的情绪变得紧张和焦虑，不利于其情绪的良好发展。其实，面对幼儿的一些不合理要求和不良情绪表现，成人可以采用"负强化"的方法来对待孩子的情绪失控。例如，幼儿吵着要买玩具，甚至在地上打滚，父母可采取不劝说、不解释、不争吵的方法，让幼儿感到父母并不在意他的这些行为。当孩子闹够了，从地上爬起来时，父母可以说"我们知道你不开心，但你现在不闹了，真是一个好孩子"，并表示出高兴和关心，跟他讲道理，分析他刚才的行为对不对。总之，在幼儿出现不良情绪时，成人应表现出理解与宽容，并表达真正的爱，教会幼儿如何正确表达情绪，而不是一味地恐吓幼儿，才能使幼儿真正学会控制自己的情绪，成为情绪的主人。

三、送孩子上幼儿园就好比生离死别，真愁死了

（一）案例描述

小贝贝3岁了，妈妈送他去幼儿园的时候，他又哭又闹，不让妈妈走，害得妈妈连续几天上班迟到，贝贝的妈妈很苦恼。

（案例来源：朱立新. 幼儿入园初期亲子分离焦虑与分析[N]. 中国教育资讯报，2002-08-08(11)）

（二）教育解析

在现实生活中，幼儿刚入园的时候，差不多每位父母都经历过孩子这种"生离

死别”般的反应。在心理学中，这就是亲子分离焦虑的表现。亲子分离焦虑是幼儿对陌生环境和陌生人所产生的不安全感和害怕感的反映。当然入园焦虑的出现是正常的反应，但是如果持续时间过长，情绪波动太大，就会影响幼儿的健康成长。孩子出现分离焦虑的原因有多种，幼儿是人生发展的初始阶段，他们的身心尚未发育成熟，这就决定了他们在生活上、心理上比较依恋成年人，害怕与家长分开，这种情感断乳的心理冲击会使幼儿产生紧张、不安、焦虑的情绪，形成入园不适应症。加上幼儿园的物理环境和人际环境都与原来所生活的家庭大不相同，致使幼儿出现短暂的不适应状况（于曼，2009）。幼儿出现分离焦虑还与家长自身的焦虑情绪有很大关系，幼儿快入园前，家长首先就会担心孩子入园后不适应，甚至不舍得幼儿与自己分开，这样的焦虑情绪会影响到幼儿，导致幼儿出现分离焦虑。另外，由于家长缺乏对幼儿入园前的准备，很多幼儿缺乏一定的自理能力，不能很好地适应新的集体生活，或者家长在长期家庭生活中不善于引导幼儿与他人接触和交往，导致幼儿胆小，出现社交退缩等状况。当然，幼儿入园时，教师们的态度在一定程度上也影响到幼儿的情绪反应，如果教师对幼儿抱有爱心、耐心，亲切地对待每一个孩子，那么孩子的分离焦虑就会大大减轻。为了帮助幼儿入园后能快速地熟悉陌生的环境，消除其不安全感、害怕感，在幼儿入园前的七八月份，父母可以利用星期六、星期天或吃完晚饭散步的时间，带幼儿步行到幼儿园参观、游玩，以熟悉环境，产生安全感。回家后，可以和幼儿一起谈话，让幼儿慢慢地对幼儿园以及其他幼儿产生印象。分离焦虑反应较为严重的幼儿，刚入园时可只在园里待半天，等其逐渐适应了再正常接送。父母在送幼儿入园的时候要明确地告诉幼儿：“下班后就来接宝宝。”让幼儿知道他只是与父母短暂的分离，分离焦虑就会减轻。

参考文献

[1] 白爱宝. 幼儿发展评价手册[M]. 北京:教育科学出版社,1999.

[2] 贝蒂, J. J. 幼儿发展的观察与评价[M]. 7版. 北京:高等教育出版社, 2011.

[3] 蔡敏力. 幼儿责任心培育的主题活动设计[D]. 长沙:中南大学硕士学位论文,2011,6: 40.

[4] 曹中平. 中班幼儿角色游戏中合作能力发展的初步观察研究[J]. 学前教育研究, 1994, 2: 43-46.

[5] 常炜. 关于构建和谐校园的思考[N]. 中国教育报, 2005-03-22(5).

[6] 车广吉, 丁艳辉, 徐明. 论构建学校、家庭、社会教育一体化的德育体系:尤·布朗芬布伦纳发展生态学理论的启示[J]. 东北师大学报(哲学社会科学版),2007, 4: 155-160.

[7] 陈斌斌,李丹. 班级生态系统对儿童亲社会行为影响的研究述评[J]. 心理科学进展,2008, 16(5): 733-739.

[8] 陈飞燕. 在具体情境中培养幼儿的协商合作能力[J]. 中国校外教育旬刊, 2015, 11: 155-155.

[9] 陈基越, 徐建平, 黎红艳等. 五因素取向人格测验的发展与比较[J]. 心理科学进展,2015, 23(3): 460-478.

[10] 陈莉. 幼儿同伴协商行为研究[D]. 南京:南京师范大学硕士学位论文,2003.

[11] 陈向明. 质的研究方法与社会科学研究[M]. 北京:教育科学出版社,2000.

[12] 陈学诗, 郑毅, 吴桂英等. 幼儿人格评定量表的编制及其信效度研究[J].

中国临床心理学杂志,2001，9(1)：13-16.
[13] 程志宏. 关于幼儿自信心现状及培养策略的研究[J]. 学前教育研究，2003，3(Z1)：88-90.
[14] 崔红，王登峰. 中国人人格形容词评定量表(QZPAS)的信度、效度与常模[J]. 心理科学,2004，27(1)：185-188.
[15] 戴海琦. 心理测量学[M]. 北京:高等教育出版社,2015.
[16] 戴维·谢弗. 社会性与人格发展[M]. 5 版. 陈会昌,译. 北京:人民邮电出版社,2012.
[17] 但菲，杨丽珠，冯璐. 在游戏中培养幼儿自我控制能力的实验研究[J]. 学前教育研究,2005，11:13-15.
[18] 董存梅. 幼儿自我调控的中日比较[J]. 心理发展与教育,2011，27(2)：133-139.
[19] 董光恒，杨丽珠. 3～5 岁幼儿自我控制类型研究[J]. 学前教育研究，2007，11：13-17.
[20] 樊倞. 当代中日学前教育内容比较[J]. 云南师范大学学报(对外汉语教学与研究版),2002，3(6)：229-232.
[21] 范丽恒. 国外教师期望研究综述[J]. 心理科学,2006，29(3)：646-648.
[22] 范玲丽. 幼儿合作学习活动的指导策略研究[D]. 长春:东北师范大学硕士论文,2008.
[23] 冯晓霞. 多元智能理论与幼儿园教育评价改革:发展性教育评价的理念[J]. 学前教育研究,2003，9：5-7.
[24] 傅维利，刘民. 文化变迁与教育发展[M]. 成都:四川教育出版社,1988.
[25] 葛明贵. 健全人格的内涵及其教育[J]. 安徽师范大学学报(人文社科版),2003，31(4)：469-473.
[26] 公桂兰，赵金霞，王美芳. 母亲教养方式与幼儿焦虑的关系[J]. 学前教育研究,2006，9：57-60.
[27] Good T L, Brophy J E. 透视课堂[M]. 陶志琼,王凤,邓晓芳,等译. 北京:中国轻工业出版社,2002.
[28] 官群，孟万金，John. 中国中小学生积极心理品质量表编制报告[J]. 中国特殊教育,2009(4)：70-76.
[29] 古德，布罗菲. 透视课堂. 甘肃教育,2015(13).

[30] 郭伯良，张雷. 近 20 年儿童亲社会与同伴关系相关研究结果的元分析[J]. 中国临床心理学杂志,2003，11(2)：86-88.

[31] 郭志峰，刘文. 儿童气质活动性与父母教养因素相互作用研究的新进展[J]. 幼儿教育·教育科学,2006，10：47-51.

[32] 郭忠玲. 关于3.5～5.5 岁幼儿分享水平发展的研究[J]. 学前教育研究，1996，5:36-37

[33] 韩进之，魏华忠，杨丽珠. 中国儿童青少年自我意识发展与教育[M]. 北京：中国卓越出版公司，1990.

[34] 朱智贤，中国儿童青少年心理发展与教育[M]. 北京：中国卓越出版公司，1990.

[35] 何晓红. 论和谐幼儿园环境与学前儿童的社会性发展[D]. 武汉华中师范大学硕士学位论文,2006.

[36] 黑丽君. 3～5 岁儿童自主性结构及发展特点研究[D]. 大连:辽宁师范大学硕士学位论文,2008.

[37] 胡继明，黄希庭. 君子:孔子的理想人格[J]. 西南大学学报(社会科学版),2009，35(4):7-11.

[38] 胡金生. 儿童同情的发展与促进[M]. 安徽:安徽教育出版社,2011.

[39] 胡金生. 儿童同情心的结构及发展特点研究[D]. 大连:辽宁师范大学博士学位论文,2004:29.

[40] 胡金生，杨丽珠. 教室中幼儿自发的助人行为[J]. 辽宁师范大学学报(社会科学版),2005，28(1)：46-48.

[41] 胡金生，杨丽珠，李博. 儿童情绪认知的发展及其对助人意向的影响[J]. 学前教育研究,2007(7)：37-40.

[42] 胡克祖. 儿童好奇心的发展与促进[M]. 安徽:安徽教育出版社,2014.

[43] 胡克祖. 3～6 岁幼儿好奇心结构、发展特点及影响因素的研究[D]. 大连：辽宁师范大学博士学位论文，2005.

[44] 胡克祖，杨丽珠，张日昇. 母亲教养方式及其相关因素同幼儿好奇心关系的研究[J]. 心理学探新,2005，25(4)：62-66.

[45] 黄芳. 发展性幼儿评价的实践与反思[J]. 学前教育研究,2005，10：43-45.

[46] 黄希庭. 健全人格与心理和谐[M]. 重庆:重庆出版社,2010.

[47] 黄希庭，郑涌，李宏翰. 学生健全人格养成教育的心理学观点[J]. 广西师范大学学报(哲学社会科学版),2006，42(3)：90-94.

[48] 黄志敏. 小班幼儿新入园分离焦虑研究[D]. 桂林:广西师范大学硕士学位论文,2004.

[49] Janice J. Beaty. 幼儿发展的观察与评价[M]. 7 版. 郑福明,费广洪,译. 北京:高等教育出版社,2011.

[50] 简·斯特里劳. 气质心理学[M]. 阎军,译. 沈阳:辽宁人民出版社,1987.

[51] 侯本华，盛绍增. 女子篮球运动员 16PF 常模标定及人格特点分析[J]. 中国体育科技,2001，37(6)：25-27.

[52] 金芳. 3 ~6 岁幼儿健全人格发展的教育促进研究[D]. 大连:辽宁师范大学博士学位论文，2014.

[53] 金芳，但菲，杨丽珠. 全人教育背景下幼儿健全人格培养的意义、目标、内容与方法[J]. 幼儿教育:教育科学,2011，5：13-17.

[54] 金盛华. 教师期望与学生发展[J]. 人民教育,1994，1：26-29.

[55] 金星明. 解读学龄前儿童十大问题行为[M]. 大众医学,2004，6：61-65.

[56] 冷珊. 父母共同养育、幼儿气质与幼儿人格的相关研究[D]. 大连:辽宁师范大学硕士学位论文,2010.

[57] 李波，韩向明，马惠霞，等. 卡氏十六种人格因素山西大中专学生常模的修订[J]. 山西医科大学学报,2005，36(5)：584-586.

[58] 李彩娜，邹泓，杨晓莉. 青少年的人格、师生关系与心理健康的关系研究[J]. 中国临床心理学杂志,2005，13(4)：440-442.

[59] 李浩泉. 幼儿情绪你关注了多少[J]. 教育导刊:幼儿教育,2007，6:68-69

[60] 李凌艳. 国外父母教育观念研究综述[J]. 学前教育研究,1995，6：60-62.

[61] 李麦浪. “参与式观察”在幼儿教育中的实际运用(四):“参与式观察”记录方法与分析整理[J]. 教育导刊,2002,24：29-31.

[62] 李伟强，甘超. 青少年学生健全人格的涵义及其培养[J]. 衡阳师范学院学报,2008，29(4)：135-137.

[63] 李文权，李辉，刘春燕. 系统式团体心理辅导改善儿童同伴关系的研究[J]. 心理发展与教育,2003，19(1)：76-79.

[64] 李岩. 隐性课程对幼儿人格的影响[J]. 安徽文学月刊,2010，12：203-203.

[65] 李幼穗,韩映虹. 幼儿同情心发展特点的调查研究[J]. 天津师范大学学报(社会科学版),2008, 6: 77-80.
[66] 李幼穗, 赵莹. 4~6 岁儿童分享行为的特点及培养策略[J]. 学前教育研究,2008, 2: 39-41.
[67] 廖凤林, 廖桂春, 李江雪等. 幼儿对不同被助对象的助人观念及其行为发展的研究[J]. 心理发展与教育,1999, 15(1): 19-22.
[68] 廉欢. 基于气质评定的幼儿同伴冲突解决策略促进研究[J]. 大连:辽宁师范大学硕士学位论文,2011.
[69] 林崇德. 教育与发展:创新人才的心理学整合研究[M]. 北京:北京师范大学出版社,2002.
[70] 林崇德, 王耘,姚计海. 师生关系与小学生自我概念的关系研究[J]. 心理发展与教育,2001, 17(4): 17-22.
[71] 林磊. 幼儿家长教育方式的类型及其行为特点[J]. 心理发展与教育,1995, 4: 43-47.
[72] 刘爱芳. 家庭表露与幼儿焦虑关系的研究[D]. 济南:山东师范大学硕士学位论文,2008.
[73] 刘闯, 杨丽珠. 父母教养方式对 3~6 岁幼儿责任心发展的影响[J]. 学前教育研究,2007,(1): 56-59.
[74] 刘红云. 追踪数据分析方法及其应用[M]. 北京:教育科学出版社,2005.
[75] 刘继亮, 孔克勤. 人格特质研究的新进展[J]. 心理科学,2001, 24(3): 294-296.
[76] 刘杰, 孟会敏. 关于布朗芬布伦纳发展心理学生态系统理论[J]. 中国健康心理学杂志,2009, 17(2): 250-252.
[77] 刘金才. 家庭本位与群体本位:论中日文化中和谐和合群精神的差异, 中日比较文化论集[M]. 长春:吉林教育出版社,1990.
[78] 刘金花. 家庭研究新观点述评[J]. 心理科学, 1996,1: 11-15.
[79] 刘文. 创造性人格与儿童气质研究[M]. 北京:中国大地出版社,2007.
[80] 刘文, 彭菲菲. 幼儿自我调节能力的发展及与气质的关系[J]. 心理发展与教育,2010, 26(3): 245-250.
[81] 刘文, 杨丽珠. 基于教师评定的 3~9 岁儿童气质结构[J]. 心理学报,2005, 37(1): 67-72.

[82] 刘文，杨丽珠. 社会抑制性与父母教养方式对幼儿利他行为的影响[J]. 心理发展与教育,2004，20(1)：6-11.
[83] 刘文，杨丽珠. 小学儿童个性结构研究[J]. 心理科学，2001,24(6)：741-742.
[84] 刘文，杨丽珠. 学前儿童的气质和利他行为[J]. 学前教育研究,1993，1：57-60.
[85] 刘文，杨丽珠. 3~6岁幼儿个性结构研究[J]. 心理科学,1999，22(5)：459-460.
[86] 刘文，杨丽珠，金芳. 气质和儿童同伴交往类型关系的研究[J]. 心理学探新,2006，26(4)：68-72.
[87] 刘霞. 试析当前幼儿发展评价改革的基本走向[J]. 幼儿教育:教育科学版,2008，7：21-25.
[88] 刘秀丽. 学前儿童欺骗发展的研究:从心理理论视角透析学前儿童欺骗的发展[D]. 长春:吉林大学博士学位论文，2004.
[89] 刘焱. 儿童游戏通论[M]. 北京:北京师范大学出版社,2004.
[90] 刘焱. 幼儿教育概论[M]. 北京:中国劳动社会保障出版社,1999.
[91] 刘云艳. 好奇心的实质与教师的支持性策略[J]. 学前教育研究,2006，2：14-16.
[92] 刘云艳. 幼儿好奇心发展与教育促进研究[D]. 重庆:西南师范大学博士学位论文,2004.
[93] 卢纹岱. SPSS for Windows 统计分析[M]. 2版. 北京：电子工业出版社,2002.
[94] 罗英智. 幼儿园探究式活动(小班下)[M]. 大连:辽宁师范大学出版社,2012.
[95] 孟万金. 论积极心理健康教育[D]. 教育研究，2008,5：41-45.
[96] 欧贤才. 从埃里克森的早期人格发展理论谈学前儿童人格教育. 教育探究[J],2006，4：96-98
[97] 帕蒂·惠芙乐. 倾听孩子:家庭中的心理调适[M]. 北京:北京大学出版社,2007.
[98] 潘苗苗，苏彦捷. 幼儿情绪理解、情绪调节与其同伴接纳的关系. 教育导刊月刊[J]，2007,23(2)：64-64.

[99] 庞丽娟. 同伴提名法与幼儿同伴交往研究[J]. 心理发展与教育, 1994, V10(1): 18-21.
[100] 庞丽娟. 幼儿不同交往类型的心理特征的比较研究[J]. 心理学报, 1993,25(3): 84-91.
[101] 庞丽娟, 姜勇. 幼儿责任心发展的研究[J]. 心理发展与教育, 1999,V15(3): 12-17.
[102] 齐璐. 3~5岁幼儿创造性人格的结构、发展特点与类型[D]. 辽宁师范大学硕士学位论文,2007.
[103] 上海地区幼儿教育现状与对策研究课题组(儿童发展水平小组). 上海地区城乡幼儿个性发展水平的比较研究[J]. 上海教育科研, 1990,2: 36-40.
[104] 桑标. 儿童发展心理学[M]. 北京:高等教育出版社,2009.
[105] 斯特里劳·简, 阎军. 气质心理学[M]. 沈阳:辽宁人民出版社,1987.
[106] 邵小佩,康永春. 美国亚利桑那州3岁~5岁儿童学习标准解读[J]. 早期教育(教师版), 2009,7: 20-25.
[107] 申继亮. 处境不利儿童的心理发展现状与教育对策研究[M]. 北京:经济科学出版社,2009.
[108] 沈筱梅. 幼儿合作交往能力培养的研究[J]. 上海教育科研, 2005,7: 85-86.
[109] 孙晓云. 培养主动性要尊重孩子的天性. http://blog. sina. com. cn/s/blog_475b16640102vq4i. html,2015-07-20.
[110] 孙岩, 金芳, 何明影等. 游戏训练提高幼儿自我控制能力:来自erp的证据[J]. 心理科学,2015,(5): 1109-1115.
[111] 孙岩, 马亚楠, 杨丽珠. 父母教育价值观对儿童人格的影响:有调节的中介模型[J]. 心理发展与教育, 2015,31(5): 522-530.
[112] 陶金玲,许映建. 幼儿园班级安全管理[M]. 北京:中国轻工业出版社,2014.
[113] 天跃图书工作室. 幼儿园大班活动设计[M]. 福州:福建教育出版社,2014.
[114] 汪新建, 俞容龄. 西方社会能力的研究及启示[J]. 心理科学,2006, 29(1): 233-235.

[115] 王登峰. 解读中国人的人格[M]. 北京:社会科学文献出版社,2005.
[116] 王娥蕊,杨丽珠. 3 ~9 岁儿童自信心发展特点的研究[J]. 辽宁师范大学学报(社会科学版),2006,29(3): 45-48.
[117] 王海梅, 陈会昌, 张光珍. 4 ~6 岁儿童对“偶得物品”与“拥有物品”的分享行为[J]. 心理发展与教育,2005, 21(3): 37-43.
[118] 王静, 宋荧荧. 幼儿入园分离性焦虑反应的表现与干预. 河南职工医学院学报[J],2003,15(1): 89-91.
[119] 王蕾. 教师期望效应最优化的策略[J]. 宁波大学学报(教育科学版),1999,4: 12-16.
[120] 王玲凤. 幼儿情绪调节与“冷”“热”抑制控制的发展特点[J]. 学前教育研究[J],2013,3: 56-61.
[121] 王美芳, 王玉廷. 学前儿童焦虑状况的追踪研究[J]. 学前教育研究,2008,5: 32-34.
[122] 王平. 学前儿童对说谎的理解与评价及与实际行为的相关研究[D]. 曲阜:曲阜师范大学硕士学位论文,2005.
[123] 王小溪. 幼儿情绪理解能力发展现状的测查研究[J]. 早期教育(教师版), 2010,3: 10-12.
[124] 王小英. 幼儿创造力发展的特点及其教育教学对策[J]. 东北师大学报(哲学社会科学版),2005,2:149-154.
[125] 王小英, 石丽娜. 3 ~6 岁幼儿合作学习的水平与特点[J]. 学前教育研究,2008(12): 35-38.
[126] 王争艳. 幼儿行为抑制性的稳定性及其同伴交往特征:从 2 岁到 5 岁的追踪研究[D]. 北京:北京师范大学博士学位论文,2000.
[127] 王卓, 杨宁. 混龄教育对幼儿社会行为发展的影响研究[J]. 幼儿教育(教育教学),2011, 12: 37-41.
[128] 魏中杰. 幼儿合作素养的培养研究[D]. 长春:东北师范大学硕士学位论文. 2009,25-27.
[129] 沃伦 · R · 本特森. 观察儿童:儿童行为观察记录指南[M]. 于开莲, 王银玲,译. 北京:人民教育出版社,2009.
[130] 肖凌燕. 论教师不良语言模式对学生积极人格发展的影响及对策[J]. 教学与管理, 2014,3: 60-62.

[131] 小巫.给孩子自由:中西理念冲撞中的早教[M]. 北京:民主与建设出版社,2007.
[132] 辛晓莲. 3~5岁幼儿同情心培养的实验研究[D]. 大连:辽宁师范大学博士学位论文, 2005.
[133] 徐芬, 王卫星, 张文静. 幼儿说谎行为的特点及其与心理理论水平的关系[J]. 心理学报, 2005,37(1): 73-78.
[134] 徐俊华. 学前教育科学研究方法[M]. 合肥:安徽大学出版社,2014.
[135] 姚端维, 陈英和, 赵延芹. 3~5岁儿童情绪能力的年龄特征、发展趋势和性别差异的研究[J]. 心理发展与教育, 2004,20(2): 12-16.
[136] 杨爱莲.4~7岁儿童在冲突情境下分享行为的研究[D].天津:天津师范大学硕士学位论文,2004.
[137] 杨春燕, 张庆林.谈谈幼儿自主性的培养[J]. 学前教育研究,1997, 5: 6-7.
[138] 杨国愉, 张大均, 冯正直等. 卡特尔16种人格因素问卷中国军人常模的建立[J]. 医学争鸣,2007, 28(8): 750-753.
[139] 杨恒. 学前儿童分享行为的差异性研究及启示[D]. 上海:华东师范大学硕士学位论文, 2009.
[140] 杨红梅. 幼儿父母价值观的调查研究[J]. 早期教育(教科研版),2013, 10: 14-17.
[141] 杨丽珠. 幼儿个性发展与教育[M]. 北京:世界图书出版社,1993.
[142] 杨丽珠. 教育科学研究方法[M]. 大连:辽宁师范大学出版社,1995.
[143] 杨丽珠. 儿童人格发展与教育的研究[M]. 大连:大连海事大学出版社,2008.
[144] 杨丽珠. 儿童人格发展与教育的研究[M]. 长春:吉林人民出版社,2006.
[145] 杨丽珠. 现代家庭教育智慧丛书[M]. 上海:法律出版社,2011.
[146] 杨丽珠.中国儿童青少年人格发展与培养研究三十年[J].心理发展与教育, 2015, 31(1): 9-14.
[147] 杨丽珠, 李淼, 陈靖涵等.教师期望对幼儿人格的影响:师幼关系的中介效应[J]. 心理发展与教育,2016,(6): 641-648.
[148] 杨丽珠, 李灵, 田中敏明. 少子化时代幼儿家长教育观念的研究: 中、日、韩跨文化比较[J]. 学前教育研究, 1999,5: 32-35.

[149] 杨丽珠，刘凌，徐敏. 早期儿童自我认知发生发展研究[M]. 北京:北京师范大学出版社,2014.
[150] 杨丽珠,刘文. 毕生发展心理学[M]. 北京:高等教育出版社,2006.
[151] 杨丽珠，刘文. 幼儿气质与其自我延迟满足能力的关系[J]. 心理科学，2008，31(4)：784-788.
[152] 杨丽珠，姜月,陶沙. 早期儿童自我意识情绪发生发展研究[M]. 北京：北京师范大学出版社,2014.
[153] 杨丽珠，金芳. 促进幼儿责任心发展的教育现场实验研究[J]. 学前教育研究,2005,(6)：20-22.
[154] 杨丽珠，金芳，孙岩. 终身发展理念下幼儿健全人格的培养目标构建及教育促进实验[J]. 学前教育研究,2014，8：3-16.
[155] 杨丽珠，马世超. 初中生人格类型划分及人格类型发展特点研究[J]. 心理科学,2014，6：1377-1384.
[156] 杨丽珠，沈悦. 儿童自我控制的发展与促进[M]. 合肥:安徽教育出版社,2013.
[157] 杨丽珠，沈悦，马世超. 幼儿气质、教师期望和同伴接纳对自我控制的影响[J]. 心理科学,2012，6：1410-1415.
[158] 杨丽珠，宋辉. 幼儿自我控制能力发展的研究[J]. 心理与行为研究，2003，1：51-56.
[159] 杨丽珠，宋芳. 幼儿健全人格培养的意义与模式[J]. 学前教育研究，2008，9：3-6.
[160] 杨丽珠，孙晓杰，常若松. 中国澳大利亚 4 ~ 5 岁幼儿人格特征的跨文化研究[J]. 心理学探新，2007,27(3)：76-80.
[161] 杨丽珠，王江洋. 儿童 4 岁时自我延迟满足能力对其 9 岁时学校社会交往能力预期的追踪[J]. 心理学报，2007,39(4)：668-678.
[162] 杨丽珠，王江洋，刘文等. 3 ~ 5 岁幼儿自我延迟满足的发展特点及其中澳跨文化比较[J]. 心理学报,2005，37(2)：224-232.
[163] 杨丽珠，徐敏，马世超. 小学生同伴接纳对其人格发展的影响:友谊质量的多层级中介效应[J]. 心理科学,2012，1：93-99.
[164] 杨丽珠,吴文菊. 幼儿社会性发展与教育[M]. 大连:辽宁师范大学出版社,2000.

[165] 杨丽珠，张华. 小学教师期望对学生人格的影响:学生知觉的中介作用[J]. 心理与行为研究，2012,10(3)：161-166.
[166] 杨丽珠，张金荣，刘红云. 3 ~6 岁儿童人格发展的群组序列追踪研究[J]. 发展与教育，2015,38(3)：586-593.
[167] 杨丽珠，张丽华. 3 ~9 岁儿童自尊结构研究[J]. 心理科学,2005,28(1)：23-27.
[168] 杨丽珠,张野. 小学生人格测评结构的验证性因素分析[J]. 心理科学,2006, 29(4)：933-936.
[169] 杨丽珠，张野，刘文. 基于教师描述的幼儿个性结构的验证性因素分析[J]. 心理科学，2004,27(3)：575-579.
[170] 杨瑞勇. 希望在困惑中延伸:关于教育实验研究的几点思考[J]. 教育研究与实验,2002, 4：68-71.
[171] 殷洁，杨晓萍. 适宜发展性教育对我国幼儿发展评价的启示[J]. 内蒙古师范大学学报(教育科学版)，2004,17(1)：70-71.
[172] 尹建莉. 最美的教育最简单[M]. 北京:作家出版社,2014.
[173] 于建福. 孔子的理想人格教育[J]. 中国教育学刊,2005, 7：25-28.
[174] 余娟. 积极心理学及其人格观[J]. 河西学院学报，2009,25(1)：76-78.
[175] 于曼. 小班幼儿入园焦虑问题初探[J]. 中国校外教育旬刊,2009, S1：275-275.
[176] 余晓灵，孙燕，王新波. 中学生积极心理品质培养内容的序列化研究：以北京市第十九中学学生问卷调查为例[J]. 中国特殊教育,2009, 12：73-79.
[177] 喻小琴. 幼儿同伴合作行为特点的研究[J]. 常熟理工学院学报,2008,22(12)：56-59.
[178] 虞永平. 学前教育学[M]. 苏州:苏州大学出版社,2001.
[179] 袁卫,彭非. 中国发展指数的编制研究[J]. 中国人民大学学报，2007,2：1-12.
[180] 赵海燕. 4 ~6 岁幼儿小组合作学习的研究[D]. 兰州:西北师范大学博士学位论文，2007.
[181] 赵金霞，王美芳. 学前儿童焦虑的发展特点[J]. 中国临床心理学杂志，2009,17(6)：723-725.

[182] 赵景欣，申继亮，张文新. 幼儿情绪理解、亲社会行为与同伴接纳之间的关系[J]. 心理发展与教育，2006,22(1)：1-6.
[183] 展宁宁. 幼儿情绪认知能力发展特点的研究[J]. 学前教育研究,2005,Z1：46-48.
[184] 张宝臣，李志军. 学前教育科学研究方法[M]. 上海:复旦大学出版社,2007.
[185] 张冲. 初中生积极心理品质培养研究[J]. 中国特殊教育,2010,(11)：29-34.
[186] 张厚粲，徐建平. 现代心理与教育统计学(修订版)[M]. 北京:北京师范大学出版社,2004.
[187] 张丽华. 儿童自尊的发展与促进[M]. 合肥:安徽教育出版社,2011.
[188] 张丽华，杨丽珠. 3~8岁儿童自尊发展特点的研究[J]. 心理与行为研究,2005，3(1)：11-14.
[189] 张丽华，杨丽珠，宋芳. 父母教养方式对3~9岁儿童自尊的影响[J]. 中国心理卫生杂志，2006,20(9)：565-567.
[190] 张金荣. 3~6岁幼儿人格结构的验证性因素分析及其发展特点研究[D]. 大连:辽宁师范大学硕士学位论文,2008.
[191] 张金荣. 3~12岁儿童人格的结构评定及其发展特点的追踪研究[D]. 辽宁师范大学博士学位论文，2011.
[192] 张劲松，金星明，沈晓明. 儿童自我调控能力发展特点的研究[J]. 中华儿科杂志，2006,44(1)：31-36.
[193] 张庭辉，张进辅. 幼儿人格问卷的初步编制[J]. 内蒙古师范大学学报(教育科学版)，2010,23(10)：61-64.
[194] 张文静，徐芬，张瑞平. 幼儿说谎行为的发展及其与说谎认知的关系[J]. 应用心理学，2007,13(3)：237-243.
[195] 张文新. 儿童社会性发展[M]. 北京:北京师范大学出版社,1999.
[196] 张晓，陈会昌. 儿童早期师生关系的研究概述[J]. 心理发展与教育，2006,22(2)：120-124.
[197] 张晓，陈会昌，张银娜等. 家庭收入与儿童早期的社会能力:中介效应与调节效应. 心理学报,2009，41(7)：613-623.
[198] 张晓，王晓艳，陈会昌. 气质与童年早期的师生关系:家庭情感环境的作

用[J]. 心理学报, 2010,42(7): 768-778.

[199] 张野. 3 ~ 12 岁儿童个性结构、类型及发展特点的研究[D]. 大连:辽宁师范大学博士学位论文:2004.

[200] 张野, 杨丽珠. 我国3 ~6 岁儿童个性类型及发展特点的研究[J]. 心理科学, 2005,28(4): 893-896.

[201] 张野, 杨丽珠. 小学生人格类型及发展特点研究[J]. 心理科学,2007, 30(1): 205-208.

[202] 张雨青. 基于父母知觉的儿童人格结构及其发展的研究[J]. 心理学报, 1999, 31(2): 177-189.

[203] 张志学. 家庭系统理论的发展与现状[J]. 心理学探新,1990, 22(1): 33-36.

[204] 赵海燕. 4 ~6 岁幼儿小组合作学习的研究[D]. 兰州:西北师范大学硕士学位论文,2007.

[205] 赵金霞, 王美芳. 学前儿童焦虑的发展特点[J]. 中国临床心理学杂志, 2009,17 (6): 723-725.

[206] 赵景欣, 申继亮, 张文新. 幼儿情绪理解、亲社会行为与同伴接纳之间的关系[J]. 心理发展与教育,2006,(1): 1-6.

[207] 朱立新. 幼儿入园初期亲子分离焦虑分析[N]. 中国教育资讯报,2002-08-08(11).

[208] 中国人民大学中国调查与数据中心. 中国发展指数的编制研究[J]. 中国人民大学学报, 2007,21(2): 1-12.

[209] 中华人民共和国教育部制订. 幼儿园教育指导纲要(试行)[M]. 北京:北京师范大学出版社,2013.

[210] 邹萍, 杨丽珠. 父母教育观念类型对幼儿个性相关特质发展的影响[J]. 心理与行为研究, 2005,3(3): 182-187.

[211] 邹晓燕. 儿童独立性的发展与促进[M]. 合肥:安徽教育出版社,2014.

[212] 邹晓燕. 3 ~5 岁儿童自主性发展特点研究[J]. 幼儿教育(教育科学版), 2006,12: 38-42.

[213] 邹晓燕. 3 ~5 岁儿童独立性发展特点与影响因素研究[D]. 大连:辽宁师范大学博士学位论文, 2004.

[214] 朱智贤. 中国儿童青少年心理发展与教育[M]. 北京:中国卓越出版公

司. 教基二[2012]4 号. 教育部关于印发《3 ~6 岁儿童学习与发展指南》的通知,1990. http://www. moe. gov. cn/publicfiles/business/htmlfiles/moe/s3327/201210/143254. html,2012-10-9;http://blog. sina. com. cn/s/blog_79469f4b01017o7u. html.

[215] 幼儿园教育指导纲要(试行)(2001 年 9 月实施)[M].(幼教网). http://www. youjiao. com/e/20071225/4b8bc8c743c5c. shtml, 2007-12-25.

[216] 幼教网. http://www. youjiao. com/e/20090625/4b8bcbc09ba01. shtml.

[217] http://slbaby. jnedu. net. cn/HTMLNEWS/200/9485/2012226185550. html. 2012-2-26.

[218] Abe J A. The predictive validity of the five-factor model of personality with preschool age children:A nine year follow-up study[J]. Journal of Research in Personality. 2005,39(4): 423-442.

[219] Abela J R Z, Fishman M B & Cohen J R, et al. Personality predispositions to depression in children of affectively Ⅲ parents: The buffering role of self-esteem[J]. Journal of Clinical Child & Adolescent Psychology, 2012,41: 391-401.

[220] Asendorpf J B. Development of inhibition during childhood: Evidence for situational specificity and a two-factor model[J]. Developmental Psychology, 1990, 26(5): 721-730.

[221] Avshalom Caspi, B W Roberts & Rebecca L S. Personality development: Stability and change[J]. Annual Revised Psychology. 2005, 56(17): 453-484.

[222] Bates J E & Pettit G S. Temperament, parenting, and socialization. Handbook of Socialization:[J]Theory and Research, 2007: 153-177.

[223] Bates J E,Wachs T D, & Emde R N. Toward practical uses for biological concepts of temperament[J]. 1994: 275-306.

[224] Batson C D,Klein T R & Highberger L,et al. Immorality from empathy-induced altruism:When compassion and justice conflict[J]. Journal of Personality and Social Psychology, 1995, 68(6): 1042-1054.

[225] Bleidorn W, Kandler C & Riemann R. et al. Patterns and sources of adult personality development: Growth curve analyses of the NEO PI-R scales in a longitudinal twin study[J]. Journal of Personality and Social Psychology,

2009,97(1): 142-155.

[226] Branje S J, Van Lieshout C F & Gerris J R. Big five personality development in adolescence and adulthood[J]. European Journal of Personality, 2007,21(1): 45-62.

[227] Bryson D. Personality and culture,the Social Science Research Council and liberal social engineering: The Advisory Committee on Personality and Culture,1930-1934[J]. Journal of the History of the Behavioral Sciences, 2009, 45: 355-386.

[228] Buss D M. Predicting parent-child interactions from children's activity level [J]. Developmental Psychology, 1981, 17(1): 59-65.

[229] Carver C S & Scheier M F. Perspective on Personality[M]. Allyn & Bacon, A Simon & Schuster Company, Needham Heights, Mass. 1996: 72-73.

[230] Casp A & Moffitt T E. When do individual differences matter? A paradoxical theory of personality coherence[J]. Psychological Inquiry, 1993, 4(4): 247-271.

[231] Caspi A, Harrington H & Milne B, et al. Children's behavioral styles at age 3 are linked to their adult personality traits at age 26[J]. Journal of Personality, 2003, 71(4): 495-514.

[232] Cathy L & Grist, David M. McCord. Individual Differences in Preschool Children: Temperament or Personality[J] Infant and Child Development, 2010, 19(3): 264-274.

[233] Chao R. Extending research on the consequences of parenting style for Chinese Americans and European Americans[J]. Child Development, 2001, 72(6): 1832-1843.

[234] Chao R K. The parenting of immigrant Chinese and European American mothers: Relations between parenting styles,socialization goals, and parental practices[J]. Journal of Applied Developmental Psychology, 2000, 21(2): 233-248.

[235] Charles F & Halverson. Personality in Children[J]. Merrill-Palmer Quarterly. 2005, 51(3): 253-257.

[236] Charles H. Personality in Children. Merrill-Palmer Quarterly, 2005, 51(3):

253-257.

[237] Chen X & French D C. Children's social competence in cultural context[J]. Annual Review Psychology, 2008, 59: 591-616.

[238] Chen X, Rubin K H & Li B. Social and school adjustment of shy and aggressive children in China [J]. Development and Psychopathology, 1995, 7 (02): 337-349.

[239] Cheng H G, Huang Y & Liu Z, et al. Associations linking parenting styles and offspring personality disorder are moderated by parental personality disorder, evidence from China[J]. Psychiatry Research, 2011, 189(1): 105-109.

[240] Costa P, Magalhaes, E & Costa M J. A latent growth model suggests that empathy of medical students does not decline over time[J]. Advances in Health Sciences Education, 2013, 18(3): 509-522.

[241] Costa P & McCrae R. Toward a new generation of personality theories: Theoretical contexts for the five-factor model[M]. The five factor model of Personality: Theoretical perspectives. Hrsg. :J S Wiggins. New York, 1996: 51-87.

[242] Darling N & Steinberg L. Parenting style as context: An integrative model[J]. Psychological Bulletin, 1993, 113(3): 487.

[243] David De Cremer, Paul A M & Van Lange. Why Prosocials Exhibit Greater Cooperation than Proselfs: The Roles of Social Responsibility and Reciprocity [J]. European Journal of Personality, 2001, 15(1): 5-18.

[244] De Pauw S S W. Merviedlde I & Van Leeuwen K G. How are traits related to problem behavior in preschoolers? Similarities and contrast between temperament and personality [J]. Journal of Abnormal child psychology, 2009, 37 (3): 309-325.

[245] De Young C G. Personality Neuroscience and the Biology of Traits[J]. Social and Personality Psychology Compass, 2010, 4(12): 1165-1180.

[246] Denoeux, T. Maximum likelihood estimation from fuzzy data using the EM algorithm[J]. Fuzzy Sets and Systems, 2011, 183(1): 72-91.

[247] Digman J M & Shmelyov A G. The structure of temperament and personality in Russian children[J]. Journal of personality and social psychology, 1996, 71(2): 341-351.

[248] Digman M & Inouye J. Further Specification of the Five Robust Factors of Personality[J]. Journal of Personality and Social Psychology. 1986, 50(1): 116-123.

[249] Eisenberg N, Fabes R A & Karbon M, et al. The relations of children's dispositional prosocial behavior to emotionality, regulation, and social functioning[J]. Child Development, 1996, 67(3): 974-992.

[250] Eisenberg N, Miller P A & Schaller M, et al. The role of sympathy and altruistic personality traits in helping: A reexamination[J]. Journal of Personality, 1989, 57(1): 41-67.

[251] Ellis B J & Boyce W T. Biological sensitivity to context[J]. Current Directions in Psychological Science, 2008, 17(3): 183-187.

[252] Else-Quest N M, Hyde J S & Goldsmith H H, et al. Gender differences in temperament: A meta-analysis [J]. Psychological Bulletin, 2006, 132: 33-72.

[253] Fan J, Fossella J & Sommer T, et al. Mapping the genetic variation of executive attention onto brain activity[J]. Proceedings of the National Academy of Sciences, 2003, 100(12): 7406-7411.

[254] Fiske A P, Kitayama S & Markus H R, et al. The cultural matrix of social psychology. In: D. T. 52Gilbertt, S. T. fiske, & G. Lindzey (Eds.), The handbook of social psychology[M]. New York: McGraw Hill, 1998.

[255] Fletcher K, Parker G & Bayes A, et al. Emotion regulation strategies in bipolar II disorder and borderline personality disorder: Differences and relationships with perceived parental style[J]. Journal of Affective Disorders, 2014, 157: 52-59.

[256] Fossella J, Sommer T, Fan J, et al. Assessing the molecular genetics of attention networks[J]. BMC Neuroscience, 2002, 3(1): 1-11.

[257] Freudenthaler H H, Spinath B & Neubauer, A. C.. Predicting school achievement in boys and girls[J]. European Journal of Personality, 2008, 22(3): 231-245.

[258] Furnham A, Monsen J & Ahmetoglu G. Typical intellectual engagement, big five personality traits, approaches to learning and cognitive ability predictors of

academic performance[J]. British Journal of Educational Psychology, 2009, 79(4): 769-782.

[259] Gandour M J. Activity level as a dimension of temperament in toddlers: Its relevance for the organismic specificity hypothesis[J]. Child Development, 1989: 1092-1098.

[260] Gennady G Knyazev, Maja Zupančič & Helena R, Slobodskaya . Child Personality in Slovenia and Russia Structure and Mean Level of Traits in Parent and Self-Ratings[J]. Journal of Cross-Cultural Psychology, 2008, 39(3): 317-334.

[261] Geoffrey L, Brown, Sarah C & Mangelsdorf, et al . Young children's psychological selves: convergence with maternal report of child personality[J]. Social Development, 2008 ,17(1): 161-182.

[262] George S Morrison. Early Childhood Education Today[M]. Prentice-Hall, 1998.

[263] Goldberg L R. An alternative "description of personality": The big-five factor structure[J]. Journal of Personality and Social Psychology, 1990: 1216-1229.

[264] Goleman D. The Group and Self: New focus on a Cultural Rift[N]. New York Times, 22 December, 1990, 40.

[265] Good T L. Two decades of research on teacher expectations: Findings and future directions[J]. Journal of Teacher Education, 1987, 38(4): 32-47.

[266] Gordon J. The extent of personality change: Rank order consistency, mean level change, individual level change, and ipsative stability[J]. Griffith University Undergraduate Psychology Journal, 2009 ,1.

[267] Gragiano W G & Ward D. Probing the Big Five in adolescence: personality and adjustment during adoptment transition[J]. Journal of Personality, 1992, 60(2): 425-439.

[268] Greene R W, Abidin R R & Kmetz C. The index of teaching stress: A measure of student-teacher compatibility[J]. Journal of School Psychology, 1997, 35(3): 239-259.

[269] Guyer A E, Benson B & Choace V R, et al. Lasting associations between early-childhood temperament and late-adolescent reward-circuitry response to

peer feedback [J]. Development and Psychopathology, 2014, 26 (01): 229-243.

[270] Halverson C F, Havill V L & Deal J, et al. Personality structure as derived from parental rating of free descriptions of children: The Inventory of Child Individual Differences[J]. Journal of Personality, 2003,71(6): 995-1026.

[271] Hamre B K & Pianta R C. Early teacher-child relationships and the trajectory of children's school outcomes through eighth grade[J]. Child Development: 2001,72(2): 625-638.

[272] Helena R Slobodskaya. Two Superordinate Personality Factors in Childhood [J]. European Journal of Personality, 2011, 25(6): 453-464.

[273] Hofstede G. Culture's Consequences: Comparing Values, Behaviors, Institutions, and Organizations across Nations, 2nd ed[M]. Thousand Oaks, CA: Sage Publications. 2001.

[274] Hoyle R H. Personality and self-regulation: Trait and information-processing perspectives[J]. Journal of Personality, 2006, 74: 1507-1526.

[275] Ingoldsby E M, Shaw D S & Garcia M M. Intrafamily conflict in relation to boys' adjustment at school[J]. Development and Psychopathology, 2001, 13 (01): 35-52.

[276] Ivan Merviede & Filip De Fruyt. The Big Five Personality Factors as a Model for the Structure of Children's Peer Nominations[J]. European Journal of Personality, 2000, 14: 91-106.

[277] Jabeen F, Anis-ul-Haque M & Riaz M N. Parenting Styles as Predictors of Emotion Regulation Among Adolescents[J]. Pakistan Journal of Psychological Research, 2013, 28(1): 85-105.

[278] Jeffery R Measelle, Oliver P John & Ablow J C, et al. Can children provide coherent , stable, and valid self-report on the big five dimensions? a longitudinal study from ages 5 to 7[J]. Journal of Personality and Social Psychology , 2005,89(1): 90-106.

[279] Jensen-Campbell L A & Graziano W G. The two faces of temptation: Differing motives for self-control [J]. Merrill-Palmer Quarterly, 2005, 51 (3): 87-314.

[280] John O P, Caspi A, Robins R W, Moffitt T E & Stouthamer-Loeber M. The "Little Five": Exploring the nomological network of the Five Factor Model of personality in adolescent boys[J]. Child Development,1994, 65.

[281] Jones L B, Rothbart M K, Posner M I. Development of executive attention in preschool children[J]. Developmental Science, 2003, 6(5): 498-504.

[282] Kappe R & Van der Flier H. Using multiple and specific criteria to assess the predictive validity of the Big Five personality factors on academic performance [J]. Journal of Research in Personality, 2010, 44(1): 142-145.

[283] Kalffac A C, Kroesm M & Vlesjs S H, et al. Factors affecting the relation between parental education as well as occupation and problem behaviour in Dutch 5- to 6-year-old children[J]. Social Psychiatry and Psychiatric Epidemiology, 2001,36(7): 324-331.

[284] Kalffac A, Kroesm M, Vlesjs J, et al. Neighbourhood level and individual level SES effects on child problem behaviour: a multilevel analysis[J]. Epidemiol Community Health, 2001, 55(4): 246-250.

[285] Kelley M L, Power T G & Wimbush D D. Determinants of Disciplinary Practices in Low-Income Black Mothers[J]. Child Development, 1992, 63(3): 573-582.

[286] Kochanska G & Kim S. Difficult temperament moderates links between maternal responsiveness and children's compliance and behavior problems in low-income families[J]. Journal of Child Psychology and Psychiatry, 2013, 54(3): 323-332.

[287] Kopp B, Rist F & Mattler U N200 in the flanker task as a neurobehavioral tool for investigating executive control[J]. Psychophysiology, 1996, 33(3): 282-294.

[288] Laidra K, Pullmann H & Allik J. Personality and intelligence as predictors of academic achievement: A cross-sectional study from elementary to secondary school[J]. Personality and Individual Differences, 2007, 42(3): 441-451.

[289] Lamb M E, Chuang S S & Wessels H, et al. Emergence and construct validation of the big five factors in early childhood: A longitudinal analysis of their ontogeny in Sweden[J]. Child Development, 2002,73(5): 1517-1524.

[290] Laura Rogers Fortson & Judith C Reiff. Early Childhood Curriculum: Open Structures for Integrative Learning [M]. A Simon & Schussed Company, 1995.

[291] Leerkes E M, Blankson A N & O'Brien M. Differential effects of sensitivity to infant distress and non-distress on social-emotional functioning[J]. Child Development, 2009, 80: 762-775.

[292] Lehmann R, Denissen J J & Allemand M, et al. Age and gender differences in motivational manifestations of the Big Five from age 16 to 60[J]. Developmental Psychology, 2013, 49(2): 365.

[293] Letzring T D & Adamcik L A. Personality traits and affective states: Relationships with and without affect induction[J]. Personality and Individual Differences, 2015, 75: 114-120.

[294] Löckenhoff C E, Terracciano A & Patriciu N S, et al. Self-reported extremely adverse life events and longitudinal changes in five-factor model personality traits in an urban sample[J]. Journal of Traumatic Stress, 2009, 22(1): 53-59.

[295] Lönnqvist J E, Verkasalo M & Vainikainen M P. Parent - teacher agreement on 7-year-old children's personality[J]. European Journal of Personality, 2011, 25(5):306-316.

[296] Lüdtke O, Roberts B W & Trautwein U, et al. A random walk down university avenue: life paths, life events, and personality trait change at the transition to university life[J]. Journal of Personality and Social Psychology, 2011, 101(3): 620.

[297] Luste T & Rhoades K Haas, B. The relation between parental values and parenting behavior: A test of the Kohn hypothesis[J]. Journal of Marriage and the Family, 1989, 51(1): 139-147.

[298] McAdams D P & Olson B D. Personality development: continuity and change over the life course[J]. Annual Review of Psychology, 2010, 61: 517-542.

[299] McCrae R R & John O P. An introduction to the five-factor model and its applications[J]. Journal of Personality, 1992, 60(2): 175-215.

[300] McGue, M., Bacon, S., & Lykken, D. T.. Personality stability and change

in early adulthood: A behavioral genetic analysis[J]. Developmental Psychology, 1993, 29(1): 96.

[301] Meng C. Parenting Goals and Parenting Styles among Taiwanese Parents: The Moderating Role of Child Temperament[J]. The New School Psychology Bulletin, 2012, 9(2): 52-67.

[302] Mervielde, De Fruyt F. Construction of the Hierarchical Personality Inventory for Children (HiPIC)[C]. InMernielde,I. ,Deary,I. , De Fruyt, F. & Ostendorf, F. (Eds), Personality Psychology in Europe. Tilburg University Press, Tilburg. 1999: 107-127.

[303] Mervielde I. Validity of result obtained by analyzing free personality descriptions. IN: Kohnstammn G. AHalverson G F Jr, Mernielde, I. & Havill V L. (Eds), Parental Descripsions of Child Personality: Developmental Antecedents of the Big Five[M]. Erlbaum, Mahwah, NJ. 1998: 189-203.

[304] Mervielde I, buyst V & De Fruyt F. The validity of the Big Five as a model for teachers´ratings of individual difference in children aged 4 to 12[J]. Personality and Individual Difference, 1995, 18(4): 525-534.

[305] Morris A S, Silk J S & Morris M D S, et al. The influence of mother-child emotion regulation strategies on children ' s expression of anger and sadness [J]. Developmental Psychology, 2011, 47(1): 213-225.

[306] Möttus R, Johnson W & Deary I J. Personality traits in old age: Measurement and rank-order stability and some mean-level change[J]. Psychology and Aging, 2012, 27(1): 243-249.

[307] Muhtadie L, Zhou Q & Eisenberg N. , et al. Predicting internalizing problems in Chinese children: the unique and interactive effects of parenting and child temperament [J]. Development and Psychopathology, 2013, 25 (3): 653-667.

[308] Neyer F J & Lehnart J. Relationships matter in personality development: Evidence from an 8-year longitudinal study across young adulthood[J]. Journal of Personality, 2007,75(3): 535-568.

[309] Ormel J, Riese H & Rosmalen J G M. Interpreting neuroticism scores across the adult life course: Immutable or experience-dependent set points of nega-

tive affect[J]. Clinical Psychology Review, 2012, 32(1): 71-79.

[310] Pianta R C, Nimetz S L & Bennett E. Mother-child relationships, teacher-child relationships, and school outcomes in preschool and kindergarten[J]. Early Childhood Research Quarterly, 1997, 12(3): 263-280.

[311] Pianta R C & Steinberg M. Teacher-child relationships and the process of adjusting to school[J]. New Directions for Child and Adolescent Development, 1992(57): 61-80.

[312] Poropat A E. A meta-analysis of the five-factor model of personality and academic performance[J]. Psychological Bulletin, 2009, 135(2): 322.

[313] Posner M I, Rothbart M K & Sheese B E, et al. The anterior cingulate gyrus and the mechanism of self-regulation[J]. Cognitive, Affective, & Behavioral Neuroscience,2007, 7(4): 391-395.

[314] Posner M I, Sheese B E & Odluda Y, et al. Analyzing and shaping human attentional networks[J]. Neural Networks, 2006, 19(9): 1422-1429.

[315] Puustinen M, Lyyra A L & Mets pelto R L, et al. Children's help seeking: The role of parenting[J]. Learning and Instruction, 2008, 18(2): 160-171.

[316] Roberts B W, Caspi A & Moffitt T E. The kids are alright: growth and stability in personality development from adolescence to adulthood[J]. Journal of Personality and Social Psychology, 2001,81(4): 670-683.

[317] Roberts B W & DelVecchio W F. The rank-order consistency of personality traits from childhood to old age: a quantitative review of longitudinal studies [J]. Psychological Bulletin, 2000, 126(1): 3-25.

[318] Robinson O C, Lopez F G & Ramos K. Parental antipathy and neglect: Relations with Big Five personality traits, cross-context trait variability and authenticity[J]. Personality and Individual Differences, 2014, 56: 180-185.

[319] Rothbart M K & Jones L B. Temperament, self-regulation, and education [J]. School Psychology Review, 1998, 27: 479-491.

[320] Roskam I, Stievenart M & Meunier J C, et al. The development of children's inhibition: Does parenting matter? [J]. Journal of Experimental Child Psychology, 2014, 122: 166-182.

[321] Rowe M L & Casillas A. Parental goals and talk with toddlers[J]. Infant and

Child Development, 2011, 20(5): 475-494.

[322] Rubie-Davies C M, Peterson E R & Sibley C G, et al. A teacher expectation intervention: Modelling the practices of high expectation teachers[J]. Contemporary Educational Psychology, 2015, 40: 72-85.

[323] Rubin K H & Burgess K. Parents of aggressive and withdrawn children[J]. Handbook of Parenting, 2005, 1: 383-418.

[324] Saft E W & Pianta R C. Teachers' Perceptions of Their Relationships with Students: Effects of Child Age, Gender, and Ethnicity of Teachers and Children[J]. School Psychology Quarterly, 2001, 16(2): 125-141.

[325] Senese V P, Bornstein M H & Haynes O M, et al. A cross-cultural comparison of mothers' beliefs about their parenting very young children[J]. Infant Behavior and Development, 2012, 35(3): 479-488.

[326] Sethi Anita, Mischel Walter & Aber Lawrence J, et al. The Role of Strategic Attention Deployment in development of self-regulation: Prediction Preschoolers' Delay of Gratification from Mother-toddler Interaction[J]. Developmental Psychology, 2000, 36 (6): 767-777.

[327] Shaw D S, Keenan K & Vondra J I, et al. Antecedents of preschool children's internalizing problems: A longitudinal study of low-income families[J]. Journal of the American Academy of Child & Adolescent Psychiatry,1997, 36 (12): 1760-1767.

[328] Shiner R L. How shall we speak of children' personality in middle childhood? A Preliminary taxonomy [J]. Psychological Bulletin, 1998, 124 (3): 308-332.

[329] Slaughter V, Dennis M J & Pritchard M. Theory of mind and peer acceptance in preschool children[J]. British 38 Journal of Developmental Psychology, 2002, 20(4): 545-564.

[330] Smetana J G, Rote W M & Jambon M,et al. Developmental Changes and individual differences in young children's moral judgments[J]. Child Development, 2012,83(2): 683-696.

[331] Soto C J, John O P & Gosling S D, et al. The developmental psychometrics of big five self-reports: Acquiescence, factor structure, coherence, and differen-

tiation from ages 10 to 20[J]. Journal of Personality and Social Psychology, 2008, 94(4): 718-737.

[332] Soto C J, John O P & Gosling S D, et al. Age differences in personality traits from 10 to 65: Big Five domains and facets in a large cross-sectional sample [J]. Journal of Personality and Social Psychology, 2011,100(2): 330-348.

[333] Specht J, Egloff B & Schmukle S C. Stability and change of personality across the life course: the impact of age and major life events on mean-level and rank-order stability of the Big Five[J]. Journal of Personality and Social Psychology, 2011, 101(4): 862.

[334] Spinath B, Freudenthaler H H & Neubauer A C. Domain-specific school achievement in boys and girls as predicted by intelligence, personality and motivation[J]. Personality and Individual Differences, 2010, 48(4): 481-486.

[335] Stright A D, Gallagher K C & Kelley K. Infant temperament moderates relations between maternal parenting in early childhood and children's adjustment in first grade[J]. Child Development, 2008, 79(1): 186-200.

[336] Sturaro C, Denissen J J & Van Aken M A, et al. Person-environment transactions during emerging adulthood[J]. European Psychologist, 2008, 13(1): 1-11.

[337] Suizzo M A, Chen W C & Cheng C C, et al. Parental beliefs about young children's socialization across US ethnic groups: Coexistence of independence and interdependence[J]. Early Child Development and Care, 2008, 178 (5): 467-486.

[338] Sultan S, Hagger M, Hussain I. Analyzing Academic Performance and Mental Health of Elementary School Students through Parenting Practices[J]. The Journal of Educational Research, 2013, 16(1): 71.

[339] Sun Y, He M & Yang L. Comprehensive Influence Model of Preschool Children's Personality Development Based on the Bayesian Network[J]. Abstract and Applied Analysis, 2014: 1-6.

[340] Tackett J L, Krueger R F & Iacono W G, et al. Personality in middle childhood: A hierarchical structure and longitudinal connections with personality in late adolescence[J]. Journal of Research in Personality, 2008, 42 (6):

1456-1462.
[341] Tamis-LeMonda C S, Shannon J D & Cabrera N J, et al. Fathers and mothers at play with their 2-and 3-year-old: contributions to language and cognitive development[J]. Child Development, 2004, 75(6): 1806-1820.
[342] Tschann J M, Kaiser P, Chesney M A, et al. Resilience and vulnerability among preschool children: Family functioning, temperament, and behavior problems[J]. Journal of the American Academy of Child & Adolescent Psychiatry, 1996, 35(2): 184-192.
[343] Van Lieshout G F M & Haselager G J T. The Big Five personality factors in Q-sort descriptions of children and adolescents' Halnerson, C. F. Ir, Kohnstamm, G. A. &Martin, R. P. (Eds), The Developing Structure of Temperament and Personality from Infancy to Adulthood[M]. Erlbaum, Hiilsdale, NJ. 1994: 293-381.
[344] Vitiello V E, Moas O & Henderson H A, et al. Goodness of fit between children and classrooms: Effects of child temperament and preschool classroom quality on achievement trajectories[J]. Early Education & Development, 2012, 23(3): 302-322.
[345] Walker S, Berthelsen D C & Irving K A. Temperament and peer acceptance in early childhood: Sex and social status differences[J]. Child Study Journal, 2001, 31(3): 177-192.
[346] Wentzel K R. Students' relationships with teachers. Handbook of research on schools, schooling, and human development[J]. 2009: 75-91.
[347] Yang L & Zou X. A study of the cross-situational stability of three-to-five years old children's independence[J]. International Journal of Early Years Education, 2005, 13(2): 171-178.
[348] Zimmer-Gembeck M J, Geiger T C & Crick N R. Relational and Physical Aggression, Prosocial Behavior, and Peer Relations Gender Moderation and Bidirectional Associations[J]. The Journal of Early Adolescence, 2005, 25(4): 421-452.
[349] Ziegler M, Danay E, Schölmerich F & Bühner M. Predicting academic success with the Big 5 rated from different points of view: Self-rated, other rated

and faked[J]. European Journal of Personality, 2010, 24(4): 341-355.

[350] Zupancic M, Podlesek A & Kavcic T. Personality types as derived from parental reports on 3-year-olds[J]. European Journal of Personality, 2006, 20(4): 285-304.

[351] http://www.ade.az.gov/earlychildhood/downloads/EarlyLearningStandards.pdf. 9/2005.